毛线球 keitodama 19

极简风经典毛衫编织

日本宝库社 编著　　风雨花 译

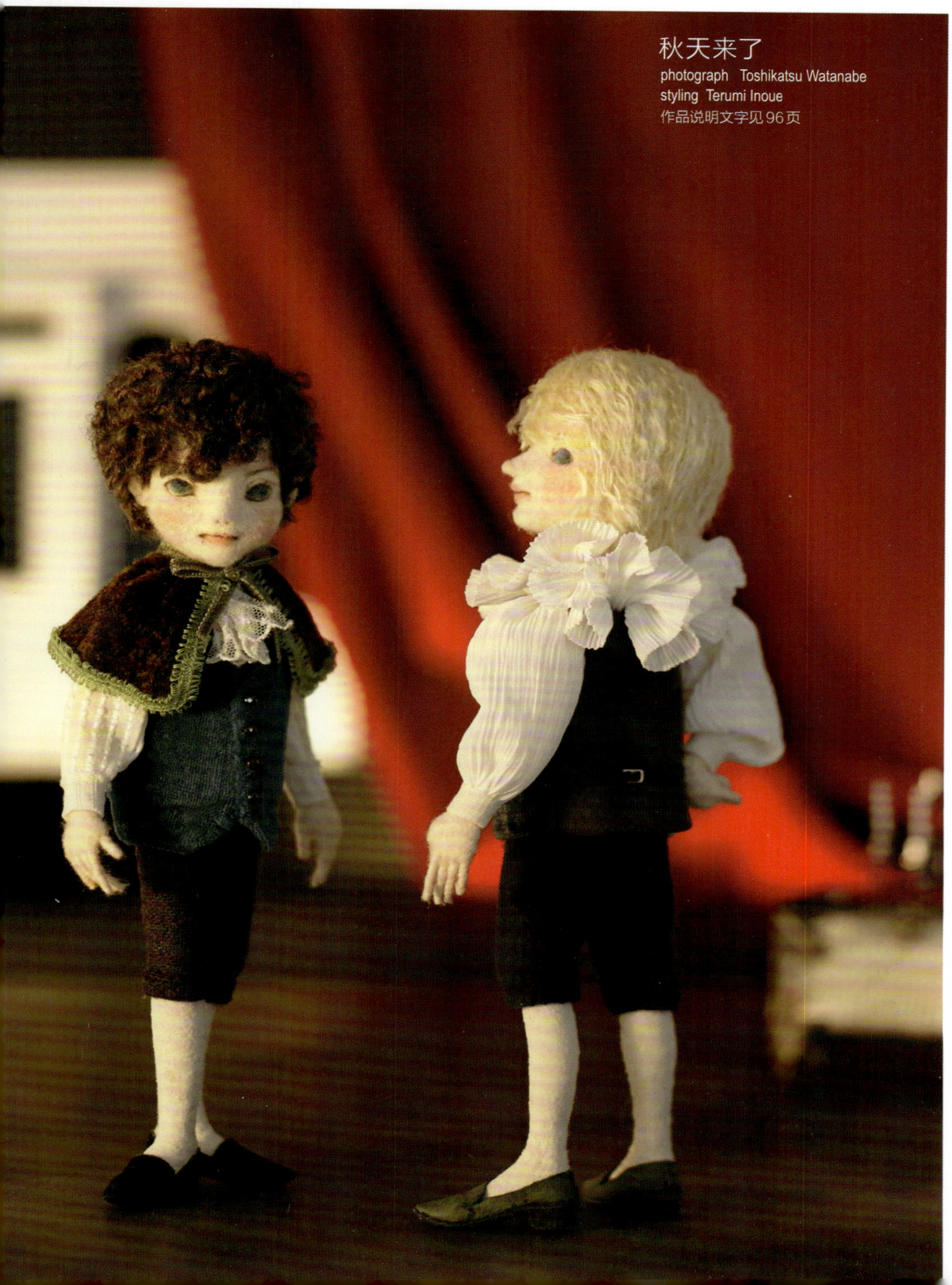

秋天来了

photograph Toshikatsu Watanabe
styling Terumi Inoue

作品说明文字见96页

河南科学技术出版社
·郑州·

keitodama

目　录

世界手工新闻

考纳斯（立陶宛）

五彩缤纷的自行车

上／从车身到车轮都被毛线装饰一番的自行车非常惹人注目　下／明亮的商店和昏暗的街道形成鲜明对比

考纳斯是立陶宛共和国第二大都市，也是电影《杉原千亩》的故事发生地。杉原千亩被称为"日本的辛德勒"，在当地广为人知。在距离杉原千亩纪念馆10分钟车程的旧市街，有一家门口放着非常显眼的毛线装饰的自行车的毛线店。这是一家新店，但店里摆满了拉脱维亚、俄罗斯、德国等国的毛线以及欧洲各地的杂志，是我迄今为止所见过的最具有国际范儿的毛线店。

有名的配色花样手套以及袜子大多使用中粗以上的毛线编织，又厚又大。据说，在加入苏联时期，立陶宛物资匮乏，对于当地的女性来说，编织是为了生活而不得不进行的手工劳动。而用纤细的织袜线（Sock Yarn）编织，以及搭配段染线编织，是最近才开始的。几年后，这里一定有用美丽的传统花样编织的薄袜子出炉。

撰稿／"手编的袜子"（家之光协会出版）
作者 大内泉

巴黎（法国）

周末在跳蚤市场学习蕾丝编织

上／Lace・My Star的店主丽娜女士
下／梭编蕾丝、钩编蕾丝等随意摆放在一起

"梵维斯（Vanves）跳蚤市场"不仅游客喜欢，巴黎市民也非常青睐。从地铁站出来，步行数分钟即可到达，非常方便。市场上经营古色古香的餐具、杂货、图书、玩具、绘画作品的商店应有尽有。

丽娜女士的小铺专卖蕾丝制品，有棒槌蕾丝（Bobbin Lace）、网眼蕾丝（Filet Lace）等各种各样的蕾丝。和巴黎最大的跳蚤市场圣图安市场的高价蕾丝不同，这里还有许多半成品蕾丝，可以欣赏到各种工艺技法。固定在衬纸上的带子蕾丝（Tape Lace），嵌在木框上的网眼蕾丝（Filet Lace），连着梭子的梭编蕾丝（Tatting Lace），特内里费蕾丝（Teneriffe Lace）的变形蕾丝等琳琅满目，这里更适合正在学习蕾丝技法的人。丽娜女士深知蕾丝技法，有问必答，非常耐心。

跳蚤市场在周六、周日上午开市，但丽娜女士的小铺只在周六开门，需要注意。

撰稿／成田明美

斯德哥尔摩（瑞典）

品类齐全，有特色、有魅力的毛线店

上／Donegal Tweed含100%美利奴羊毛
下／想尽情地在这广阔的空间里迷路
Litet Nystan

瑞典不仅盛产毛线，还很流行网上购物，但去大都市，还是要去品类齐全的优质商店一开眼界，从中央火车站过来非常方便。在斯德哥尔摩旅行途中一定要去的就是这两家商店。

首先，喜欢毛线的人一定不能错过的是地铁Mariatorget站附近的"Litet Nystan"，店名的意思是"小毛线球"。店面比几年前扩大了好多，里面的线材愈发丰富。店里除了色彩鲜亮的丝线以及麻线外，一年四季出售适合北欧寒冷气候的羊毛线，还有五颜六色的哥特兰毛线以及富有特色的多尼盖尔粗花呢（Donegal Tweed），五彩缤纷，令人眼花缭乱。另外，店里还有美利奴和开司米毛线，对于那些既喜欢经典线材，又喜欢挖掘个性线材的人来说，这是一家绝佳的商店。

在中央火车站坐一站地铁到达Radhuset站，然后步行两个街区，就到了"Garnverket"毛线店。它不仅出售瑞典毛线中经典的Lovikka毛线，还出售从哥特兰岛订购的哥特兰毛线以及奥兰岛的Ullcentrum毛线。店内有五颜六色的夏季线材，还有不同混合比率的国内外毛线，毛线的品质和生产背景均已调查过，大多从重视生产环境的小规模制造商以及纺织所订购。

瑞典大型毛线制造商较少，每家毛线店均根据自身特色收集各地毛线，我们也有幸看到了各种各样的毛线。在这里不仅能够实实在在看到它的颜色，感受它的手感，还有机会邂逅少量流通的原毛线，这正是毛线店的魅力所在！

Garnverket

撰稿／松原裕子（happysweden）
左／从雅致的线到个性的线，应有尽有
下／Garnverket商店外部一览

伦敦（英国）

30万朵鲜红的罂粟花，祈祷和平，为亡灵祈福

将一枝枝手工编织的罂粟花插在精心打理过的草坪上

铺在切尔西画展会场荣军医院前庭的手工罂粟花做成的红地毯

英国伦敦每年夏天的例行活动——切尔西花展，2016年在5月23~28日举行。这场活动不仅有人气设计师设计的精美园林欣赏，还有园艺工具的销售等，吸引了英国王室伊丽莎白女王、凯特王妃前往，也受到了国内外众多园艺爱好者的关注。今年的主角是铺在会场荣军医院（退役军人的疗养场所）前庭的约30万朵鲜红的罂粟花。这些罂粟花大部分是用钩针或棒针织成，也有用羊毛毡或布料做成。

细说起来大概在3年前，居住在澳大利亚的林恩·贝里（Lynn Berry）和玛格丽特·奈特（Margaret Knight）为2013年的墨尔本休战纪念活动和在第二次世界大战中战死的父亲，制作了120个钩针编织的罂粟花。受其感染，陆续有5万余人开始编织罂粟花，于是“五千罂粟花（5000 Poppies）”团体成立了。这项活动开始走出澳大利亚，向邻国新西兰蔓延。2015年，在悼念战死者的澳新军团纪念日（Anzac Day），澳大利亚园林设计师菲利普·约翰逊（Philip Johnson）将这些罂粟花铺在墨尔本的联邦广场（Federation Square），反响极大。终于，2016年，“五千罂粟花”来到了英国。

在英国以及其他英联邦各国，11月11日是阵亡将士纪念日（Remembrance Day），各地的英雄纪念碑前都会举行悼念活动。供奉在纪念碑前的就是火红的钩织罂粟花。第一次世界大战时，法国北部以及比利时的荒野曾有激烈的战斗，战争结束后，战场上开满了鲜红的罂粟花，罂粟花也因此被作为在战争中牺牲的兵士的象征。到了20世纪20年代，英国退役军人协会出售红罂粟花纪念章，开展针对战死者及其遗属的慈善活动和捐赠。现在，每年11月前后，车站前都会有相关慰藉战死者的志愿者团体捧着募捐箱，在捐赠人的胸前佩戴上纸制的红罂粟装饰花，这时随处可见红罂粟花的图案。英国作为军事强国，现在依然有很多军人奔赴战争前线，对于战死者的纪念活动也不仅是过去的事情，对于现在的许多人来说，也是自己身边的事情。

2016年，来到切尔西花展会场的人们，都被那30万朵鲜红的手工罂粟花深深地震撼了，不敢相信它们竟然是用双手一朵一朵做出来的。对战死者、战争、和平想要表达的千言万语都融入在红罂粟花的一针一线中。我相信，深埋在这壮美的空间中的最安静、最强烈的愿望一定传到了烈士们的心中。

撰稿／野口 光

右／会场荣军医院是退役军人的疗养基地。外出时穿着红色制服的入住者是切尔西地区独特的风景线

下／墨尔本的联邦广场。左起依次是红罂粟项目的发起人玛格丽特·奈特、林恩·贝里和园林设计师菲利普·约翰逊

低调的奢华
可以穿十年的毛衣

Eternal Sweater

photograph Shigeki Nakashima styling Kuniko Okabe hair & make-up Hitoshi Sakaguchi model Alexandria, Nete Marie, Jill

真丝、安哥拉山羊毛、开司米、马海毛，还有优质的羊毛，选择这些穿着体验绝佳的上好材质的毛线，编织时只要在尺寸上稍加变化，就可以满足各种年龄段的人的穿着需求。极简的设计，才能穿得更长久，也才会适合更多人。经年累月的穿着痕迹，也别有一番风味。要不要来一件最强毛衣？

SIZE Comparison ▶▶▶ Page 22、23

M 号和 XL 号的尺码对照，后文会统一用图片说明。敬请参照。

小卷边黑白条纹款开衫

将经典的条纹图案编织成开衫，这很少见。圆圆的下摆，领口和袖口没有经过特别处理，边缘呈自然卷曲，是非常可爱的元素。没有前门襟，很方便完成。

设计 /SAICHIKA　制作 / 德永穗积
编织方法 /98 页
使用线 / 和麻纳卡

Eternal Sweater

帅气的卷边设计成就了这款素雅的米色开衫

B

小卷边原色款开衫

这款高档毛线富含优良的美利奴、安哥拉山羊毛以及真丝。自然的原色毛线充分展现了素材的质感，编织出的这款极具质感的开衫，非常漂亮。百搭的颜色，在秋冬季节可以随意搭配。

设计/SAICHIKA　制作/中之森路子
编织方法/98页
使用线/和麻纳卡

特别的随性风格，将高级素材不露痕迹地运用在日常中

C

经典罗纹领气质灰套头衫

简单的罗纹领插肩袖毛衣，给人印象最深的是从沿着胁线向上延伸至袖下的扭针线条。这种不经意的感觉非常棒。适中的领窝也很让人喜欢。

设计 /yohnKa
编织方法 /100 页
使用线 /Hobbyra Hobbyre

经典罗纹领条纹款套头衫

这款XL号是藏青色和紫色组成的条纹套头衫。自然随性的廓形毛衣，得益于高级的素材，非常适合成年女性。不装模作样，不矫揉造作，非常随性地穿在身上。

设计 /yohnKa
编织方法 /100页
使用线 /Hobbyra Hobbyre

E

中性风大V领开衫

用100%开司米毛线仔细编织的经典开衫，穿在身上异常轻柔，流行的中性风呼之欲出。它又名“爷爷的开衫”，是永不过时的款式。

设计 / 风工房
编织方法 /102 页
使用线 / 芭贝

Eternal Sweater

可以和任何衣服搭配，
是令人怀念的经典开衫

F

经典款双口袋开衫

这款圆领M号开衫，浅浅的口袋和别致的纽扣增加了许多可爱的元素。下摆、袖口、衣领、前门襟等处编织起伏针，和XL号加以区别。

设计/风工房
编织方法/103页
使用线/芭贝

G

圆领修身款插肩袖套头衫

这件修身款开司米毛衣的亮点在衣领到袖窿处的设计。这是非常适合插肩袖的简单又耐看的设计。蓬松、柔软，手感颇佳。

设计 / 兵头良之子　制作 / 小泉香织
编织方法 /104 页
使用线 / 和麻纳卡

Eternal Sweater

细腻的光泽令人倾倒，
简洁得无一物多余

H

深V领廓形中长款套头衫

这款XL号的毛衣散发着高级素材特有的沉静韵味。中长款的设计、廓形的款式，富有女性风情的元素让人沉溺其中。深V领的设计也很漂亮。和牛仔裤搭配肯定也很好看。

设计/兵头良之子　制作/矢部久美子
编织方法/104页
使用线/和麻纳卡

以精致的镂空花样为亮点，
提升优雅的气质

镂空花样灰紫色款套头衫

即使是成年人，也会对镂空、蕾丝、蝴蝶结、花边等元素有着莫名的喜爱。这件套头衫的镂空树叶花样让人爱不释手，后身片略长的设计也颇为人称道。

设计 / 西村知子
编织方法 /106 页
使用线 /Avril

J

镂空花样灰橙色款套头衫

这款M号选择了有灰度的橙色。马海毛的绒毛蓬松又柔软，就像小猫咪一样可爱。为了充分发挥素材的质感，这里松松地编织。

设计 / 西村知子　制作 / 八木裕子

编织方法 /106 页

使用线 /Avril

手编特有的快乐在不经意间降临

纵向条纹海军蓝长开衫

用海军蓝色毛线编织的这件修身款开衫，尽显女性魅力，很适合办公室的白领。三种颜色的纽扣可爱中又带着点俏皮。快来享受手编的快乐吧。

设计 / 野口 光　制作 / 芝江由江
编织方法 / 108 页
使用线 / FGS

L

纵向宽条纹长开衫

用浅驼色线编织的这款XL号开衫花样分明。中长款开衫逐渐延伸的线条非常优美。选择喜欢的颜色时的纠结，也是手编的乐趣之一！

设计 / 野口 光
制作 / 胜又富子
编织方法 /108 页
使用线 /FGS

稍微改变一下领口，
就像施了魔法一样

深V领前短后长套头衫

粗线特有的慵懒感最适合鲜艳的红色！这种设计很适合XL号，深V领和下针编织的下摆真正的妙处在于针数和第N款的M号相同。编织真有趣！

设计/原田睦美
编织方法/110页
使用线/Avril

Eternal Sweater

N

带肩扣圆领款套头衫

这件可以快速完成的粗线套头衫是M号的。肩部的纽扣起到画龙点睛的作用，改变了这件毛衣的风格。袖和身片的连接处也是粗线特有的效果，非常有意思。

设计 / 原田睦美
编织方法 /111页
使用线 / Avril

Eternal Sweater

永恒的毛衫

SIZE Comparison

尺码对照

将M号和XL号排列在一起。不仅可以选择适合自己的尺码，也可以感受平常不穿的尺码的分量感，或者作为定制毛衣的参考尺寸。

XL号

M号

XL号

M号

G
XL号
M号
H
I
XL号
M号
J
K
XL号
M号
L
M
XL号
XL号
N

GO!GO!编织探险队（18）

队长／广濑光治

photograph Yukari Shirai illustration Yosuke Kihara

我经营编织教室已经接近20年了，学生也伴随着它一起成长。近来，我感觉身边的人有关身体状况、住院的话题变得多了起来。去年队长本人左手的无名指和小指也不小心骨折了，有一个多月的时间不能编织，不得不度过了一段十分寂寞的不能拿针的日子。我意识到，即便是我觉得自己还年轻，但总有一天握力会减弱，也会变得不能编织，正好我看到了《毛线球》的一篇报道《通用钩针》，介绍的是与市售的钩针形状不太一样、专门让手不太方便的人能够体验编织乐趣的工具。于是我马上去拜访了设计者平田信子女士。

我的目的地是位于琦玉县的咖啡和美术展览室。这里是编织和手作咖啡厅，在用餐区域之外的一侧空地，展示有代售的手作商品，是一家充满温情的小店。平田每个月会在这里举办多次讲座。她的通用钩针的设计灵感和曾经毕业于护士学校并在大学医院当过护士的经历分不开。她成为专职主妇后，一直在继续编织的爱好，还获得了宝库系统的手编师范资格。4年前，她在学习的时候想到了这个创意。当然，演变为现在这个形式，也不是一朝一夕的事情。最初，她在百元商店购买了树脂黏土来制作模型，经历了无数次失败。但她凭借天生的进取心，与曾经教过她的医生、毛线厂家多次研究，并为成品申请了专利。平田的热情还感染了学生及周围的人，为在平成25年（公元2013年）她与琦玉市产业创造财团的相遇埋下了伏笔。后来，她逐渐制作出来完成度高的试验品，开始转向商品化，并最终获得了支援创业人士的创业补助金，还在琦玉市新商业大奖赛中获得了女性创业奖。让真正手不方便的人，也能体验到编织的乐趣，如此情怀，令许多人感动。

我也试着使用了一下通用钩针。将钩针插入主体中，并用附带的带子固定在手指上。钩针与手指接触面积很大，不会有多余的负担，很舒适。我试着钩织了一下锁针，几乎不需要用很大力气，很顺畅。我又尝试用手腕的力量钩织，力道虽然不太称心，但也能钩织。教室的学生也在协助试验，验证其作为老年社会福利设施的便利性。

钩针与以往相比用起来更加方便了。什么样材质的握柄更不易疲劳，把针头变小使其更容易插入针目中等，这些细节方面的革新，生产钩针的企业也在不断努力。但从不同视角出发的通用钩针，对于高龄编织者以及心虽向往但手劲不足者，也带来了一丝希望。平田说，“我还在考虑棒针是不是也能有辅助工具呢。”曾经非常支持她的丈夫，在多年前就已故去，但是他一定还在天堂继续鼓励着平田吧。队长今后也将继续支持平田的活动。

队长由于骨折才意识到，编织时是要用到两只手的所有手指。一生都能与针为伴，真是最大的乐事

广濑光治：
小时候便对手工很着迷，工作之后，利用业余时间学习编织。曾在日本宝库社担任编辑。为了编织的普及，足迹踏遍日本各地。现任母校霞丘手艺学院院长。

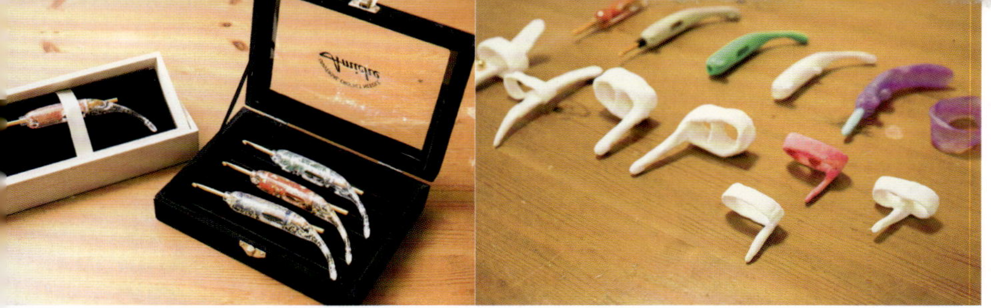

盒子也是请人专门制作的，在各种细节中都体现出了平田的用心

成品前的试验品。这只是一小部分

平田活动的区域就在我的老家，她的弟妹是我以前的同事，真是有缘

平田老师从自身经历中汲取经验，开发出这款通用钩针，为社会做了贡献。我也会继续支持作为创业者的她

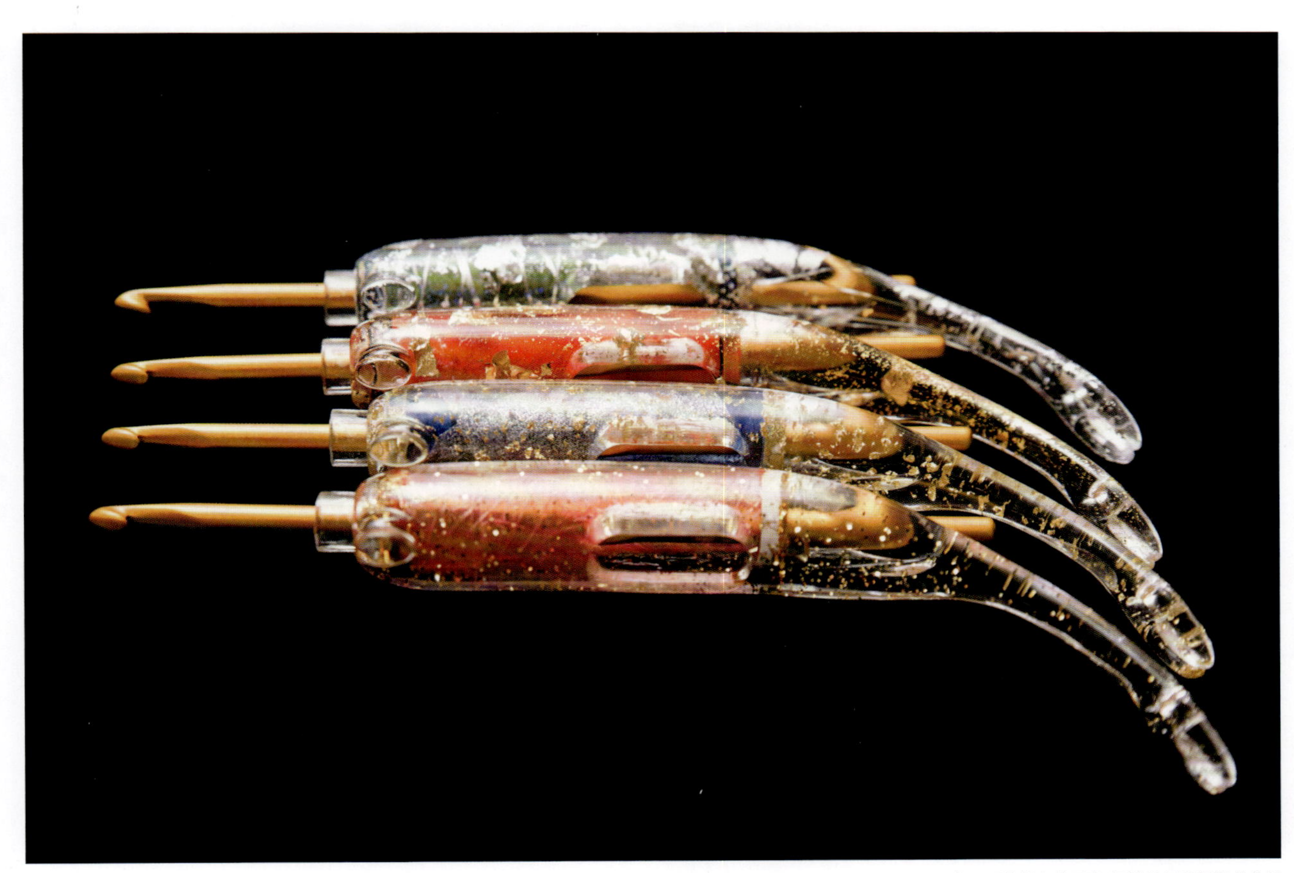

加入了梦想中的元素，还设计了升级版的作品。以“四季”为主题的4类(自上至下)悠、锦、萤、曙，希望能让编织更加有趣

平田信子：
编织沙龙amiche主管。曾在大学医院担任护士，因结婚而离职。之后，取得了日本编物文化协会的讲师资格，以琦玉、大宫为中心，作为手编讲师举办活动。开始着手不依靠手指的力量就能使用的钩针的开发，最终成功制作出了通用钩针“amiche”，广受欢迎，获得了琦玉市新商业大奖赛2015“女性创业奖”。

位于东大宫的平田活动的根据地，pukatto咖啡和pukatto美术展览室

按色彩表 玩转段染线

今年的段染线和往年相比，更加色彩斑斓。该怎么玩转它们呢？《毛线球》中耳熟能详的编织大师们，亲自来为大家传授段染线的各种玩法。

photograph Hironori Handa styling Masayo Akutsu hair & make-up Naoyuki Ohgimoto model VLADA DJACHUK

亮色系

笠间绫的玩法 之一

笠间绫之字条纹

半身裙

将想使用的颜色逐个找出来，一边编织小样片，一边思考色彩的组合方法。最后，作为提亮色加入了冷色调的蓝色，使整体的效果具有层次感。就像做料理一样，选择喜爱的食材，决定好要做什么菜后，还要试着加入一些令人意想不到的食材，才可能有意外的惊喜。

编织方法 /112 页
使用线 /Ski 毛线

亮色系

笠间绫的玩法 之二
笠间绫枣形针长围巾

段染线编织时会因为宽度和织片不同，呈现出不同的效果。这种亮色线，取1根线编织的话，会产生柔和的色调；取2根线编织的话，混合的色调看起来浑然一体。如果取1根线编织枣形针的话，颜色聚集到一个个毛绒球上，就像一颗颗水果糖，编织出来的成品很容易激起人的食欲。

制作／佐藤裕美
编织方法／113页
使用线／Ski毛线

深色系

冈真理子的玩法 之一

冈真理子粗花呢 套裙

深色调的粗花呢线应该更适合织成套装。多色的长间距段染线，通过编织上针、滑针将前、后行的颜色混合在一起，整体的感觉就变得柔和起来，富有韵味。红色和段染的金银丝线的光泽营造了热带鱼水槽的气氛。它是一件可以给人带来满足感的作品。

制作 / 指田容子
编织方法 /114 页
使用线 /Ski 毛线

深色系

冈真理子的玩法 之二
冈真理子方格花样
堆领毛衣

带粒结、给人沉静感觉的毛线，加入风格完全相反的金银丝线，增加了亮度和光泽。在衣领和衣袖部分使用细腻亲肤的段染线编织，和加入金银丝线编织成四边形的部分进行区分，这也是编织的乐趣。配色花样是方格状的，只用于身片部分。

制作 / 内海理惠
编织方法 / 116 页
使用线 / Ski 毛线

糖果色

河合真弓的玩法 之一

河合真弓糖果色花片一字领套头衫

用连编花片的方法将颜色可爱的段染线织成美丽的毛衣。用不同颜色的线编织花片，每一片都是独立的颜色，看起来像换了好多种颜色，似乎是很复杂的配色，这就是段染线的魔法。可以简单地完成一件有趣的作品。

制作 / 石川君枝

编织方法 /118 页

使用线 / 内藤商事

糖果色

河合真弓的玩法 之二

河合真弓配色花样

开衫

为了活用粉色调的段染色，在单色线中加入白色和粉色编织配色花样。因为是以段染线为基础的，所以简单的几何图案也像蒙上了一层云霞，散发着一种微妙的感觉。边缘部分编织双罗纹针配色花样，营造柔和的氛围。

制作／堀口美雪
编织方法／117页
使用线／内藤商事

牛仔色

兵头良之子的玩法 之一

兵头良之子中性风

镂空袖套头衫

中性的牛仔色段染线，通过在衣袖部分编织镂空花样，营造出一种柔和的氛围。美丽的渐变色和衣袖的花样融为一体。建议从领口开始编织。

制作 / 饭田奈津子
编织方法 /120 页
使用线 / 内藤商事

牛仔色

兵头良之子的玩法 之二

兵头良之子菱形网格套头衫

长间距段染线在编织过程中不用换线，可以毫无压力地完成。主体部分用钩针织出网格花样，衣领、袖口、下摆用棒针编织双罗纹针，这样衣服整体就会呈现一种休闲、随性的轻快感。

制作 / 山田加奈子

编织方法 /124 页

使用线 / 内藤商事

烟熏色

大田真子的玩法 之一

大田真子褶边高领背心

用烟熏色的段染线编织简单的花样，然后在胸前、袖口、衣领、腰部加上镂空褶边，不会过于甜美，营造出复古风的浪漫氛围。

制作 / 须藤晃代
编织方法 / 123 页
使用线 / 钻石线

烟熏色

大田真子的玩法 之二
大田真子荷叶袖
套头衫

这款散发出古朴气息的镂空花样的套头衫，让人想起奶奶以前穿的怀旧风衣物。胸前的育克部分看起来像是拼接而成的，酒红色很醒目。再充分利用褶边，演绎浪漫的感觉。

制作 / 须藤晃代
编织方法 /128 页
使用线 / 钻石线

多色混合系

冈本启子的玩法 之一

冈本启子麻花花样

双排扣夹克

使用段染线时，要先看看颜色的变化规律，然后再决定设计思路。这件夹克想让段染线的特征更加醒目，据此确定了麻花花样交叉的行数。在前门襟和衣领使用颜色稍重的单色线，和段染线搭配出张弛有度的效果。

制作 / 宫崎满子

编织方法 /126 页

使用线 / 钻石线

多色混合系

冈本启子的玩法 之二

冈本启子圆育克长开衫

身片是另外编织的，在非常具有个性、色彩分明的段染线中加入单色线，缓和了前、后身片的色彩差异。下摆处的罗纹针使色调统一。育克部分做往返编织。段染线最适合编织圆育克！

制作／宫本宽子

编织方法／130页

使用线／钻石线

奢华的动物毛线

photograph Shigeki Nakashima styling Kuniko Okabe hair & make-up Peko Kanesaka model Alice

改变颜色

容易搭配的蓝色、经典的灰色以及今年的意大利风新色之紫色。通过改变颜色，休闲的衣服也会变身时尚风，编织时让人心情愉悦。
共15色
从上至下(117)、(105)、(119)

黑色V领开司米背心

动物毛线之王——印度黑色开司米线编织了这款阿兰花样中长款背心。下摆的罗纹针稍长，做个开衩，会更便于活动。开司米线的手感非常好，极其轻暖，穿之如无物，在毛线中占有极其重要的地位。

编织方法/134页
使用线/和麻纳卡

原色羊驼毛圆领套头衫

和麻纳卡新品毛线Alpaca Leggero是将Super Fine Alpaca加以改良制成的超轻柔毛线。蓬松、柔软、细腻、轻盈，即使用英式罗纹针编织成套头衫也有着令人惊叹的轻柔感。使用原色线编织，无论是秋季还是冬季都很适合。

编织方法/133页
使用线/和麻纳卡

改变颜色

颜色是素雅的由深到浅的茶色系,很有天然的感觉。从上向下依次是灰色、浅灰色、米色。无论什么颜色，都是羊驼毛的天然颜色,带着微妙的感觉,最适合用来编织精致的成人款毛衣。

共8色

从上至下(3)、(2)、(5)

超细小马海波莱罗短上衣

原产于南非的马海羔羊毛中最优质的超细小马海（Super Kid Mohair）含量在70%以上的 Mohair <Count10>非常轻柔，是手感颇佳的常销毛线。线材很细，可以选择喜欢的颜色将其合并成具有个人风格的配色。这里取了3根同色系的毛线合成1股，用起伏针编织出这件缝合较少的短上衣。

编织方法 / 135页

使用线 / 和麻纳卡

改变颜色

真丝般的光泽，长长的绒毛，给整体的颜色增添一种朦胧感。3色粉色系、茶色系和金色、墨蓝色和浅蓝色等，将同色系的颜色组合在一起，形成比较沉稳的色调。

共36色

从上至下(81)+(51)+(3)、(94)+(83)+(3)、(90)+(82)+(4)

Collaboration Knit
Kazekobo × RichMore

长段染短袖长外搭

这款和麻纳卡Kaunis毛线含有50%以上羊驼羔羊毛，并含有超细马海毛（Extra Fine Mohair），是非常轻柔、美丽的同色系长间距段染毛线。特殊的捻线方法使这款毛线的蓬松度非常好，有一种沉静之美。这里使用深色系毛线织成了一件外搭。

编织方法 /129 页
使用线 / 和麻纳卡

改变颜色

今年的新色是绿松石色、森林绿色、砖红色。具有意大利风情的颜色很适合编织简单的花样。因为线材偏粗，所以很快就可以完成一件衣服，还可以从秋穿到冬。
共9色
从上至下(2)、(13)、(11)

红色＋多色

使用质地较厚的起伏针编织的袜子，不但蓬松，更有独特的形状。选用单色线和流行的袜子线，采用横向渡线编织配色花样的方法完成。可以将袜口的双罗纹针部分向外翻折，编织终点仔细处理，也是编织时的要点之一。

设计（5件均为）/西村知子

编织方法/137页

使用线/奥林巴斯手编线

调色板

Color Palette

蓬松可爱的秋色毛袜

对抗寒冷，从脚开始。配色花样的毛袜，能带来极致的暖意！独特的形状，也令人兴致勃勃。

photograph Shigeki Nakashima　styling Kuniko Okabe　hair & make-up Hitoshi Sakaguchi　model Alexandria

蓝色＋多色

这是袜口选用了单罗纹针编织的长款毛袜。除了配色上的变化，在各个细节处加以变化，也是手编独有的乐趣。这款毛袜，由于反面使用的是横向渡线的方法，保暖性极强。

浅褐色＋多色

浅褐色线与多色线交替排列，组成了方格花纹。复杂的颜色交替，令整体看起来更加有趣。袜口使用钩针编织，浅浅的边缘上，一个个狗牙针显得特别可爱。

黑灰色＋多色

这是在红色款的基础上变化而成的另一个款式，袜口处编织了双罗纹针并翻折，系上牛角扣后，看起来就像是编织的靴子一般，穿脱十分有趣。素雅的配色，适合作为礼物送给男士。

橙色＋多色

这款毛袜淋漓尽致地挖掘出了色彩中所蕴含的能量。鲜艳的橙色与暖色系的混合，只是看上一眼，就能让人充满活力。袜口位置使用钩针环形钩织了松叶针。

SILVER REED

65 年的专注

银笛 SK280 专业编织机

从 1952 年第一台银笛编织机诞生到 1972 年银笛发明世界第一台电子编织机，被大英博物馆永久收藏。银笛专注编织机的研发生产已经走过 65 个年头。如今已经成为美国、英国、法国、日本、俄罗斯、加拿大、泰国 大量国外编织设计师的首选。

毛线店主和编织爱好者共同的选择！

应广大顾客需求，
新款包活力上市。

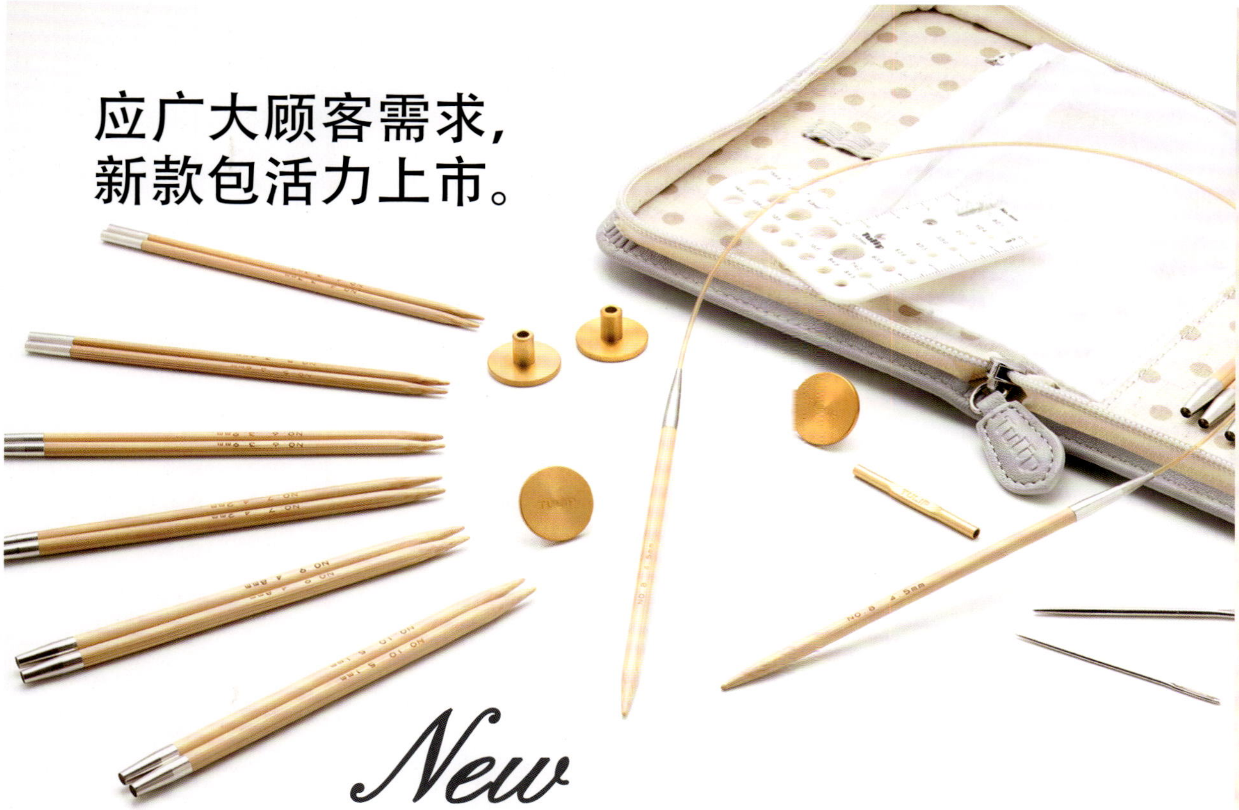

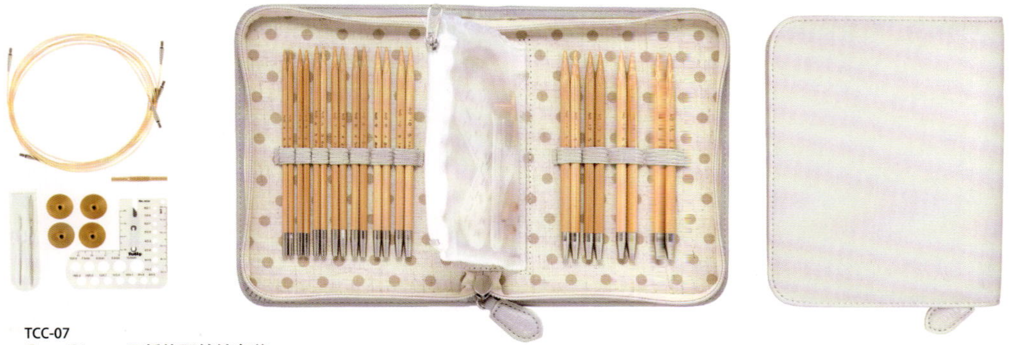

New

TCC-07
CarryC Long 可拆换环竹针套装

套装内容：环竹针 11 付　4 号 (3.30mm), 5 号 (3.60mm), 6 号 (3.90mm), 7 号 (4.20mm), 8 号 (4.50mm), 9 号 (4.80mm),
10 号 (5.10mm), 11 号 (5.40mm), 12 号 (5.70mm), 13 号 (6.00mm), 15 号 (6.60mm)，连接线 3 根 (50cm, 60cm, 80cm),
延长接管 1 个, 防脱堵头 4 个, 毛线缝针 2 根, 带切线的棒针号卡(日本尺寸)，收纳包

CarryC Long
可拆换环竹针　各2根

编号	型号	尺寸
CCJA-29	4号	3.30mm
CCJA-30	5号	3.60mm
CCJA-31	6号	3.90mm
CCJA-32	7号	4.20mm
CCJA-33	8号	4.50mm
CCJA-34	9号	4.80mm
CCJA-35	10号	5.10mm
CCJA-36	11号	5.40mm
CCJA-37	12号	5.70mm
CCJA-38	13号	6.00mm
CCJA-39	15号	6.60mm
CCJA-45	7mm	7.00mm
CCJA-46	8mm	8.00mm
CCJA-47	9mm	9.00mm

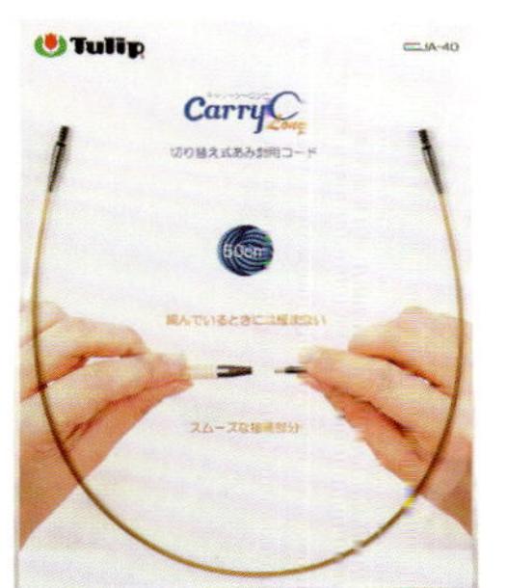

CarryC Long
替换用连接线　各1根

编号	尺寸
CCJA-40	50cm
CCJA-41	60cm
CCJA-42	80cm
CCJA-43	100cm
CCJA-48	120cm
CCJA-49	150cm

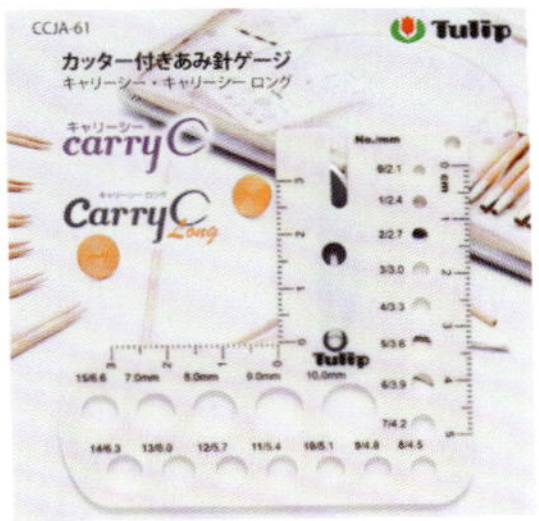

CCJA-61
带切线的棒针号卡(日本尺寸)　1个

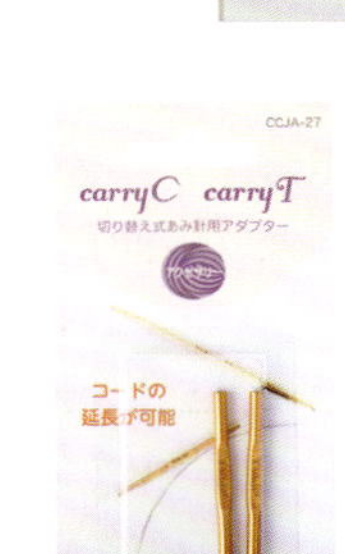

CCJA-27
连接线用延长接管　2个

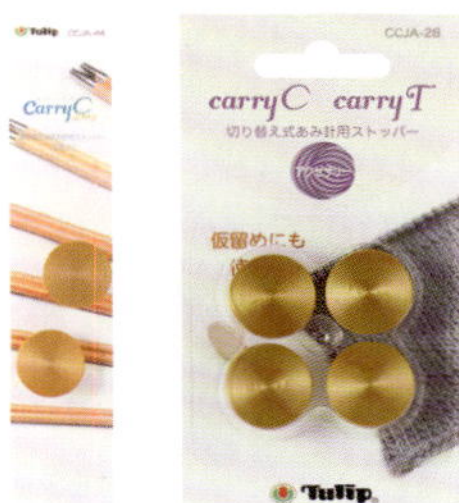

CCJA-44　　CCJA-28
连接线用防脱堵头　2个，4个

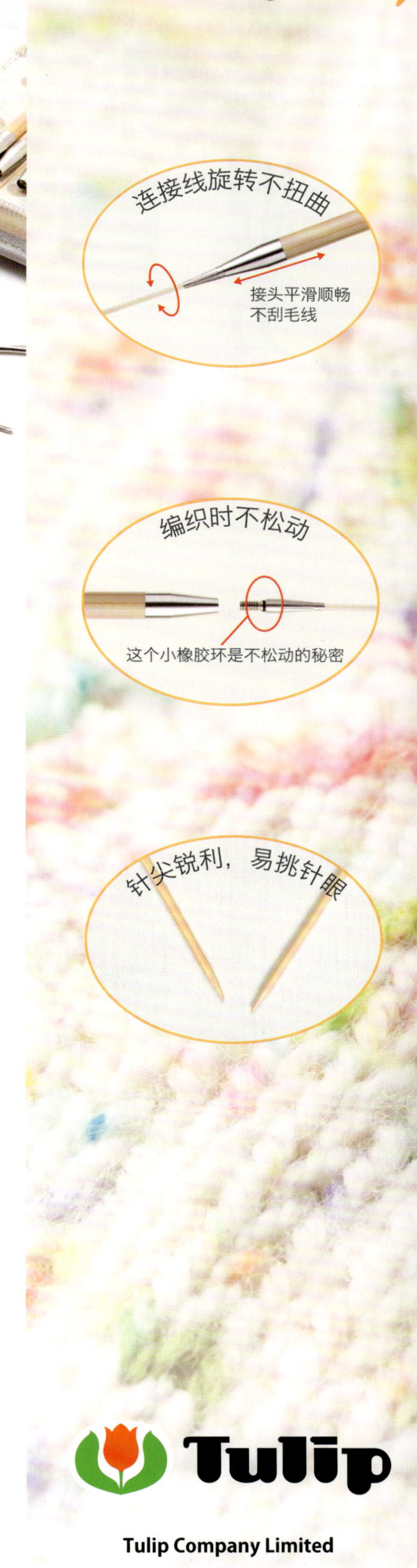

男人编织 19

梅濑真
发现故乡的魅力

（编织创作者）

photograph Yuki Morimura text Hiroko Tagaya

梅濑真：
现居山形县。从大学法学部毕业后，进入文化服装学院编织设计专业学习。毕业后，移居意大利佛罗伦萨，创立自己的品牌。设计活动带着山形县的特色，颇受注目。足球、棒球样样精通，是个运动能手。曾经在甲子园亮相，此时正值新婚燕尔。
＊10月5~18日在东京日本桥高岛屋、11月16~29日在伊势丹新宿店本馆1楼举办杂货、披肩冬季分享会

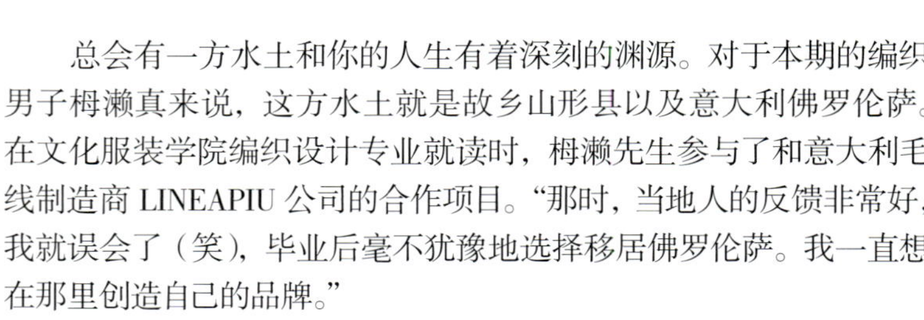

总会有一方水土和你的人生有着深刻的渊源。对于本期的编织男子梅濑真来说，这方水土就是故乡山形县以及意大利佛罗伦萨。在文化服装学院编织设计专业就读时，梅濑先生参与了和意大利毛线制造商 LINEAPIU 公司的合作项目。“那时，当地人的反馈非常好，我就误会了（笑），毕业后毫不犹豫地选择移居佛罗伦萨。我一直想在那里创造自己的品牌。”

但是，几年后却迎来了一个转折点。他在申请回国后发生了九一一事件，返回意大利的飞机停飞，只好留在了日本。那段时间他还因为踢足球受了伤，整整一年的时间都没法自由活动。那时，他还是故乡情结浓厚的意大利人的思维方式。

“我觉得山形县一无所有，早早就去了东京。但是，意大利人却觉得自己的家乡是最好的。后来，我发现其实并不了解我那叫作山形县的故乡，感觉很惭愧，就开始寻思以山形县为出发点来做些事情。”

于是，梅濑先生在自己学生时代便离开的故乡开办了手作工作室。他首先着手开发的是能体现山形县魅力的商品。

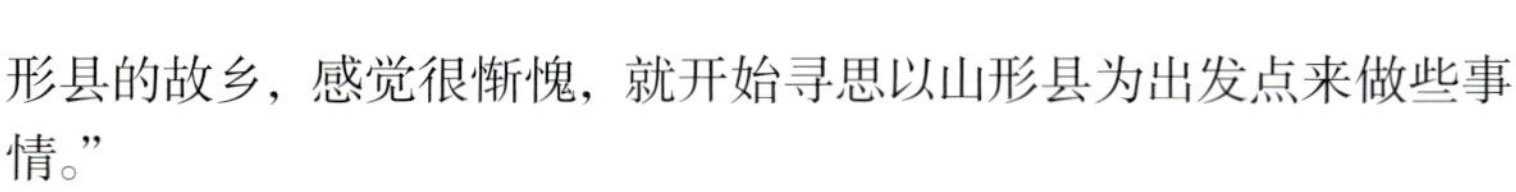

“如果能够生产一些值得让外地人专门来到山形县购买的高品质商品，肯定可以帮助宣传山形县，这些商品并不在网上出售。但是，如果只是生产高质、高价的东西，是没法广泛普及的，因此我将当地人都知道的山形县的形状——人的侧脸设计成杯垫，选择日式的颜色编织，作为当地纪念品出售，这样更容易被广泛接受、喜爱。”

这些商品提手部分是皮绳材质的，真是完美的构想。它并不仅仅是一种策略，而是用心去想才能做到的。梅濑先生追求的是专业的编织大师才有的、无法被模仿的编织方法。

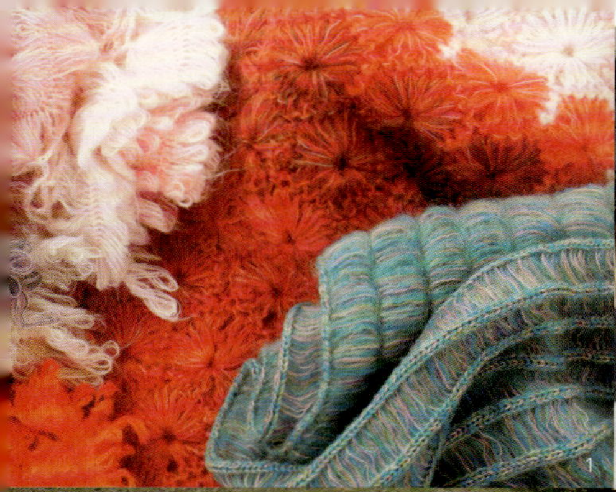

虽然山形杯垫备受注目，但为充分发挥手编和线材魅力而设计的其他作品也有着强大的存在感

1/正是因为熟悉手编，才能设计出质感、存在感一流的作品　2/比人还大的巨大山形　3/巨大山形的制作过程。使用50根以上绒毯用的毛线，用手指编织　4/当地的商店兼工作室"梅濑商店"，小学生放学后经常过来玩　5/6月刚刚举行过结婚典礼的新婚夫妇。新娘的礼服也是梅濑先生亲手编织的　6/梅濑先生的马夹也是手编的

"因为所做的是一件其他人代替不了的事情，所以就没法拜托其他编织者去做。精选山形县编织工场中使用的工业用线，然后将多根极细的线材并为1股编织，努力开发出可以最大限度发挥线材自身魅力的编织方法。例如，将2根细细的马海毛并为1股飞快地编织一番，就可以织出具有体积感且非常轻盈的作品。其他的编织方法是做不出这个效果的。乍一看很难，其实很快就能编好，这种编织方法我们其实是不会去开发的。"

寻找适合毛线自身的最快的编织方法，这是梅濑先生发现的平时很难想到的盲点。他的编织方法，立足于广阔的视角，抓到了事物的本质。"围巾的两端，一般人是不会这样处理的。但是，将两端卷起来，展现织物自身的特性，反而会有别具一格的感觉。还有上图中的橙色围巾，因为很容易挂到，很多人都对它敬而远之，但它真的很漂亮。我的目标就是开发出那些谁都会喜欢的美丽的东西。"

梅濑先生追求的并不是以年轻女子为目标客户的商品化战略，而是致力于开发品质优良、视觉优美的东西。这种精神是从意大利人那里继承来的。它体现在，先编织一条20米长的围巾，"做成环形，只需再编织1行短针"，做成富有体积感的靠垫；或者抱着好玩的心态将雅致的蕾丝手套做成边长1米的四方形特大手套，又或者是编织成10cm长的汉字形状的物品。"如果可以借此让海外人士了解日本文化的了不起之处更好"。

从高中时的足球运动员跨界来到编织世界的梅濑先生，是一边编织，一边在编织的间隙不忘抡刀弄棒的运动型编织男子，他以幽默的方式让我们重新认识编织的世界。

在染色作坊的后面是一片糯稻田。一望无际的田地与山丘蔓延开来，是在夕阳映衬下的绝美风景

在中南半岛，唯一一个没有海岸线的内陆国家，就是老挝。它大约70%的国土为山区，人口约为650万，并不算多。从民族上划分的话，却生活着40多个民族，是一个多民族国家。少数民族多生活在北部山区，大多使用古老的方法在做刺绣、纺织、染色等，有许多村落还一直遵循着民族独有的传统。

我移居老挝生活大概有3年的时间。因为缘分，原本就很喜欢世界各地的手工艺的我，到了老挝后，马上就被这里的纺织、刺绣所吸引，并想要更深入地了解。就在这时，我在家附近发现了一家销售老挝手工纺织的布的商店，开始经常光顾那里。那并不是一家特别大的店，但所销售的5000多块布大部分是老挝的旧布。“这块布是哪里的布？”“是什么民族织的布？”“你是怎么分清这些的？”我就像一个刚学会提问的孩子一样，对于自己喜欢的布，向店主提了许多问题。在详细的说明过程中，我对布的兴趣不断加深，并产生了去少数民族村落的想法。

世界手工艺纪行⑲（老挝）

使用大自然中的颜色纺织

傣泐族的筒裙

采访、撰文、当地摄影／中岛友希　摄影／森谷则秋　协助编辑／春日一枝

有一天，店主在回来的时候，给了我一块旧布片。乍一看这是一块又脏又破的旧布，实际上是傣泐族的布，上面织满了名为“Da O”的星星图案，是一块十分有质感的土色土香的布。就是这一块布，成为我要访问傣泐族村落的契机。我很想去见见织出来这样的布的人们。

为了制作黄色的液体，仅将菠萝蜜树干中的黄色部分削下来

使用身边的植物染色

少数民族傣泐族生活在老挝北部的山区。他们原本相信万物中存有精灵，秉承着精灵信仰，与自然友好共生。最近，有一些村落的佛教信仰增强，但是作为传统仪式和习惯，精灵信仰还留在生活中。

傣泐族的人们主要以农产品及女性纺织的布为生。他们将北部生产的棉线，使用身边的植物染色后再纺织。虽然它们在地理上属于东南亚，但北部地区在旱季最冷的时候可以达到10摄氏度以下，因此温暖的棉质纺织品也非常珍贵。用于线材染色的是在村庄及附近的山上采来的植物。在能够采集到丰富的染色材料的村庄，有红色、粉色、黄色、绿色、蓝色等鲜艳的颜色，还有茶色、灰色、米色等沉稳的颜色，颜色之丰富，着实令人惊奇。最近，虽然染色时使用化学染料的情况增多，但由于植物染色材料丰富、效果也比较好，许多村庄依旧在使用天然材料染色。

从因美丽的街道被收录在世界遗产中的琅勃拉邦出发，乘坐小型货车摇摇晃晃地向北走3个小时左右，再在没有修整过的路上开一段，就到达了名为那娘的傣泐族村落。这个村子，据说是拥有500多年历史的古老村落，有着传统的木质高脚屋，随处可见摇着纺车纺线和使用织布机织着大块布的女性身影。这个村庄在12年前有了电话，在10年前通了电，但依旧保存了许多原始自然的生活方式。

那娘村的女性们纺织的布，很多都销往外国游客较多的琅勃拉邦的商店。生产的主力弦东是染色专家，每天要染很多线。她以前也织布，但现在很忙，就改为只染色，再拜托村子里的其他人来织布。

她在院子里的东屋进行染色操作。院子里有散养着的鸡和鸭，庭院后面的糯稻田中，牛和山羊在大口地吃着青草。

弦东从小时候开始，通过帮着妈妈染色而学会了染色技术。她经常使用的染色材料，是在日本也广为人知的一种蓝色。菠萝蜜的树干和染色芋头是常用的染色材料。削开菠萝蜜的树干，取出内部带有黄色的部分，通过煮制，可以将线染成黄色。染色芋头，是将有一半埋在土里的芋头挖出来，切成适当大小，与菠萝蜜的树干一样，通过煮制来染色。除此之外，使用在院子里摘的姜黄也可以染出鲜艳的黄色，使用庭前的泥土可以染出灰色，身边的东西都可以用来染色。她从孩童时代就学会的染色目录，都一一记在了脑中，在染色的时候，只需调出需要的部分，再进行准备、操作就可以了。

A / 在村子中，经常能看到使用天然材料染好色、被晾在竹竿上的棉线，这是它独有的风景　B / 在村里人的生活中决不能缺少的非常重要的河。这是将线染为蓝色后，正在清洗掉多余的染色液的弦东　C / 有一定年头的蓼蓝罐子。其中带有筒裙装饰的罐子非常重要，是住着精灵的罐子　D / 正在染制靛青色的弦东。从蓼蓝罐子中拿出来的线呈绿色，与空气接触后就会变为靛青色　E / 带有傣泐族传统花样的筒裙。在下侧加入花样，是现在的主流

世界手工艺纪行⑲（老挝）

傣泐族的筒裙

围着筒裙的蓼蓝罐子里住着精灵

在进行染色加工的东屋，排列着许多装有蓼蓝染色液的罐子。老挝的环境很适合蓼蓝生存，许多染色中都会用到蓼蓝。除了傣泐族外，还有其他少数民族都经常使用蓼蓝作为染色材料，在日本也经常会用到。由于在老挝北部地区生长着蓼蓝，所以织有漂亮的传统花样的傣泐族筒裙，也使用它染色。

靛青的染色，是将蓼蓝的叶子浸入水中，发酵后，就可以制作出深沉、唯美的青色染色液了。仔细看一下蓼蓝罐子，就会发现其中有若干个是带有装饰的特别的罐子。这种装饰就是精灵专有的筒裙，带有这个筒裙的罐子中住着精灵，据说这些精灵会向其他的罐子发出指令，指挥它们变为漂亮的颜色。这让我真切地感受到这里的手工艺是与自然和精灵共存的。

将在蓼蓝罐子中多次浸泡、染色的线，拿到附近的河中仔细清洗，洗掉多余的染色液。这条河连接着村落与村落，对于生活在附近的人来说非常重要。人们会在这里洗澡、洗菜，清洗染色后的线，都是生活中不可或缺的。由于没有使用化学染料染色，所以这条河依旧保持着清澈透明的状态。

弦东没有女儿，无法把自己的技艺传授下去，她希望到还在上学的儿子结婚生子为止，一直继续她的传统手工艺的工作。她说她非常喜欢这个工作，因为有人需要。

使用简单的织布机织出复杂的花样

在那娘村附近，生活着一位织布高手卜阿东。她的家是传统样式的大型高脚屋建筑，屋子下面摆放着织布机，女人们每天都在这里织布。

傣泐族的织布属于提花织布，是挑取经线、穿入纬线，像缝制一般织布的方法，经常会将纬线穿入梭子中，用提花的技巧织布。织布时经常会传统花样中的水神图案，有幸运及除魔的寓意。除此之外，还会加上有花朵、鸡等生活中常见的东西的图案。仔细地凝视花样，你就会从精心织出的花样中，感受到织布者的想法以及生活的常态。

许多织布的花样都是上下对称的。使用只有 2 个踏板的简单的脚踏式立式织布机，就可以织出各种各样的花样。一根一根配合花样挑起经线，用一只脚踏踏板，挑起的线就会上升，再用线或棒子做上记号。每次踏踏板后，就穿过纬线进行织布。当织到一个花样的一半的时候，就该逆向重复刚才的动作，从而完成一个花样。我第一次看到织布机的时候，不仅怀疑如此简单的织布机怎么能织出细致的花样？但当看到她们数着细如发丝的经线，一点点做记号操作的时候，真是大吃一惊，她们的耐性着实令人钦佩。

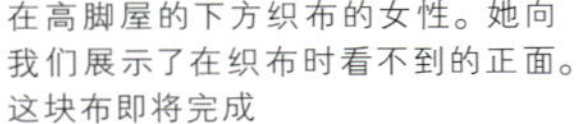

在高脚屋的下方织布的女性。她向我们展示了在织布时看不到的正面。这块布即将完成

织布的时候，都是看着反面操作，我从操作时看到的一侧是完全推测不出来是什么花样的，只能从下面看到完成的样式，这一点也令我十分佩服织布者的技术。另外，有光从上面照射下来时，布看起来一闪一闪的，令人充满了期待，每一次从织布机下面看到布的样式的时候，都让我非常兴奋。

在完成了的织布中，有近似于床罩的大尺寸花朵图案作品，近距离仔细看，会发现所有的针目都均匀准确，很难让人相信这居然是手织的作品，可谓精品。现在，能织出这样的布的人和愿意在织布上耗费时间的人在逐年减少。当卜阿东展示她的大作时说，“这块布是我用了 2 周的时间织成的，”她说话时自豪的笑脸令我久久不能忘怀。这将成为村子里年轻女性的优秀榜样吧。

不断传承的手工艺及生活

村子里的生活远离城市，看起来并不是很方便，但每次访问村落，都能感受到村里人非常热爱自己自然资源丰富的村落，也很愿意和家人享受田园生活，按照自己的节奏生活，这些令人十分羡慕。实际上，被称为秘境的老挝，每一天也会从海外传来新鲜的事物，美丽的山丘渐渐变为喷洒过农药的香蕉田等，环境也在一点点地变化。但是，当我看到他们继承了由祖先传承守护至今的生活方式时，也觉得他们是幸福的。特别是女性，如果孩子还小的话，很少能外出工作。在家织布、染色的话，就可以将孩子放在身边，平衡家庭和生活，将手工艺一直传承下去。并且，孩子在做帮手的过程中，也会一点点地记住，在潜移默化中传承下去。看到她们朝气蓬勃的样子，能感受到她们作为傣泐族一员的自豪感。希望她们能保持着这种状态继续生活下去，将传统的手工艺永远传承。

F/坐在屋檐下的脚踏式立式织布机前，女人们一边和周围的家人或者邻居聊天，一边愉快地穿着纬线快速织布　G/织满了傣泐族传统花样的布块。鸡、花朵等图案通过提花的方法展现出来　H/使用菠萝蜜、染色芋头等天然染料染成的线织成的一块布。使用的是在老挝的纺织品中常见的菱形花样　I/用于制作筒裙的布。通过提花的方法所展现出来的传统花样，配以飞白花样，使用了多种颜色，是非常漂亮的一块布。全部是天然染色　J/接近于床罩尺寸的大作。仅使用了白色线与深浅不同的靛青色线织成

中岛友希：

1982年出生于日本三重县四日市市。2013年移居老挝。被老挝少数民族的生活及手工艺吸引，主办了将其向日本推广的活动。除了在村子中能买到的商品，他还制作一些独创的商品。每年有一两次，以Hyma为名，在日本进行销售活动。

从根本上解决问题！
用AUN呼吸法过快意手工生活

【第1回】

做编织和其他针线活儿时，经常需要长时间保持相同的姿势，许多人会因此出现肩酸、腰疼、颈椎痛、手腕酸等各种不适。我开办拼布教室多年，从几年前开始，经常有学员反映身体不舒服。我总觉得自己的课程不至于让人这样，顶多是因为过于劳累或者是上年纪了。

然而去年春天，我自己也开始出现颈肩痛，痛得厉害的时候动都不能动。在出现这种症状的前半年，因为工作量很大，我平均每天的睡眠时间只有 3 个小时，而且还要照顾父亲。父亲去世后，我好像是被什么附身一样，浑身疼痛。我去医院看后，医生说这是颈椎病，需要进行康复训练。在那里，我遇见了理疗师土屋先生。

说起康复训练，大家第一印象是什么？是不是忍受疼痛、努力锻炼？当然，在一定情况下这些是必要的，但大部分时候都不需要咬牙忍受疼痛训练。“痛有百害而无一利”，这和日常的健康保健相似。从今天起，我要开始奉行“反努力论”了。

你的呼吸方法正确吗？让我们来检查一下

*请不要在柔软的垫子上（或床上）进行

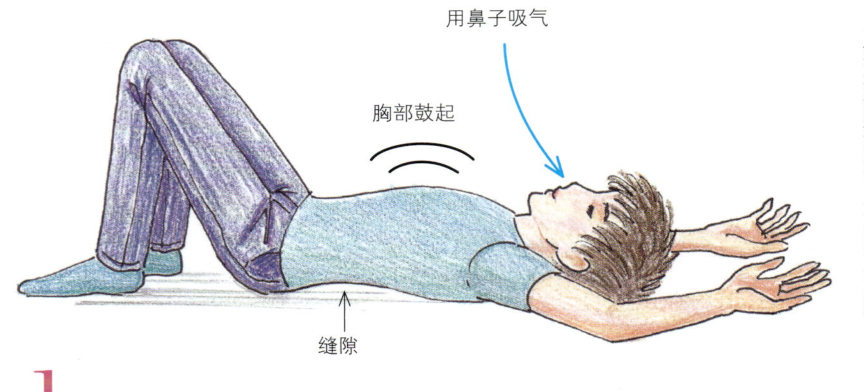

1

仰面平躺，如图所示屈双膝，双臂举过头顶。
以放松的状态缓缓用鼻子吸一大口气。

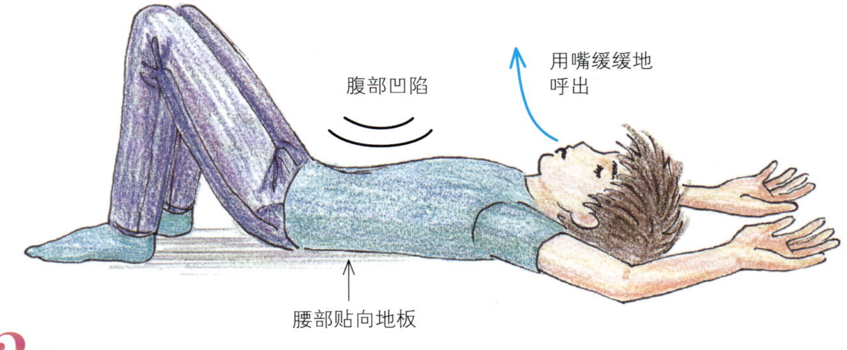

2

用嘴缓缓地呼出。
身体柔软的人在呼出时腰部会贴向地板。
如果腰部没有贴向地板，说明呼吸方法不正确。

首先，要试着提高身体的柔韧性，以改善肩酸、腰痛等症状。手工爱好者长时间以同一个姿势持续工作，是造成肩酸、腰痛的重要原因。改善的方法之一是呼吸。掌握正确的呼吸方法，可以帮助身体保持柔软的状态。首先要检查自己的呼吸方法是否正确。

摄影／芦谷 淳

下面开始不可思议的治疗方法。因为我的颈肩问题过于严重，以致双手都无法自由活动，所以我先从脚部进行调整。然后，为了提高背部的柔韧性，减轻颈椎的负担，开始进行呼吸训练。先深深地吸气，然后缓慢地呼出，每天进行5分钟这样的深呼吸，练习3次，坚持一周。咦？感觉身体轻盈了不少，竟然度了3千克……大约半年前，我想塑形，开始调节饮食并练习瑜伽，但体重依然没能减下来，对于我来说，能够通过呼吸来减重真是个奇迹……配合着呼吸再做一些简单的训练，颈椎和肩膀的酸痛就减轻了。不仅如此，更让我吃惊的是体重以每个月3千克的速度向下减，半年后我竟然成功减下了20千克！

同时，我还配合着形体训练。我开始改正工作时的姿势，矫正身姿，使用最放松的姿势工作。大约在我的康复训练结束时，土尾先生从医院独立出来，成立旨在解决广大手工同仁困扰的“AUN”健康教室。它的名称来源于呼吸时的声音“阿（A）吽（UN）”。

呼吸是非常重要的事情，人体的一切都和呼吸息息相关。意外的是，很多人都没有用到正确的呼吸方法。

（拼布大师/上田叶子）

使用正确的呼吸方法
目标是一天3次，一次5分钟！

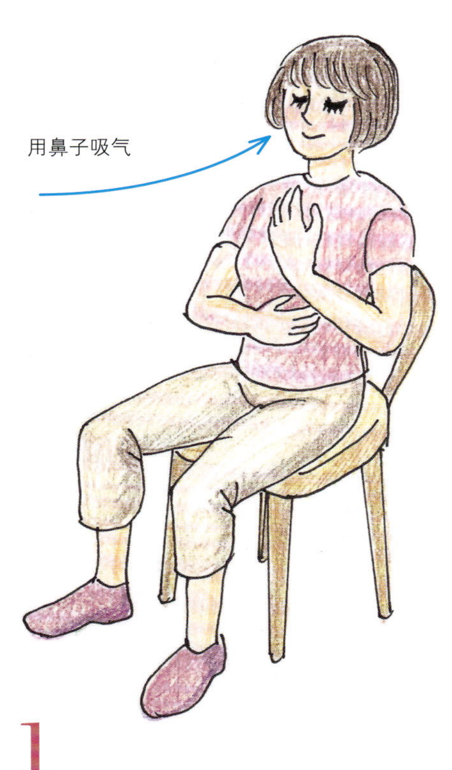

1

背部不要靠向椅子靠背，保持腰部直立的状态坐好。
双手放在胸前和腹部，
一边用双手感受胸部的起伏，
一边用鼻子缓缓地吸气。

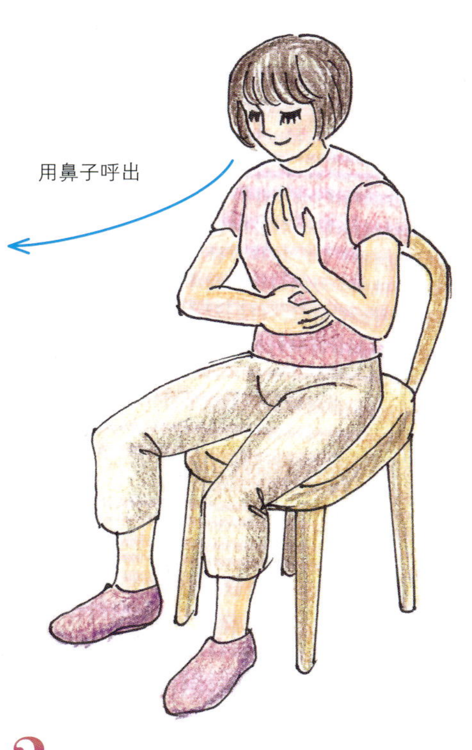

2

一边用双手感受身体的收缩，
一边用鼻子缓慢而悠长地呼出。
重复动作1、2。

AUN：
拼布大师上田叶子和理疗师土屋元明携手成立的旨在帮助饱受肩酸、腰痛等病症困扰的手工爱好者的跨行业机构。在手工爱好者之间以及相关活动上举办的研讨会颇受好评。在镰仓的“Aun Relaxation Gallery”，除了举办艺术和手工艺研讨会，还积极开展关爱手工爱好者健康的活动。9月3日~10月27日，举办“AUN展”，并在展会期间开办研讨会。

按照图解呼吸时，腰部之所以会接触到地板，是因为呼气时胸部下沉，会连带着腰部动作。双臂上举的姿势使胸部和腰部呈反向运动，和呼气的动作相反。所以，可以在双臂上举的状态下使腰部接触到地板是身体柔软的象征。尽量不用劲，通过呼吸来完成，这点很重要。

如果是为了使身体变得柔软而努力，则没有任何意义。努力就说明用劲了，这和柔软的内涵是相反的。今天起，让我们通过“反努力论”让自己变得柔软起来吧！

（理疗师 / 土屋元明）

大塚阳子的时尚建言

vol.19

2016秋冬时装展人气再续

今年秋冬的时装展大作已经出炉。国内外都在对编织作品大加赞扬，在市场上也引起了广泛的讨论，颇具话题性。虽然只有编织作品，但从传递手编温暖的作品，到可以用家庭编织机完成的作品，以及一体型服装（Whole Garment），还有爵士特质的服装，真是令人应接不暇。这些作品共同的特点是优良的穿着体验和恰到好处的尺寸等。上一季非常流行的“外套+开衫”，在本季时装展中依然备受瞩目。这些要素重叠在一起，也是本季时装展人气之所在。

下面，从本季秋冬时装展中选出4名设计师的作品以飨大家。

MOTOHIRO TANJI（丹治基浩）

本栏目已经屡次介绍过丹治基浩，如今他的作品愈发具有艺术性、时尚感。和日常穿着的服装不同，他设计的衣服大多倾向于舞台服装。当然，除了在时装展上发布的作品，他其他作品的基本线条都不张扬，稳重内敛。在时装展上，为了让人们看清楚复杂织片的织法，特地选择了较浅的颜色展示，这正是设计的灵魂。

HIROMICHI NAKANO（中野裕通）

中野先生也是经常在本栏目登场的设计师之一。本季时装展，他发布的作品专注于色彩的独特运用，选择的线材是蓬松柔软、手感轻柔的马海毛材质。有的是将柔和的同色系搭配在一起，有的是将对比鲜明的色彩搭配在一起，富有变化的灵动性。他的作品以返璞归真的简单设计为基础，只要改变色彩搭配，无论哪个年代都不落伍。

YUKI TORII（鸟居由纪）

大胆的刺绣成片地绽放在套头衫或者开衫上。本季时装展的主题是“用花与歌剧歌唱”，既然用到刺绣，必不可少的就是花朵图案的刺绣。华丽、楚楚动人的花朵，也代表着女性自身的魅力。选择自己喜欢的花朵，试着在自制的毛衣上绣上画龙点睛的图案吧，可以体验到不同的乐趣哦。

YUMA KOSHINO（小筱由实）

具有厚重感的廓形披肩和超短款开衫设计得非常摩登、漂亮，用来搭配日常穿着的衣服，绝对够抢眼。它的编织方法其实并不难，只要下定决心编织，一两天绝对可以搞定。要不要试着穿上这么一件英姿飒爽的衣服出门？用不同的颜色多织几件，根据当天的心情选择不同的颜色穿，还可以帮助培养我们的时尚敏感度。

大塚阳子：
时装新闻记者。一直采访东京时装展，还参加巴黎、米兰等国际时装展，精通海外时装信息。担任东京时装设计师协会（CFD）会长。

图片提供：
鸟居由纪、中野裕通、小筱由实=CFD（中村信也）
丹治基浩=MOTOHIRO TANJI

YUKI TORII
（鸟居由纪）

MOTOHIRO TANJI
（丹治基浩）

YUMA KOSHINO
（小筱由实）

HIROMICHI NAKANO
（中野裕通）

1/ 不管是在喝茶，还是聊天，编织都不会停 2/ 驯鹿对挪威人来说是非常珍贵的动物 3/ 安和卡洛斯家附近的浆果开始成熟了

Arne & Carlos

安 & 卡洛斯的庭院 vol.12

text & photograph Setsu Inoue special thanks Nordic Culture Japan
photograph Shigeki Nakashima styling Kuniko Okabe hair & make-up Peko Kanesaka model Alice

安&卡洛斯的庭院也迎来了些许秋意。
但夜色依然降临得很晚。
白天在开满花朵的庭院劳作，
晚上在阳台的柔和光线下享受编织的乐趣，
多么奢侈的时光啊！
这次介绍的是安和卡洛斯非常喜欢的驯鹿图案的帽子。
“小物很快就编好了，比较有趣。
希望大家用自己喜欢的颜色配色。”

他们想通过改变线的粗细给人偶也编织一项帽子

Arne Nerjordet
安（右）
Carlos Zachrison
卡洛斯（左）

挪威人安和瑞典人卡洛斯相遇后，在2002年组成了设计二人组“安&卡洛斯（Arne & Carlos）”。在奥斯陆以北180公里的地方，他们改建了一个废旧的车站，作为自己的家兼工作室，进行创作活动。他们的设计特点是从挪威的传统图案、斯堪的纳维亚半岛的民俗艺术和雄伟的自然中汲取灵感。

他们将挪威的传统编织加上自己的风格形成《安&卡洛斯的挪威编织》一书，成为挪威的畅销书

驯鹿图案尖顶帽

在帽子上加入挪威人钟情的驯鹿图案，这种设计就是安和卡洛斯的风格。改变颜色，或者在帽顶加上毛绒球，可以尽情尝试各种变化。

制作 / 牧野学院
编织方法 /139 页
使用线 / 芭贝

手钩杯垫

爱玩美手工DIY美好时光

【教育培训&企业团建&学校社团服务】

爱玩美手工打造一站式B2B2C手工特色教育培训平台,国际大师、大学老师、非遗传人、民间艺人、日本手艺普及协会证书……这里汇聚行业“名师、课程和证书”，兴趣班、证书班、专题班、非遗班、研学课，想学什么就学什么。

01

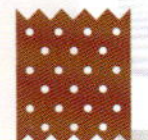

拼布

- □ 布艺包包课
- □ 布艺装饰课

02

刺绣

- □ 刺绣小物课
- □ 刺绣双面镜

03

编织

- □ 绒球动物课
- □ 围巾编织课
- □ 手鞠球

04

花艺

- □ 压花实用物品课
- □ 永生花课程

05

黏土

- □ 黏土相框画
- □ 黏土小作品

06

皮艺

- □ 皮艺卡包课
- □ 皮艺包包课

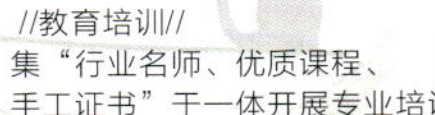

//教育培训//
集“行业名师、优质课程、手工证书”于一体开展专业培训

//企业团建//
为企业、行业、协会、团体、社群等量身定制手工艺团建活动

//学校社团服务//
学前教育、基础教育、职业教育、特殊教育、高等教育手工课堂

编织围巾

拼布壁饰

抱抱熊

昆虫刺绣小件

祖母方格毯

课程咨询/预约：
顾老师：13733865092
韩老师：15136180931

郑州市郑东新区祥盛街27号出版产业园2期C2-407~438

微信公众号

抖音号

Silk&Mohair
顶级丝马海

柔娆轻曼
妩媚纤细

上海美悠贸易有限公司
淘宝店铺:美悠铺
淘宝店铺地址:meiyoupu.taobao.com

淘宝店铺二维码

我家的狗狗最棒！

与狗狗在一起

photograph Hironori Handa

从命中注定的重逢到现在已经有两年半了
狗狗作为家里的一员，给阿等他们带来了许多欢乐。

名字是来源于狮子王的故事。
阿等说，和丛林之王也是有一些关系的……

那是一年中最冷的时候，阿等与他的妻子庆子在经常去的商店的宠物区，看到了一只肚皮朝天、睡得毫无防备的小狗狗。庆子对它一见钟情。阿等觉得，如果是在家中饲养的话，最好是吉娃娃那样大小的狗狗，因为混血的狗狗以后会长到多大很难说，就说服庆子放弃。但是，在那之后，心里没有完全放下的庆子，在去另一家商店的时候，又看到了肚子上花纹完全一样的狗狗！莫非是它被送到了别的店？看看它毫无防备的样子，庆子感觉这就是命中注定，于是和阿等一起把它带回了家，并取名Leo。有了它，阿等和庆子感觉春天都好像比往年来得要早一些。

原本不是特别想在家中养狗狗的阿等，在实现了庆子多年的愿望后，在和狗狗共同生活的同时也加深了对它的爱，现在比庆子爱得还要深。性格沉稳、懂得是非的好孩子Leo，最喜欢的就是吃了。为了得到零食，它什么都会做。Leo的可爱行为，让阿等和庆子的家，时时充满了欢乐。

设计 / 冈本启子
制作 / 泽田美纪（主人）、滨田裕纪子（狗狗）
编织方法 /147 页
使用线 / Ski 毛线

档案
狗狗　Leo ♂ 2岁
吉娃娃+迷你雪纳瑞
尺寸　小型犬
主人　阿等
主人身高　L 182cm

Let's Knit in English!
西村知子的英语编织—⑥

这次和大家分享的是将针目拉长的延长针（Elongated Stitch）。
融入独特的设计，将绕线编加以变化，织成一条围脖。

Yarn: Avril Wool Penny A) #13 (Vermillion) 40g, B) #11 (Prussian) 35g
Needle: Japanese #5/3.6 mm circular needle (40 cm)

Special abbreviations
4st-inc (4 stitch increase) = (Knit 1, yarn over, knit 1, yarn over, knit 1) into same stitch
K5tog (knit 5 stitches together) = slip next 5 stitches to RH needle dropping extra loops, return them to LH needle and knit the 5 stitches together

Instructions
With yarn A,
CO 150 sts and join to knit in the round.
Rnd 1: Purl 1 round.
Rnd 2: *K2, knit 3 sts wrapping yarn around needle twice, k1; repeat from * until end of round.
Rnd 3: Repeat (4st-inc, k5tog) until end of round.
Rnd 4: Knit 1 round
Rnd 5: Purl 1 round.
Change to B:
Rnd 6 to 9: Knit
Change to A:
Rnd 10: Knit 1 round
Rnd 11: Purl 1 round.
Change to B:
Rnds 12 to 15: Knit
Change to A:
Rnd 16: Knit 1 round,
Repeat from Rnds 1 to 16 five more times.
Then work Rnds 1 to 4. Bind off all stitches in purl.

在日本，延长针是以绕线编为主的编织。Elongate的意思是“拉长，使伸长”，因此Elongated Stitch泛指所有“拉长的针目”。和其他的编织方法类似，英文编织图中设计延长针的地方也是按照编织顺序描述针目的拉伸。

例如，绕线编中，通过“2卷绕线”“3卷绕线”来调节针目的拉伸长度，它们在表述方法上如下。

• knit 1 stitch wrapping yarn around needle twice.
（将线在针上缠绕2圈，然后编织下针）
• knit 1 stitch wrapping yarn around needle three times.
（将线在针上缠绕3圈，然后编织下针）
然后，下一行中，像拆开缠绕的针目（dropping wrapped stitches）那样写着编织顺序。

除绕线编之外，编织行都编织延长针的时候，可以一边在针目和针目之间编织挂针（yarn over = yo），一边编织；在下一行时一边将挂针从针上移下（drop），一边编织。

Row: Repeat（k1, yo）until 1 st remain, k1.
（重复编织“1针下针、1针挂针”至编织行终点的前一针，最后一针编织下针）
Row2: Knit（or purl）across while dropping yarn overs.
（一边将挂针从针上移下，一边编织1行下针或上针）

编织延长针之后，必然要拆开（drop）缠绕的多余的线，所以也有将其归入掉针（drop stitch）类。但严格来说，掉针在日语中的含义相当于“拔针”（有目的性地移下编织完的针目）。

<中文>

使用线：Avril Wool Penny
A：#13（朱红色）40g；B：#11（深蓝色）35g
使用针：5号40cm的环形针

英文编织方法中的省略语：
4st-inc（4 stitch increase）4针加针=（同一个针目）编织“1针下针、1针挂针、1针下针、1针挂针、1针下针”。
K5tog（knit 5 stitches together）左上5针并1针=下面的5针逐个移至右棒针。这是要一边拆开缠绕的针目（第2~4针），一边移针，再次移回左棒针然后编织5针并1针。

[编织方法]
用A色线起针。
手指起针编织150针连成环形。
第1圈：编织上针。
第2圈：“2针下针、3针2卷绕线编、1针下针”，重复“~”至终点。
第3圈：“4针加针、5针并1针”，重复至终点。
第4圈：编织下针。
第5圈：编织上针。
换为B色线。
第6~9圈：编织下针。
换为A色线。
第10圈：编织下针。
第11圈：编织上针。
换为B色线。
第12~15圈：编织下针。
换为A色线。
第16圈：编织下针。
上述第1~16圈重复5次，然后再次编织第1~4圈。
用上针做伏针收针。

通过加入绕线编，编织出不一样的感觉。将柔和的色调组合在一起，还可以编织出雅致的效果。

设计 / 西村知子
使用线 / Avril

西村知子：
少年时代接触编织和英语，学生时代开始沉迷于编织。短期大学毕业后进修了英语，现在一边做自由翻译者，一边编织，并开办讲习班。日本手艺普及协会手编老师、宝库学园“英语编织”讲师。

第9回 **冈本启子的** # Knit+1

今年秋冬的主题，是加上了启子的特点而回归原点的基本款。想为秋冬编织衣物的，已经可以开始了哦。

photograph Hironori Handa styling Masayo Akutsu
hair & make-up Naoyuki Ohgimoto model VLADA DJACHUK

一想到被冷飕飕的空气包围的冬季我就害怕，所以每年刚到初秋，我就会开始编织大衣。喜欢编织的人们，为了美美地迎接冬季，从九月初就开始准备吧，等天气变冷就来不及了！这一次设计的作品是基础款，以藏青色为主，是便于穿脱的大衣。虽说如此，我还是秉承了自己的风格，在胸前加入了爱尔兰蕾丝花片，即“+1”。内搭或是身上的小物件选择亮色的话，就能呈现出成熟又可爱的效果，时尚度也一下子提升许多。

另外一件，也是在基本的传统花样上，通过设计来“+1”。如果前、后身片反过来穿的话，就是一件开衫，是一款能自由穿搭的毛衣。由于是编织起来比较费时间的阿兰花样，所以也要提早开始编织为好。今年的冬天马上就要来啦。

冈本启子：
Atelier K's K的主管。作为编织设计师及指导者，奔走于日本各地。2012年，在阪急梅田总店的10楼，开办了店铺“K's K”。公益财团法人日本手艺普及协会理事。著作颇多。

线名：Cocoon（上）、Flocky（左）、Mondo Nep（中）、Ischia（右）、Extratam（前侧）

双口袋基本款长大衣

64页/虽然整体的轮廓是基本的款式，但这件编织大衣也在有趣方面实现了“+1”。胸前的钩针花片、补丁式口袋以及衣领下部的盘扣等，有很多隐藏的亮点。

制作/丸谷市枝　编织方法/149页
使用线/Mondo Fil

阿兰花样露背款套头衫

左/原色的苏格兰花呢线上不时出现的多彩棉结十分可爱，编织时与灰色的马海毛并在一起使用。从前面看起来，只是基本款的阿兰毛衣；从背后看，却是别有用心的设计。

制作/泽田美纪　编织方法/152页
使用线/Mondo Fil

手指编织 + 手工，命中注定的相遇

来自意大利的HANDY（手工），和手腕编织、手指编织相遇后，一见如故！
它们互相认可彼此的优点，拓展各自的朋友圈，构建出完美的关系。

photograph Shigeki Nakashima styling Kuniko Okabe hair & make-up Peko Kanesaka model Alice

Tippet
手指编织的小围巾

划时代的又粗又轻的带子线织成小围巾的话，1桄可以织2条。即使没有编织经验，也可以很快织好。这就是想介绍给大家的手指编织。是不是很简单？

设计 /DMC 企划室

Bag
粗线编织无提手手拿包

这是用15mm超大号棒针编织的无提手手拿包。完成效果和手指编织的不太一样。只需少量粗线，便有很好的色彩效果。

设计 / 野口智子

编织方法 /153 页

编织方法

使用线：DMC HANDY 乳白色（BLANC 01）、黑色（NOIR 02）、米色（ECRU 03）、紫色（PURPLE 06）、蓝色（BLUE 07）、绿色（VERT 08）、珊瑚粉色（CORAIL 10）、灰色（GRIS 12）各75g/各1桄
成品尺寸：约180cm
准备：HANDY 使用半桄，需要先分成75g再开始编织

全部用8色线。

手指编织的围巾

1
线头留80cm后做个环形，插入右手拇指和食指，拉出线团侧的线，松松地打个结。

2
将做好的环形挂在左手拇指上，如箭头所示给中指挂线。

3
同样，将线一前一后穿过指间，直至返回食指。

4
如箭头所示，将线头放在挂线的上方。

5
抓住食指上挂的线，轻轻移到后侧。

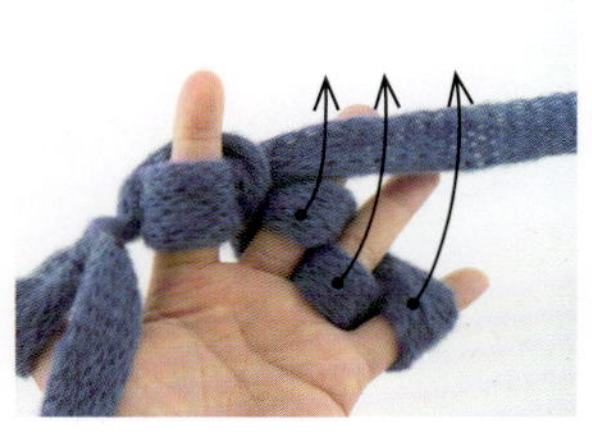

6
第1针编织好了。剩下的按照相同的方法编织。

7
第1行编好了。将线从后侧移到食指侧。

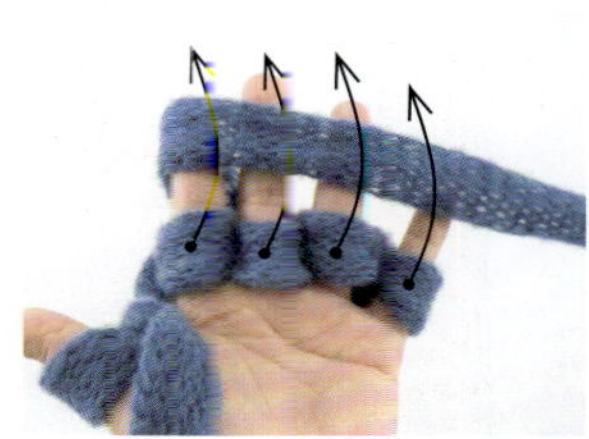

8
重复步骤5~7。

9
织片在手背后侧延伸。取下拇指上的线，解开线结。

10
拉扯解开的线头，渡线将会消失。

11
针目变得整齐。每隔几行拉紧线头进行编织，直到线头大约剩余80cm长。

12
编织终点的线头从食指下方拉出。同样从其他手指下方拉出。

13
最后，将针目从手指上取下，拉紧线头使针目收紧。

线头的处理方法

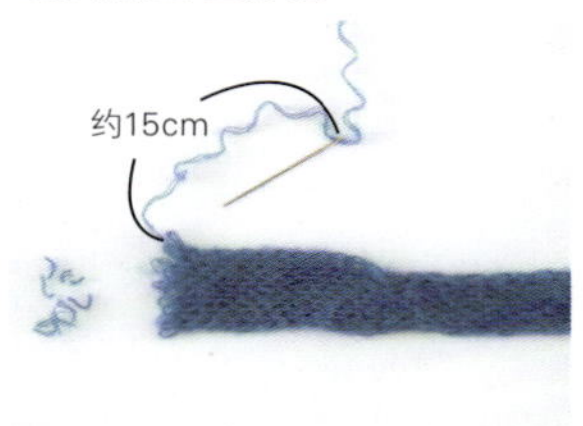

14
除去线头的杂线，解开15cm长左右，穿上毛线缝针，穿入线头的针目中收紧。

15
处理好毛线缝针所用的线头，完成。

成年人的传统编织衫

传统编织是这个秋冬的流行，指人们日常生活中适用的编织，或者合乎当地风土人情的编织，即便时光流逝，也依旧受人喜爱。
我们搜集了6款令人心仪的设计，无论编织还是穿脱都很方便。传统编织与时俱进的闪耀魅力，令人瞩目。

photograph Toshikatsu Watanabe styling Terumi Inoue

费尔岛花样小背心

提到传统编织，最先想到的就是费尔岛编织。它在北方的小岛上诞生，现在已成为在世界各地都颇受欢迎的传统花样。
这里使用了手感舒适的美丽诺羊毛线，以带有飞白花点的灰色为底色，前身片使用漂亮的配色线编织配色花样，打造出典雅自然的成熟风。

设计 / 风工房 编织方法 / 154 页
使用线 / 芭贝

阿兰花样五分袖套头衫

这款新颖的五分袖套头衫，设计了大型的麻花花样。由上针编织、麻花花样和桂花针组成了这款阿兰花样。线材选择了极粗的羊毛线松松地编织，整体十分轻盈。单穿或套穿均可，宽松的线条很适合成年人。

设计 / SAICHIKA　制作 / 川口康代　编织方法 /163 页

使用线 / 芭贝

根西花样套头衫

使用暖色系的高档红色线，编织了这件根西花样的套头衫。前、后身片编织了相同的花样，在衣袖部分也加入了条状花样。从下摆开始依次是起伏针、下针编织，从胸前开始设计了编织花样，是很清爽的样式。

设计 / 风工房　编织方法 /157 页
使用线 / 芭贝

北欧风双色套头衫

使用了很像是北欧传统花样“setesdal kofte”的双色配色花样的套头衫，衣袖部分编织了镂空花样，是如今流行的款式。
犹如十字绣一般的配色花样和领窝的狗牙针设计，充分地展现出了女性的柔美。

设计 / SAICHIKA　制作 / 角田奈津子　编织方法 / 155 页
使用线 / 芭贝

阿兰花样小立领套头衫

细致的麻花花样和镂空花样组成了这件设计感满满的套头衫。由于是颜色漂亮的长毛线材，连阴影也十分优美。
从下摆开始编织的上针编织和麻花针的组合更加美丽，从胸前开始的浮雕花样以及延伸到衣领的设计，是手工编织独一无二的风情。

设计／志田瞳　制作／梨本明美　编织方法／161页
使用线／和麻纳卡

麻花花样罗纹边背心

使用新西兰产的美丽诺羊毛线，编织具有个性的变化款阿兰花样，令这件背心颇具魅力。混纺的毛线蓬松又柔软，中央的浮雕花样以及两侧的麻花花样，带来了柔美的感觉。边缘的罗纹针，打造了成熟可爱的氛围。

设计 / 志田瞳　制作 / 樱井由香　编织方法 /159 页

使用线 / 利麻纳卡

独一无二的毛衣
为他编织

手工编织毛衣是一种非常了不起的技能，收到一件适合自己的毛衣，每个人都会非常惊喜的。现在，为了你非常重要的人，特别是你的他，来编织一件吧！

小立领双色拼接背心

我的他●舟生健一

这是黑色线与米色线编织的双色马甲。前面可以拉上拉链，与带纽扣的衬衫搭配在一起，也会显得非常清爽。混有幼羊驼毛的轻柔木纹线，即便是编织简单=的基础花样，也能带来独有的别致感觉。

设计／冈本真希子　制作／铃木裕子

编织方法／140页

使用线／奥林巴斯手编线

菱形花样圆领套头衫

我的他●寺岛洋辅

使用便于配色的带有花白点的线材，编织了这件菱形花样的毛衣。素雅的茶色系搭配多彩的花片，非常有童趣。与白色牛仔裤搭配在一起，是非常适合休息日的休闲装扮。

设计 / 冈本真希子
编织方法 /142 页
使用线 / 奥林巴斯手编线

竖条纹V领背心

我的他●铃木启志

身片横向编织，条纹部分使用的是起伏针。短款及浅V领的设计，最适合穿在衬衫的外面。使用细线编织的薄款背心，穿在西服套装里面也不错，是在商务场合也可以大显身手的一款。

设计/柴田 淳
编织方法/144页
使用线/手织屋

小麻花辫装饰长围巾

我的他●冠 达实

这是使用苏格兰花呢线编织的围巾，两侧的三股麻花花样十分可爱。从休闲风到正装，是不挑风格的万能搭配。这款线材以棉结绝妙的配色和柔软的触感为亮点，佩戴起来能令人不自觉地开心起来，非常舒适。

设计／野口智子 制作／池上 舞
编织方法／146页
使用线／手织屋

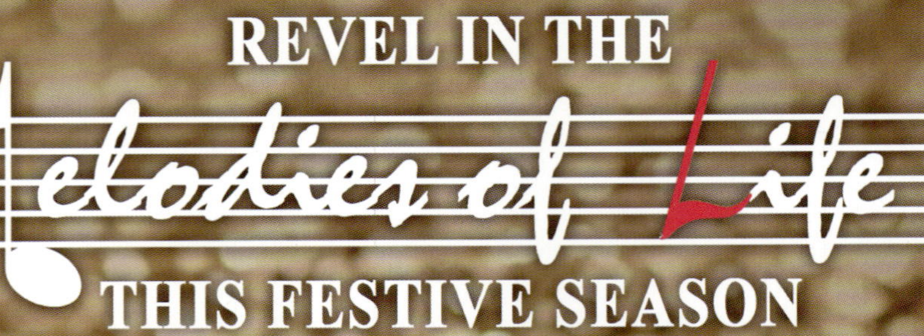

全新超轻铝彩可换头轮针礼盒组 让您轻松享受美妙生活旋律

Art No. 47411

季节限定

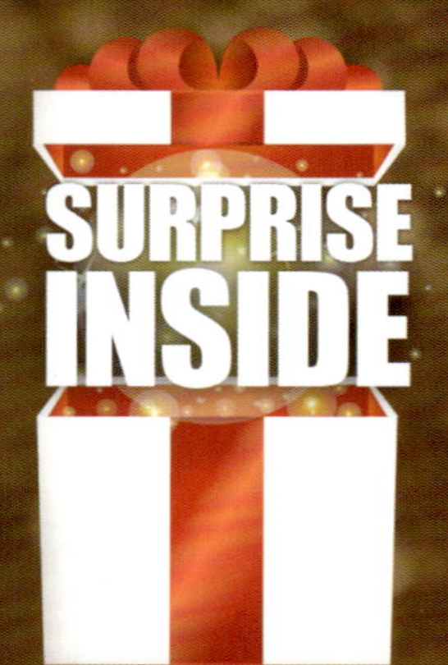

S&C 爱丝绒 专业进口世界毛线
爱丝绒贸易(上海)有限公司
EXCEL Needlecraft
www.icraft.com.cn

FOR THOSE WHO LOVE TO KNIT
www.knitpro.eu

W·W·DIY

爱玩美手工（郑州如一文化发展有限公司），是中原出版传媒集团下属河南科学技术出版社聚力打造的现代创意手工品牌。依托河南科学技术出版社1000余种手工图书和丰富多彩的手工培训课程提供知识服务与输出。

爱玩美手工已形成了线上线下深度图书出版融合发展的立体化产业模式，为中国手工爱好者和从业者提供全媒体手工出版、教育培训、手工素材和工具设备选购、手工文创、直播录播、国际博览会、艺术大赛、社团团建、休闲体验等一站式综合服务。

爱玩美手工

一站式手工服务和文创平台

手工行业平台服务商
（知识输出、电商、教育培训、视频平台等）

手工教育培训输出商
（团建、社团、沙龙等）

手工原材料综合服务商
（面料、工具、设备、辅料等）

爱玩美手工拥有一站式“中国国际手工文化创意博览中心”、4万平方米“国际手工文化创意产业园”，致力于打造手工教育培训知识输出商、手工行业平台服务商和手工原材料综合服务商。

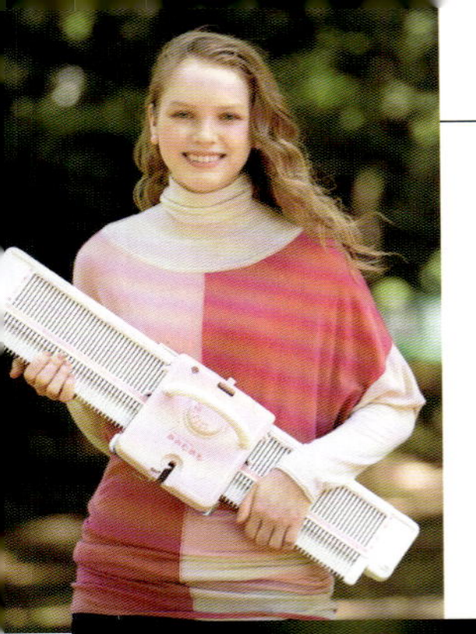

编织机讲座 part1

使用DLLES IN公司出品的编织机，大部分的东西都可以编织，十分方便。
当你了解了编织机的乐趣之后，将开启一扇编织新世界的大门。

photograph Shigeki Nakashima styling Kuniko Okabe hair & make-up Peko Kanesaka model Alice

可以快速编织、乐趣十足

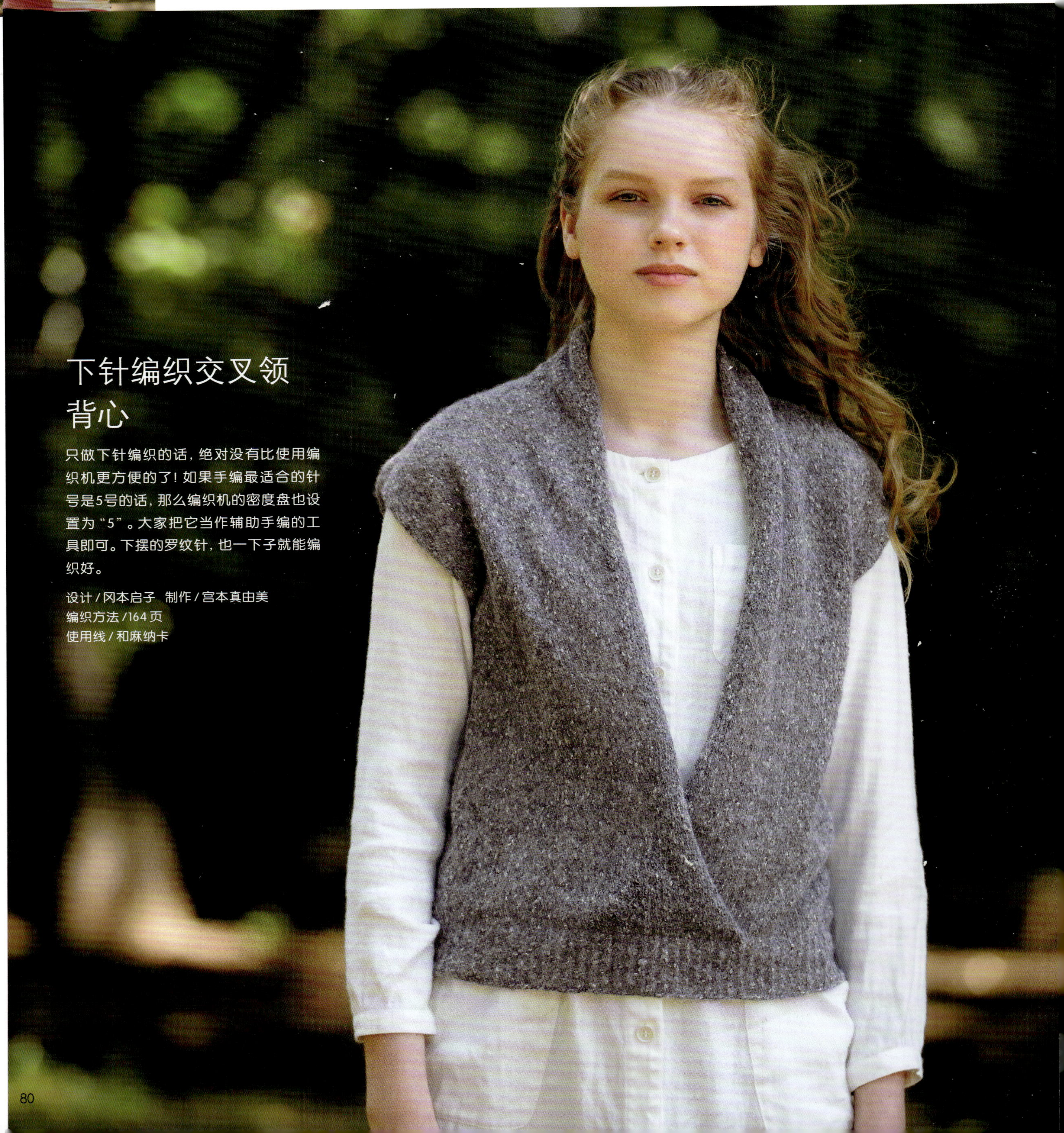

下针编织交叉领背心

只做下针编织的话，绝对没有比使用编织机更方便的了！如果手编最适合的针号是5号的话，那么编织机的密度盘也设置为“5”。大家把它当作辅助手编的工具即可。下摆的罗纹针，也一下子就能编织好。

设计/冈本启子 制作/宫本真由美
编织方法/164页
使用线/和麻纳卡

粗线编织的渐变色斗篷

适合13~15号棒针编织的粗线，可以使用编织机进行隔1针编织。段染线的渐变效果，也能清清楚楚地展示出来。因为编织量比较少，可以快速编织完成，作为礼物送人也不错哦。

设计 / 冈本启子　制作 / 宫本真由美
编织方法 /167 页
使用线 / 和麻纳卡

多块拼接长开衫

右 / 由于编织机能编织的针数有限，所以我使用逆向思维改变了设计！将两种段染线分别编织成较宽的条纹花样，再缝合在一起，就成了这款有底蕴的长款开衫。

设计 / 冈本启子　制作 / 宫本真由美
编织方法 / 165 页
使用线 / 和麻纳卡

多块拼接长围巾

下 / 只是等针直编的下针编织的话，完全可以放心地交给编织机！换色也非常简单，想要编织多长的围巾都不是问题。可以与长款开衫搭配在一起，也可以单独佩戴。

设计 / 冈本启子　制作 / 宫本真由美
编织方法 / 165 页
使用线 / 和麻纳卡

编织机讲座

part1

编织机“Amimumemo”不但附有说明书，
还附有DVD，初学者也可以放心使用。
从操作方法到附件的使用方法都有详细说明。
让我们先实际演练一下吧！
编织机的特点之一，
是在编织起点和编织终点处要用别色线先编织几行。
最后再收尾，拆掉别色线。
只要掌握了这个技巧，围巾之类的很快就能编完了。

指导／冈本启子

“Amimumemo”主机及附件

机头　行数计　张线簧　修改针　移圈针　推针板　桌钳（2个）　爪锤（2个）　主机　编出板（2个）

其他需要准备的物品：编织起点和终点的与编织线粗细基本相同的别色线，有夹子的话也方便很多

首先，开始准备吧

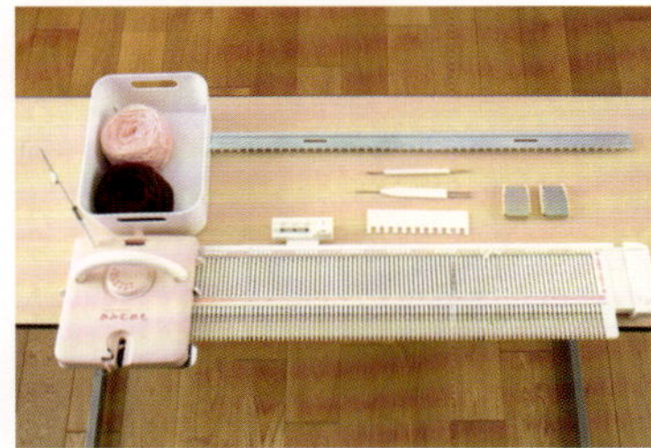
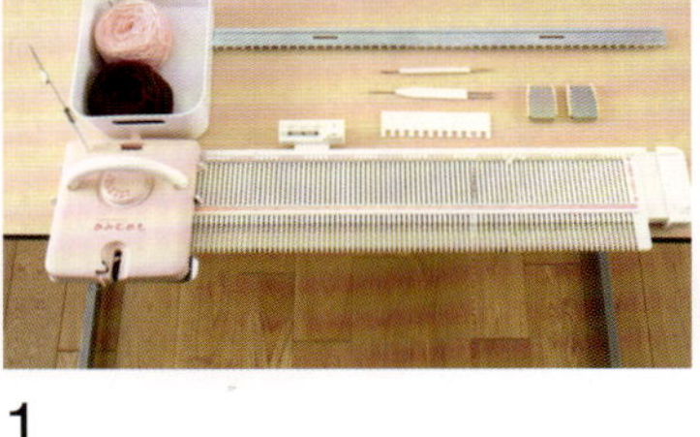

1
看着附带的说明书或DVD，将“Amimumemo”编织机组装起来。

从别色线开始编织

2
将需要编织的针数推出至B位，再一格一格地推回A位。将别色线穿到机头上，将机头拉向右侧。

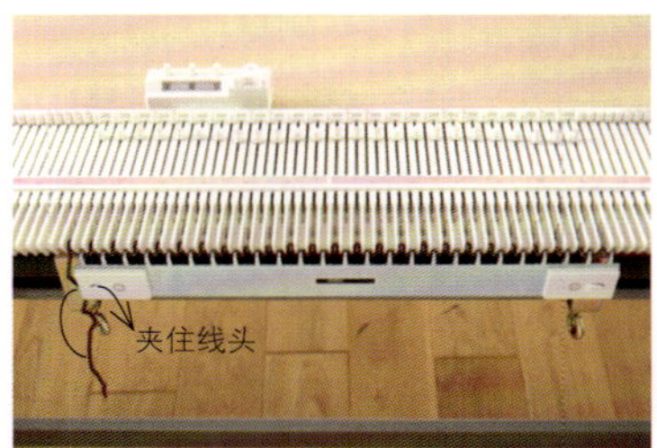

3
将编出板挂到织针的线圈上。将编织起点的线头夹到编出板的一端。

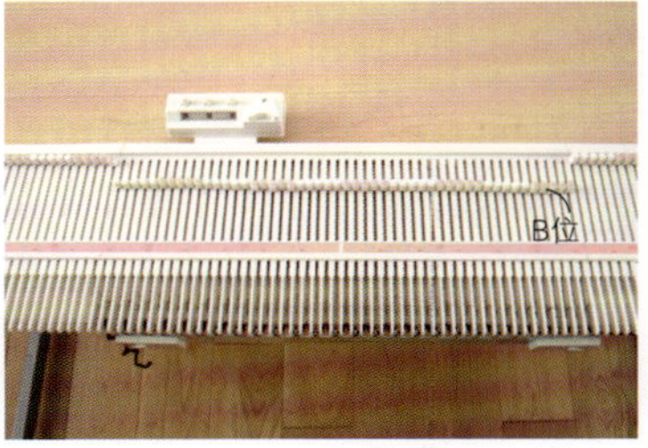

4
随后将编织所需的全部针数推出至B位，开始编织。

5
编织到第4、5行时，挂上爪锤，编织10行左右后将线剪断。换为编织线时，留出作品宽度两三倍的线头后，开始编织。

马上就要开始了！

6
将新线头也夹在编出板的一端后，将行数计重置为0，移动机头编织20行。

7
为了方便计数，每20行移动一次爪锤，直至编织到所需的行数。

换线的方法

8
换线的时候，用夹子夹住刚刚编织的线，换为新线后编织1行。再和新线的线头夹在一起，垂在那里。

编织终点也编织几行别色线

9
与编织起点留出大致长度相同的线头后剪断，换为别色线，再编织10行左右。将线剪断，从喂线口拿出，拆下爪锤，移动机头，取下织片。

收尾

10
带着编织起点和编织终点的别色线，钩织引拔针，最后拆除别色线。

W·W·DIY

中国国际手工文化创意博览中心

国内首家一站式专业手工文化创意基地，集手工教育培训、手工原材料及成品展销、手工艺文创产品品牌孵化、团建沙龙、休闲体验于一体。博览中心面积约2000多平方米，东馆主要是手工图书、手工文创产品成品（半成品）、材料包展示销售及团建活动落地，西馆主要是进口品牌面料、线材、工具等原材料展示、销售及各种手工培训教室。

休闲体验/团建沙龙/手工培训/专业集采/文创孵化

（周末沙龙、企业团建、亲子教育……欢迎来体验手工的快乐！）

W·W·DIY

趣好玩 · 慢时尚 爱玩美手工

学手工 · 淘手工 · 播手工 · 拍手工 · 赏手工 · 聊手工

拼布/黏土/花艺/编织/刺绣/串珠/折纸/皮艺/服装DIY

手工鉴赏：中国 · 郑州郑东新区祥盛街27号出版产业园C3一楼

咨询热线：杨老师 18697324155 李老师 18838230067

微信公众号

抖音号

（水吧、少量手工展区招商中...）

《毛线球》第 20 期
将带你独家回顾70年代流行风潮

《毛线球》将于 2016 年底推出回馈增刊

独家曝光风工房、冈本启子、兵头良之子、原田睦美等编织大师的早期作品，和大家一起重温 20 世纪 70 年代的流行风尚，感受大师们在经典基础上的推陈出新。

更多精彩活动邀请你们一起参与，敬请关注下期《毛线球》活动预告。

2012 年，《毛线球》中文版诞生了。
从 1 数到 20，只需要几秒钟，
但从忐忑至极地为你们捧出我们努力制作的第一本高端编织刊物，
到现在每一期的精益求精，
却需要长长的四年多。
《毛线球》中文版即将迎来第 20 期之际，
让我们将目光往回看，
回到梦最开始的地方——
20 世纪 70 年代《毛线球》创刊初期，
追本溯源，访古谈今，
看当时的流行风潮如何在今天重放异彩，
看今天的《毛线球》如何延续昨日的辉煌和荣耀。
流行是个圈，
风潮随时变换，
但我们对编织、对毛线的热爱和执着，
却从来都不曾放弃。

毛线球读者俱乐部

2012 年，《毛线球》中文版诞生了。
从 1 数到 20，只需几秒钟，
但从忐忑至极地捧出我们精心制作的中国第一本高端编织刊物，
到如今在中国成为一个编织界的响亮品牌，
却经历了 1000 多个日日夜夜。

值《毛线球》中文版第 20 期与中国读者见面之际，
让我们回首来时的路，
寻找散落在时光和针线里的记忆，
重拾当初走近毛线球的初心，
将已然融入一朝一夕、酸甜苦辣的编织时光，
与更多的人一起分享、裂变、成长。

小小的毛线球越滚越大，
最开始手指缠绕毛线的那一颗颗心，
你们在哪儿？
我们在寻找你，
加入属于我们自己的俱乐部，
玩编织、侃大山、交朋友。

我们在这里，
插好了旗帜，
扎好了营盘，
等着你来。

扫一扫 关注“毛线球在线”微信公众号。
该平台将依托我社编织类图书为读者深度挖掘关于手工编织的内容，想和你们一起玩编织，更想让你们成为编织大师。

成立集结号！

扫一扫
加入“毛线球在线”QQ 群

该 QQ 群将为广大编织爱好者打造一个交流、学习、成长的高质量线上交流平台。

现在加入 QQ 群：540346139（毛线球在线），即可成为河南科学技术出版社的 VIP 读者，您将享有以下专属特权：

（1）通过指定渠道购买我社编织类图书，可终身享受 VIP 专属折扣（首次购买可低至 5 折）；

（2）可优先参与我社不定期组织的线上、线下活动以及尊享各种福利、优惠（如图书抢先试读、免费赠书、名师直播、手作比赛等）。

具体优惠信息及活动详情将在群内公布，诚邀广大编织爱好者入群。

编织师的极致编织

【第 19 回】编织干电池和小灯泡的风景

理科的实验非常有趣。
通过体验
可以学到各种各样的知识，
令人兴奋。

在学习电的原理的时候，
干电池和小灯泡是必不可少的。

电流从正极流向负极，
连接方式不同，灯泡的亮度也不同。
是并联，还是串联，
抑或是将很多灯泡连接在一起……

效率最高的连接方法，
和人与人之间的沟通方式也是相通的吧。

那么，这种连接方法，
究竟是哪一种呢？

编织师 203gow
持续编织非同寻常的“奇怪的编织品”。成立了让编织占据街头的游击编织集团“编织奇袭团”。还涉足百货商店的橱窗、时尚杂志背景、美术馆及画廊的展示、舞台美术、讲习会等活动。

撰文、照片 /203gow 参考作品

毛线球快讯

毛线世界

时尚达人的手艺时光之旅❻：啊，博览会！

浮世绘《明治23年大日本美术展览会》杨斋延一作　展示有毛线披肩

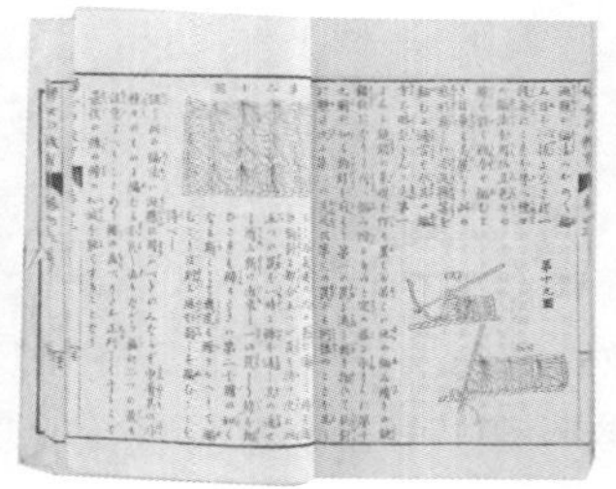

《妇女教育明治姬镜》明治21年　博文馆　记载有毛线披肩的编织方法

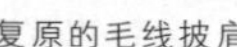

复原的毛线披肩

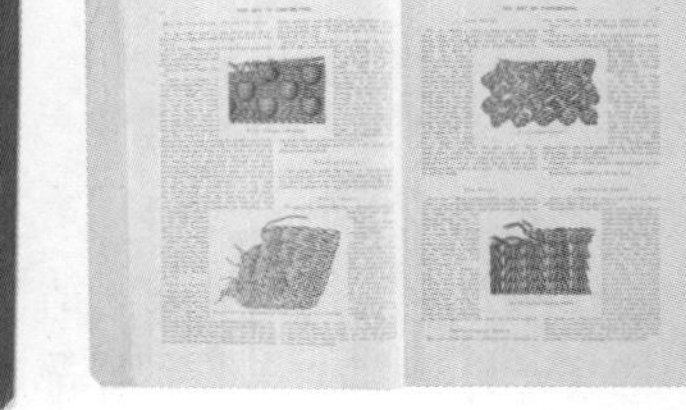

《The Art of Crocheting》1891年伦敦、纽约展示的披肩中所使用的技法，或许参考的就是这本书吧？

东京府蕾丝制作学校的考试题。题目包括霍尼顿蕾丝、单块蕾丝等。摘自明治17年（公元1884年）明治公文书《回忆录》

我主办的“彩色蕾丝资料室”收集到了3张连续的彩色浮世绘中文画，描绘了在明治23年（公元1890年）3月，于上野举办的美术博览会的场面。仔细观察，那里面居然展示有毛线披肩。为了鼓励日本的美术工业，积极向国外兜售的商品中，曾一度有编织物和蕾丝作品。在第2个月召开的第3届日本国内提倡和奖励实业博览会中，有13位女性凭借编织和蕾丝作品获奖。我尝试着用跨时空采访的方式，来介绍这些获奖人。

获得二等进步奖的霍尼顿蕾丝手绢的制作者用濑喜代子说：“我是东京府在明治13年（公元1880年）成立的东京府蕾丝制作学校的第1期学生。上课地点是被京桥（现银座招聘总社的后侧）的黑墙所包围的一栋2层住宅中。在英国夫人的指导下，我学习了1年半的蕾丝编织。许多人因为眼病、腰痛等中途退出了，但我一直坚持了下来。”

获得三等进步奖的东京府蕾丝制作学校的同学们说：“学校成立第10年，我们作为第3期学生，学完了蕾丝编织的全部课程。在明治16年（公元1883年）的荷兰博览会中，我们的蕾丝作品甚至一度被误认为比利时制，得到了极高的评价。”

获得二等功勋奖的公立女子职业学校的学生们说：“我们在明治19年（公元1886年）成立的公立女子职业学校学习了两三年的时间，从裁剪、编织、刺绣、造花中选择2种进修，我们的目标是女性的独立自主。”

因展出了蕾丝手绢等而获奖的团体说：“我们是在明治21年（公元1888年）设立的本乡普及福音教会内的蕾丝讲习所，跟着德国牧师的夫人们学习的。我们将此作为职业，可以独立设计、生产。”获奖的毛线披肩的作者田中歌说：“从明治19年起，在东京牛込区的卫理公会教会，每周三会举办编织讲习会。由讲《圣经》的美国女教师授课。从明治20年（公元1887年），我开始出版编织图书。这次的作品就是使用进口的设得兰岛毛线，依照最新的技法编织而成。我认为充分地展现出了草木染色法的感觉。”

或许博览会中的那件毛线披肩，就是田中歌的作品？这样一想，我正在编织复原作品的手，不知不觉中兴奋得有些颤抖！

彩色蕾丝资料室　北川景
因为被对日本近代手艺人的热情感染，开始不断追寻那些湮灭在历史长河中的美丽身影。非常喜爱蕾丝，在担任蕾丝编织讲师的同时，在东京品川区主办“彩色蕾丝资料室”。孔斯特蕾丝俱乐部主管。

毛线世界

设计师的心情：起针方法有400余种

编织作家、讲师 ● **今泉史子**

正在研究中的细方眼编织的织片。这个技法中蕴含着无限的可能

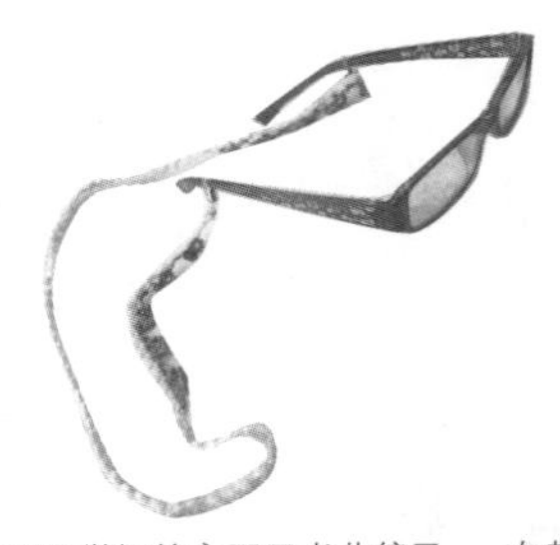
不知不觉间就离不开老花镜了……布带当然是DIY的

用喜欢的流苏花边(Macrame)技法做成的棒针盒。花朵花片是亮点

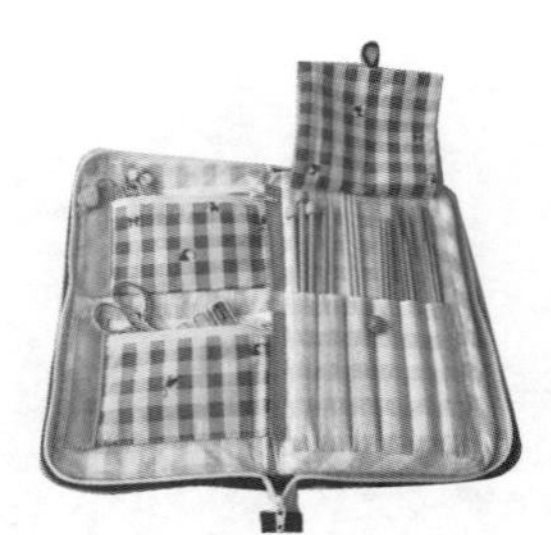
学员们送给我的针组套盒。可以收纳棒针、钩针等工具

《毛线球18.绚烂的花朵花片》中刊载的连编花片作品

平日里，我在做编织讲师的同时，还要做设计。在对许多学员进行面对面指导的过程中，学员们渐渐地对自己想做的作品和不明白的地方敏感起来。他们每天都向我提出各种各样的问题，我也一直努力让自己去接受所有不同的想法。编织是一种艺术，既然是艺术，怎么做都不应该有错。光起针方法，世界上便有 400 种以上，或许今后还将不断有新方法出现。我认为，不应该去否定学员们想要去做的事情，而是应该尽量为他们助力。

我从小学二年级开始接触编织。当时，我家附近有一家毛线店，店员在里面快乐地编织着。我被那种情形打动，于是让店员教我编织。我用钩针织了一件盖膝毯，大家都对它称赞不已，祖母还让我帮她织一个包包。似乎还织了一些小物件作为礼物送给了堂姐妹、表姐妹们，我自己已完全忘了，但她们至今为止依然小心翼翼地珍藏着，我知道后备感欣慰。想来，通过编织带给他人一份喜悦，进而也让这份喜悦愉悦自己，这就是我一直以来的生活。

我曾经在日本宝库社开办的学校学习编织指导员课程，之后有两年半的时间在编织设计师森冈幸子的工作室从事设计工作。

"今天的夕阳真美啊……我想请你以这种感觉做个设计。"

森冈老师就是这样引导我们做设计的。最开始的时候我很吃惊，但在不断重复这种状态的过程中，我发现它锻炼了我可以按照任何要求进行设计的灵活性。现在，在收到设计要求时，我首先让自己接纳对方的题目，接着再在脑中构想，想象那个人收到作品时开心的样子，然后就自然而然地设计出来了。现在，我正热衷于大久保蓉子女士研究的细方眼编织，并对普及这种技法的活动乐此不疲。诞生于日本的细方眼编织，让海外的编织爱好者眼前一亮。无论是人，还是编织方法，看着他（它）在自己眼前一步步成长，会产生任何事情都无法代替的喜悦。

今泉史子：
小时候便喜欢编织，但丈夫却不穿自己亲手编织的衣服，很受打击，所以发愤图强去日本宝库社的学校进修编织指导员课程。经常在《毛线球》上发表作品，在宝库学园担任众多课程的讲师，并主办沙龙活动

偶尔会想大快朵颐、大口吃肉

稍微改变了一下自己的兴趣，正在学习Luneville法式刺绣

每年我要去东京湾几次，调节大脑，放松心情

使用我收到的优良的竹子，做成食器、花器

针之会蕾丝展：
令人眼花缭乱的蕾丝

图、文/《毛线球》编辑部

花费数不清的时间精心制成的蕾丝，让看见它的人忘记周围的一切。那么，它们究竟需要多久的时间、怎样的技法制作呢？

6月，从事蕾丝事业长达60年之久的蕾丝作家北尾惠以子老师在东京银座举办了阔别5年之久的蕾丝展“风之花”。会场人气高涨，大作云集，展出的作品以蕾丝衫为主，针法精致无比，于细微之处大放光彩。这些作品使用了多姿多彩的蕾丝技法，涉及棒槌蕾丝（Bobbin Lace）、特内里费蕾丝(Teneriffe Lace)、梭编蕾丝（Tatting Lace）、钩针蕾丝（Crochet Lace）、流苏（Macramé Lace）、孔斯特蕾丝等，不拘于一种技法，令人百看不厌。其中，最具存在感的蕾丝技法是贴花刺绣蕾丝（Carrickmacross Lace）。

这是北尾女士耗时20年开发出来的技法。它有着纤细的网格布、细密的针迹以及薄如蝉翼的优美质感，最初来源于爱尔兰岛的独自传统。

“20年前，我第一次在爱尔兰岛看见这种蕾丝时，觉得它美得就像天使的羽衣。既是偶然的机会，也是命中注定的相遇，此后我用了20年的时间，终于使这件蕾丝作品得以成形，现在才有机会公之于众。”

北尾女士不仅将传统技法传授于学员，还长年累月致力于将其融入日本人特有的审美意识和风雅趣味。一般来讲，给蕾丝使用颜色是被视作禁忌的，为了更好地展现蕾丝的魅力，北尾女士以百试不厌的探索之心给我们带来了一件又一件令人大饱眼福的作品。

“我想把传入日本的各种蕾丝技法发展成一种独特的、无法被模仿的形态。”

北尾女士在针之会蕾丝展上展出的作品的真实内核是“复合技法之美”。每个人潜心研究10种以上蕾丝技法，然后将其付诸实物。习得技法和制作过程会花费不计其数的时间，正因为如此，才诞生出了让人无比魂牵梦萦的蕾丝作品。

“技法终于成形，虽和想象中的很像，但还有提升的空间。追求纯粹之美的蕾丝生涯永远不会结束。我的一生都要学习！”6月迎来86岁生日的北尾女士，梦想还在继续。

左/针之会代表北尾惠以子
右/结合了贴花刺绣蕾丝和其他蕾丝技法的作品，是一大看点

制作蕾丝的风景，宛如日本中世时期的工作室

现在还不知道？
编织的各种技巧

摄影 / 森谷则秋　监修 / 今泉史子

第 1 步 测量密度

即使使用本书指定的线和针编织，成品尺寸也未必就和书中一样。
我非常理解大家想立刻编织的心情，但测量密度这个步骤非常重要，不可省略。
为了节约宝贵的时间，我们可以编织一个 15cm×15cm 大小的织片来测量密度。

要点

“15cm 长的话，大概要起多少针呢？”按照线的标签上的标准密度乘以 1.6 所得的数字进行起针，织出来的织片大概为 15cm×15cn

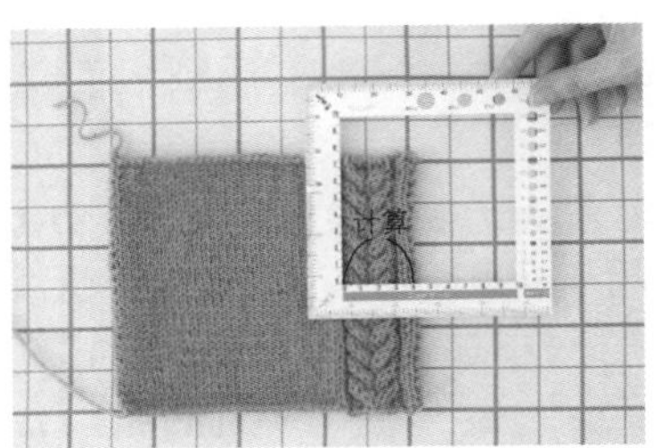

如果作品有 2 种以上花样，要一起编织在织片上测算密度。花样部分是计算一个花样的尺寸和针目数。

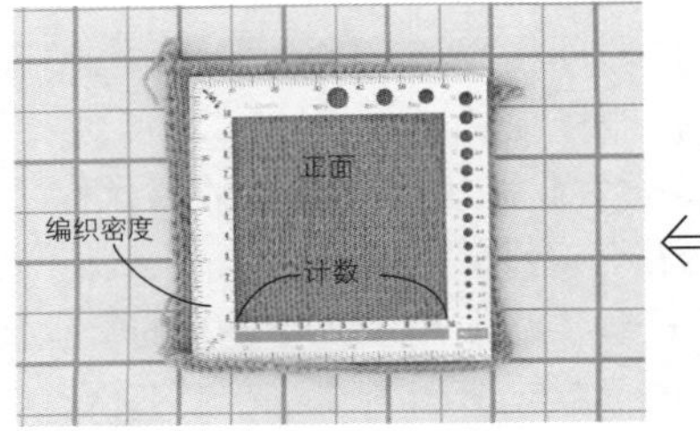

翻到正面，用手将针目调整到横平竖直。放上规尺，数清楚 10cm×10cm 面积内的针数和行数。如果不是完整的数目，以 0.5cm 为单位进行调整。

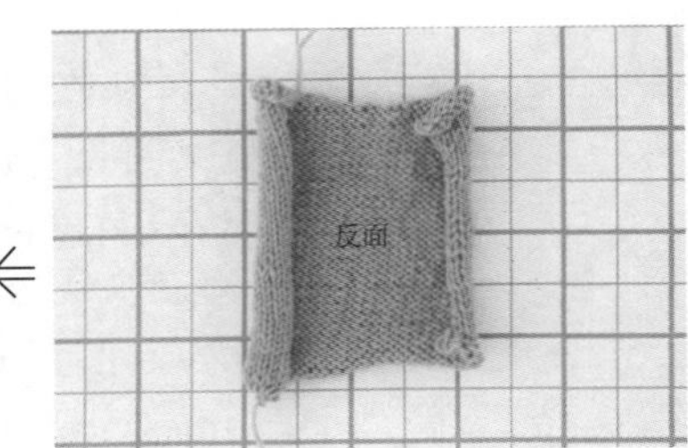

从织片反面，用蒸汽熨斗熨烫平整。蒸汽进入织片中从而让织片的针目稳定下来，不可拉扯。

要点

也有虽然按照指定密度编织，但成品却不是指定尺寸的情况，这时按照第 5 步，仔细别上珠针，然后熨烫平整，就搞定了！

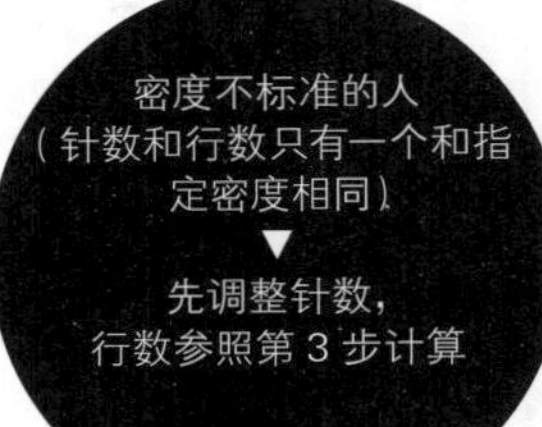

第 2 步 织出完美的衣服

经常有人问，“怎样才可以织得好看呢？”其实，想一开始就织得非常漂亮是很难的，只能多加练习。但是，练习并不等于要重复织几十条围巾。
下面，给大家介绍一些可以帮助我们织出平整的针目的方法。剩下的就靠大家练习了。

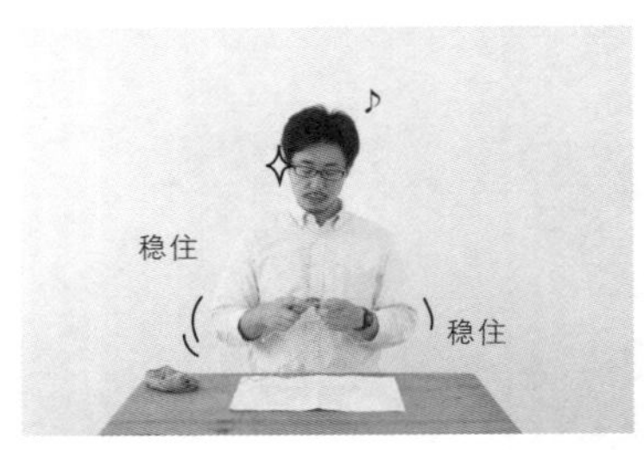

为了织出平整的针目，尽量使用同一姿势编织，还要匀速编织。这样可以最大限度地避免中断编织前、后的手劲变化。

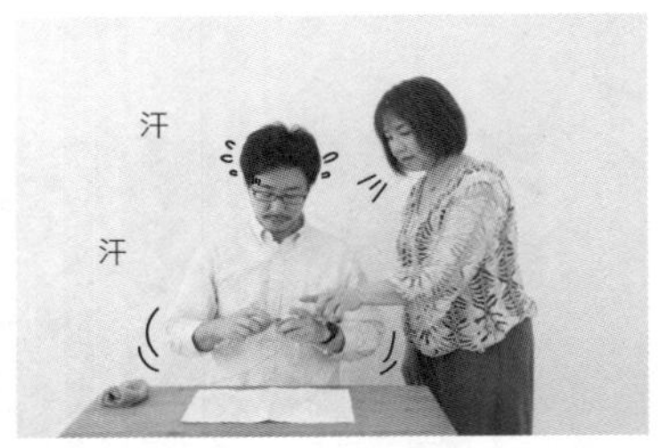

拉出针目时，要和织片呈 90 度角，这样针目两侧会比较平整。

不管多么着急，也不要临时中断编织。中断的针目会被拉扯，导致针目不均匀。

可能这个姿势编织起来更加舒服，但按照这样编织的话，针目是编不齐的。肩膀也会酸哦。

想中途休息一会儿时

终极法宝！那就每编织完一部分休息一次吧

至少也要使前、后身片和左右袖的长短保持一致

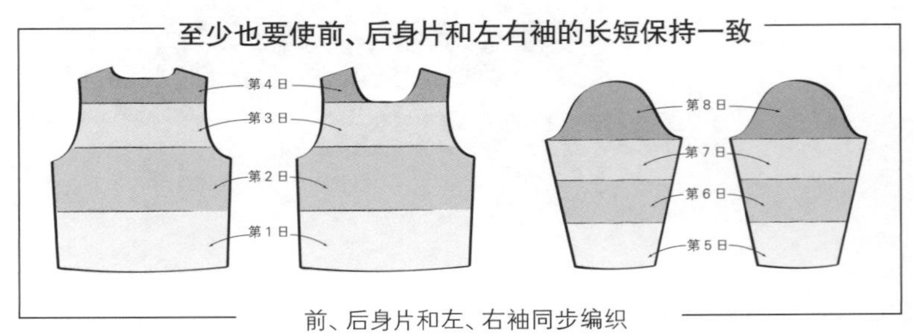

前、后身片和左、右袖同步编织

要点　他人看得最多的是后身片。所以，至少也要把这部分织得漂亮点吧。

第 3 步 织成自己喜欢的尺寸

很多人都想根据自己的体型编织毛衣，但却不清楚该怎么做。
如果想要完全贴合自己的体型，针数和行数都要改变，一切都要重新计算。
下面，教给大家改变尺寸的简单方法。

改变行数（长度）时

增加行数 ▷在下摆和袖口处增加

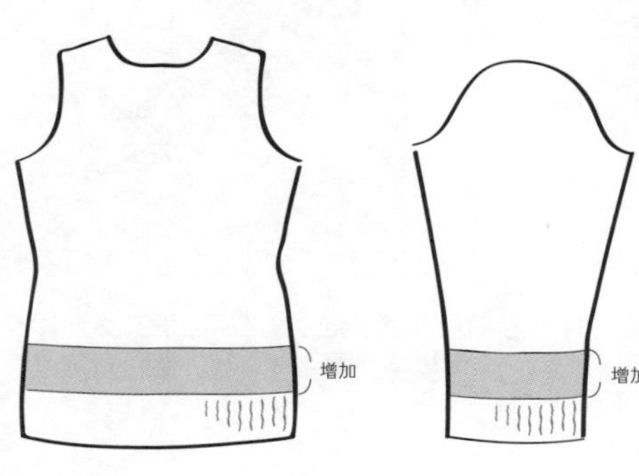

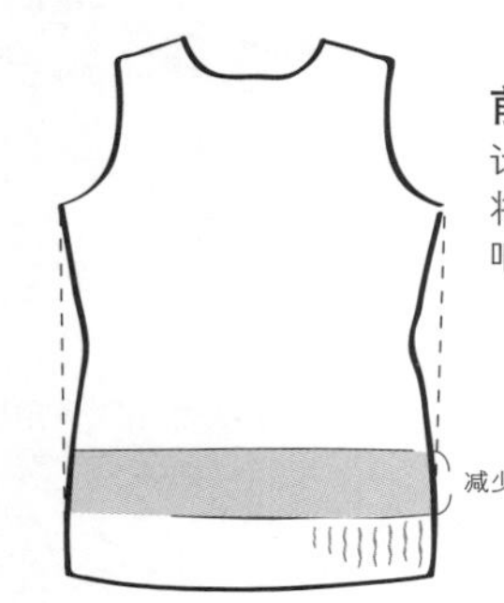

减少行数 ▷需要适当计算一下

减少

前、后身片处
计算起来很麻烦，所以将腰围部分等针直编吧

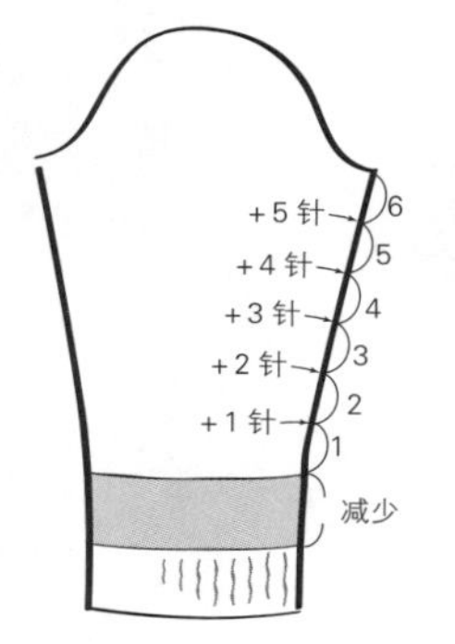

衣袖处
想要改变的行数除以减针数+1。只是，只在正面减针，计算之前先将行数除以 2。然后，计算出来的结果要再乘以 2，不然长袖将变成半袖。关键在于要使多余的行数位于袖口处。

改变针数（宽度）时

想要改变针数时，主要在身片的肋部加减针，改变的针数最后要回到袖窿处。

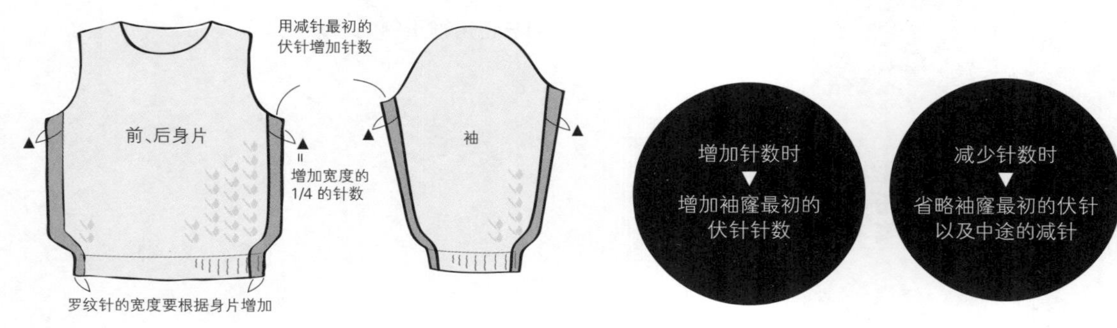

想不经过计算直接改变大小的话
最简单的方法是改变针的粗细，但它不仅可以改变针目的大小，还会影响整体的大小。同时，为了确保整体的效果，针号的变更只能在一两号范围内。

要点

改变的尺寸是多少针（行），根据编织密度很容易计算出来。
例如，编织密度是21针、28行时，将宽度（针数）改变2cm的话，就是2cm×2.1=4.2针。也就是改变4针。

要点

编织密度（标准密度）指的是 10cm×10cm 面积内编织的针数、行数。例如，左例中的 2.1 就是 1cm 内的针数。也就是说，将想要改变的尺寸乘以 1cm 内的针数就可以算出需要改变的针数。行数也是这样算的。

第 4 步 换线方法

编织时一定躲不开的就是一团线用完的情况。需要缝合的作品尽量在端头换线。
突然出现的线结也要回到端头换线。编织中途尽量避免换线。
但是，环形编织时，或者一端直接使用时，也可以在中途换线，
但处理线头要留下足够的长度，从下一团线中抽线继续编织。将 2 根线头轻轻系在一起。

处理线头的方法

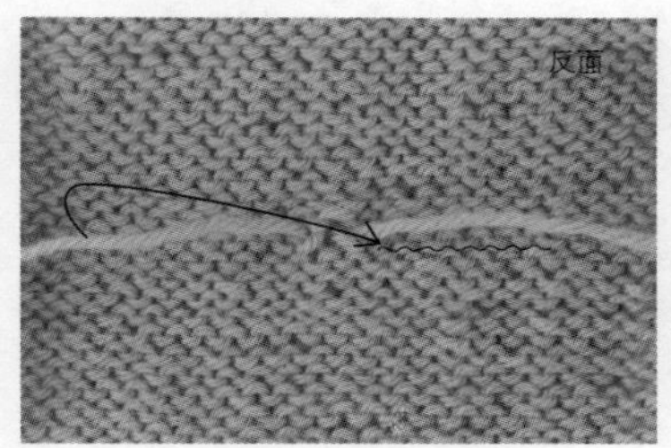

解开线结，将左右的线头交叉，一边劈开针目，一边挑针。

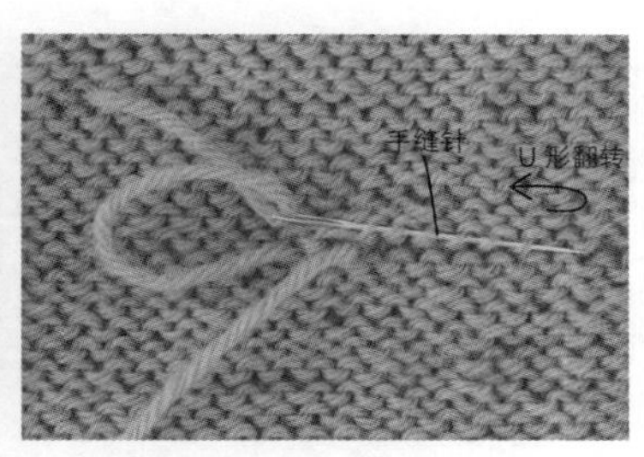

将针拉出来，刚刚挑针的部分再一次从反面挑针处理线头。右侧的线头挑取左侧的针目。

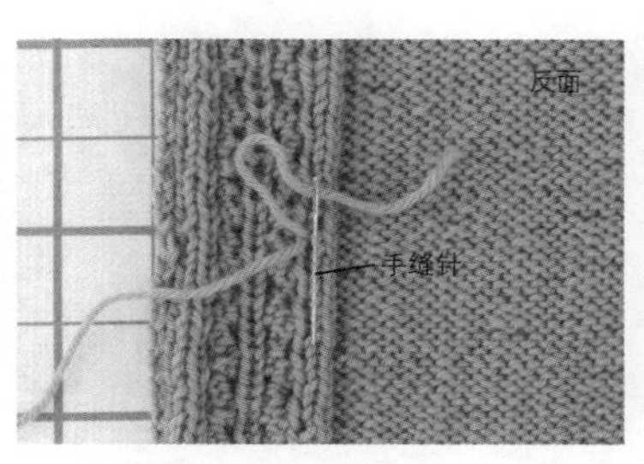

有凹凸感的花样，在反面向上时凸起来的部分挑针就很简单了。即使遇到丑陋的线结，回到花样交界处就好了。

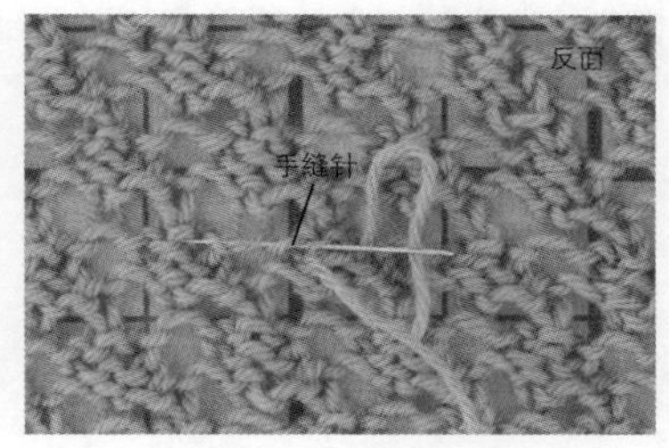

相反，镂空花样就要稍微费点心思了。基本和下针编织相同，一边劈开针目，一边挑针处理线头。

第 5 步 各部件编织好后要别上珠针熨烫

后身片、前身片、袖等各部件编织好后，要用蒸汽熨斗熨烫平整。
即使和指定尺寸略有不同，按照图纸用珠针固定好再熨烫也可以大致调整好。
这个工序对成品的影响很大，一定要掌握相关要点。

1
编织好后的状态。边缘会有些卷，直接缝合的话，边缘编织部分的挑针会很困难。

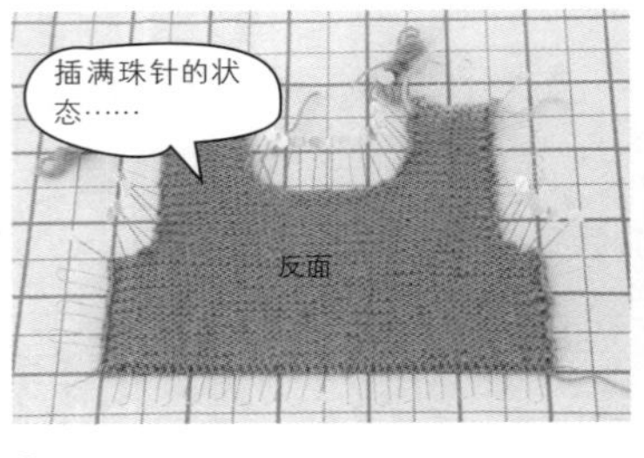

2
将织片翻到反面，从角到珠针和珠针的中心，再到刺向每个中心。直线不限使用 U 形珠针会很方便。

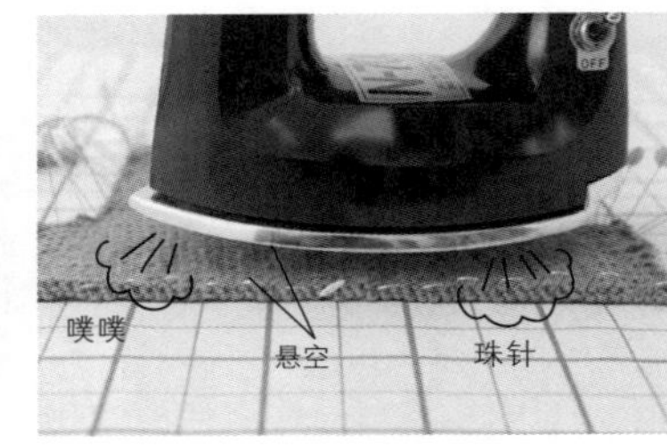

3
和测量编织密度时相同，用蒸汽熨斗将织片熨烫平整。熨烫时，熨斗悬空，不要紧贴着织片。

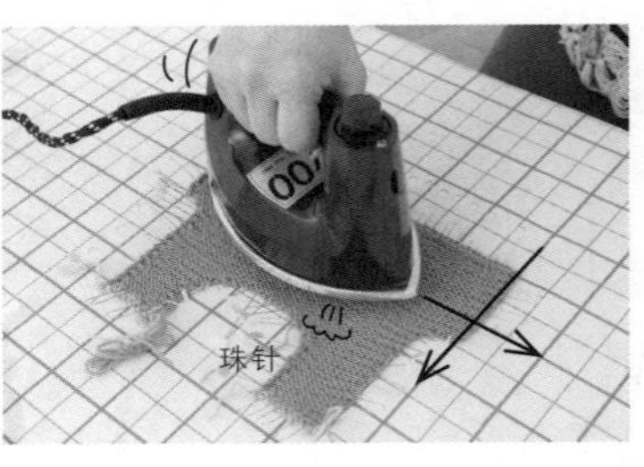

4
移动熨斗时，要注意水平、垂直方向移动，连边缘一起，用充足的蒸汽熨烫平整。

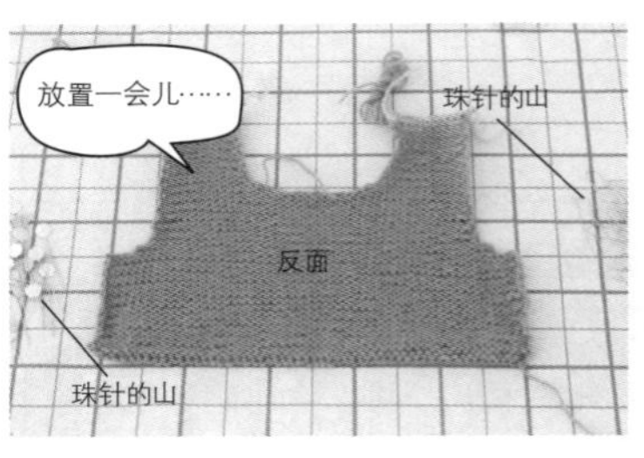

5
蒸汽冷却后，拔下珠针。织片的大小、形状固定下来。

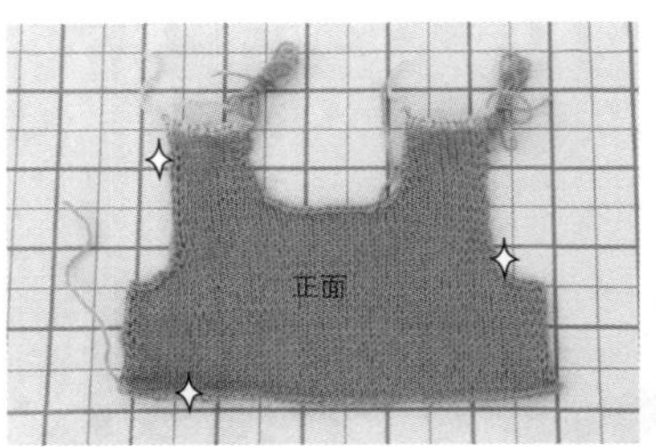

6
翻回正面，一边用手指轻轻将针目整理平整，一边再次熨烫。这样，针目也稳定下来。

要点

使用家用蒸汽熨斗时，注意根据毛线标签上的指示温度来调整熨斗温度。不要忘记用拧干的湿毛巾当衬布。

第 6 步 边缘编织的挑针方法

做边缘编织时，不同的织片挑针方法也不一样。
这里全部介绍一遍不太现实，详细的方法请参阅相关编织基础书。
这里，介绍一些常见的、经常被忽略的要点。

要点 1

有弧度的边缘，编织起点和编织终点的长度略有差异。这里一般可以通过加减针调整。遇到罗纹针的话会影响花样，这时我们可以通过调整针号来调整密度。
但是，还有一个比较简单的方法，类似领窝凹陷的弧度，“☆”部分比其他处少挑几针。相反，类似下摆凸起的弧度，“△”部分多挑几针。

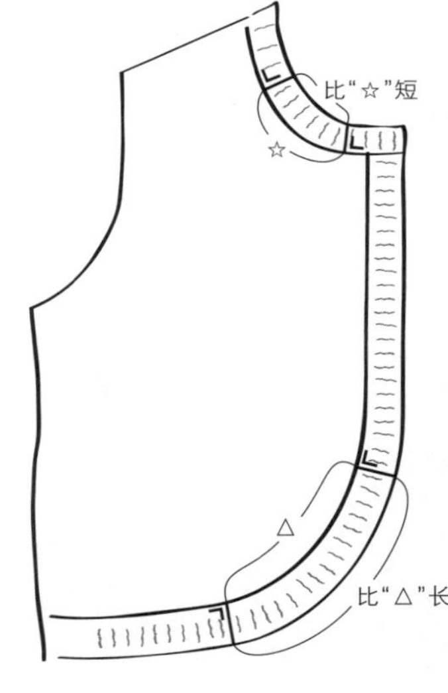

要点 2

使用比边缘编织指定针号小一号的针来挑针。
把可以挑针的部分全部挑起，多余的针数一边留意要点 1 的介绍，一边在第 2 行减针。编织过程中不要忘记花样。

要点 3

起伏针等不容易破坏花样的边缘编织，可以通过加减针编织出美丽的弧度。编织出实际的行数，测量边缘编织的密度。然后，计算弧度内侧和外侧长度差的针数，在弧度部分均匀加减针。

第 7 步 洗涤方法

洗涤方法非常重要，直接关系到织好的美衣能否穿得长久。
不管怎么注意，天然的素材都避免不了缩水。
最理想的方法就是不要洗。
但是，薄薄的毛衣一直不洗好像不太现实，
可以帮助我们的是干洗。
这时，放好毛线线签的重要性又体现出来了。
另一种比较好的方法是在家里手洗。
但是，羊毛材质遇见热水和冷水都会急速收缩，
特别是冷水，污渍还不容易洗净。务必注意温度。
需要强调的是，无论怎样脏，都不能使劲揉搓。

1
在 30℃以下的温水中放入洗涤剂。将比较脏的衣领、袖口外侧先浸入洗涤液。

2
一边轻轻按压一边洗涤。污渍比较严重的地方放在平整的硬物上用海绵轻轻拍打，然后放在温水中一边按压一边洗涤。

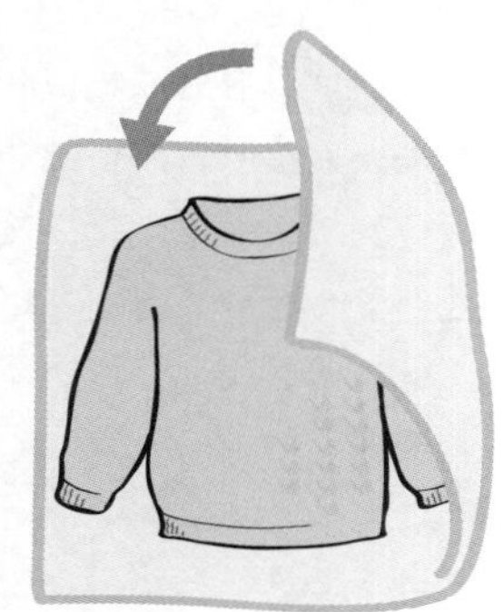

3
脱水时要隔着浴巾用手按压。

4
再次将浴巾卷起来，卷得小一点，再次按压去除水分。

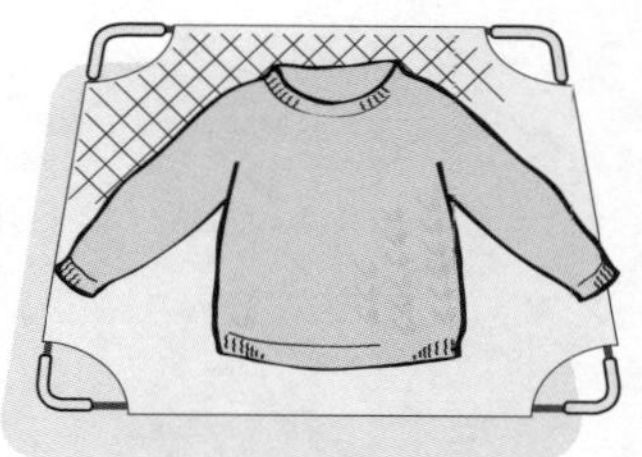

5
放在网布上平铺阴干。

本次使用的工具

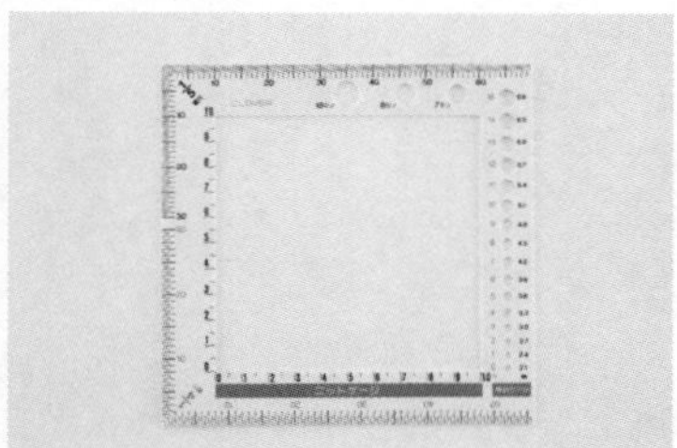

密度尺
既可以作为 10cm×10cm 织片的标准密度尺，也可以作为棒针密度尺，还可以作为缩尺，一尺三用，非常方便。

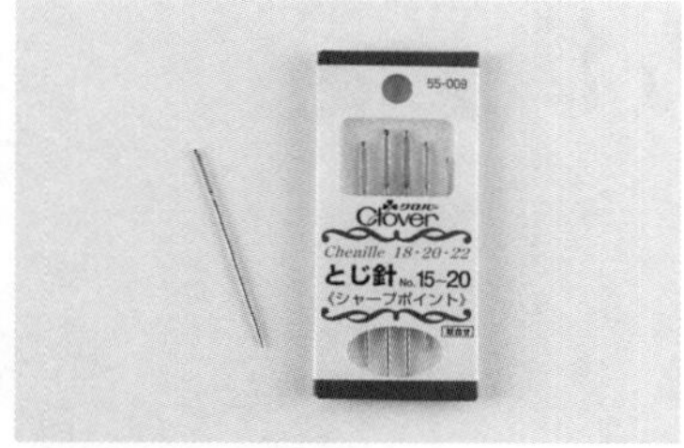

毛线缝针 < 尖头 >
处理线头时不可缺少的毛线缝针，和缝合时用的圆头缝针不一样，尖头缝针可以非常麻利地劈开针目。

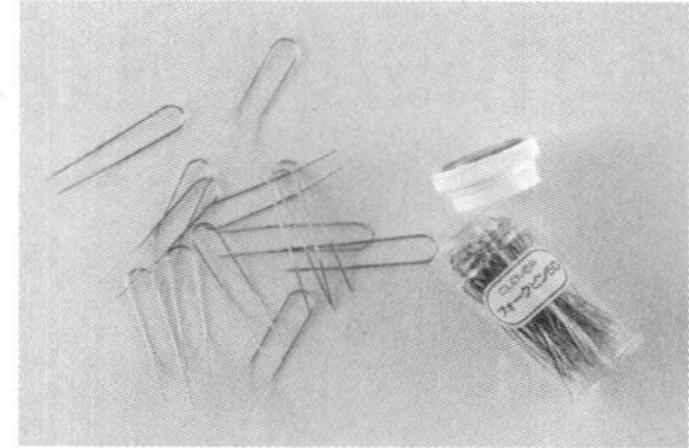

U 形针
2 个针头的 U 形针用起来比珠针要省事一些。直线方向固定时，U 形针能以 2 倍于珠针的速度固定织片（具体因人而异）。

珠针
珠针除了可以在熨烫时固定织片外，还可以在连接衣袖时用来临时固定织片。可以稳稳地固定厚厚的织片。

《棒针编织 你问我答》
一本编织基础书，从编织图的看法到常见的编织问题等，以读者易接受的问答形式面世。

羊毛洗涤剂
最适合用来洗织物的洗涤剂。使用天然植物成分制造而成，比较温和，适合羊毛织物以及敏感肌肤人群，比较环保，并且具有防虫蛀效果。

蒸汽熨斗
编织物专用的蒸汽充足的熨斗。有喷汽柔和的熨斗，也有喷汽密集的熨斗。力道大的熨斗，如果不别上珠针就熨烫的话，会把织片吹起来，不能斜着拿。

熨烫台
大号熨烫台还可以用来给大件物品固定珠针。带支架的熨烫台非常方便操作，也便于蒸汽扩散。上面的格子还有利于把珠针别成一条直线。

第 1 页图片的文字说明：

初衷是向漫画《波族传奇》致敬。少女漫画的世界观非常美，也很难！
创作：羊毛仓库

对我来说，夏天是很难熬的季节。每到七月，我就开始期盼着九月快点来临。只要过了八月，就应该可以从夏季热气逼人的蒸笼中逃离。

但是，奇怪的是，十几岁的时候，我总在烈日炎炎的天空下不知疲倦地参加社团活动；二十几岁刚参加工作的那个夏天，周末应该都是在海边度过的。那时在树荫下抬头仰望天空，所看到的积雨云比秋天的天空更高更远。

细想起来，三十几岁时，正在育儿期的我时常穿行在盛夏的公园中，虽然脸上被晒出了斑点，但和其他妈妈一起谈笑的时光是很美好的回忆。但一到秋天，就开始有精疲力尽的感觉。

现在，我已到了不惑之年。虽然地球的温度正在逐年上升，但秋天仍令人开心。金黄色的银杏叶随风飞舞，橙黄色的果实挂在枝头，枫叶和樱花的叶子红得好像烧了起来，凉爽的空气仿佛让高音域的声音沉寂下来。这时也到了丈夫的生日，然后迎来孩子的生日，再接着便到了圣诞节，新的一年又开始了，我也又长了一岁。2016年，我也会到处寻找打开备受期待的秋季之门的钥匙。

人偶作家铃木千晶的笔名。在宝库学园东京、横滨、名古屋、心斋桥以及天神校区任讲师。宝库学园人气讲师。

作品的编织方法

★的个数代表作品的难易程度和对编织者的水平要求　★…初学者可放心选择　★★…拥有一定自信者都可以尝试
★★★…有毅力的中上级水平者可以完成　★★★★…对技术有自信者都可大胆挑战
※ 线为实物粗细
※ 图中未注明单位的数字均以厘米（cm）为单位

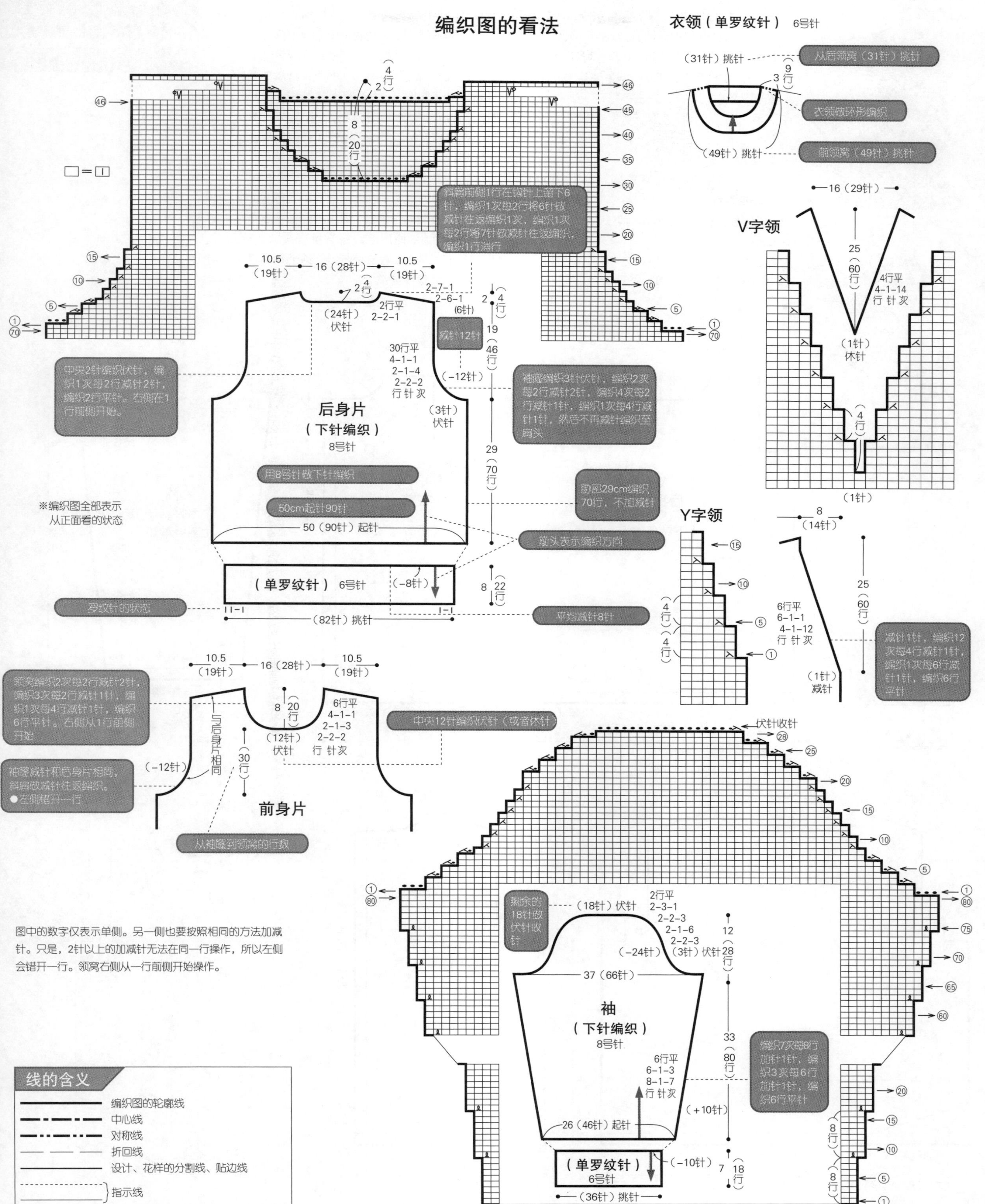

编织图的看法
衣领（单罗纹针） 6号针
（31针）挑针
从后领窝（31针）挑针
衣领做环形编织
（49针）挑针
前领窝（49针）挑针
□=|
斜肩两侧1行在棒针上留下6针，编织1次每2行将6针做减针往返编织1次，编织1次每2行将7针做减减针往返编织，编织1行消行
V字领
16（29针）
25（60行）
4行平
4-1-14
行 针 次
（1针）休针
（1针）
Y字领
8（14针）
25（60行）
6行平
6-1-1
4-1-12
行 针 次
（1针）减针
减针1针，编织12次每4行减针1针，编织1次每6行减针1针，编织6行平针
10.5（19针）
16（28针）
2-7-1
2-6-1
（6针）
减针12针
（24针）伏针
2行平
2-2-1
30行平
4-1-1
2-1-4
2-2-2
行 针 次
（-12针）
（3针）伏针
中央2针编织伏针，编织1次每2行减针2针，编织2行平针。右侧在1行前侧开始。
袖窿编织3针伏针，编织2次每2行减针2针，编织4次每2行减针1针，编织1次每4行减针1针，然后不再减针编织至肩头
后身片
（下针编织）
8号针
用8号针做下针编织
50cm起针90针
50（90针）起针
肋部29cm编织70行，不加减针
箭头表示编织方向
29（70行）
19（46行）
※编织图全部表示从正面看的状态
（单罗纹针） 6号针
（-8针）
8（22行）
罗纹针的状态
（82针）挑针
平均减针8针
10.5（19针）
16（28针）
8（20行）
6行平
4-1-1
2-1-3
2-2-2
行 针 次
（12针）伏针
领窝编织2次每2行减针2针，编织3次每2行减针1针，编织1次每4行减针1针，编织6行平针。右侧从1行前侧开始
中央12针编织伏针（或者休针）
与后身片相同
（-12针）
30（行）
袖窿减针和后身片相同，斜肩做减针往返编织。
●左侧错开一行
前身片
从袖窿到领窝的行数
伏针收针
图中的数字仅表示单侧。另一侧也要按照相同的方法加减针。只是，2针以上的加减针无法在同一行操作，所以左侧会错开一行。领窝右侧从一行前侧开始操作。
剩余的18针做伏针收针
（18针）伏针
2行平
2-3-1
2-2-3
2-1-6
2-2-3
行 针 次
（-24针）
（3针）伏针
12（28行）
37（66针）
袖
（下针编织）
8号针
6行平
6-1-3
8-1-7
行 针 次
33（80行）
编织7次每8行加针1针，编织3次每6行加针1针，编织6行平针
（+10针）
26（46针）起针
（单罗纹针）
6号针
（-10针）
7（18行）
（36针）挑针
线的含义
编织图的轮廓线
中心线
对称线
折回线
设计、花样的分割线、贴边线
指示线

材料

[A M号]和麻纳卡 Merino Silk Angora 黑色(12) 175g/5团，白色(1) 160g/4团；La Droguerie 直径18mm的纽扣8颗

[B XL号] 和麻纳卡 Merino Silk Angora 米色(2) 390g/10团；La Droguerie 直径15mm的纽扣8颗

工具

棒针6号、5号

成品尺寸

[A M号] 胸围93cm，肩宽34cm，衣长58cm，袖长53.5cm

[B XL号] 胸围126cm，肩宽48cm，衣长59cm，袖长46cm

编织密度

10cm×10cm面积内：下针条纹、下针编织均为22针，29.5行(6号针)

编织要点

●身片、袖…手指起针，做下针编织。编织6行后，参照图示，一边做加针往返编织，一边分别编织。M号编织下针条纹和单罗纹针条纹，XL号做下针编织和单罗纹针。左前身片一边开扣眼，一边参照图示编织。减针时，2针以上时做伏针减针，1针时立起侧边2针减针。袖下加针时，在1针内侧编织扭针加针。

●组合…肩部盖针接合，衣袖对齐针与行，使用毛线缝针缝合于身片上。衣领挑取指定数量的针数做下针编织，编织终点做伏针收针。胁部、袖下使用毛线缝针挑针缝合，下摆、袖口的6行看着反面缝合，这个部分要向外翻折做藏针缝缝合。

M号

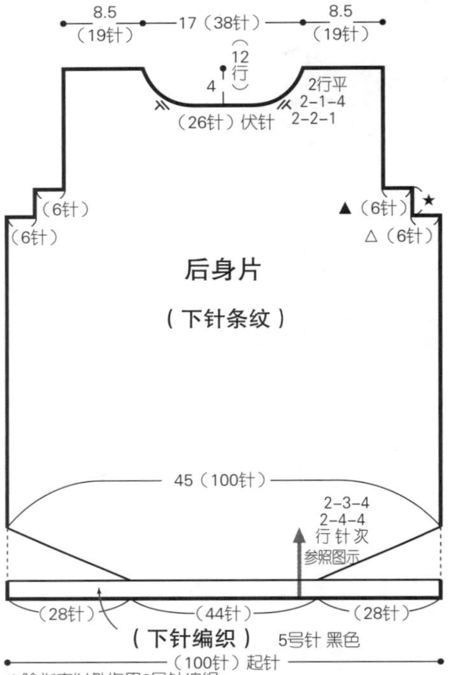

后身片（下针条纹）：8.5（19针）、17（38针）、8.5（19针）；领口（26针）伏针，2行平、2-1-4、2-2-1，4（12行）；13.5（40行）；袖窿（6针）（6针）▲★△；3（8行）；34（100行）；45（100针）；2-3-4、2-4-4 行针次 参照图示；5.5（16行）；2（6行）；（28针）（44针）（28针）；（下针编织）5号针 黑色；（100针）起针

※除指定以外均用6号针编织
※相同标记处对齐做针与行的缝合

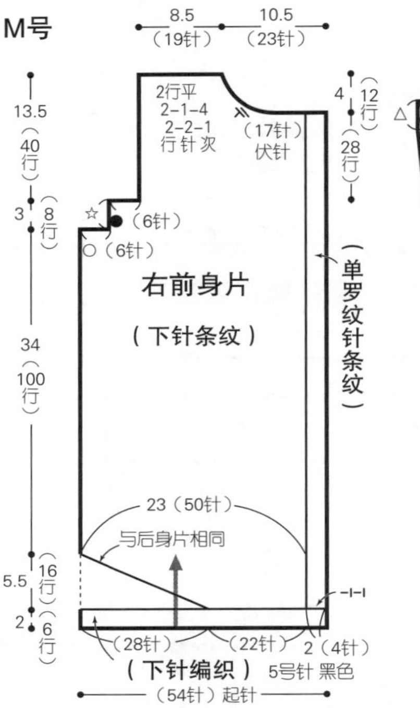

右前身片（下针条纹）：8.5（19针）、10.5（23针）；2行平、2-1-4、2-2-1 行针次；（17针）伏针；4（12行）；28（行）；（6针）（6针）☆●○；（单罗纹针条纹）；23（50针）；与后身片相同；（28针）（22针）2（4针）；（下针编织）5号针 黑色；（54针）起针

※左前身片一边开扣眼，一边编织（参照其他图）

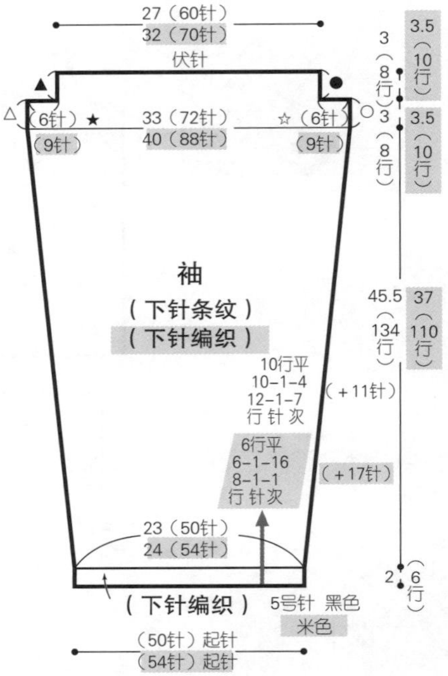

袖（下针条纹）（下针编织）：27（60针）/32（70针）伏针；▲●△○★☆；（6针）（9针）；33（72针）/40（88针）；3（8行）/3.5（10行）；45.5（134行）/37（110行）；10行平、10-1-4、12-1-7 行针次（+11针）；6行平、6-1-16、8-1-1 行针次（+17针）；23（50针）/24（54针）；2（6行）；（下针编织）5号针 黑色/米色；（50针）起针/（54针）起针

※右袖标记对齐
※制图是M号
无背景色=M号、通用
灰色背景=XL号

下针条纹的配色：2行 黑色；2行 白色

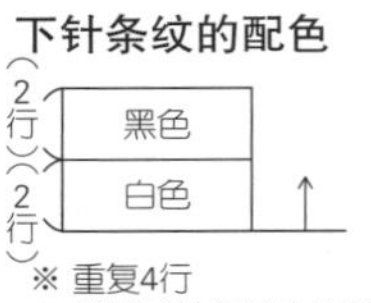

※重复4行
※单罗纹针条纹也按照相同的配色编织

XL号

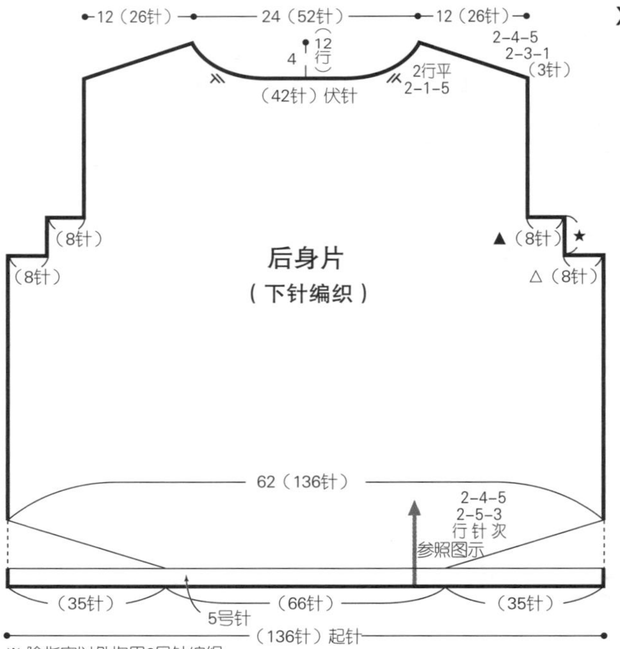

后身片（下针编织）：12（26针）、24（52针）、12（26针）；（42针）伏针；2行平、2-1-5；2-4-5、2-3-1（3针）；4（12行）；15（44行）；4（12行）；（8针）（8针）▲★△；28.5（84行）；62（136针）；2-4-5、2-5-3 行针次 参照图示；5.5（16行）；2（6行）；（35针）（66针）（35针）；5号针；（136针）起针

※除指定以外均用6号针编织
※相同标记处做针与行的缝合

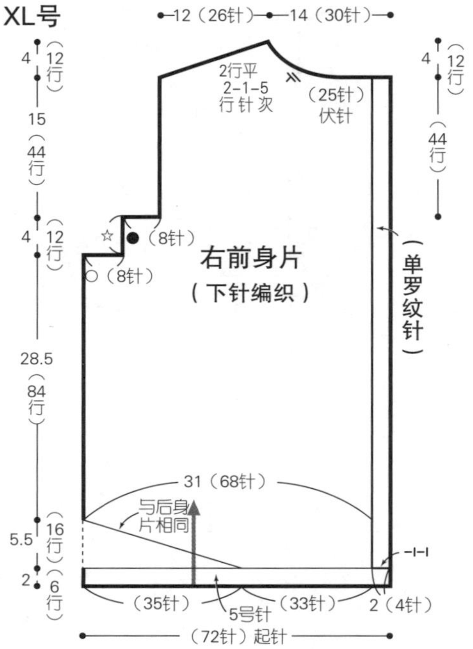

右前身片（下针编织）：12（26针）、14（30针）；2行平、2-1-5 行针次；（25针）伏针；4（12行）；（44行）；（8针）（8针）☆●○；（单罗纹针）；31（68针）；与后身片相同；（35针）5号针（33针）2（4针）；（72针）起针

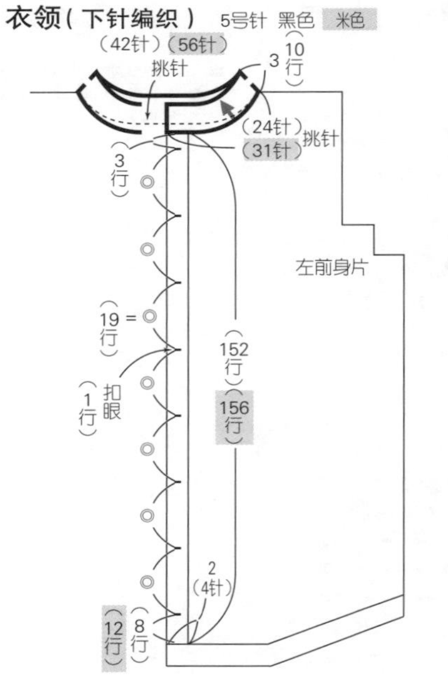

衣领（下针编织）5号针 黑色 米色：（42针）（56针）挑针；3（10行）；（24针）（31针）挑针；左前身片；3行；19行；1行 扣眼；152行（156行）；2（4针）；8行（12行）

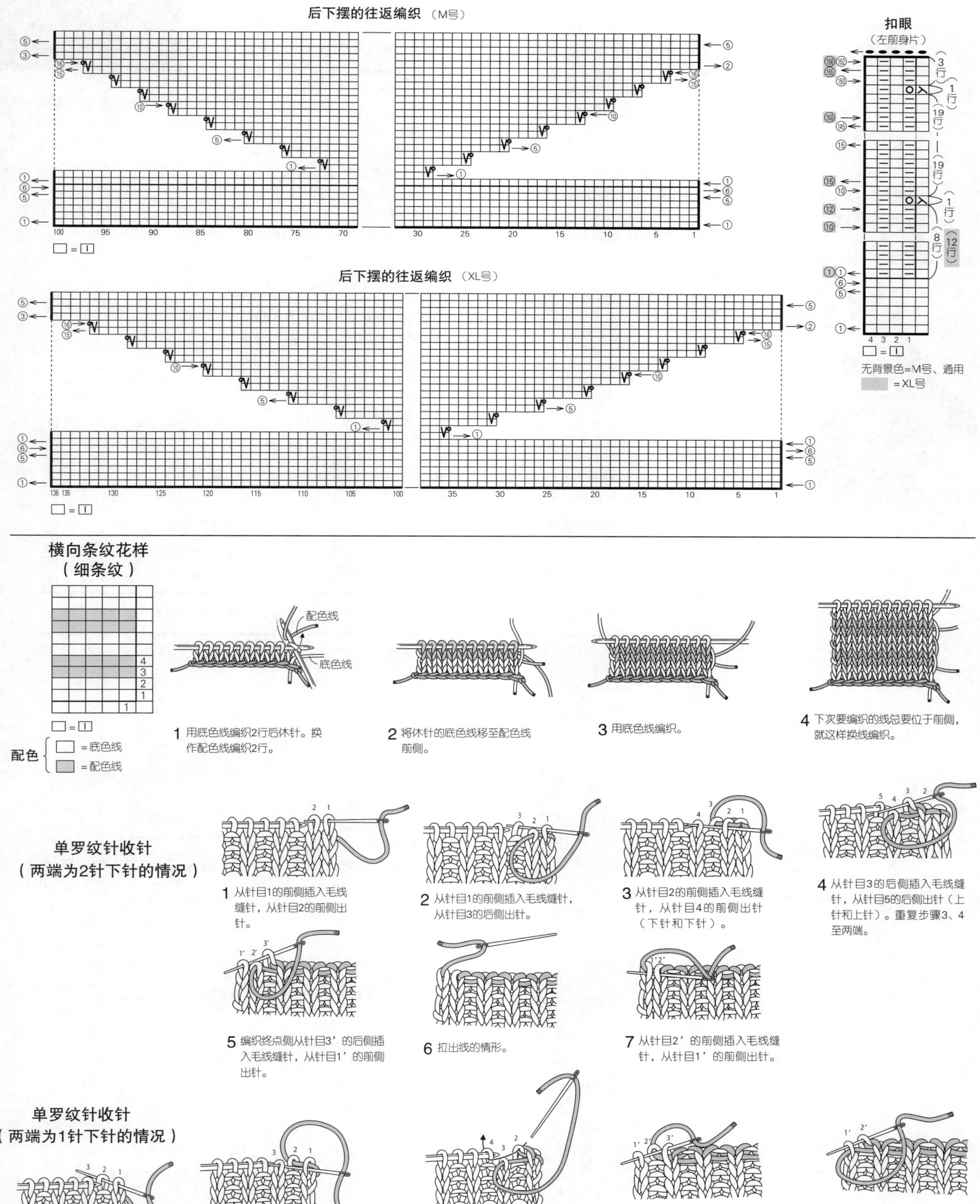

1 用底色线编织2行后休针。换作配色线编织2行。

2 将休针的底色线移至配色线前侧。

3 用底色线编织。

4 下次要编织的线总要位于前侧，就这样换线编织。

单罗纹针收针（两端为2针下针的情况）

1 从针目1的前侧插入毛线缝针，从针目2的前侧出针。

2 从针目1的前侧插入毛线缝针，从针目3的后侧出针。

3 从针目2的前侧插入毛线缝针，从针目4的前侧出针（下针和下针）。

4 从针目3的后侧插入毛线缝针，从针目5的后侧出针（上针和上针）。重复步骤3、4至两端。

5 编织终点侧从针目3’的后侧插入毛线缝针，从针目1’的前侧出针。

6 拉出线的情形。

7 从针目2’的前侧插入毛线缝针，从针目1’的前侧出针。

单罗纹针收针（两端为1针下针的情况）

1 从一端2针的前侧插入毛线缝针。

2 再次从针目1的前侧插入毛线缝针，从针目3的前侧出针（下针和下针）。

3 从针目2的后侧插入毛线缝针，从针目4的后侧出针（上针和上针）。重复步骤2、3至两端。

4 编织终点侧从针目3’的前侧插入毛线缝针，从针目1’的前侧出针。

5 从针目2’的后侧插入毛线缝针，从针目1’的前侧出针。

材料

[C M号]Hobbyra Hobbyre Sabrich 灰色(04) 365g/10团

[D XL号] Hobbyra Hobbyre Sabrich 藏青色(01) 290g/8团，紫色(02) 170g/5团

工具

棒针5号、3号

成品尺寸

[C M号] 胸围104cm，衣长56cm，连肩袖长71cm

[D XL号] 胸围118cm，衣长63cm，连肩袖长74cm

编织密度

10cm×10cm面积内：下针编织、下针条纹均为20针，31行

编织要点

●身片、袖…另线锁针起针，M号环形做下针编织和扭针的单罗纹针，XL号环形编织下针条纹和扭针的单罗纹针条纹A。袖下在花样交界处编织扭针加针，编织终点休针。腋下针目使用毛线缝针做下针的无缝缝合。育克在指定位置挑针，M号做下针编织，XL号编织下针条纹。插肩线减针时，从插肩线开始的第3针、第4针编织2针并1针。领窝参照图示减针。

●组合…下摆拆开锁针起针挑取指定数量的针目，编织扭针的单罗纹针，编织终点做扭针的单罗纹针收针。衣领挑取指定数量的针目，M号编织扭针的单罗纹针，XL号编织扭针的单罗纹针条纹B，编织终点松松地做伏针收针。衣领向内翻折并做藏针缝缝合。

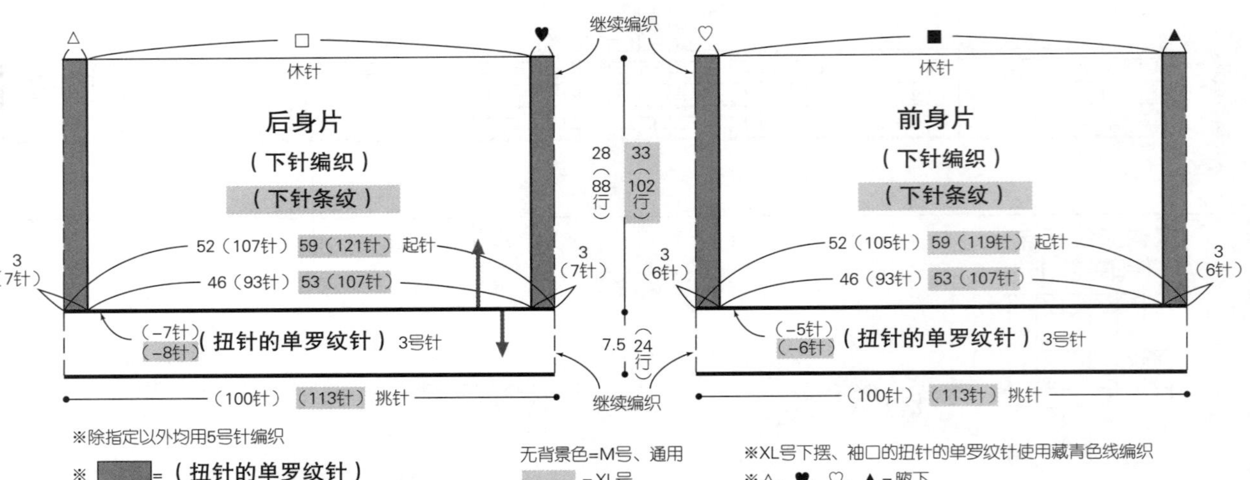

※除指定以外均用5号针编织

※ ▇ =(扭针的单罗纹针)(扭针的单罗纹针条纹A)

无背景色=M号、通用

▇ =XL号

※XL号下摆、袖口的扭针的单罗纹针使用藏青色线编织

※△、♥、♡、▲=腋下

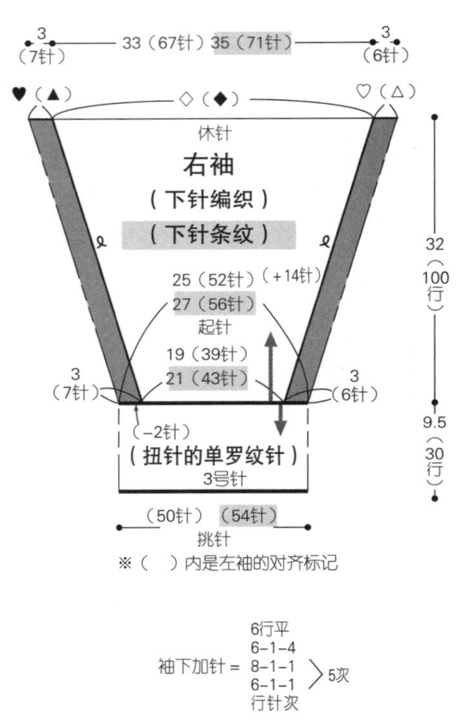

※( )内是左袖的对齐标记

袖下加针 = 6行平 6-1-4 8-1-1 6-1-1 行针次 >5次

扭针的单罗纹针和扭针的单罗纹针条纹A、B

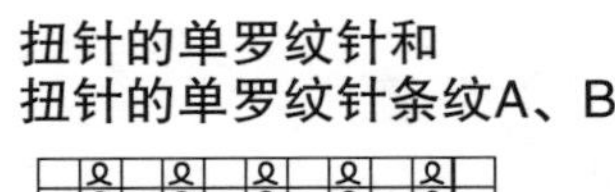

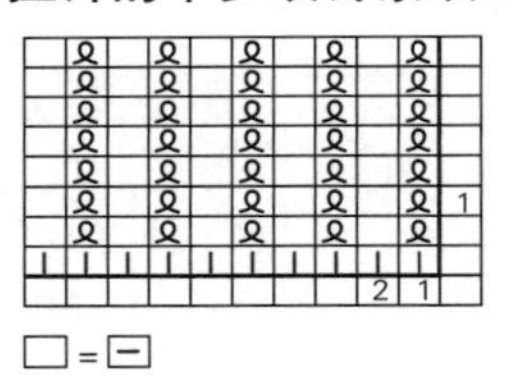

衣领

(扭针的单罗纹针)

(扭针的单罗纹针条纹B)

3号针

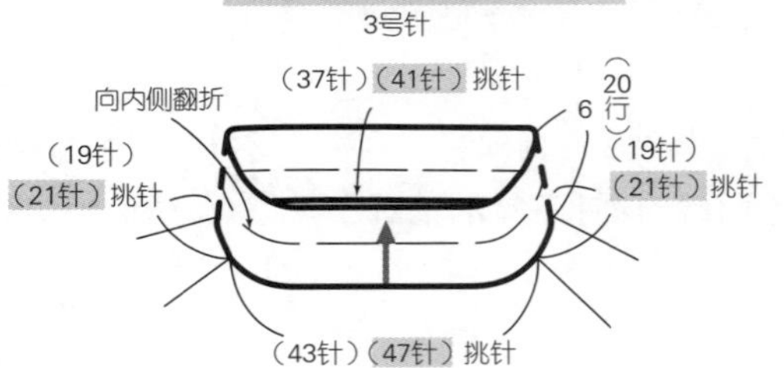

下针条纹和扭针的单罗纹针条纹A的配色

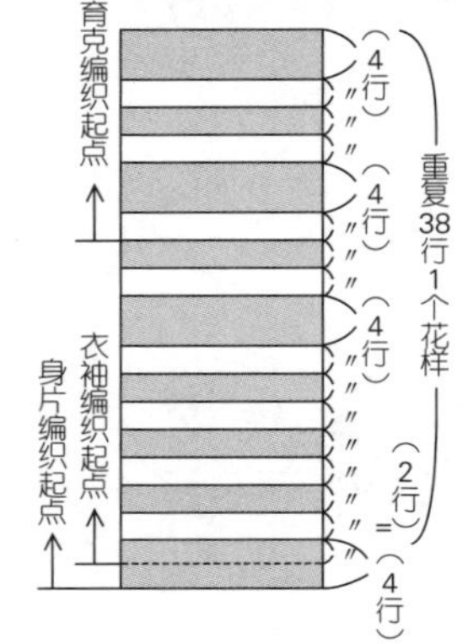

扭针的单罗纹针条纹B的配色

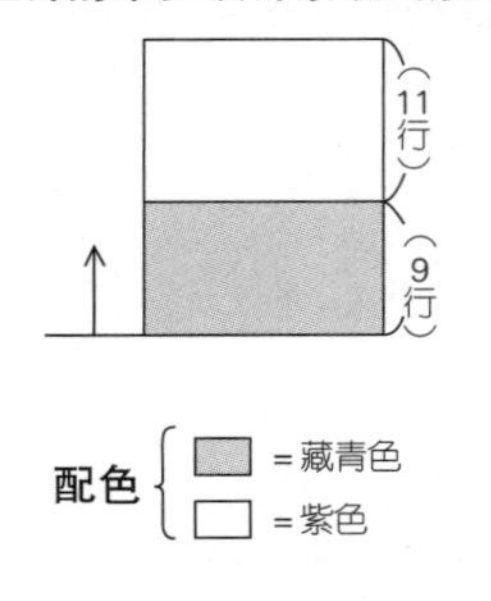

配色 ▇=藏青色 □=紫色

育克（下针编织）（下针条纹）

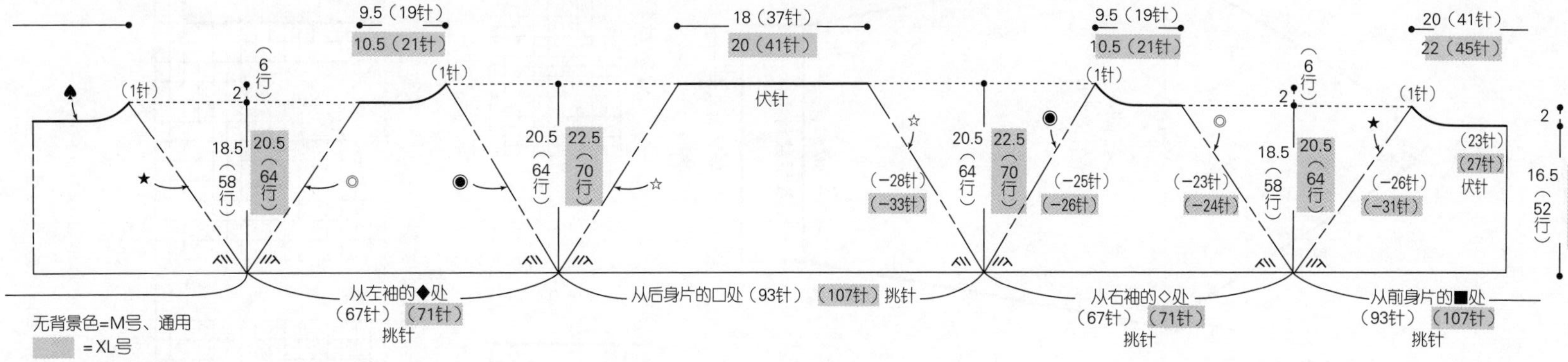

无背景色=M号、通用
■=XL号

从左袖的◆处（67针）（71针）挑针
从后身片的□处（93针）（107针）挑针
从右袖的◇处（67针）（71针）挑针
从前身片的■处（93针）（107针）挑针

★ = {4行平 4-1-1 2-1-25 行针次} {2行平 2-1-31 行针次}

◎ = {4行平 4-1-4 2-1-19} {4行平 4-1-6 2-1-18}

◉ = {4行平 4-1-5 2-1-20} {4行平 4-1-7 2-1-19}

☆ = {4行平 4-1-2 2-1-26} {4行平 2-1-33}

前领窝的减针 = {2行平 2-3-1 2-5-1}

袖的领窝的减针 = {2行平 2-3-1 2-5-1 （10针）（12针）伏针}

育克的编织方法（M号）

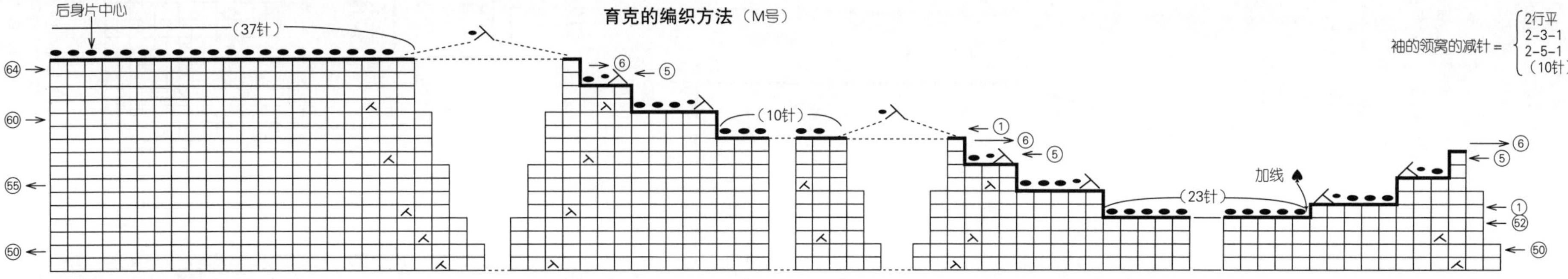

□=□

※XL号也按照相同的要领编织

扭针的单罗纹针收针

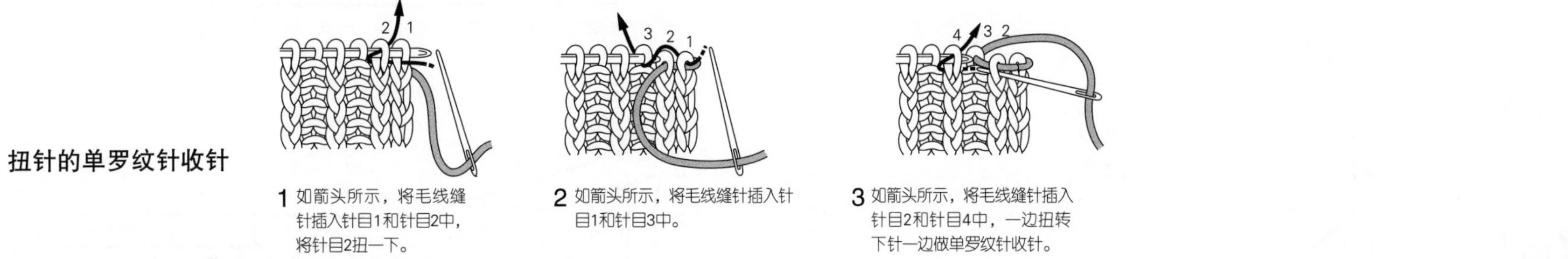

1 如箭头所示，将毛线缝针插入针目1和针目2中，将针目2扭一下。

2 如箭头所示，将毛线缝针插入针目1和针目3中。

3 如箭头所示，将毛线缝针插入针目2和针目4中，一边扭转下针一边做单罗纹针收针。

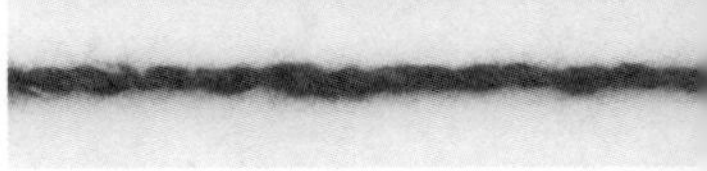

材料

芭贝 York Tweed 绿色系混合(059) 395g/20团；La Droguerie 直径20mm的纽扣5颗

工具

棒针5号、3号

成品尺寸

胸围112.5cm，衣长66cm，连肩袖长83.5cm

编织密度

10cm×10cm面积内：下针编织22针，32.5行

编织要点

●身片、袖…手指起针，编织双罗纹针、下针编织。插肩线处参照图示减针。领窝减针时，2针以上时做伏针减针，1针时立起侧边1针减针。袖下加针时，在1针内侧编织扭针加针。

●组合…口袋、袋口和身片相同，分别做下针编织和单罗纹针。袋口和口袋对齐针与行使用毛线缝针缝合。胁部、插肩线、袖下使用毛线缝针挑针缝合，腋下针目使用毛线缝针做下针的无缝缝合。前门襟、衣领和身片相同，编织单罗纹针。参照图示编织扣眼。编织终点做下针织下针、上针织上针的伏针收针。前门襟使用挑针缝合以及对齐针与行缝合的方法缝合于身片上。缝上纽扣。

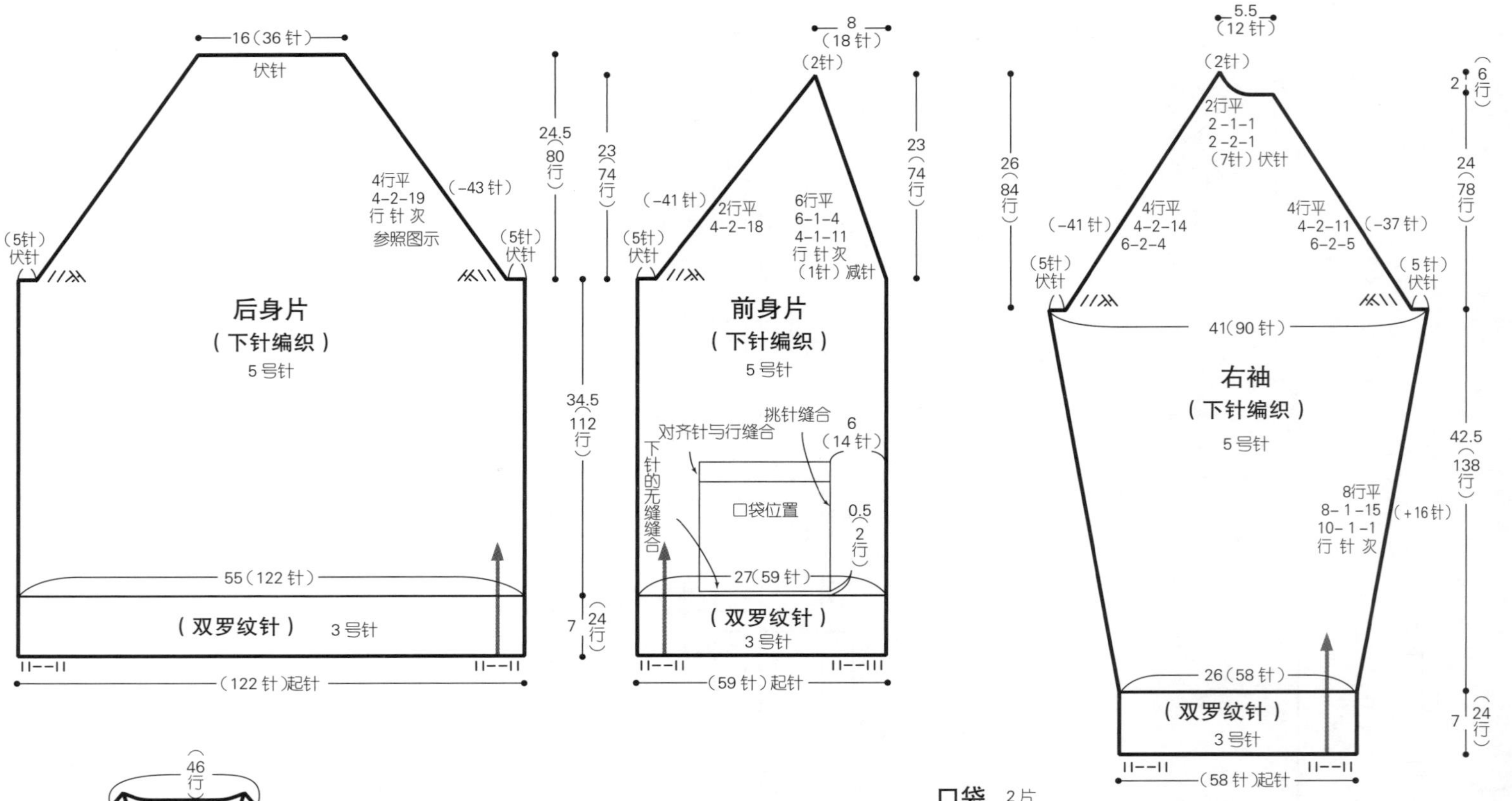

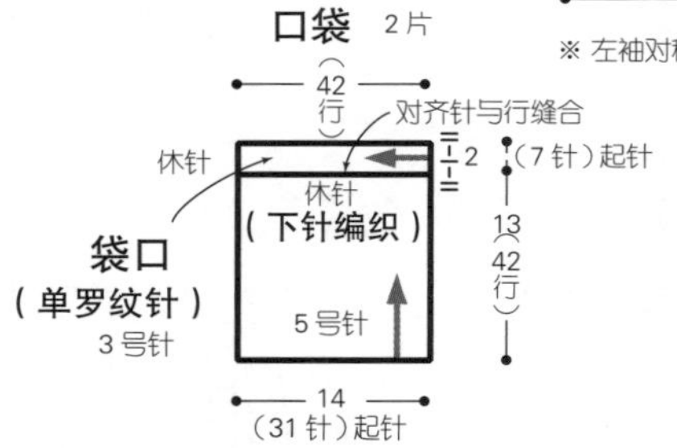

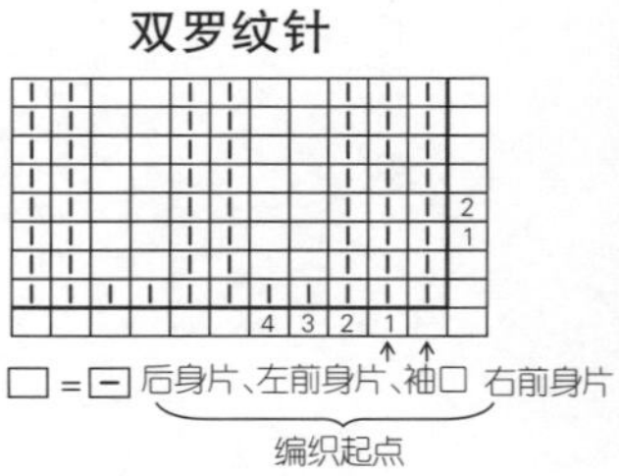

后身片（下针编织）5号针

16(36针) 伏针；4行平 4-2-19 行针次 参照图示；(-43针)；(5针)伏针；24.5(80行)；23(74行)；34.5(112行)；55(122针)；(双罗纹针) 3号针；7(24行)；(122针)起针

前身片（下针编织）5号针

8(18针)；(2针)；(-41针) 2行平 4-2-18；6行平 6-1-4 4-1-11 行针次 (1针)减针；(5针)伏针；23(74行)；对齐针与行缝合；挑针缝合；6(14针)；下针的无缝缝合；口袋位置；0.5(2行)；27(59针)；(双罗纹针) 3号针；(59针)起针

右袖（下针编织）5号针

5.5(12针)；(2针)；2行平 2-1-1 2-2-1 (7针)伏针；4行平 4-2-14 6-2-4 (-41针)；4行平 4-2-11 6-2-5 (-37针)；(5针)伏针；26(84行)；2(6行)；24(78行)；41(90针)；8行平 8-1-15 10-1-1 行针次 (+16针)；42.5(138行)；26(58针)；(双罗纹针) 3号针；7(24行)；(58针)起针

※ 左袖对称编织

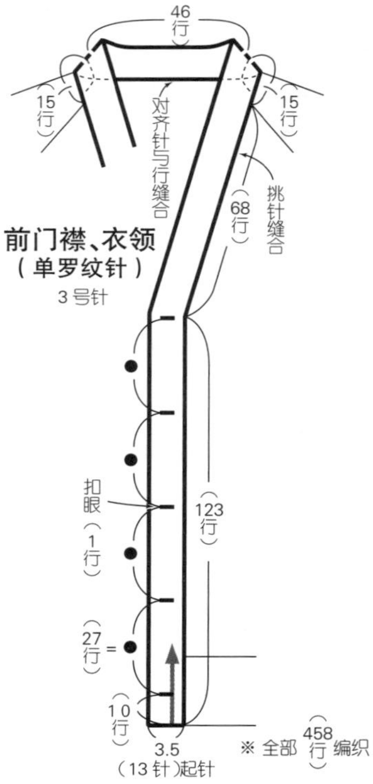

前门襟、衣领（单罗纹针）3号针

46(行)；15(行)；15(行)；对齐针与行缝合；68(行)；挑针缝合；扣眼(1行)；123(行)；27行=；10(行)；3.5(13针)起针；※ 全部458行编织

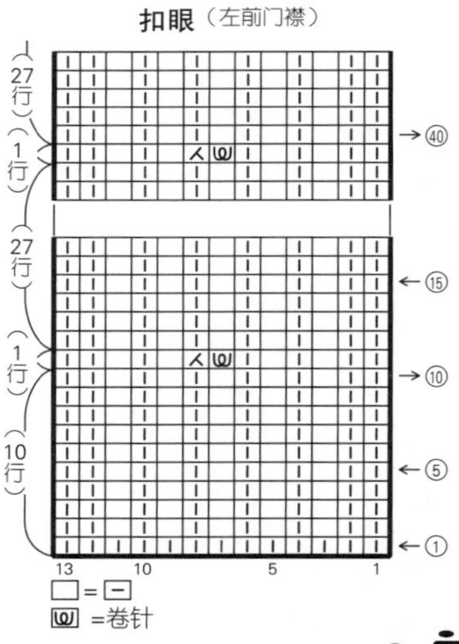

扣眼（左前门襟）

27行；1行；27行；1行；10行；→40；←15；→10；←5；←1；13 10 5 1

□=⊟；⑩=卷针

口袋 2片

42(行)；对齐针与行缝合；休针；2；(7针)起针；休针；(下针编织)；13(42行)；5号针；14(31针)起针

袋口（单罗纹针）3号针

双罗纹针

□=⊟ 后身片、左前身片、袖□ 右前身片；编织起点

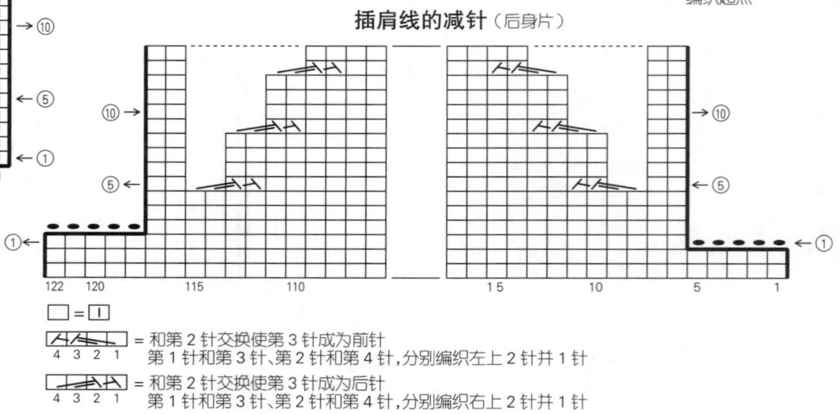

插肩线的减针（后身片）

122 120 115 110；15 10 5 1；⑩ ⑤ ①

□=□

= 和第2针交换使第3针成为前针 第1针和第3针、第2针和第4针，分别编织左上2针并1针

= 和第2针交换使第3针成为后针 第1针和第3针、第2针和第4针，分别编织右上2针并1针

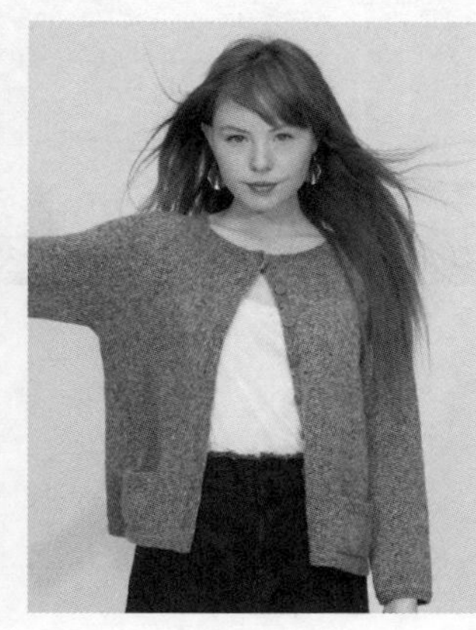

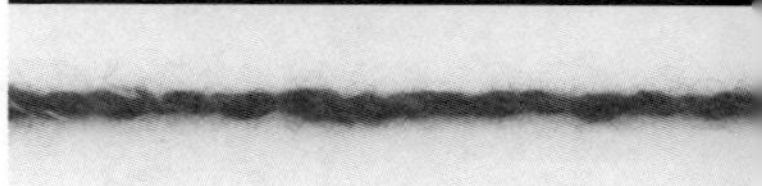

材料

芭贝 York Tweed 灰色系混合(638) 290g/15团；La Droguerie 14mm×18mm的纽扣9颗

工具

棒针5号、3号

成品尺寸

胸围95cm，衣长55.5cm，连肩袖长69cm

编织密度

10cm×10cm面积内：下针编织22针，32.5行

编织要点

●身片、袖…手指起针，编织起伏针、下针编织。肋部、领窝减针时，2针以上时做伏针减针，1针时立起侧边1针减针。腋下编织伏针，插肩线减针时将距离一端的第3针和第4针编织2针并1针。袖下加针时，在1针内侧编织扭针加针。

●组合…口袋和身片相同，做下针编织和起伏针。编织终点从反面做伏针收针，使用毛线缝针做挑针缝合以及下针的无缝缝合，将其固定在前身片的指定位置。肋部、插肩线、袖下使用毛线缝针挑针缝合，腋下针目使用毛线缝针做下针的无缝缝合。前门襟、衣领，挑取指定数量的针目编织起伏针。参照图示编织扣眼。编织终点和口袋处相同。缝上纽扣。

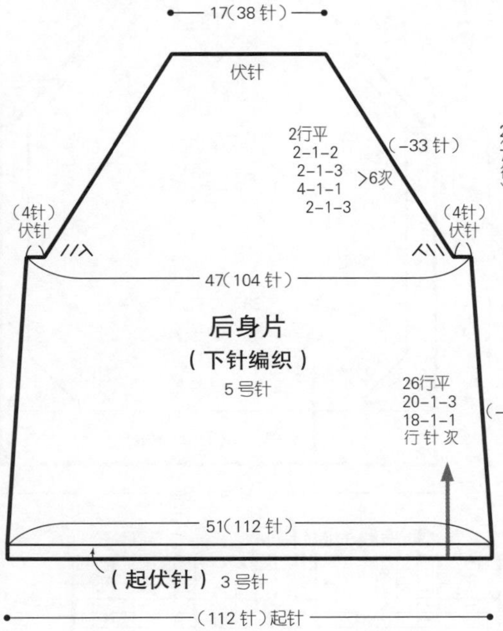

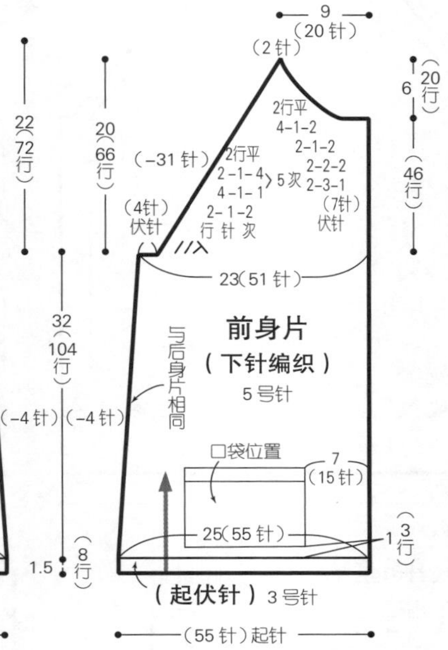

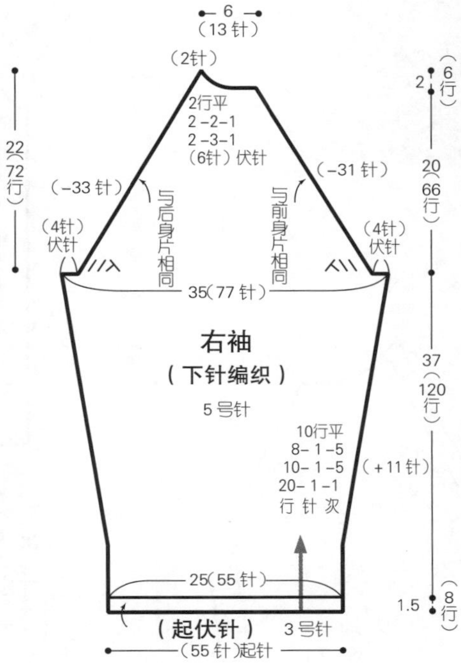

※ 左袖对称编织

衣领、前门襟(起伏针) 3号针

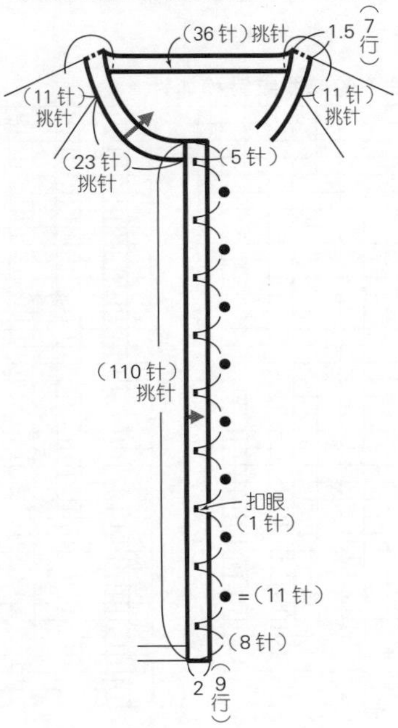

起伏针

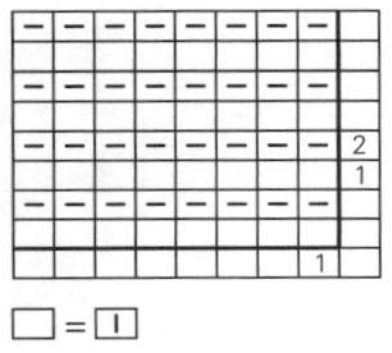

口袋 2片

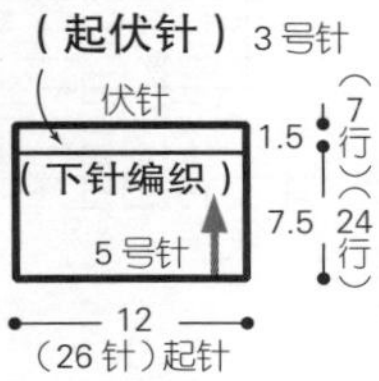

扣眼 (右前门襟)

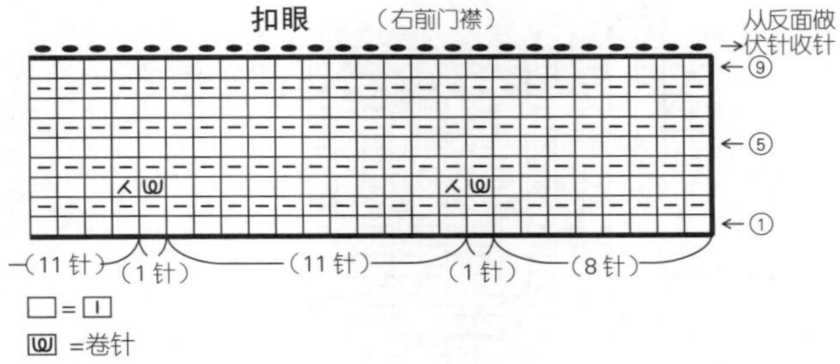

14、15页的作品★★

材料

[G M号] 和麻纳卡Cashmere 红色(110) 205g/11团

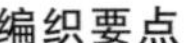

[H XL号] 和麻纳卡Cashmere 蓝色(117) 270g/14团

工具

棒针5号、4号

成品尺寸

[G M号] 胸围90cm，衣长57cm，连肩袖长73cm

[H XL号] 胸围110cm，衣长62.5cm，连肩袖长73cm

编织密度

10cm×10cm面积内：下针编织20.5针，30行

编织要点

●身片、袖…手指起针，编织单罗纹针和下针编织。编织20行单罗纹针后需要换针。插肩线参照图示减针。领窝减针时，2针以上时做伏针减针，1针时立起侧边1针减针。袖下参照图示加针。

●组合…胁部、插肩线、袖下挑取半针缝合，腋下针目使用毛线缝针做下针的无缝缝合。衣领挑取指定数量的针目，环形编织单罗纹针，编织终点做单罗纹针收针。

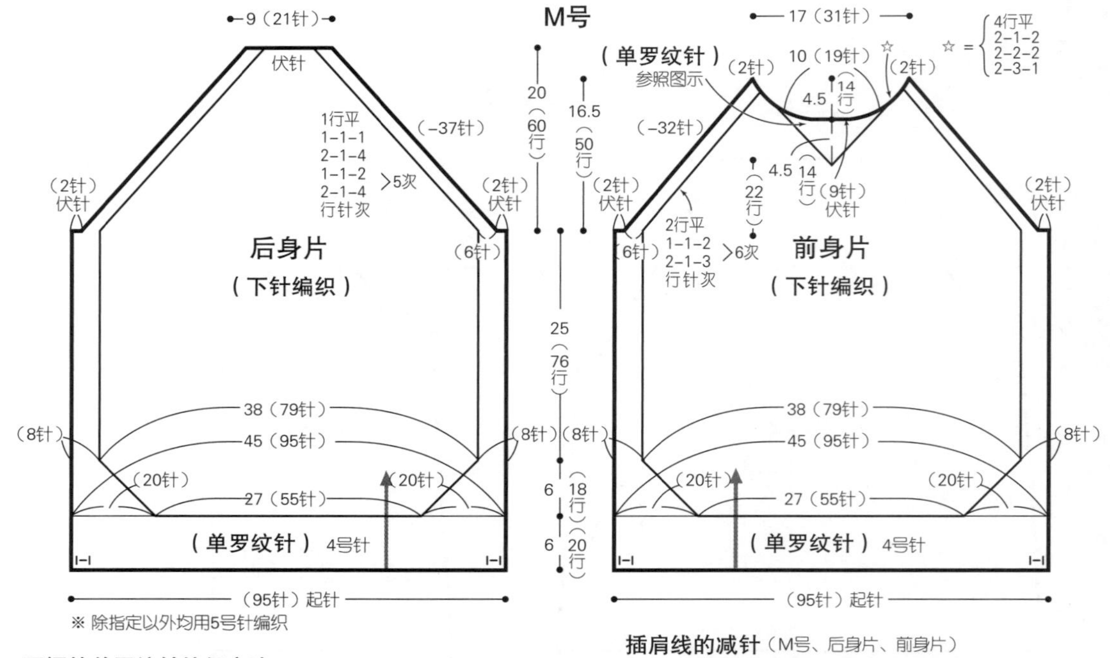

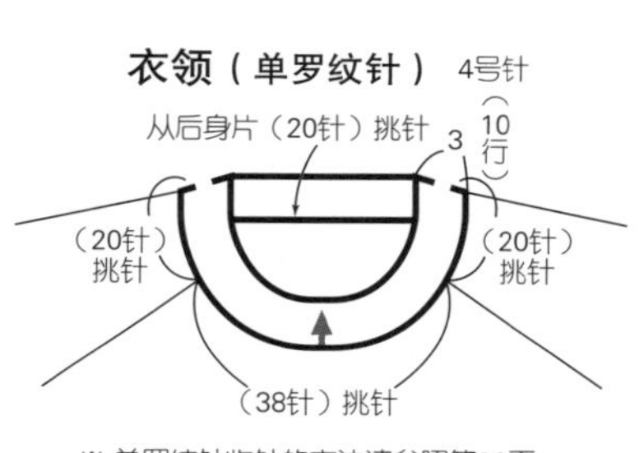

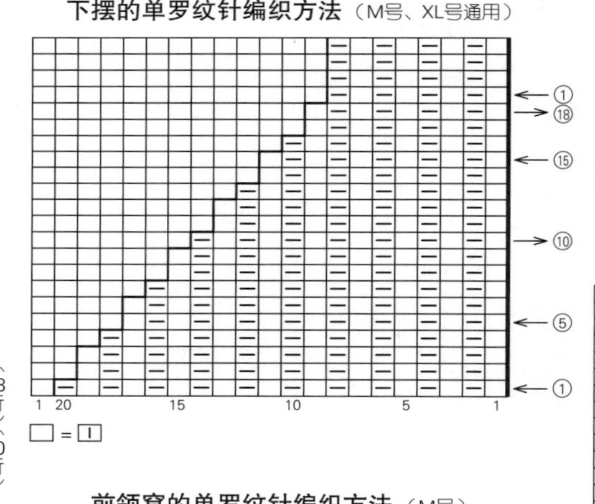

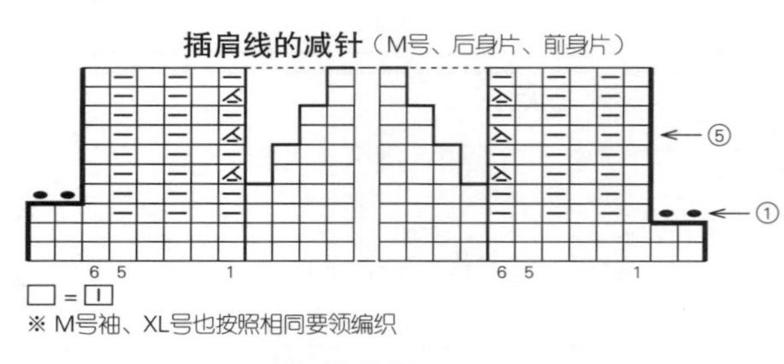

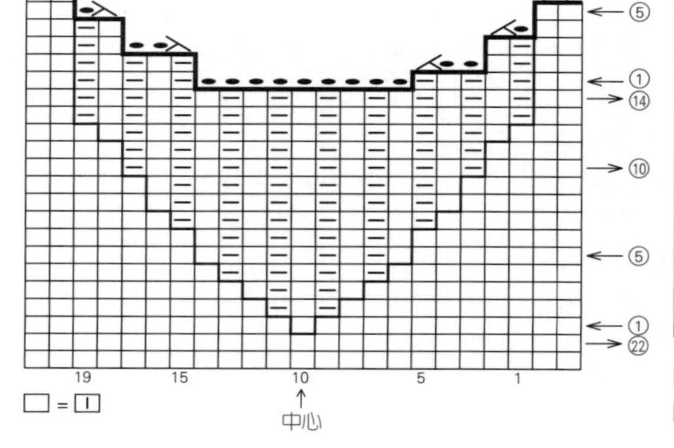

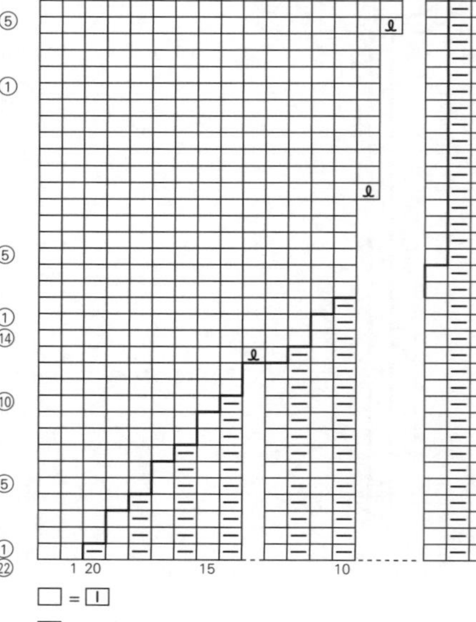

右袖（下针编织）

6.5（17针）；4行平 2-1-4 2-2-1 2-3-1（6针）伏针；（2针）；23.5（70行）；（-28针）；（-24针）；2行平 2-1-1 2-1-2 4-1-1 2-1-1 >8次；2行平 2-1-1 2-1-4 4-1-1 2-1-1 >4次；（2针）伏针；26（53针）；33（69针）；（6针）；6行平 10-1-9 4-1-1；6行平 12-1-1 行针次；（+10针）；16（33针）；21（47针）；（20针）；3（7针）；（8针）；（+1针）；5.5（16行）；18（54行）；33（100行）；6（18行）；6（20行）；（单罗纹针）4号针；（47针）起针

※ 左袖对称编织

XL号

10
（25针）
伏针
（−46针）
2行平
1-1-1
2-1-1 ＞22次
行针次
（2针）伏针
（2针）伏针
（6针）
后身片
（下针编织）
22.5（68行）
20（60行）
28（84行）
6（18行）
6（20行）
49（101针）
55（117针）
37（77针）
（8针）
（8针）
（20针）
（20针）
（单罗纹针） 4号针
（117针）起针

※ 除指定以外均用5号针编织

16（35针）
（2针）
（2针）
14.5（44行）
（−41针）
2行平
2-1-1
4-1-2
2-1-1 ＞2次
4-1-1
2-1-3 ＞2次
1行平
2-1-1
1-1-1 ＞19次
2-1-1
行针次
16（行）
（1针）休针
（2针）伏针
（2针）伏针
（6针）
前身片
（下针编织）
49（101针）
55（117针）
37（77针）
（8针）
（8针）
（20针）
（20针）
（单罗纹针） 4号针
（117针）起针

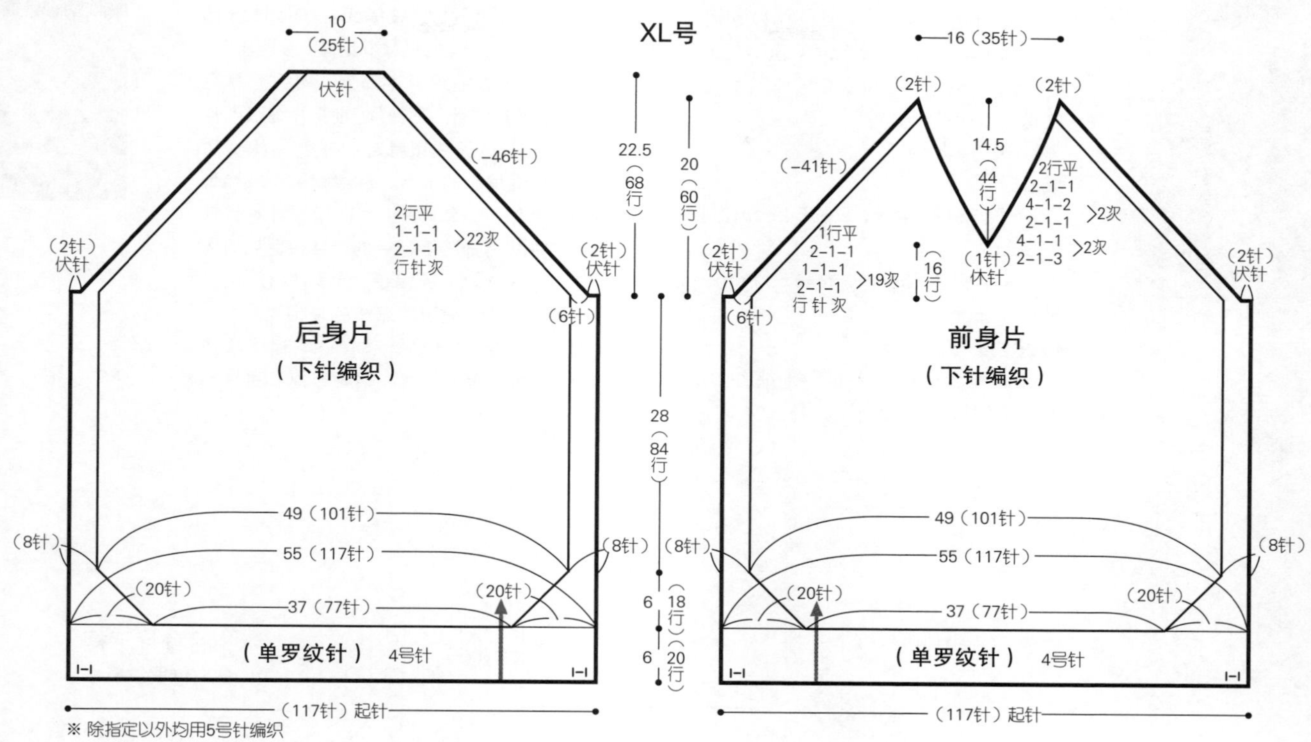

7.5
（20针）
（2针）
2行平
2-4-3
（6针）伏针
26（78行）
2.5（8行）
23.5（70行）
30（90行）
6（18行）
6（20行）
（−35针）
（−32针）
2行平
2-1-3
4-1-1 ＞5次
2-1-5
2行平
2-1-2
4-1-1 ＞4次
2-1-6
（2针）伏针
（2针）伏针
35（71针）
41（87针）
（6针）
右袖
（下针编织）
6行平
6-1-1
8-1-9
6-1-1
（＋11针）
2行平
8-1-2
行针次
24（49针）
28（61针）
（8针）
（8针）
（20针）
（20针）
10
（21针）
（＋2针）
（单罗纹针）
4号针
（61针）起针

※ 左袖对称编织

袖下的单罗纹针和加针（XL号）

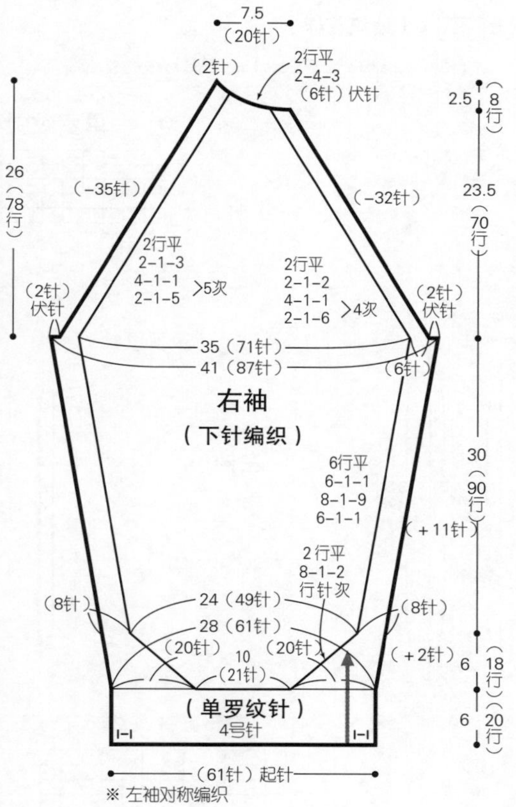

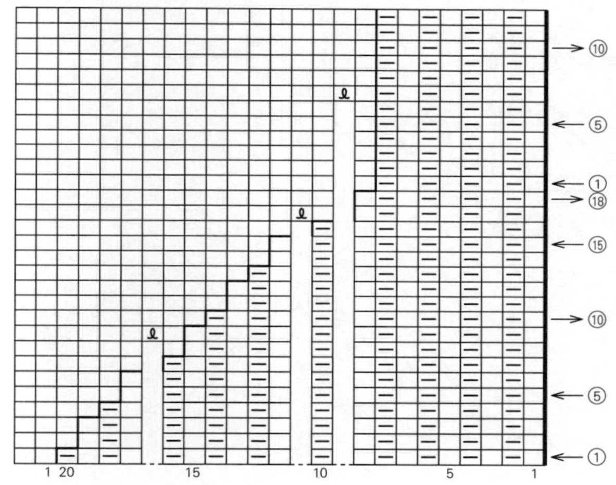

⑩
⑤
①
⑱
⑮
⑩
⑤
①
1 20
15
10
5
1

□ = Ⅰ

ℓ = 扭针加针

衣领（单罗纹针） 4号针

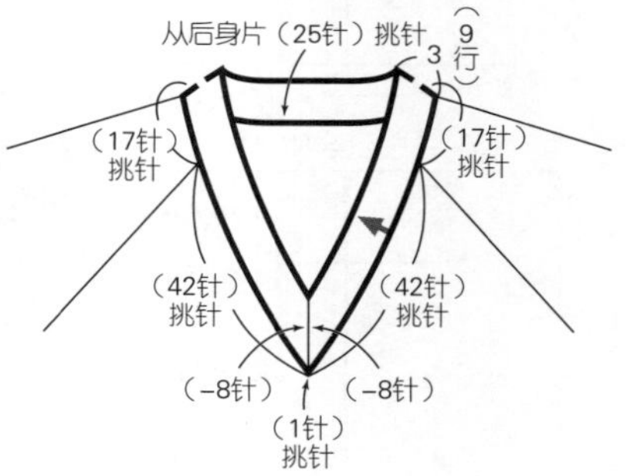

从后身片（25针）挑针
3
9（行）
（17针）挑针
（17针）挑针
（42针）挑针
（42针）挑针
（−8针）
（−8针）
（1针）挑针

V领的编织方法

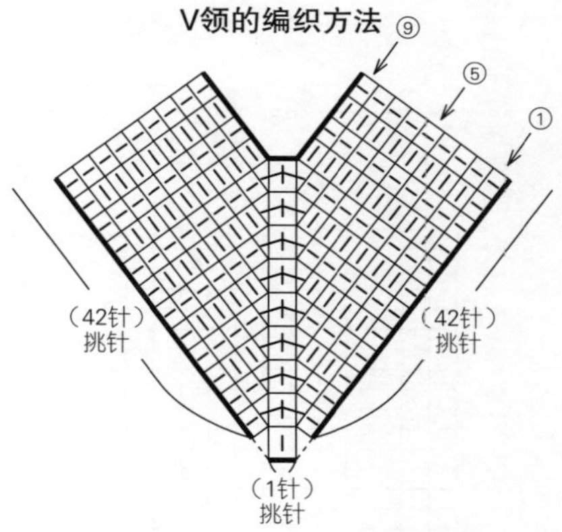

⑨
⑤
①
（42针）挑针
（42针）挑针
（1针）挑针

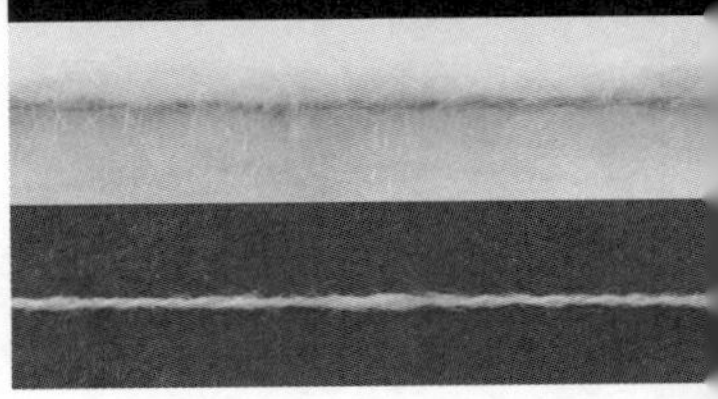

材料

[J M号] Avril Mohair Tam 威士忌色(51) 260g；Pure Lamb 火烈鸟色(61) 55g

[I XL号] Avril Mohair Tam 蓝灰色(32) 335g；Pure Lamb 薰衣草色(23) 60g

工具

棒针10号、8号

成品尺寸

[J M号] 胸围94cm，衣长54.5cm，连肩袖长66cm

[I XL号] 胸围108cm，衣长59.5cm，连肩袖长75.5cm

编织密度

10cm×10cm面积内：下针编织14.5针，21行；编织花样13针，21行

编织要点

● 身片、袖…将Mohair Tam线和Pure Lamb线各1根并为1股编织。另线锁针起针，环形做下针编织和编织花样。参照图示，一边加针一边编织育克部分。编织完育克后，袖的针目休针。后身片、前身片编织到育克和腋下时从另线锁针起针挑针编织。后身片有往返编织的部分。下摆编织单罗纹针，编织终点做下针织下针、上针织上针的伏针收针。袖从拆开腋下起针的针目和育克的休针挑针，环形做下针编织、单罗纹针。袖下参照图示减针，编织终点和身片相同。

●组合…衣领拆开锁针起针挑取指定数量的针目，编织单罗纹针。编织终点和身片相同。

后身片 育克 前身片 右袖 左袖

衣领（单罗纹针）8号针

从后身片（29针）挑针（23针）挑针 1.5 3行 2 4行

从袖（12针）挑针 从前身片（23针）挑针（29针）挑针 从袖（12针）挑针

后身片下摆（单罗纹针）

和前身片连在一起编织

（83针）挑针（73针）挑针 1.5 2 3行 4行

▭ =（编织花样）

※全部将Mohair Tam线和Pure Lamb线各1根并为1股编织
※除指定以外均用10号针编织
※除指定以外均做下针编织
※腋下起针时，前、后身片连在一起（6针）起针

无背景色=M号、通用
▭ =XL号

单罗纹针

□ = ▯

后身片：15（22针）18（26针） 17（24针）18（26针） 15（22针）18（26针）；7 7.5 14行 16行；2-3-8（2针）；2-3-6 2-2-1（2针）；28.5 30.5（60行）（64行）和前身片连在一起编织；54（78针）47（68针）；（62针）挑针（72针）挑针；2（3针）起针■ □2（3针）起针

育克：50（72针）43（62针）；17.5 19.5（37行）（41行）参照图示；22（32针）18（26针）；8（12针）；60（85针）起针 51（73针）起针；16（21针）21（27针）；0.5（1针）；编织继续 ☆；43（59针）50（69针）

从■处（3针）挑针 从□处（3针）挑针 从▲处（3针）挑针 从△处（3针）挑针

右袖：（单罗纹针）8号针；（40针）挑针 27（40针）；37（54针）40（58针）；33（48针）36（52针）；（48针）挑针（52针）挑针；休针；10行平 10-1-7 行针次 9行平 9-1-9 行针次 参照图示（-7针）（-9针）；1.5 3行 2 4行；38（80行）43（90行）

左袖：（单罗纹针）8号针；27（40针）（40针）挑针；37（54针）40（58针）；33（48针）36（52针）；（48针）挑针（52针）挑针；休针

※ 右袖编织方法相同

前身片：2（3针）▲ △2（3针）起针；（59针）挑针（69针）挑针；13（19针）14.5（21针）；17（21针）21（27针）；13（19针）14.5（21针）；47（65针）54（75针）；28.5 30.5（60行）（64行）和后身片连在一起编织；1.5 3行 2 4行；（单罗纹针）（65针）挑针（75针）挑针

☆ = 1行平 2-1-18 行针次（+18针） 1行平 2-1-20 行针次（+20针）

袖下减针（XL号） ⑳ ⑮ ⑩ ⑤ ① □ = ▯ 袖下

袖下减针（M号） ⑳ ⑮ ⑩ ⑤ ① □ = ▯ 袖下

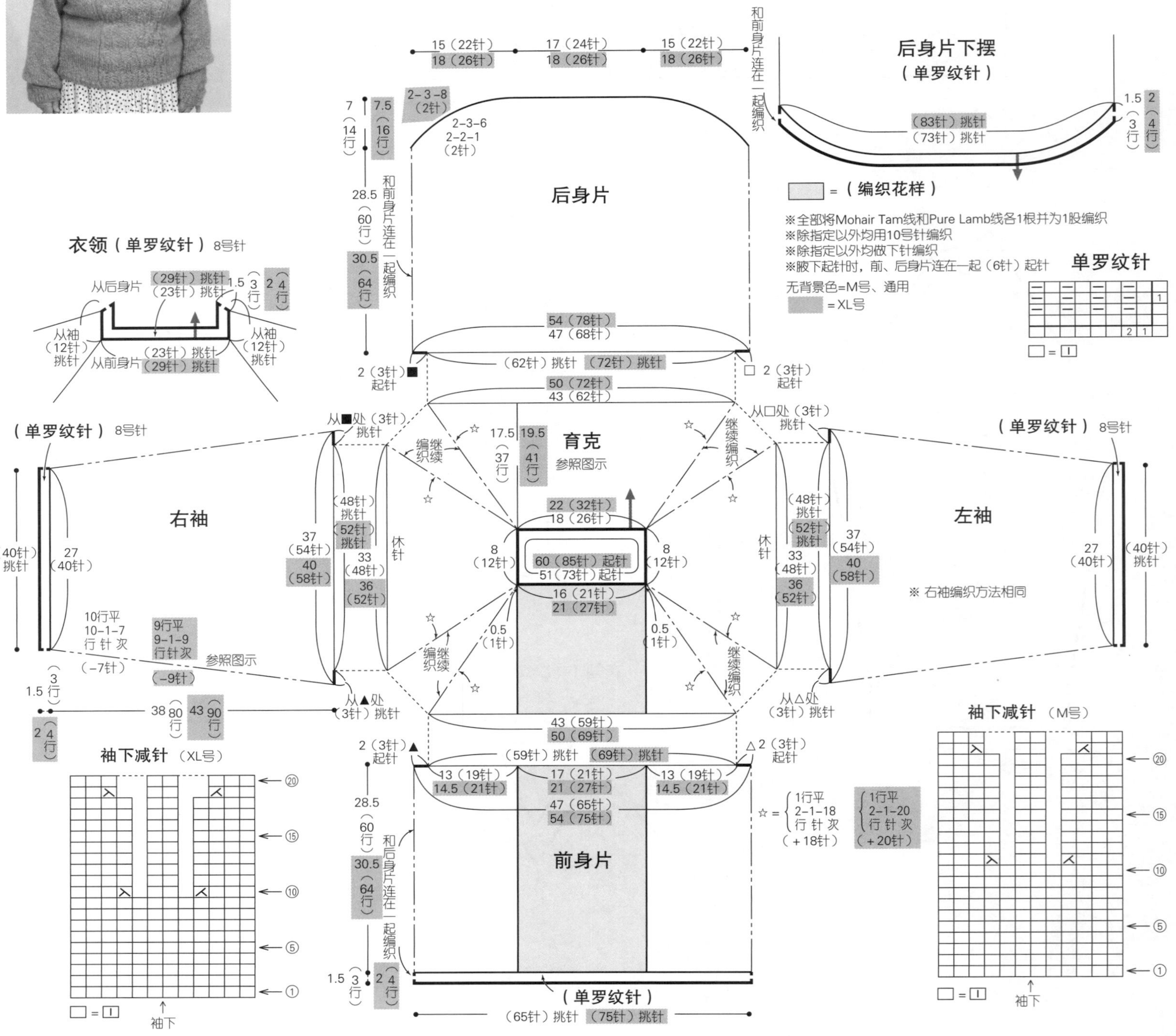

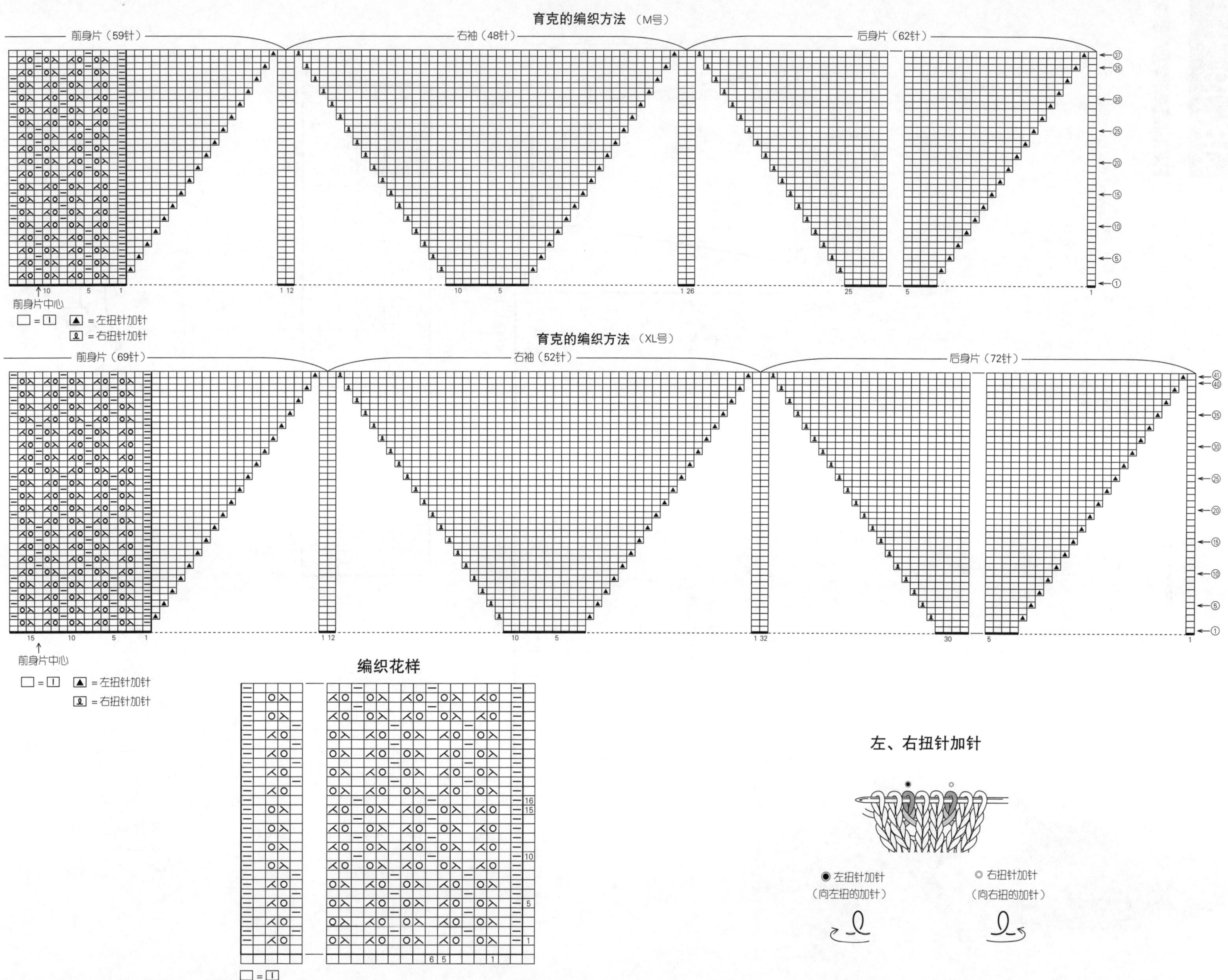

育克的编织方法（M号）
前身片（59针）
右袖（48针）
后身片（62针）
前身片中心
□ = 丨
▲ = 左扭针加针
ϱ = 右扭针加针
育克的编织方法（XL号）
前身片（69针）
右袖（52针）
后身片（72针）
前身片中心
□ = 丨
▲ = 左扭针加针
ϱ = 右扭针加针
编织花样
□ = 丨
左、右扭针加针
● 左扭针加针
（向左扭的加针）
◎ 右扭针加针
（向右扭的加针）

材料

[K M号] FGS MEILI 海军蓝色 385g/4根；La Droguerie 直径18mm的纽扣11颗

[L XL号] FGS MEILI 浅驼色 500g/5根；La Droguerie 直径15mm的纽扣12颗

工具

棒针6号、4号

成品尺寸

[K M号] 胸围96cm，衣长68.5cm，连肩袖长74.5cm

[L XL号] 胸围114cm，衣长75cm，连肩袖长78cm

编织密度

10cm×10cm面积内：编织花样18.5针，27.5行

编织要点

●身片、袖…手指起针，编织单罗纹针、编织花样。袖下加针时，在1针内侧编织扭针加针。编织终点休针。

●组合…胁部、袖下使用毛线缝针挑针缝合，用同标记处做下针的无缝缝合或对齐针与行缝合，挑取育克的针目。育克部分参照图示，一边分散减针，一边做编织花样。衣领编织单罗纹针，编织终点做单罗纹针收针。前门襟挑取指定数量的针目，编织单罗纹针。右前门襟开扣眼，编织终点和衣领的收针方法相同。缝上纽扣。

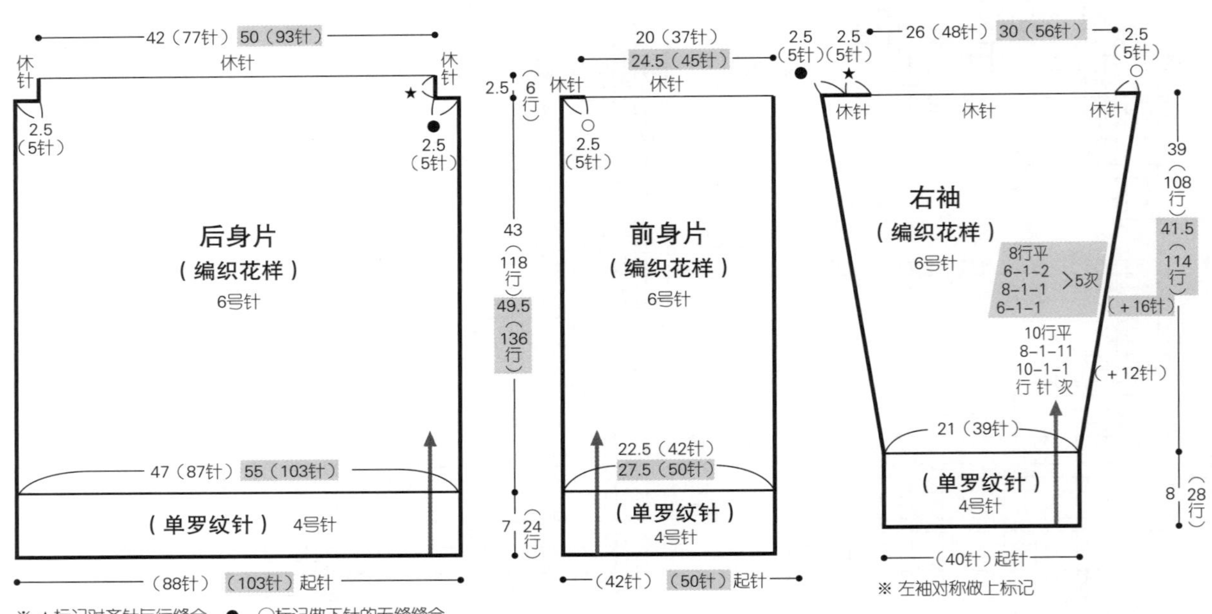

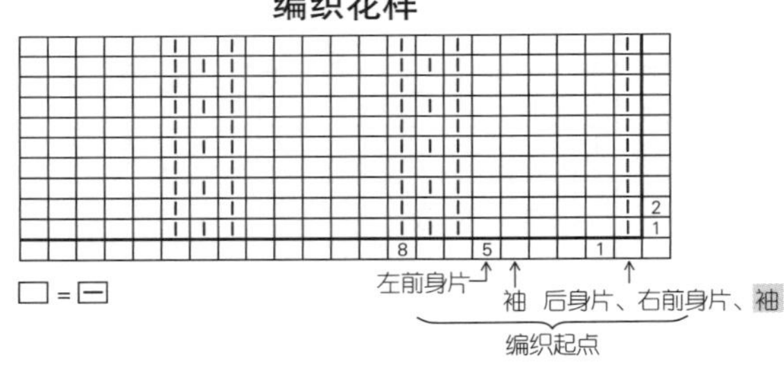

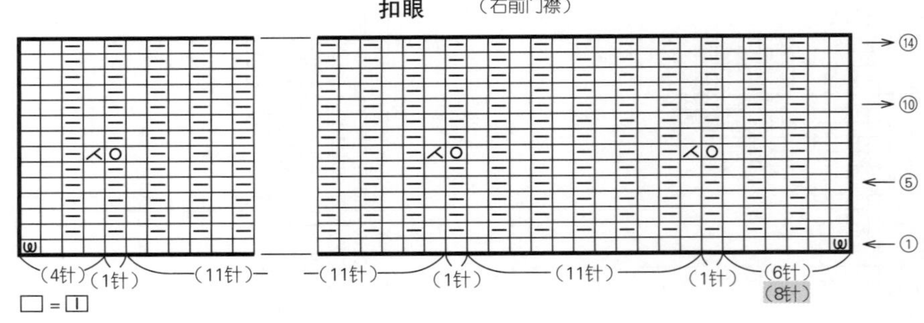

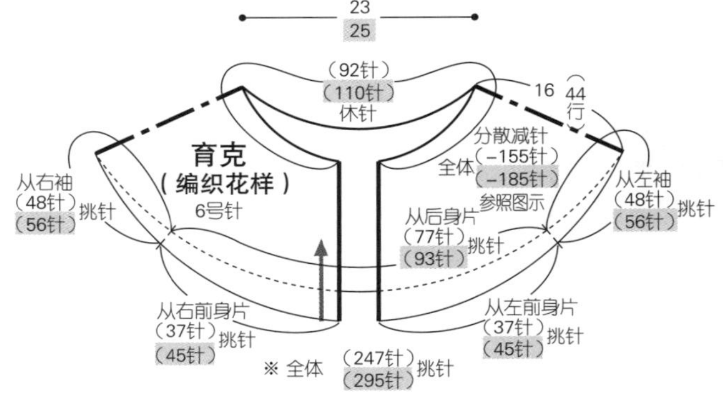

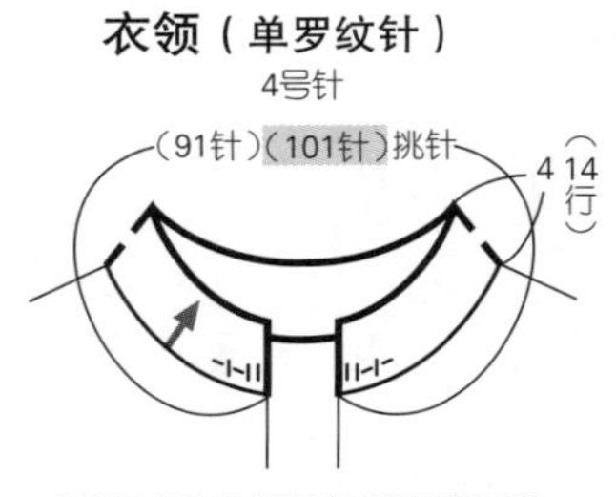

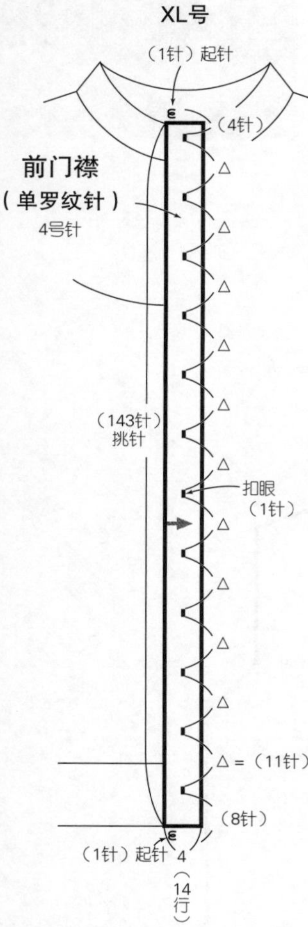

XL号

(1针) 起针

(4针)

前门襟

（单罗纹针）

4号针

(143针)
挑针

扣眼
(1针)

△ = (11针)

(8针)

(1针) 起针 4 (14行)

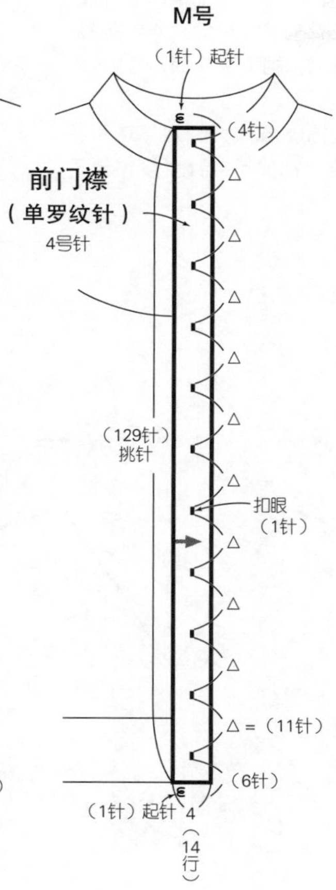

M号

(1针) 起针

(4针)

前门襟

（单罗纹针）

4号针

(129针)
挑针

扣眼
(1针)

△ = (11针)

(6针)

(1针) 起针 4 (14行)

育克的分散减针

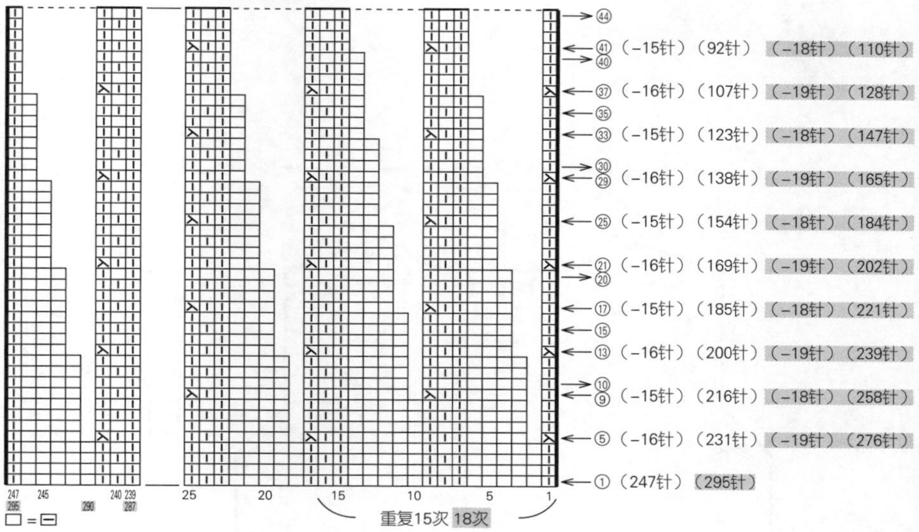

← ㊹
← ㊶ (−15针) (92针) (−18针) (110针)
← ㊵
← ㊲ (−16针) (107针) (−19针) (128针)
← ㉟
← ㉝ (−15针) (123针) (−18针) (147针)
← ㉚
← ㉙ (−16针) (138针) (−19针) (165针)
← ㉕ (−15针) (154针) (−18针) (184针)
← ㉑ (−16针) (169针) (−19针) (202针)
← ⑳
← ⑰ (−15针) (185针) (−18针) (221针)
← ⑮
← ⑬ (−16针) (200针) (−19针) (239针)
← ⑩
← ⑨ (−15针) (216针) (−18针) (258针)
← ⑤ (−16针) (231针) (−19针) (276针)
← ① (247针) (295针)

247 245 240 239 25 20 15 10 5 1

295 290 287

□ = ⊟

重复15次 18次

短针的条纹针

（环形编织）

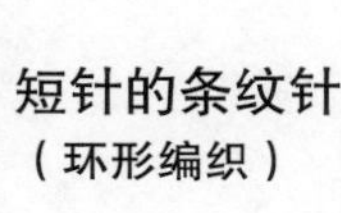

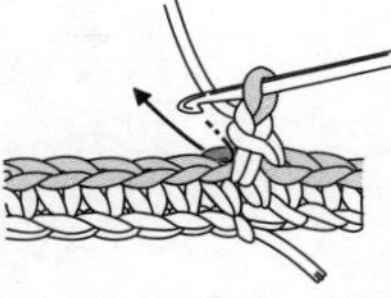

1 立织1针锁针，将钩针插入前一行锁针的后侧半针，钩织短针。

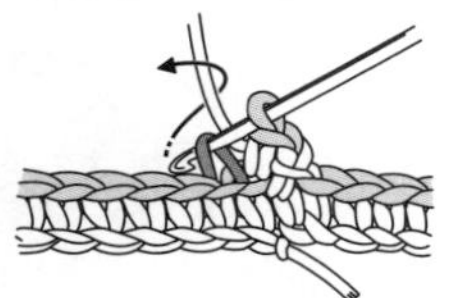

2 下一针也将钩针插入锁针的后侧半针钩织。

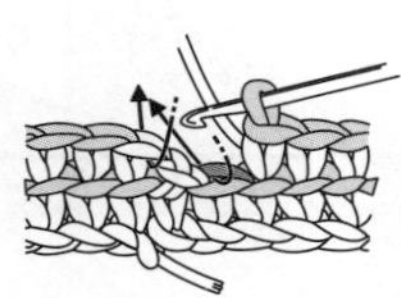

3 钩织1圈后，在最初的短针头部2根线中引拔。

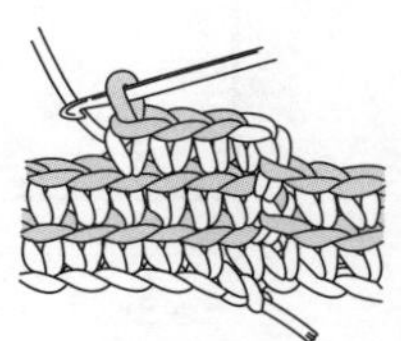

4 立织1针锁针，按照前一行的方法继续钩织。

短针中织入珠子

1 将珠子放在图示位置，挂线并引拔。

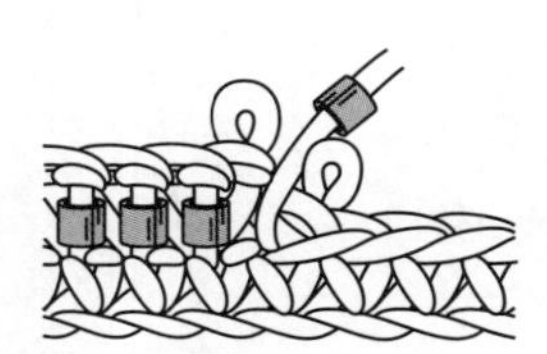

2 珠子出现在织片的上针侧。

中长针中织入珠子

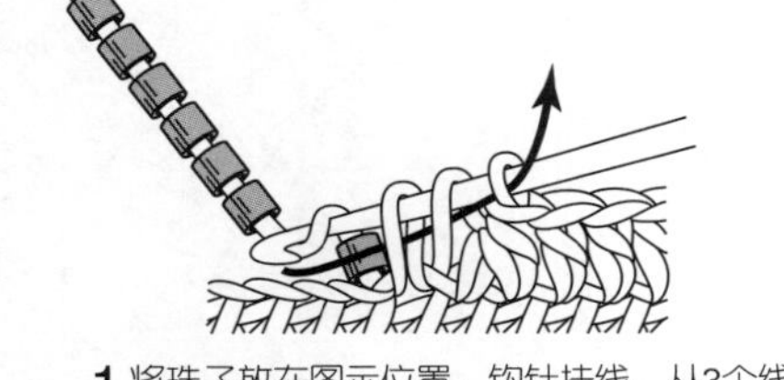

1 将珠子放在图示位置，钩针挂线，从3个线圈中一次性引拔出。

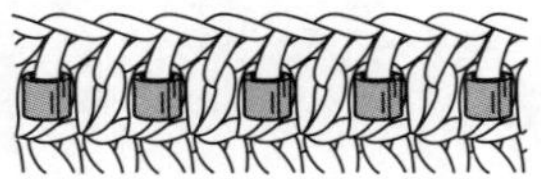

2 珠子出现在织片的上针侧。

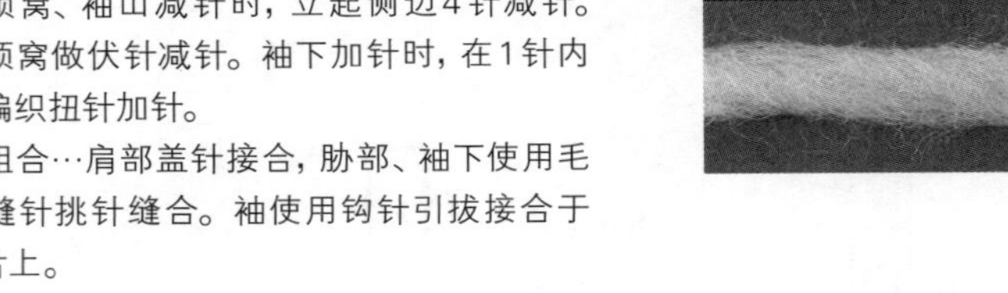

材料

Avril Gaudy 红色(45) 570g

工具

棒针7mm

成品尺寸

胸围116cm，肩宽48cm，衣长69cm，袖长51cm

编织密度

10cm×10cm面积内：下针编织11针，14.5行

编织要点

●身片、袖…手指起针，做下针编织。袖窿、前领窝、袖山减针时，立起侧边4针减针。后领窝做伏针减针。袖下加针时，在1针内侧编织扭针加针。

●组合…肩部盖针接合，肋部、袖下使用毛线缝针挑针缝合。袖使用钩针引拔接合于身片上。

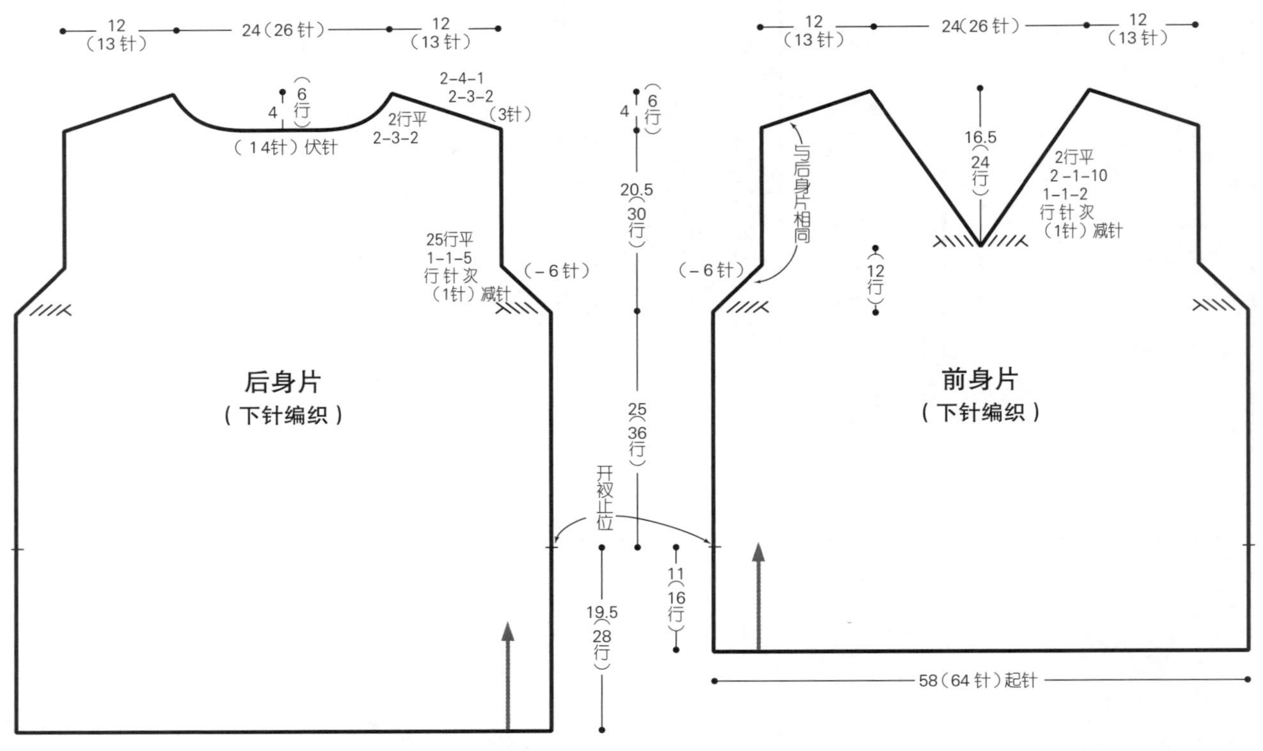

※ 全部使用7mm棒针编织

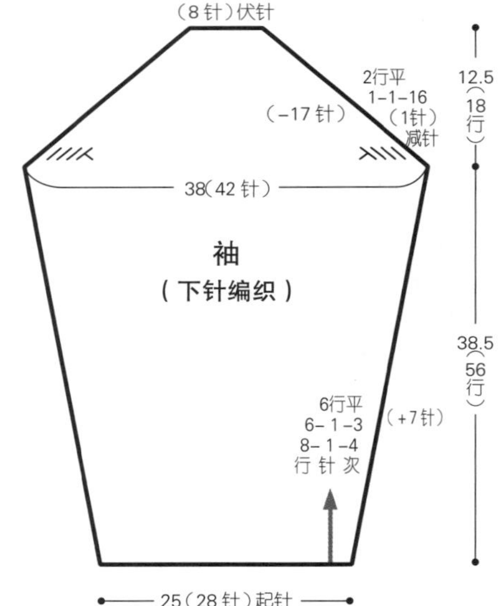

编织起点的卷针方法（1针）

1 左手食指挂线，从线的后侧插入棒针做1针起针。

2 因为两端会凹陷，为了编织得平整，需要卷针加针。

21 页的作品 ★★

材料

Avril Gaudy 黑色(30) 580g；La Droguerie 直径20mm的纽扣3颗

工具

棒针7mm、15号

成品尺寸

胸围116cm，肩宽48cm，衣长61cm，袖长52.5cm

编织密度

10cm×10cm面积内：下针编织11针，14.5行

编织要点

●身片、袖…另线锁针起针，做下针编织。袖窿和袖山减针时，立起侧边4针减针。领窝减针时，2针以上时做伏针减针，1针时立起侧边1针减针。左肩前、后片做完往返编织后，做伏针收针。加针时，在1针内侧编织扭针加针。

●组合…右肩部盖针接合。衣领、左肩编织单罗纹针，后左肩开扣眼，编织终点做单罗纹针收针。胁部、袖下使用毛线缝针挑针缝合。下摆、袖口拆开起针的锁针挑针编织单罗纹针，编织终点和衣领相同。袖使用钩针引拔接合于身片上，但左肩重叠时要使后片在上。缝上纽扣。

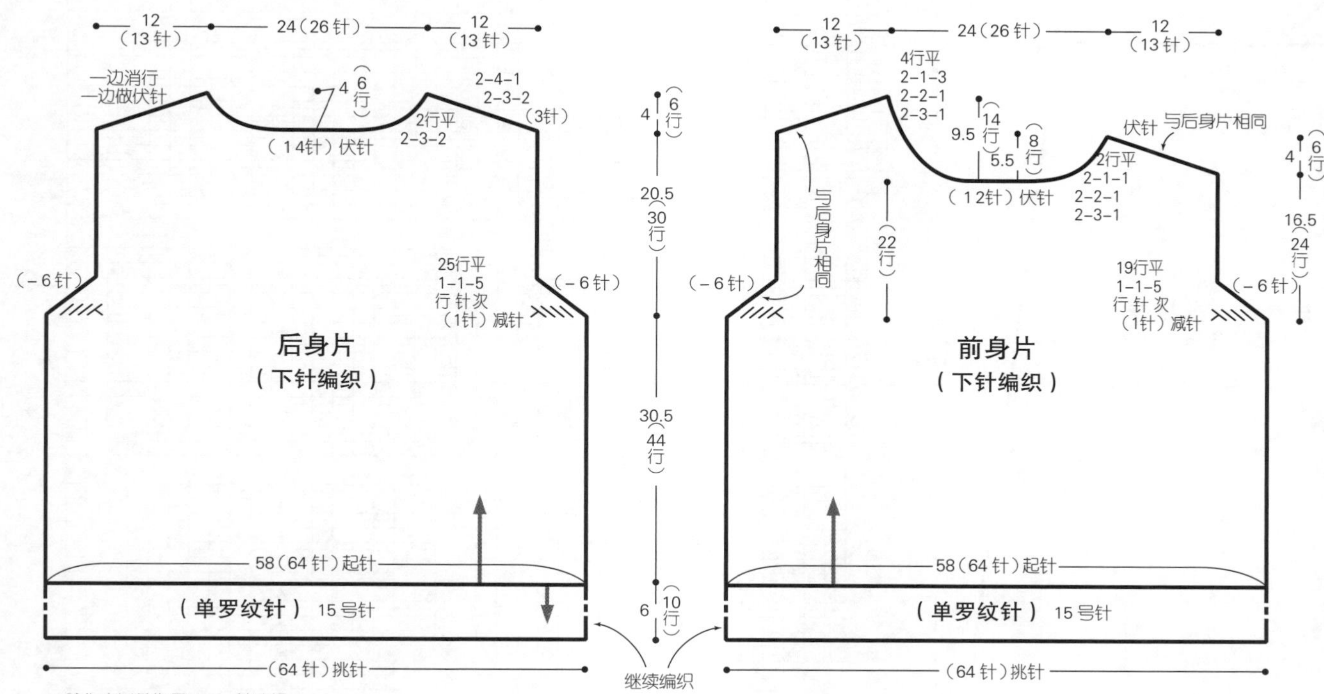

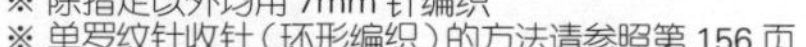
※ 除指定以外均用7mm针编织
※ 单罗纹针收针（环形编织）的方法请参照第156页

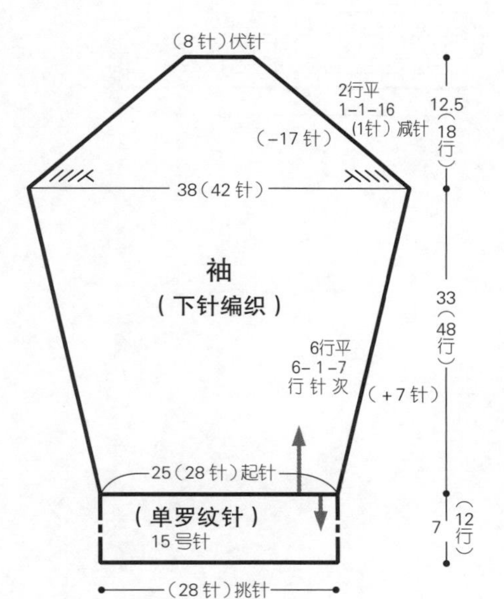

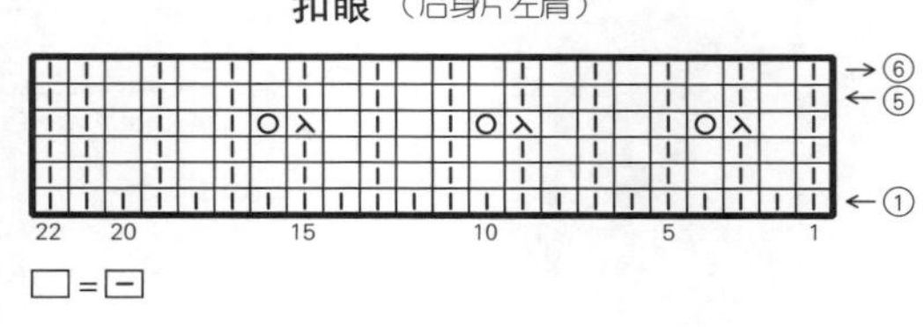

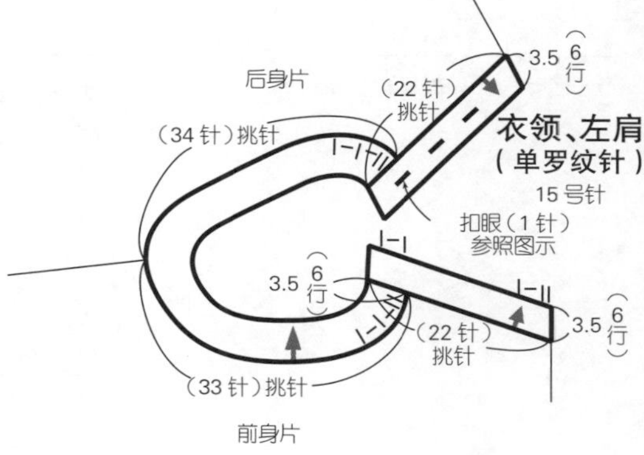

※单罗纹针收针的方法请参照第99页

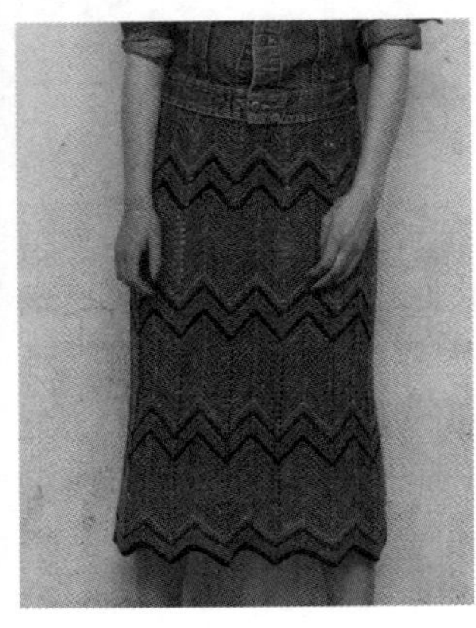

材料

Ski毛线 Ski Neige 粉色系混合段染(2134) 330g/11团；Ski Score 藏青色(14)25g/1团，绿色(5)、蓝色(22)、粉色(24)、橙色(25)各20g/各1团；宽50mm松紧带长70cm

工具

棒针8号

成品尺寸

腰围69cm，裙长78cm

编织密度

10cm×10cm面积内：条纹花样21针，22行

编织要点

●全部取2根线合股编织。另线锁针起针，一边分散加针，一边环形编织条纹花样。参照图示分散加针。编织终点做伏针收针。腰头拆开锁针起针挑针，做下针编织。编织终点松松地做伏针收针。夹上环形的松紧带向内翻折，做卷针缝固定。

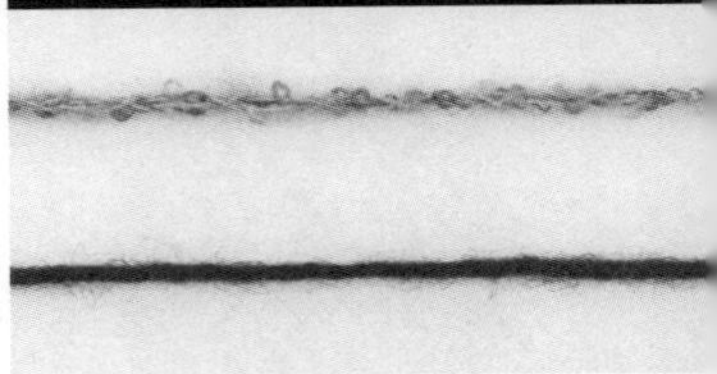

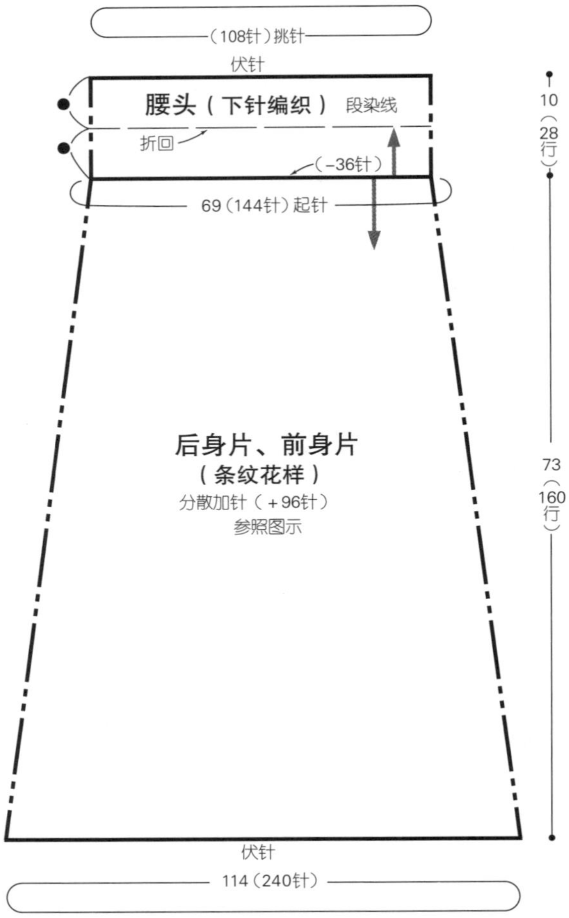

※ 全部使用8号针，取2根线合股编织

条纹花样

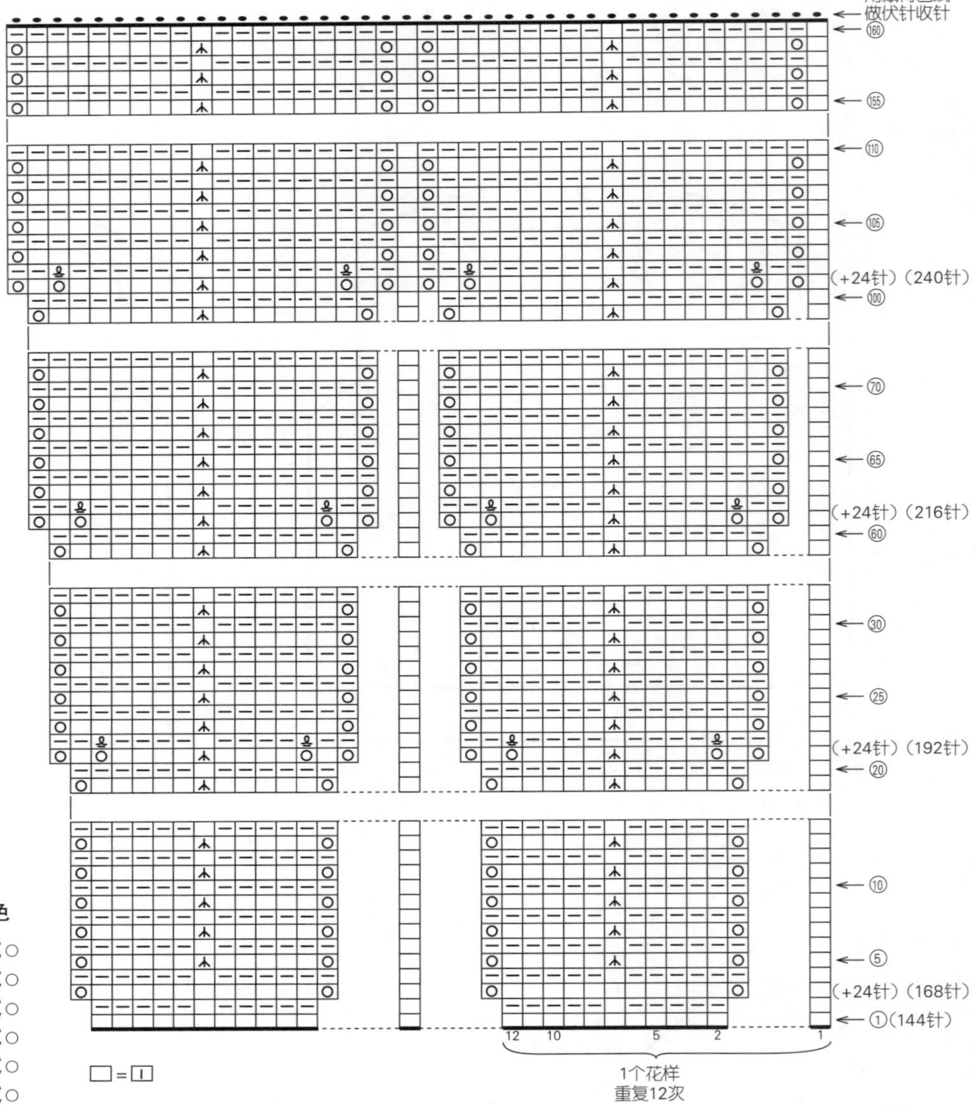

条纹花样的配色

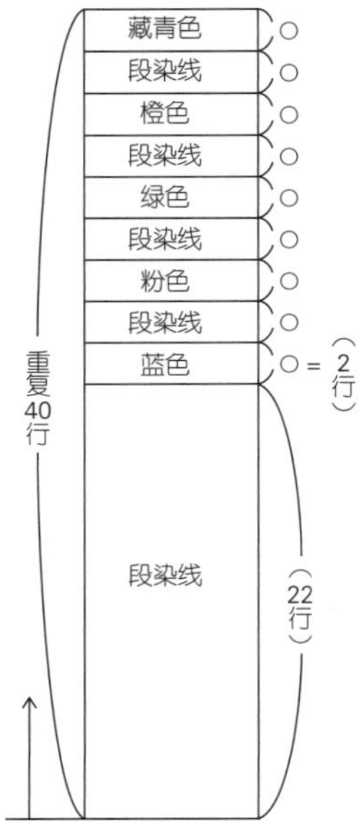

松紧带

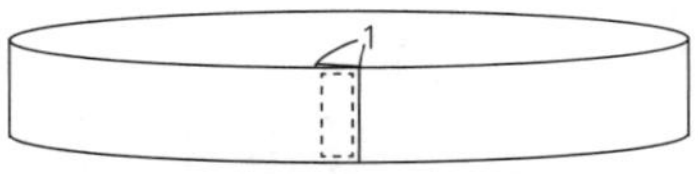

※ 将松紧带两端重叠在一起缝合固定

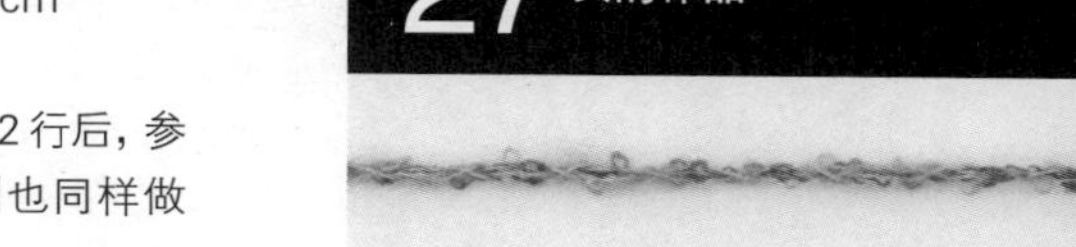

材料

Ski毛线 Ski Neige 黄色系混合段染(2132)
235g/8团

工具

钩针6/0号

成品尺寸

宽30cm，长156cm

编织密度

编织花样1个花样3.3cm，8行10cm

编织要点

●锁针起针，做编织花样。钩织112行后，参照图示做边缘编织。编织起点侧也同样做边缘编织。

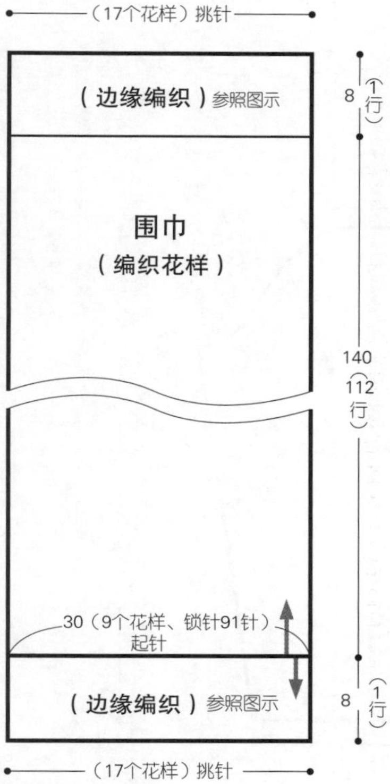

▷ = 加线
► = 剪线

（17个花样）挑针

（边缘编织）参照图示　8（1行）

围巾
（编织花样）

140（112行）

30（9个花样、锁针91针）起针

（边缘编织）参照图示　8（1行）

（17个花样）挑针

※全部用6/0号针钩织
※边缘编织（9个花样）完成后剪线，重新加线，从9个花样的前侧（9个花样）挑针钩织

1个花样

（15针）

边缘编织

1个花样

编织花样

2行1个花样

（15针）

边缘编织

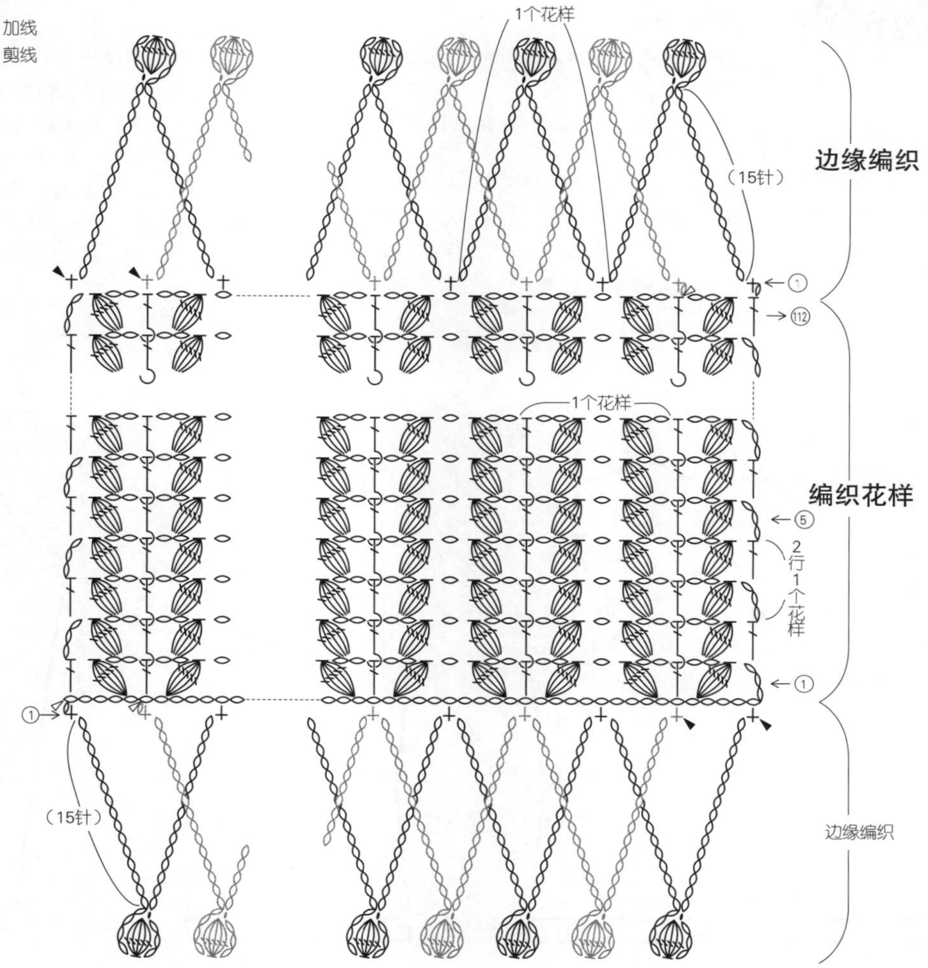

= 长针的正拉针
（从反面编织时，编织长针的反拉针）

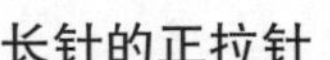

长针的正拉针

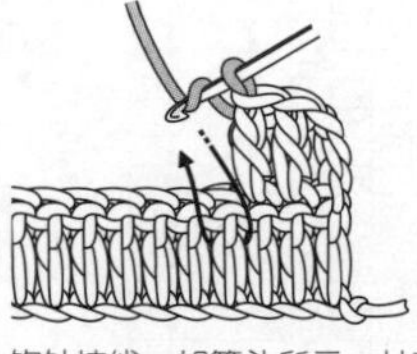

1 钩针挂线，如箭头所示，从前侧将钩针插入前一行长针的底部，将线拉出来。

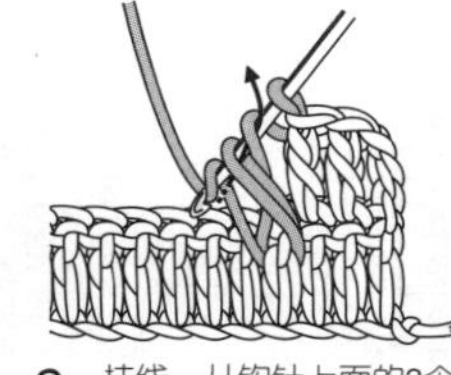

2 挂线，从钩针上面的2个线圈中引拔出。

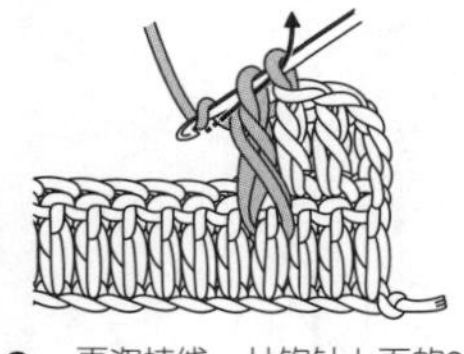

3 再次挂线，从钩针上面的2个线圈中引拔出。

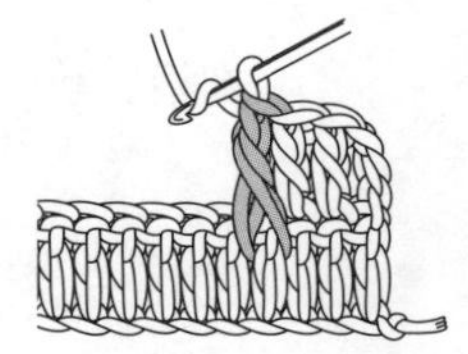

4 长针的正拉针第1针完成了。

长针的反拉针

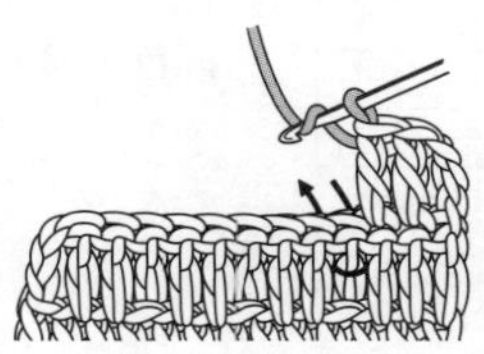

1 钩针挂线，如箭头所示，从后侧将钩针插入前一行长针的底部，将线拉出来。

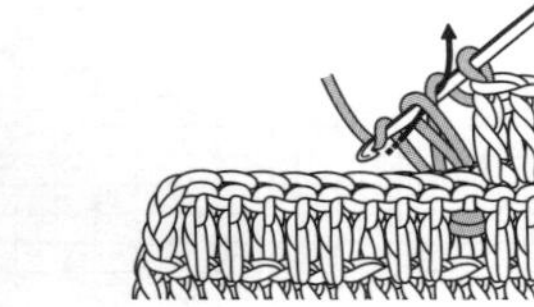

2 挂线，从钩针上面的2个线圈中引拔出。

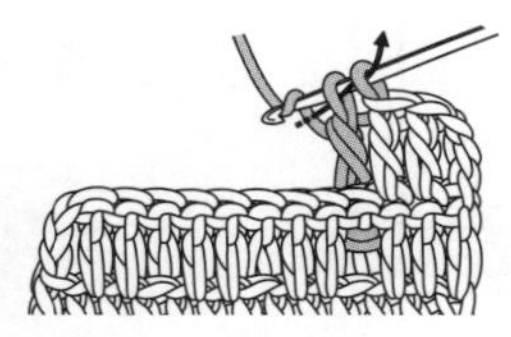

3 再次挂线，从钩针上面的2个线圈中引拔出。

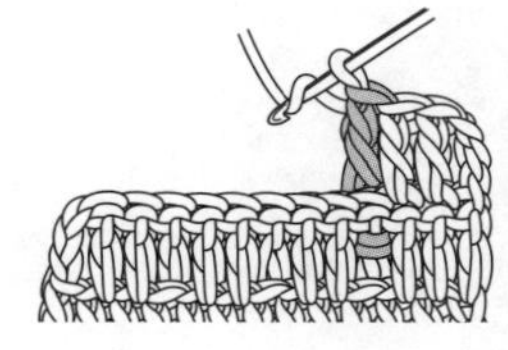

4 长针的反拉针第1针完成了。

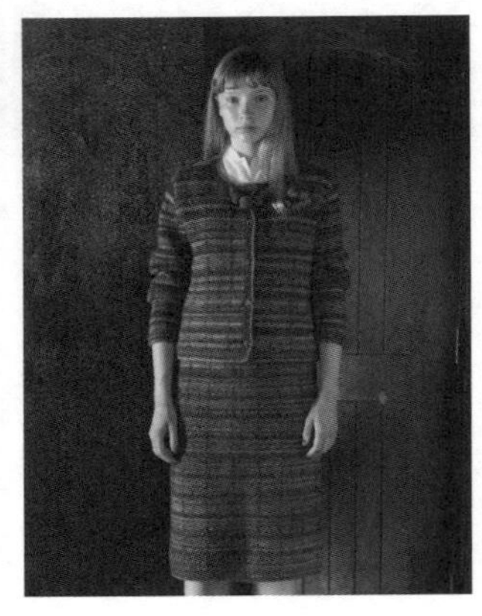

材料

[夹克] Ski毛线 Ski Mago 蓝色、紫红色系段染(2038) 250g/9团；Ski Tweed Tweed 红色(6204) 90g/3团，绿色(6207) 60g/2团；直径18mm的纽扣5颗

[短裙] Ski毛线 Ski Mago 蓝色、紫红色系段染(2038) 215g/8团；Ski Tweed Tweed 红色(6204) 60g/2团，绿色(6207) 50g/2团；宽30mm的松紧带长66cm

工具

棒针8号，钩针5/0号

成品尺寸

[夹克] 胸围96.5cm，肩宽36cm，衣长52.5cm，袖长53.5cm

[短裙] 腰围68cm，臀围96cm，裙长65cm

编织密度

10cm×10cm面积内：编织花样A 21针，38行

编织要点

●夹克…手指起针，做编织花样A。减针时，2针以上时做伏针减针，1针时立起侧边1针减针。加针时，在1针内侧编织扭针加针。用红色线在编织花样A的指定位置做下针刺绣。下摆、袖口做边缘编织。编织终点做伏针收针，右前身片留在针上的最后一个线圈休针，留30cm长后剪线。肩部盖针接合，胁部使用毛线缝针挑针缝合。衣领、前门襟挑取指定数量的针目做边缘编织，衣领和右前身片相同，留30cm长后剪线。右前门襟开扣眼。编织终点和下摆相同，伏针收针后继续用引拔针编织前门襟的边缘。同样，衣领留的线也编织引拔针。袖使用钩针引拔接合于身片上。

●短裙…和夹克编织起点相同，做编织花样A。减针时，立起侧边1针减针。编织终点休针。下摆挑取指定数量的针目做边缘编织。胁部使用毛线缝针挑针缝合。腰头从休针处挑针，环形做编织花样B和下针编织。编织终点松松地做伏针收针。中间夹上连成环形的松紧带并做卷针缝。

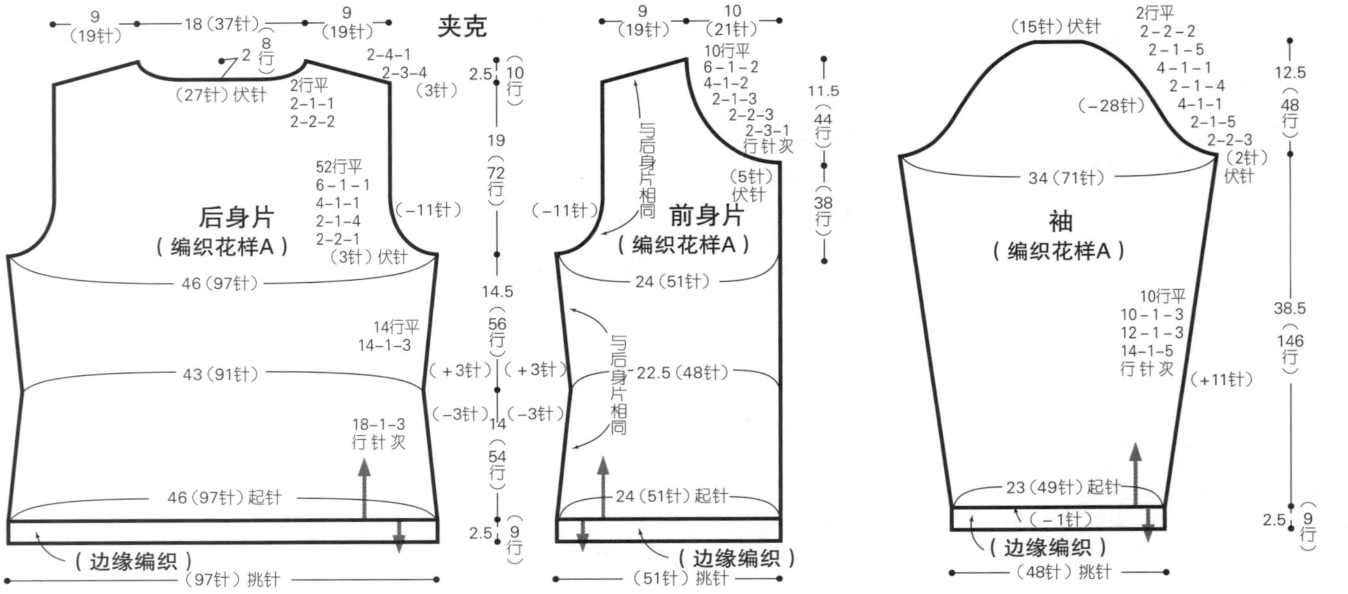

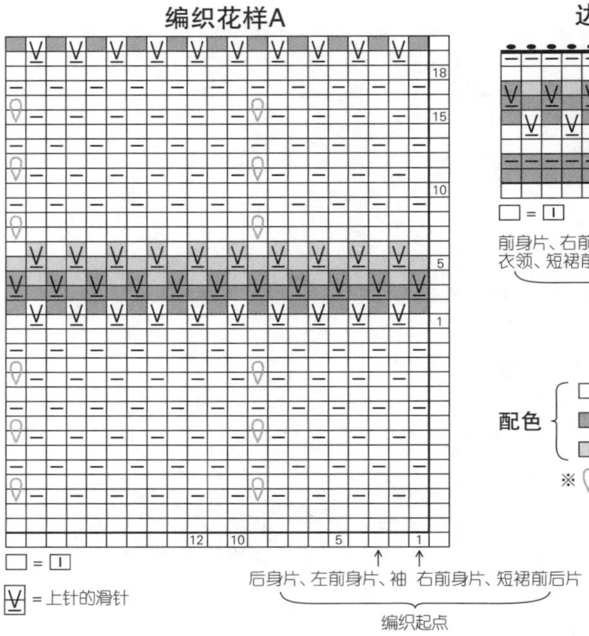

夹克

后身片（编织花样A）：肩 9(19针)，后领 18(37针)，2(8行)，(27针)伏针，2行平 2-1-1 2-2-2；肩部 2-4-1 2-3-4 (3针)；2.5(10行)；19(72行)；52行平 6-1-1 4-1-1 2-1-4 2-2-1 (3针)伏针 (-11针)；46(97针)；14.5(56行)；14行平 14-1-3 (+3针)；43(91针)；14(54行)；18-1-3 行针次 (-3针)；46(97针)起针；边缘编织 (97针)挑针 2.5(9行)

前身片（编织花样A）：9(19针)，10(21针)，10行平 6-1-2 4-1-2 2-1-3 2-2-3 2-3-1 行针次，(5针)伏针，11.5(44行)，38(38行)，与后身片相同，(-11针)，24(51针)，(+3针)，22.5(48针)，(-3针)，与后身片相同，24(51针)起针，边缘编织 (51针)挑针

袖（编织花样A）：(15针)伏针，2行平 2-2-2 2-1-5 4-1-1 2-1-4 4-1-1 2-1-5 2-2-3 (2针)伏针，(-28针)，12.5(48行)，34(71针)，10行平 10-1-3 12-1-3 14-1-5 行针次 (+11针)，38.5(146行)，23(49针)起针，(-1针)，边缘编织 (48针)挑针，2.5(9行)

※ 除指定以外均用8号针编织

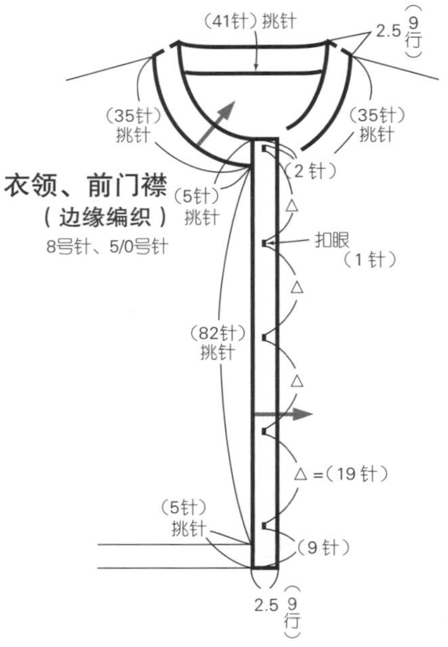

衣领、前门襟（边缘编织）8号针、5/0号针：(41针)挑针，2.5(9行)，(35针)挑针，(35针)挑针，(2针)，(5针)挑针，扣眼(1针)，(82针)挑针，△=(19针)，(5针)挑针，(9针)，2.5(9行)

编织花样A

□=|

V̲=上针的滑针

后身片、左前身片、袖　右前身片、短裙前后片

编织起点

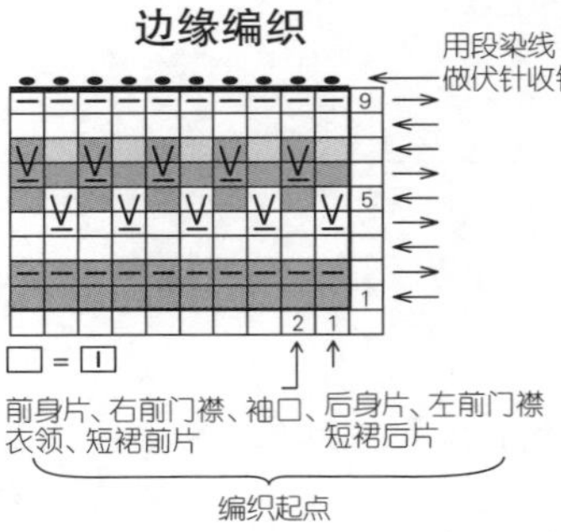

边缘编织

□=|

前身片、右前门襟、袖口、衣领、短裙前片　后身片、左前门襟、短裙后片

编织起点

配色：□=段染线　■=红色　■=绿色

※ ○=用红色线做下针刺绣

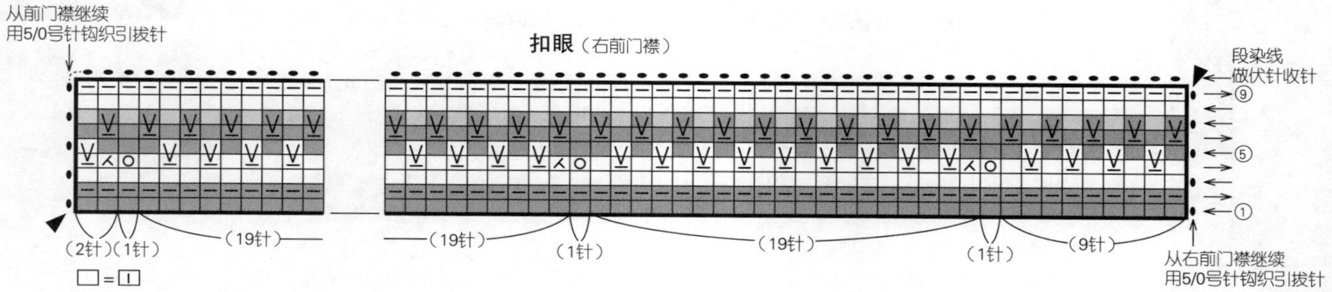

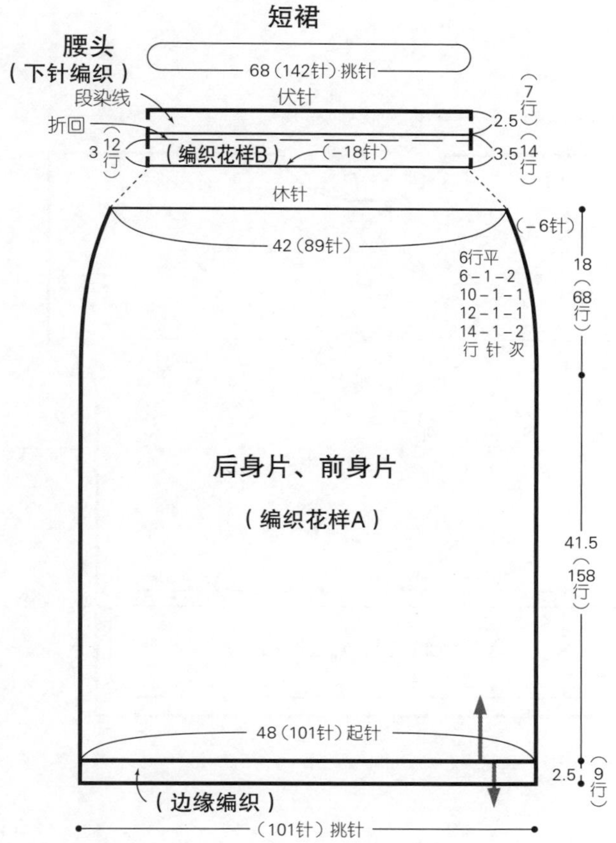

从前门襟继续
用5/0号针钩织引拔针
扣眼（右前门襟）
段染线
做伏针收针
⑨
⑤
①
（2针）（1针）
（19针）
（19针）
（1针）
（19针）
（1针）
（9针）
从右前门襟继续
用5/0号针钩织引拔针
□=□

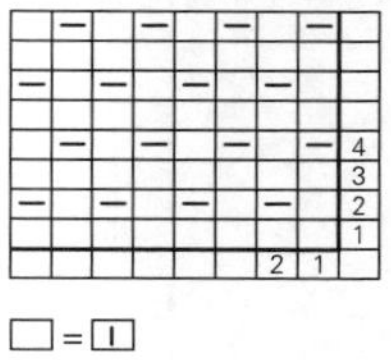

短裙
腰头
（下针编织）
68（142针）挑针
段染线
伏针
折回
（编织花样B）
（-18针）
7行
2.5
3
12行
3.5
14行
休针
（-6针）
42（89针）
6行平
6-1-2
10-1-1
12-1-1
14-1-2
行 针 次
18
（68行）
后身片、前身片
（编织花样A）
41.5
（158行）
48（101针）起针
2.5
（9行）
（边缘编织）
（101针）挑针

配色
- □=段染线
- ■=红色
- ■=绿色
- ▶=剪线

从前门襟继续
用5/0号针钩织
引拔针
左前门襟
伏针收针
□=□
从左前门襟继续
用5/0号针钩织引
拔针

松紧带

1

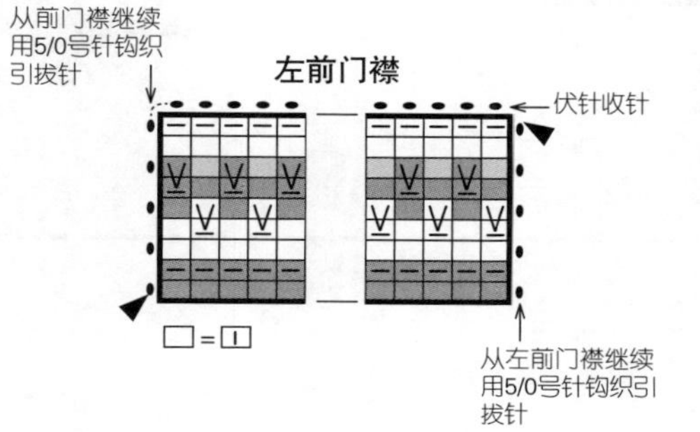

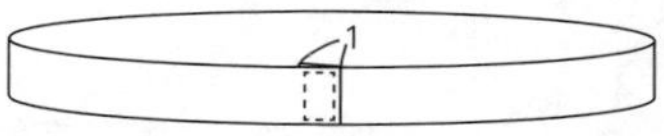

※ 将松紧带的端头重叠在一起缝合固定

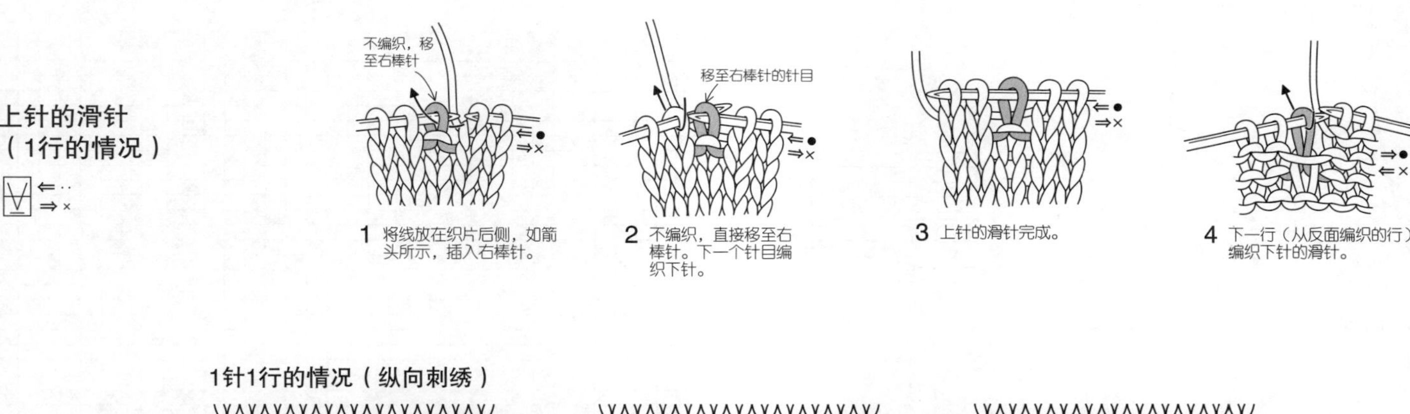

编织花样B

4
3
2
1
2 1
□=□

上针的滑针
（1行的情况）

不编织，移
至右棒针
移至右棒针的针目

1 将线放在织片后侧，如箭头所示，插入右棒针。

2 不编织，直接移至右棒针。下一个针目编织下针。

3 上针的滑针完成。

4 下一行（从反面编织的行），编织下针的滑针。

1针1行的情况（纵向刺绣）

下针刺绣

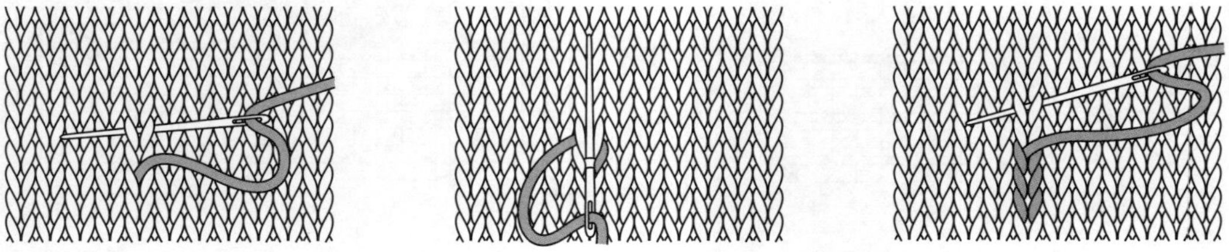

1 分开针目从反面出针，和针目的状态一样，挑取2根倒八字的线。

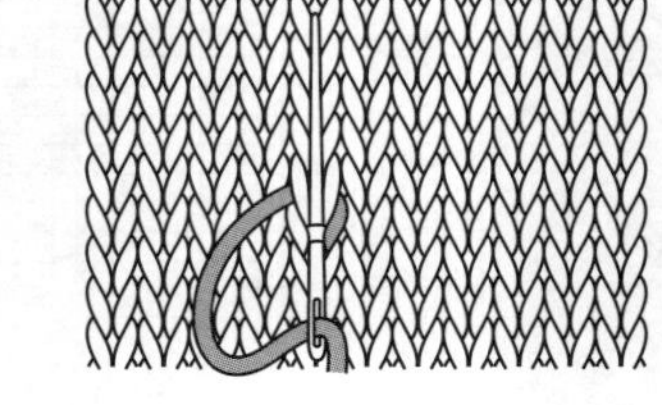

2 从出针处入针，在1行上方出针。

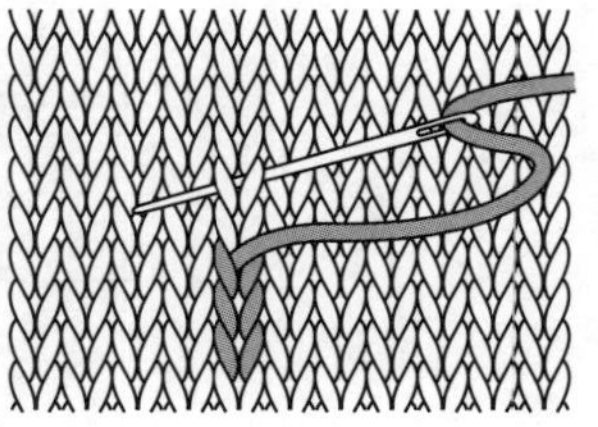

3 重复步骤1、2。

材料

Ski毛线 Ski World Selection Fano 紫红色系段染(1110) 310g/8团；Ski Elise 金色(102) 90g/4团，银色(101) 35g/2团

工具

棒针7号、8号、9号、10号

成品尺寸

胸围110cm，衣长63cm，连肩袖长70.5cm

编织密度

10cm×10cm面积内：下针编织19针，24行；配色花样21针，22行

编织要点

●身片、袖…手指起针，编织起伏针、下针编织、配色花样。配色花样使用横向渡线的方法编织。胁部加针时，1针时从一侧在1针内侧编织扭针加针，2针时编织卷针加针。开衩止位编织卷针加针。减针时，2针以上时做伏针减针，1针时立起侧边1针减针。肩部盖针接合。袖从身片挑针，做下针编织和起伏针，编织终点做伏针收针。

●组合…胁部、袖下使用毛线缝针做挑针缝合和下针的无缝缝合。衣领挑取指定针目，一边调整编织密度，一边环形做上针编织和起伏针。编织终点做上针的伏针收针。

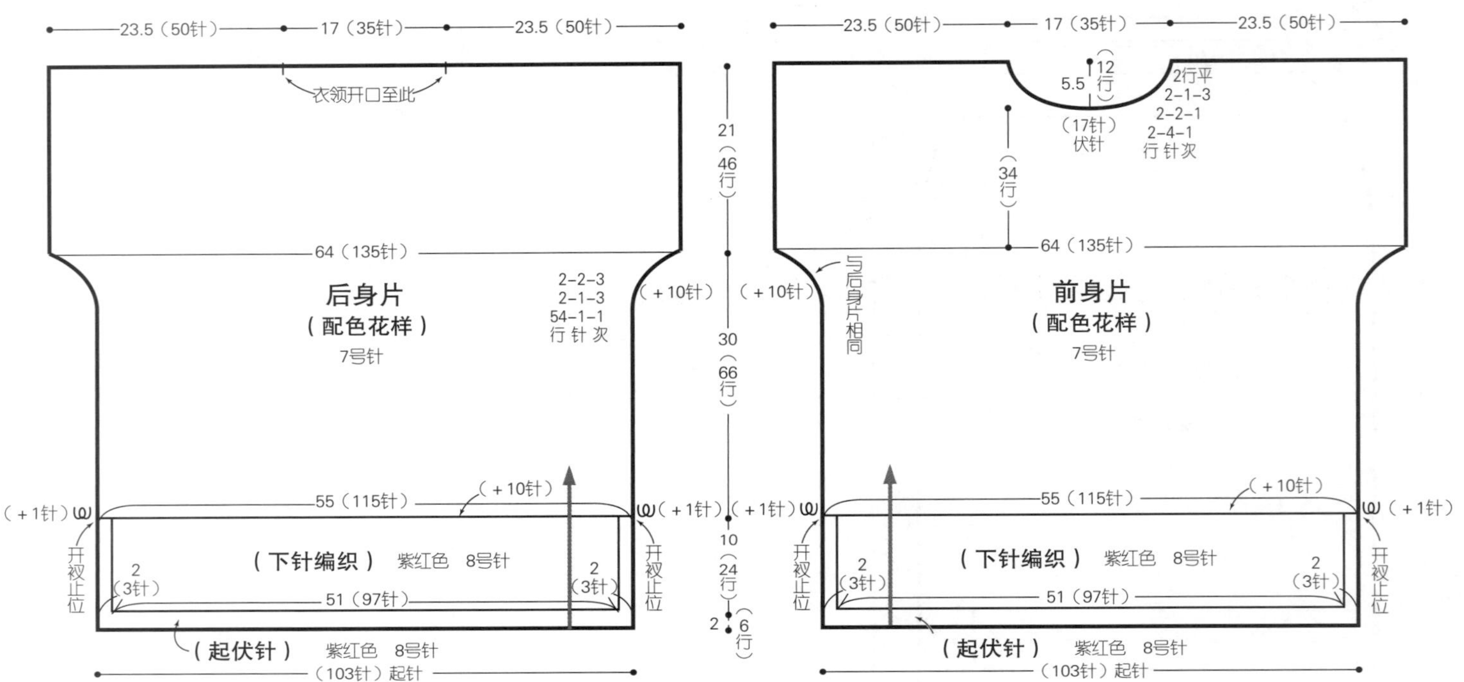

※横向渡线编织配色花样的方法请参照第139页
※卷针加针（2针以上）的编织方法请参照第122页

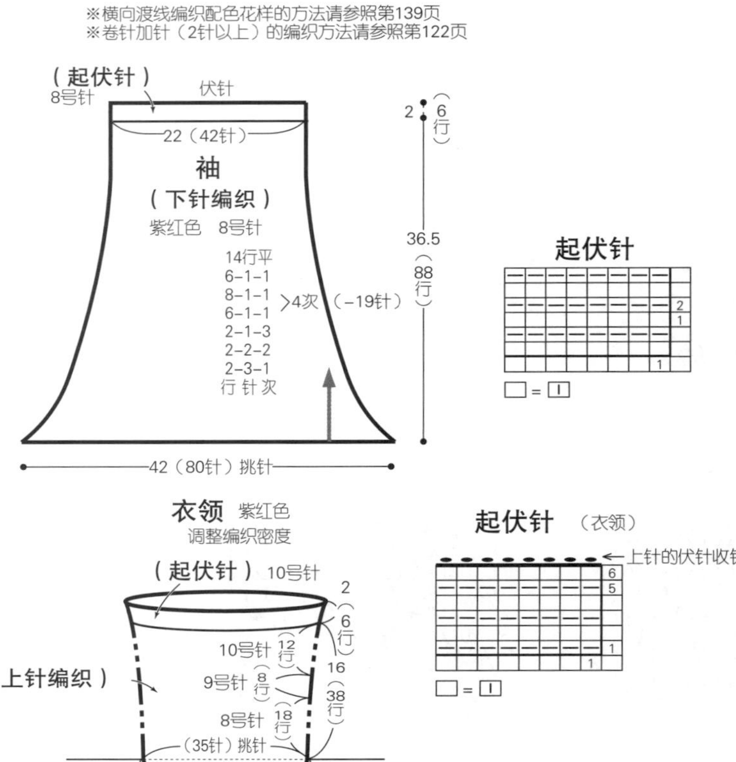

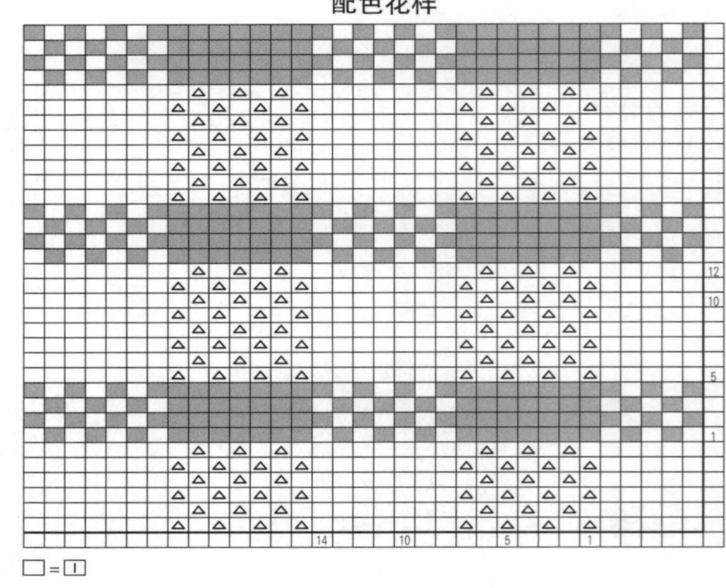

材料

内藤商事 Parrozzo 粉色系段染(4)270g/7团；Brando 粉色(104)70g/2团，原色(102)55g/2团，黄色(103)15g/1团；直径25mm的纽扣6颗；抽褶线长50cm

工具

棒针14号

成品尺寸

胸围102cm，衣长58cm，连肩袖长72cm

编织密度

10cm×10cm面积内：配色花样15针，18行

编织要点

●身片、袖…另线锁针起针，编织配色花样。配色花样使用横向渡线的方法编织。腋下针目编织伏针，插肩线减针时，立起侧边2针减针。领窝减针时，2针以上时做伏针减针，1针时立起侧边1针减针。袖下加针时，在1针内侧编织扭针加针。下摆、袖口拆开锁针起针挑针，编织双罗纹针配色花样。双罗纹针配色花样使用横向渡线的方法编织，编织终点一边减针，一边从反面做伏针收针。

●组合…插肩线、胁部、袖下使用毛线缝针挑针缝合，腋下针目使用毛线缝针做下针的无缝缝合。衣领、前门襟挑取指定数量的针目，编织双罗纹针配色花样，右前门襟开扣眼。编织终点和下摆的收针方法相同。

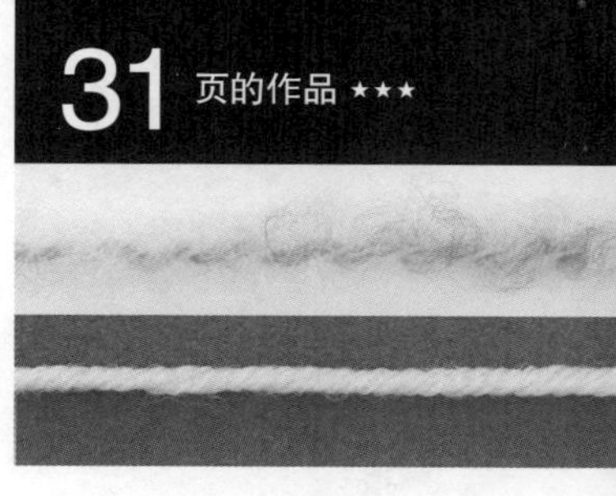

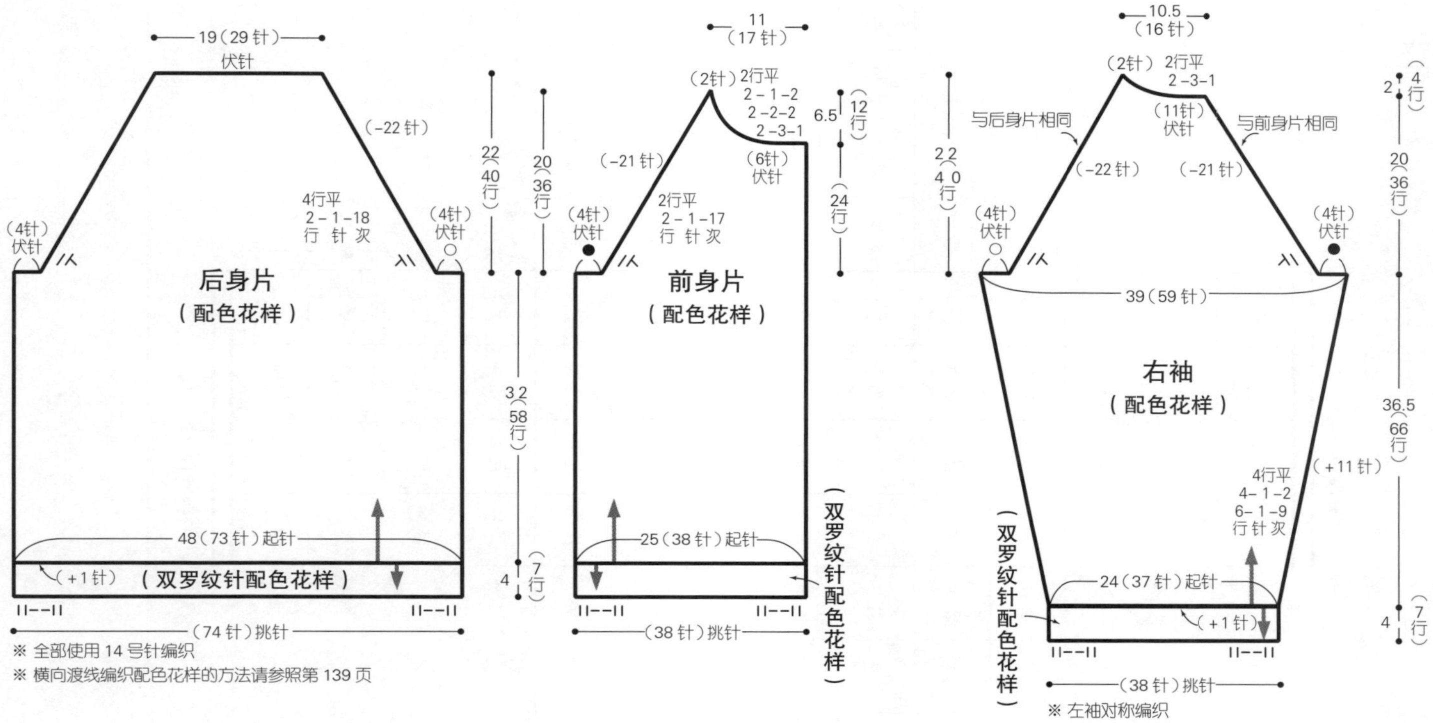

后身片（配色花样）

19（29针）伏针　(−22针)　4行平 2−1−18 行针次　(4针)伏针　22(40行)　48(73针)起针　(+1针)（双罗纹针配色花样）　(74针)挑针　4(7行)

前身片（配色花样）

11(17针)　(2针)2行平 2−1−2 2−2−2 2−3−1　6.5(12行)　(6针)伏针　(−21针)　2行平 2−1−17 行针次　(4针)伏针　20(36行)　32(58行)　(24行)　25(38针)起针　(38针)挑针　（双罗纹针配色花样）

右袖（配色花样）

10.5(16针)　(2针)2行平 2−3−1　(11针)伏针　与后身片相同　与前身片相同　(−22针)　(−21针)　(4针)伏针　2(4行)　22(40行)　20(36行)　39(59针)　36.5(66行)　(+11针)　4行平 4−1−2 6−1−9 行针次　24(37针)起针　(+1针)　(38针)挑针　4(7行)　（双罗纹针配色花样）

※ 左袖对称编织

※ 全部使用14号针编织

※ 横向渡线编织配色花样的方法请参照第139页

衣领、前门襟（双罗纹针配色花样）

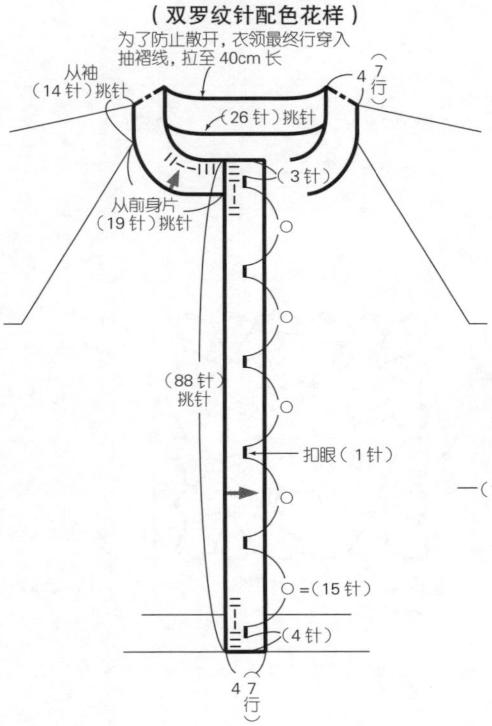

为了防止散开，衣领最终行穿入抽褶线，拉至40cm长　从袖(14针)挑针　(26针)挑针　4(7行)　(3针)　从前身片(19针)挑针　(88针)挑针　扣眼(1针)　○=(15针)　(4针)　4(7行)

双罗纹针配色花样

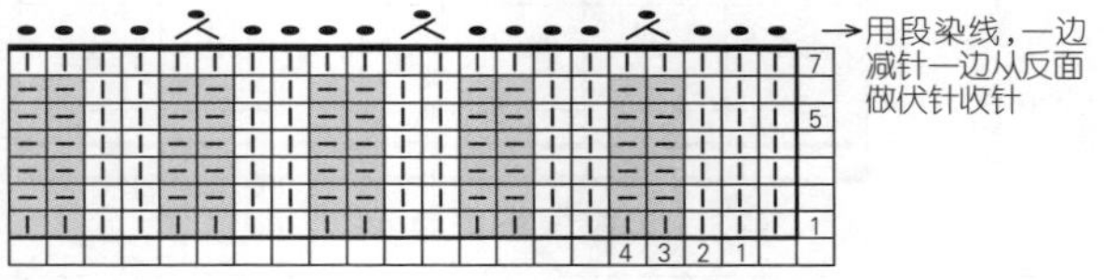

→用段染线，一边减针一边从反面做伏针收针

⋏ = 2针并1针做伏针收针

配色 □ = 粉色系段染　▨ = 粉色

扣眼（右前门襟）

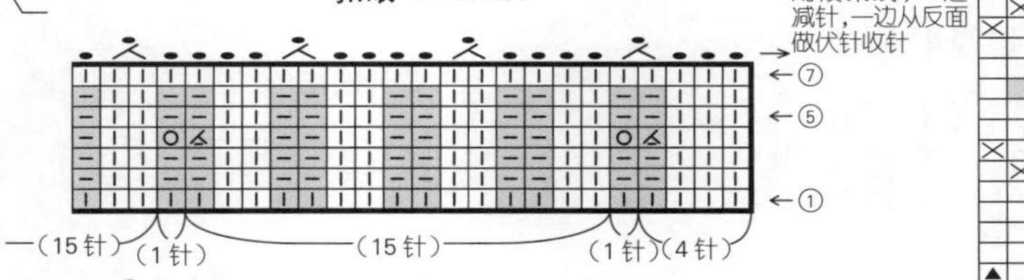

用段染线，一边减针，一边从反面做伏针收针

(15针)　(1针)　(15针)　(1针)　(4针)

⋏ = 2针并1针做伏针收针

配色 □ = 粉色系段染　▨ = 粉色

配色花样

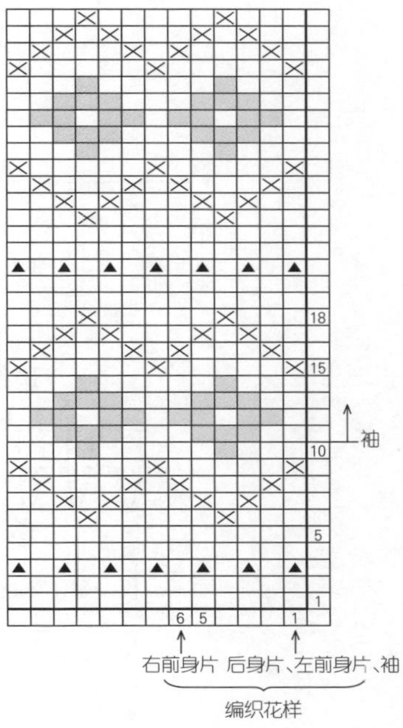

□ = 丨

配色 □ = 粉色系段染　▲ = 黄色　☒ = 原色　▨ = 粉色

袖　右前身片　后身片、左前身片、袖　编织花样

材料

内藤商事 Tricolore 黄色系段染(302) 145g/3团，粉色系段染(303)、绿色系段染(306)各90g/各2团

工具

钩针 6/0 号

成品尺寸

胸围 96cm，衣长 50cm，连肩袖长 58cm

编织密度

花片边长 8cm

编织要点

●身片、袖…参照图示配色，用连编花片的方法钩织。第2片以后，一边和相邻的花片连接在一起一边钩织。

●组合…下摆、衣领、袖口挑取指定数量的针目钩织边缘编织。

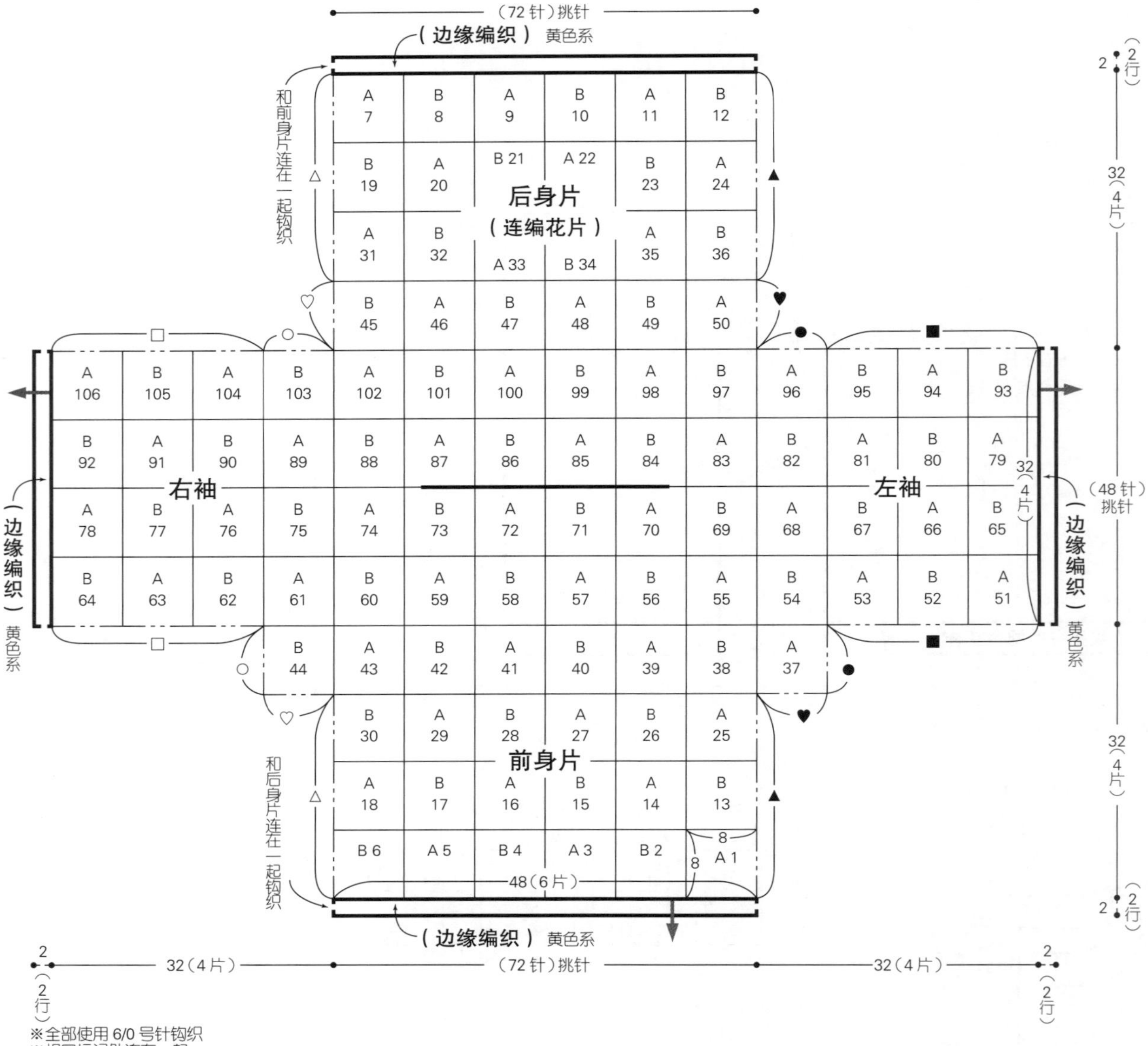

(72针)挑针

(边缘编织) 黄色系

后身片 (连编花片)

右袖

左袖

前身片

				A 7	B 8	A 9	B 10	A 11	B 12				
				B 19	A 20	B 21	A 22	B 23	A 24				
				A 31	B 32	A 33	B 34	A 35	B 36				
				B 45	A 46	B 47	A 48	B 49	A 50				
A 106	B 105	A 104	B 103	A 102	B 101	A 100	B 99	A 98	B 97	A 96	B 95	A 94	B 93
B 92	A 91	B 90	A 89	B 88	A 87	B 86	A 85	B 84	A 83	B 82	A 81	B 80	A 79
A 78	B 77	A 76	B 75	A 74	B 73	A 72	B 71	A 70	B 69	A 68	B 67	A 66	B 65
B 64	A 63	B 62	A 61	B 60	A 59	B 58	A 57	B 56	A 55	B 54	A 53	B 52	A 51
			B 44	A 43	B 42	A 41	B 40	A 39	B 38	A 37			
				B 30	A 29	B 28	A 27	B 26	A 25				
				A 18	B 17	A 16	B 15	A 14	B 13				
				B 6	A 5	B 4	A 3	B 2	A 1				

和前身片连在一起钩织

和后身片连在一起钩织

(边缘编织) 黄色系

(48针)挑针

8　8

48(6片)

(边缘编织) 黄色系

2 (2行)　32(4片)　32(4片)　2 (2行)

2 (2行)　32(4片)　(72针)挑针　32(4片)　2 (2行)

※全部使用 6/0 号针钩织

※相同标记处连在一起

※花片内的数字表示连接顺序

边缘编织

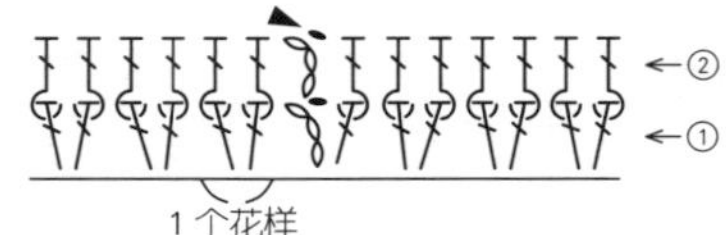

= 长针的正拉针

= 长针的反拉针

※编织方法请参照第 113 页

花片的配色

	A	B
第1、2行	粉色系	绿色系
第3行	黄色系	黄色系

花片 A、B 各 53 片

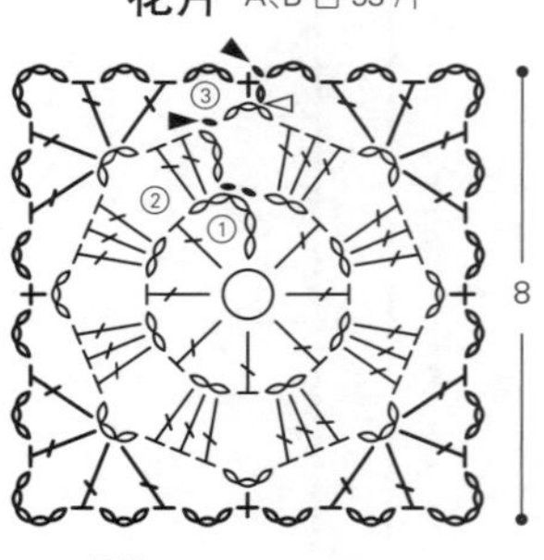

▷ = 加线

▶ = 剪线

衣领（边缘编织）

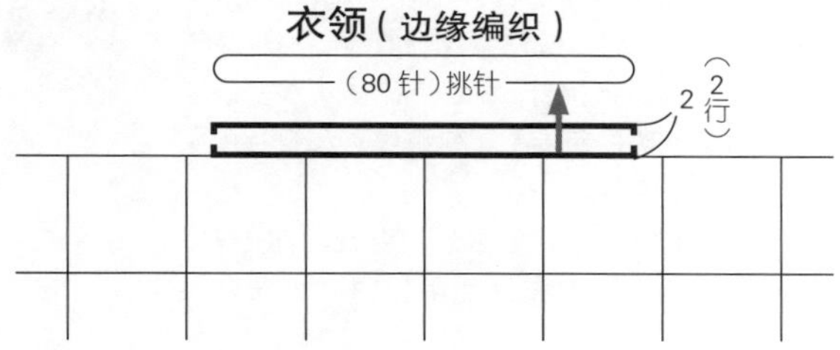

边缘编织（衣领）

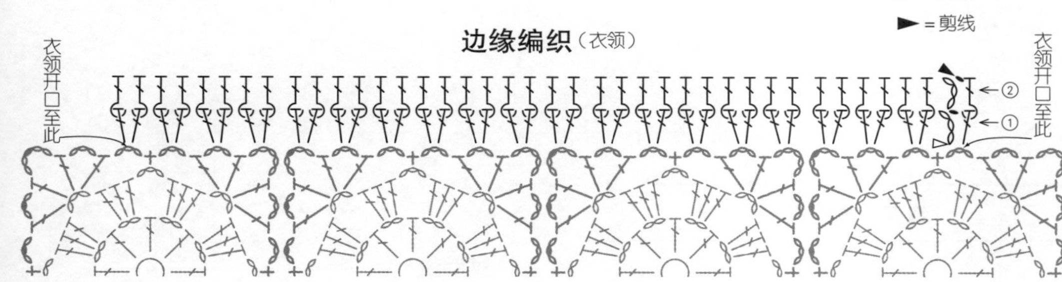

花片的连接方法

花片角部的连接方法

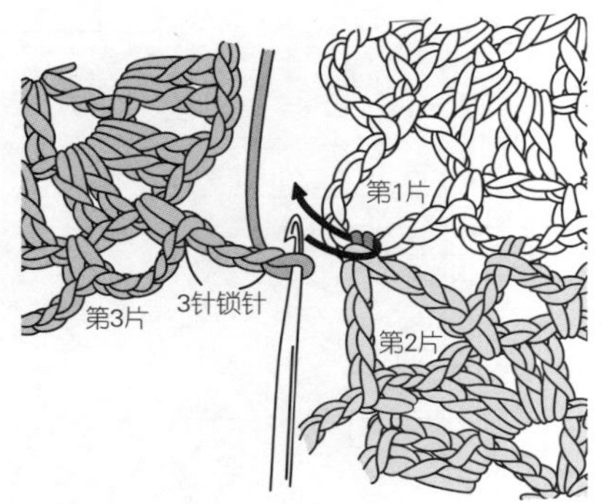

1 第3片花片在连接位置的前侧钩织3针锁针，将钩针插入第2片花片引拔针的底部2根线中。

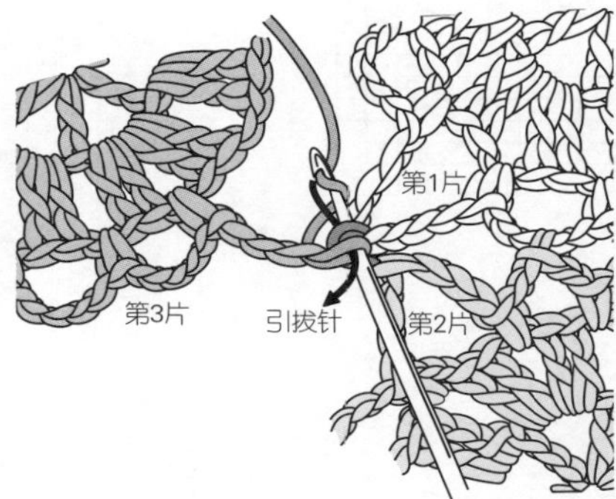

2 挂线并引拔。第4片花片也在相同位置插入钩针引拔。

双罗纹针收针

（两端为2针下针的情况）

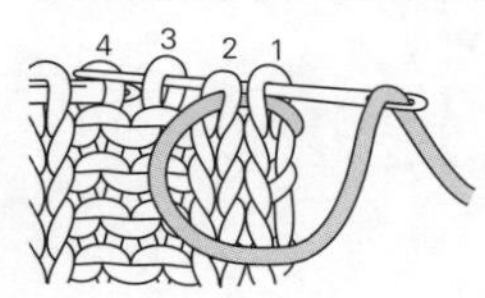

1 参照图示，将针插入针目1、2后，再一次插入针目1中，然后从针目3的前侧入针、后侧出针。

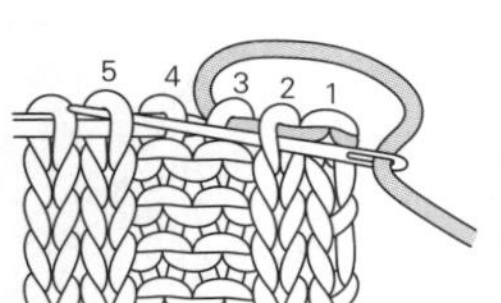

2 下针之间，从针目2的前侧入针，从针目5的后侧入针、前侧出针。

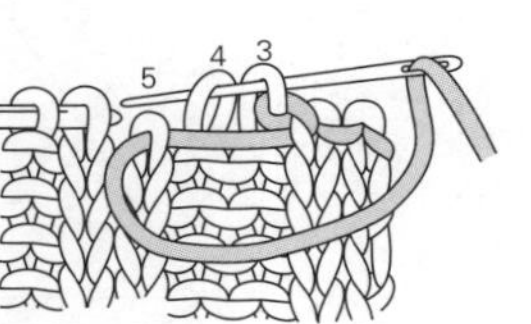

3 上针之间，从针目3的后侧入针，从针目4的前侧入针、后侧出针。

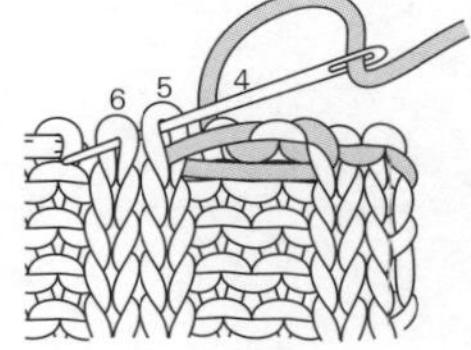

4 下针之间，从针目5的前侧入针，从针目6的后侧入针、前侧出针。

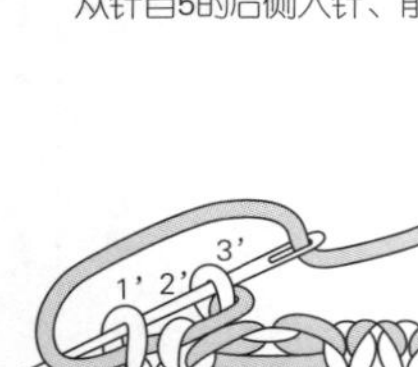

5 上针之间，从针目4的后侧入针，从针目7的前侧入针、后侧出针。重复步骤2~5。

6 最后重复步骤4之后，参照图示入针。

（两端为3针下针的情况）

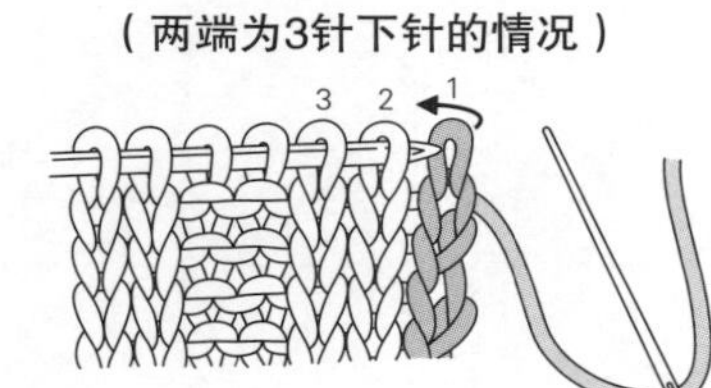
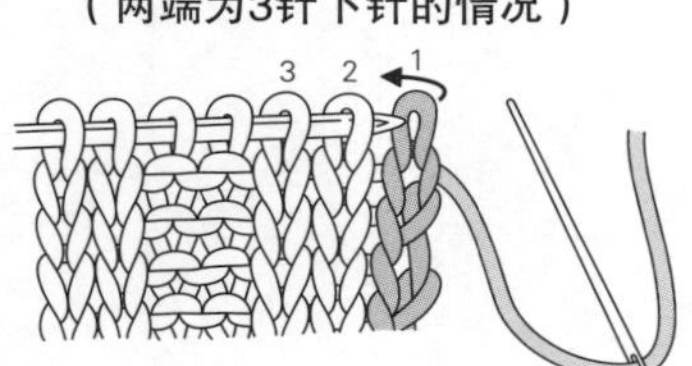

1 开始收针时，将针目1折向针目2的后侧后，重叠在一起，然后与两端为2针下针的情况使用相同的方法收针。

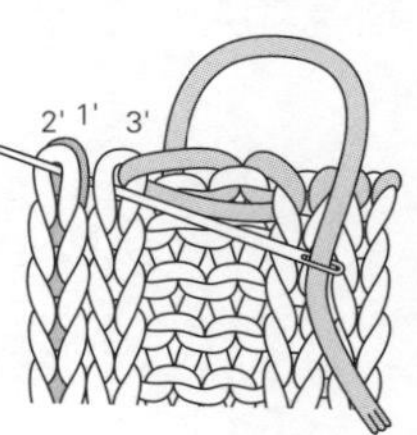

2 收针结束时，将针目1'折向针目2'的后侧，重叠在一起，然后与两端为2针下针的情况使用相同的方法收针。

材料

内藤商事 Top Gradation 灰色、蓝色、茶色系段染(6276) 395g/8团

工具

棒针10号、9号

成品尺寸

胸围96cm，衣长58cm，连肩袖长71.5cm

编织密度

10cm×10cm面积内：下针编织16.5针，25行；编织花样15.5针，25行

编织要点

●育克…事先共线锁针起9针。手指起针开始编织，往返编织18行下针编织和编织花样。参照图示加针。前领窝的9针从另线锁针挑针，环形编织。

●身片、袖…后、前身片的腋下针目从卷针、育克挑取指定数量的针目，做下针编织和双罗纹针。编织终点做双罗纹针收针。袖从腋下和育克的休针挑针，做编织花样和双罗纹针。袖下参照图示减针，编织终点和身片用相同的方法收针。

●组合…衣领挑取指定数量的针目，编织双罗纹针，编织终点和身片用相同的方法收针。

编织花样

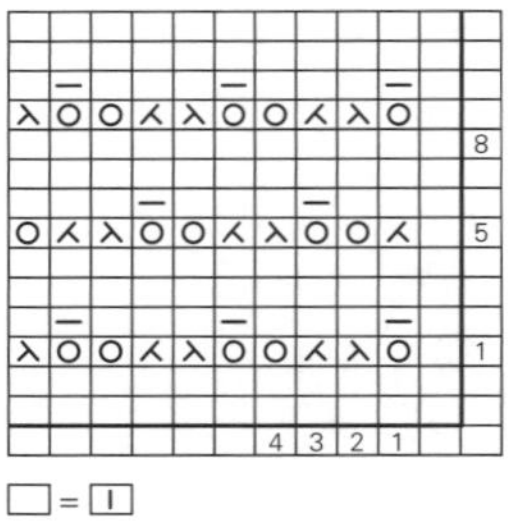

□=□|

双罗纹针

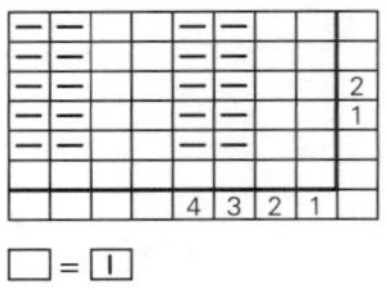

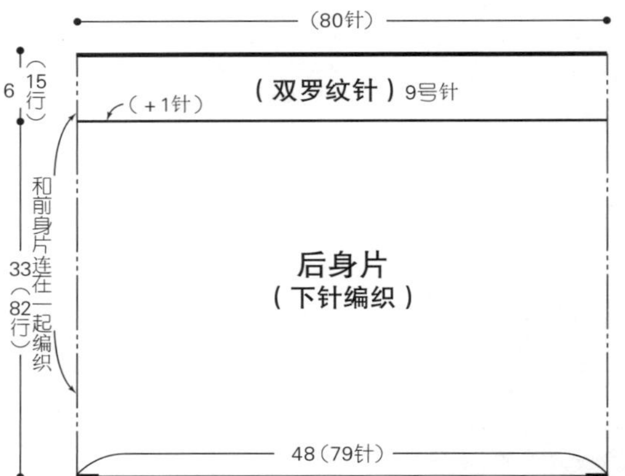

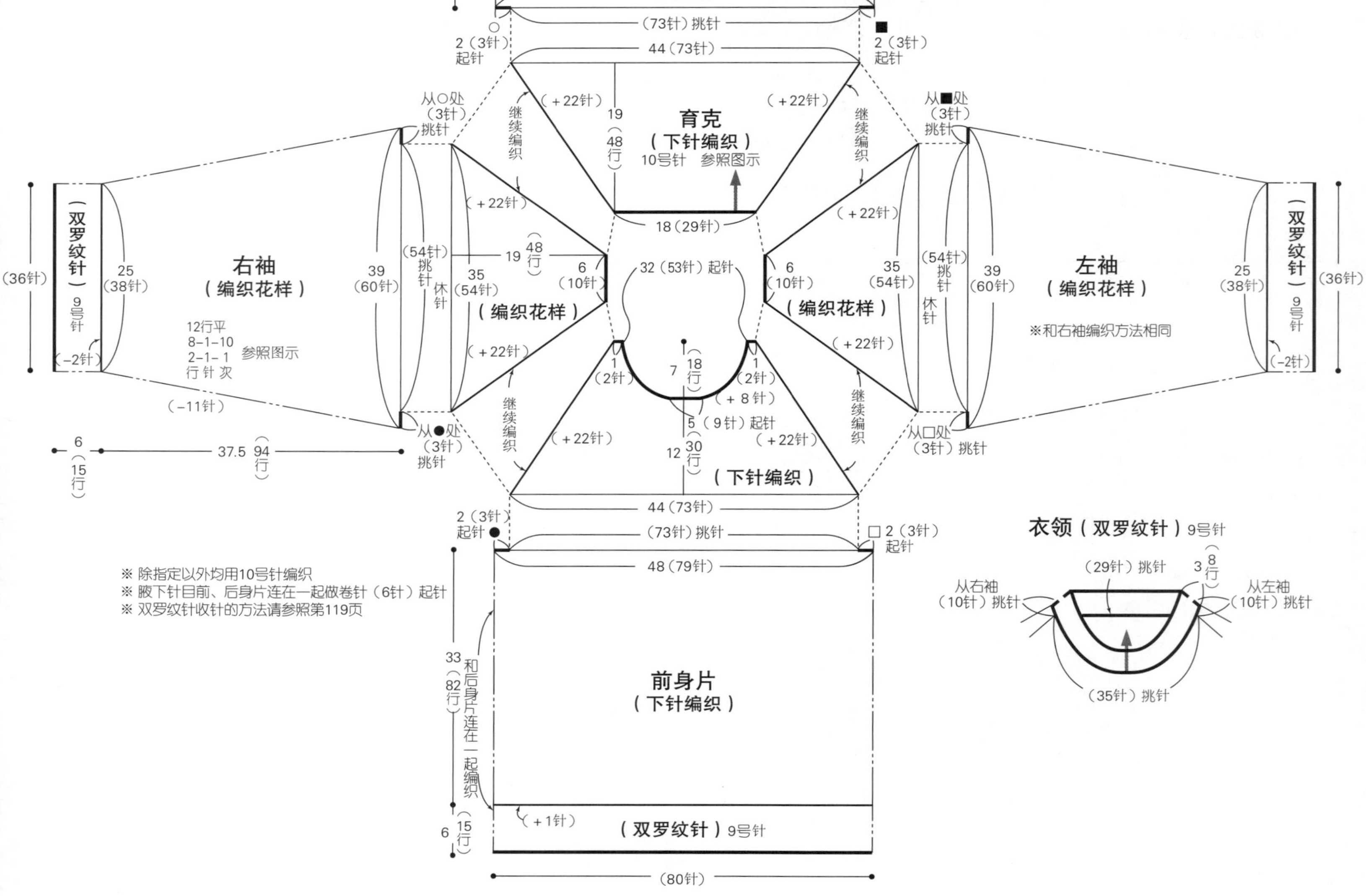

□=□|

后身片（下针编织）

（双罗纹针）9号针

育克（下针编织）10号针 参照图示

右袖（编织花样）

左袖（编织花样）

※和右袖编织方法相同

前身片（下针编织）

衣领（双罗纹针）9号针

※ 除指定以外均用10号针编织

※ 腋下针目前、后身片连在一起做卷针（6针）起针

※ 双罗纹针收针的方法请参照第119页

育克的编织方法

左袖
（54针）

前身片
（73针）

←㊽
←㊺
←㊵
←㉟
←㉚
←㉕
←⑳
←⑲
←⑱
前身片中心
←⑮
←⑩
←⑤
←①

5　1 2　1　2

编织花样

□ = ∣
ᘯ = 右扭针加针
▲ = 左扭针加针
ⓦ = 卷针
※编织方法请参照第122页

后身片
（73针）

左袖
（54针）

1 10

编织方法接第122页▶

双罗纹针收针

（环形编织）

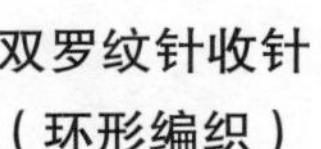

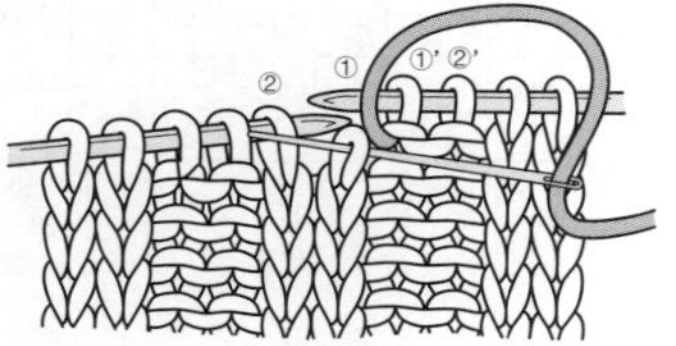

1 从针目①的后侧插入毛线缝针。

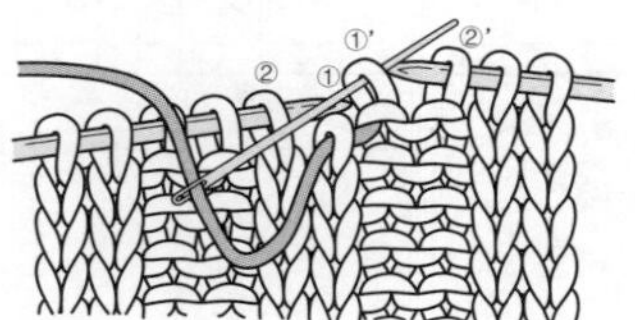

2 从针目①' 的前侧插入毛线缝针。

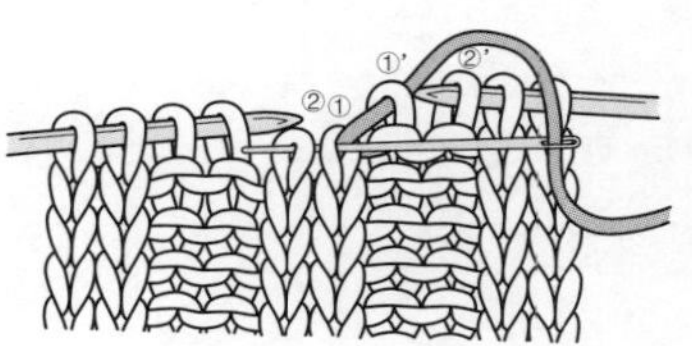

3 从针目①的前侧入针，从针目②的前侧出针。

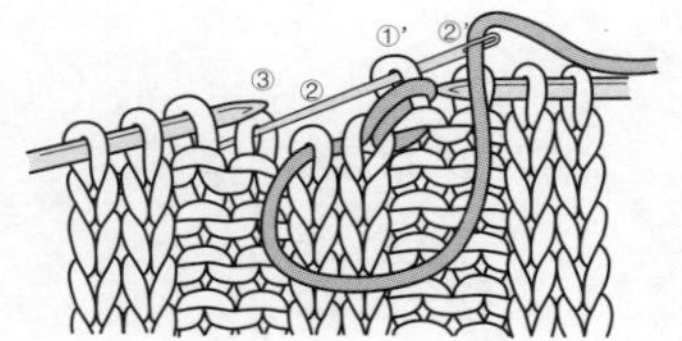

4 从针目①' 的后侧入针，从针目③的后侧出针。

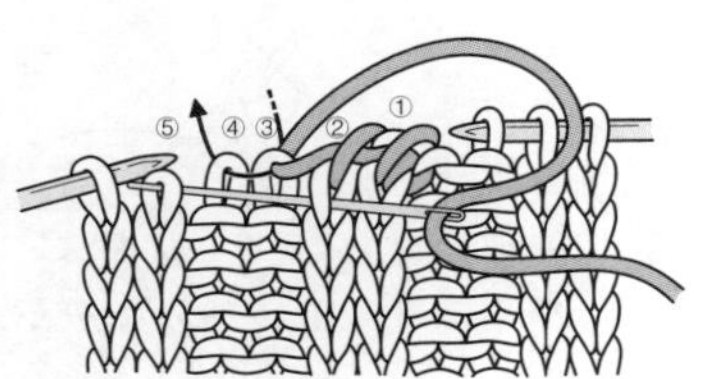

5 从针目②的前侧入针，从针目⑤的前侧出针。随后，从针目③的后侧入针，从针目④的后侧出针。重复步骤3~5。

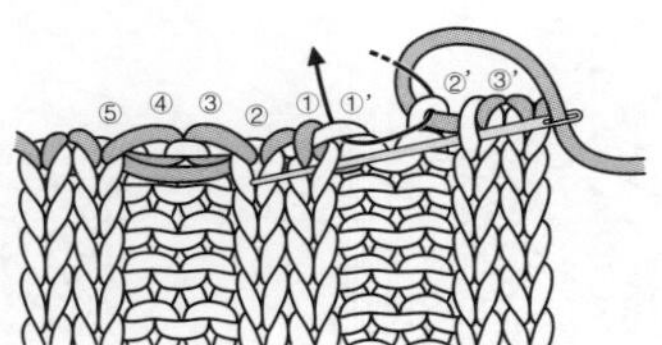

6 最后，从针目③' 的前侧入针，从针目①的前侧出针。从针目②' 的后侧入针，从针目①' 的后侧出针。

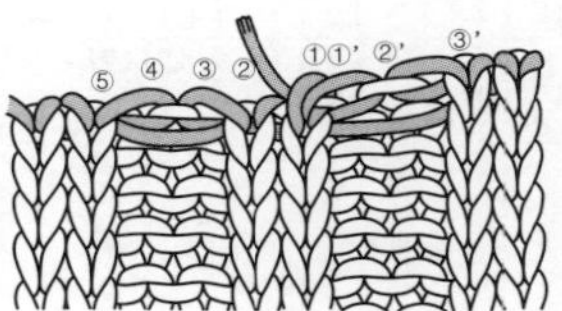

7 完成。

袖下减针

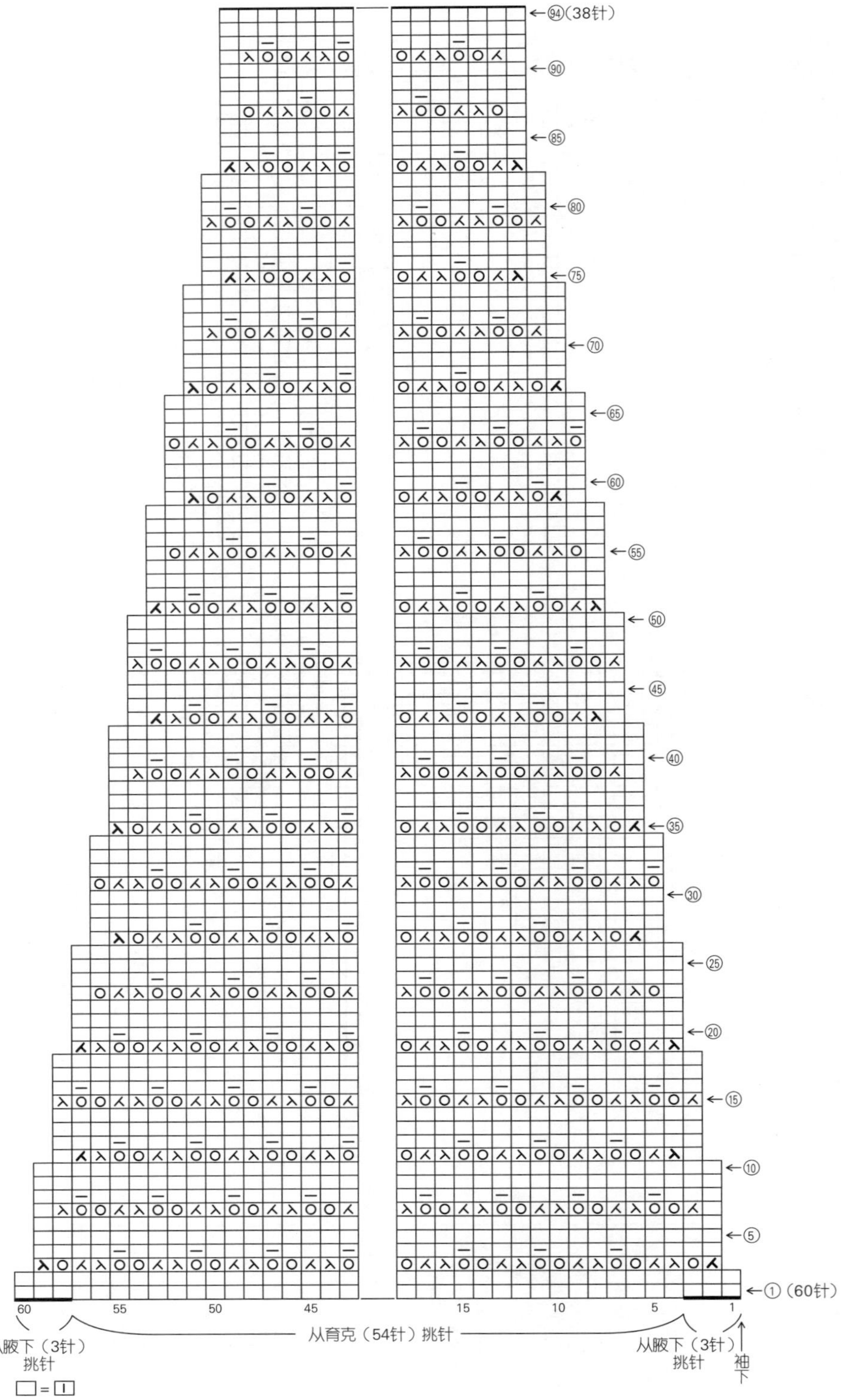

←㉔(38针)

←①(60针)

从腋下（3针）挑针　从育克（54针）挑针　从腋下（3针）挑针　袖下

卷针加针（2针以上）

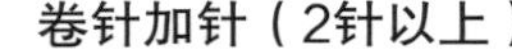

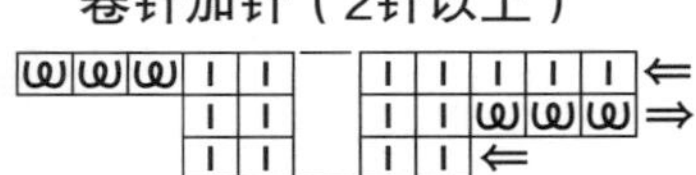

1 "将针插入食指上挂的线，移开食指"，重复至所需加针的数量。

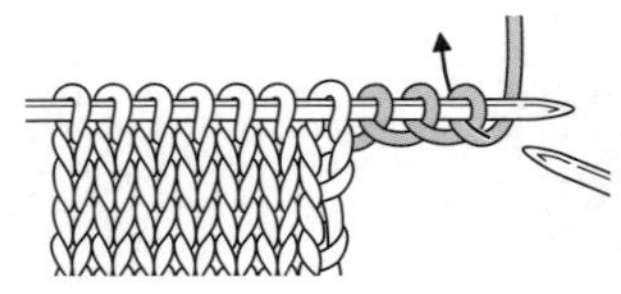

2 翻到正面，如箭头所示入针，编织下针。剩余的2针也按照相同方法编织，编织至一端。

3 和步骤1相同，将针插入食指上挂的线中起针。

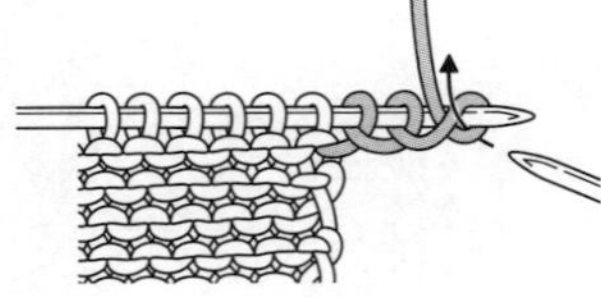

4 翻到反面，如箭头所示入针，编织上针。剩余的2针也按照相同方法编织。

材料

钻石线 Dia Tasmanian Merino <malti> 浅蓝色、粉色、灰色系段染(229) 135g/4团；Dia Lana Mohair 灰粉色(6505) 130g/5团

工具

棒针6号、5号、4号

成品尺寸

胸围90cm，肩宽42cm，衣长53cm

编织密度

10cm×10cm面积内：编织花样A 23针，35行；下针编织23针，30.5行

编织要点

●身片、袖…另线锁针起针，后身片做编织花样A，前身片做编织花样A和下针编织。减针时，2针以上时做伏针减针，1针时立起侧边1针减针。加针时，在1针内侧编织扭针加针。下摆拆开锁针起针挑针，编织双罗纹针。编织终点做下针织下针、上针织上针的伏针收针。

●组合…花边A、B手指起针，一边分散加针，一边做编织花样B。编织终点交互编织下针和上针并收针。肩部盖针接合，胁部使用毛线缝针挑针缝合。衣领挑取指定数量的针目，做边缘编织，编织终点参照图示做伏针收针。花边A、B用藏针缝固定在指定位置。袖口挑取指定数量的针目做编织花样B。

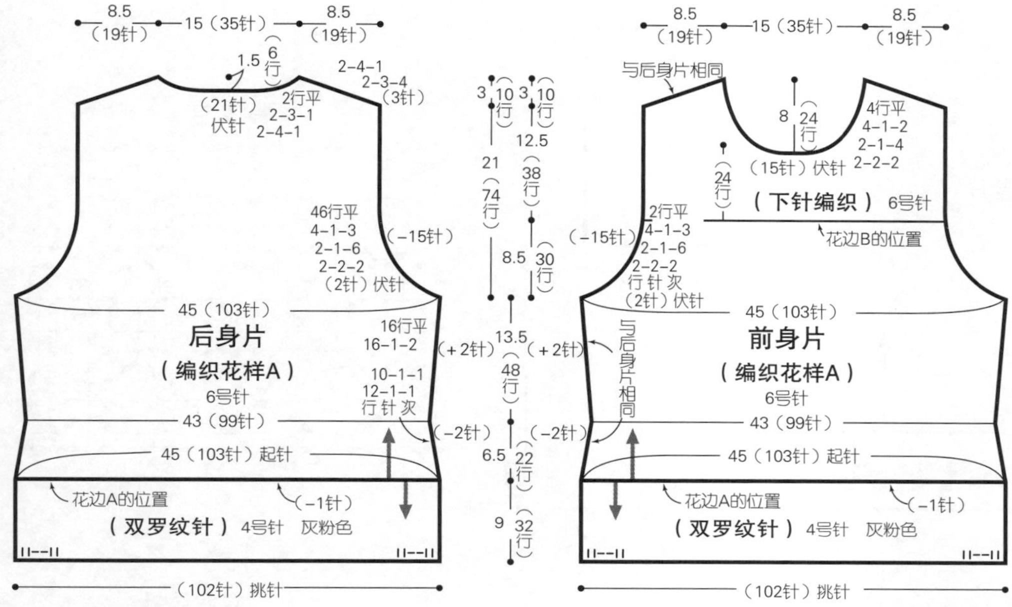

后身片（编织花样A）6号针

前身片（编织花样A）6号针

（下针编织）6号针

（双罗纹针）4号针 灰粉色

※ 除指定以外均用段染线编织

编织花样A

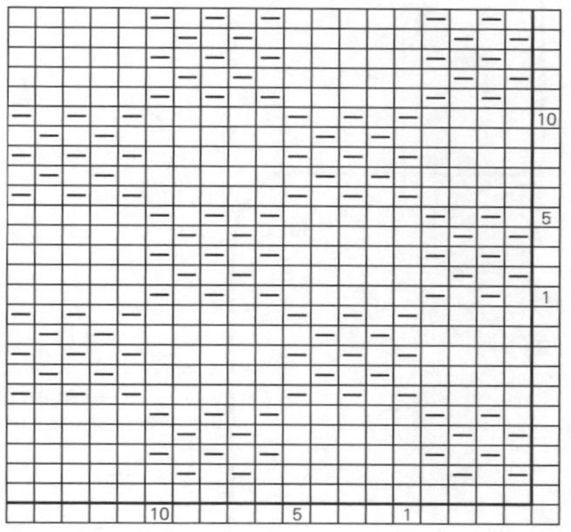

双罗纹针

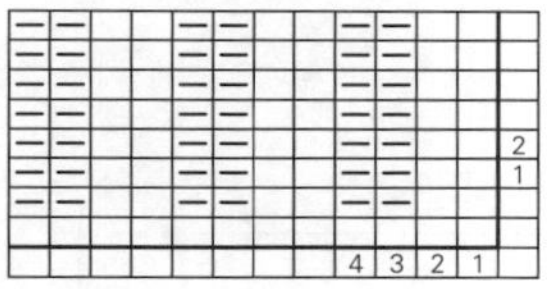

编织花样B

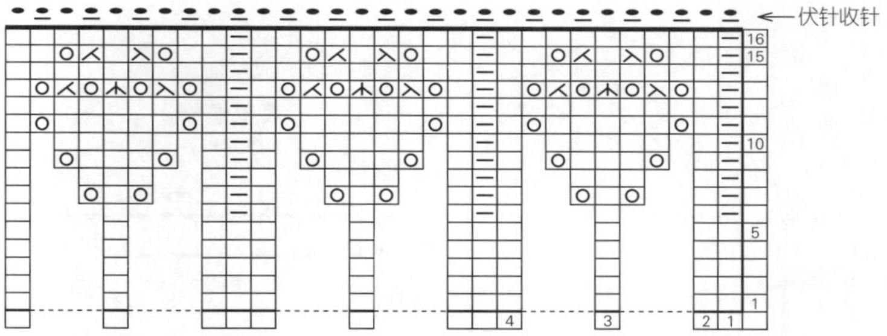

衣领（边缘编织）4号针 灰粉色 分散加针（+72针）参照图示

袖口（编织花样B）5号针 灰粉色 分散加针（+162针）

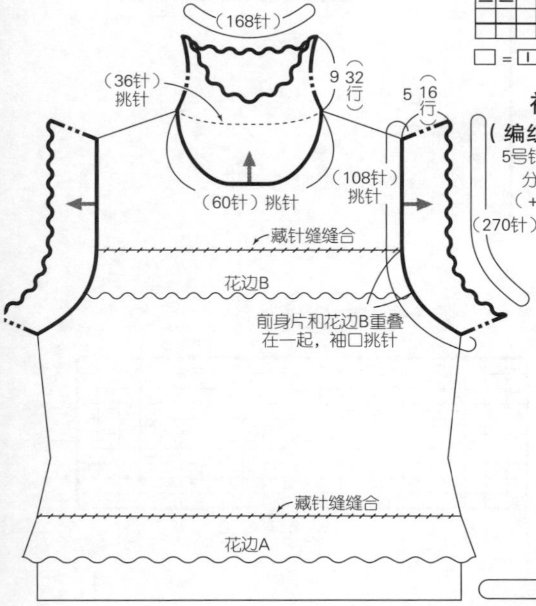

花边B（编织花样B）5号针 灰粉色 分散加针（+108针）参照图示

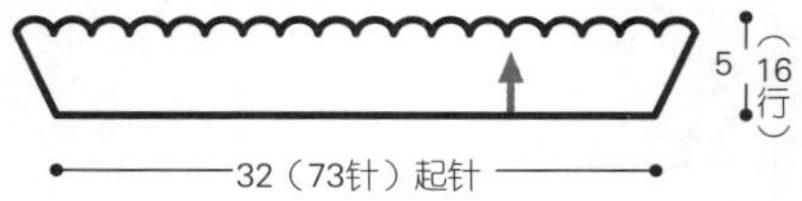

花边A（编织花样B）5号针 灰粉色 分散加针（+312针）参照图示

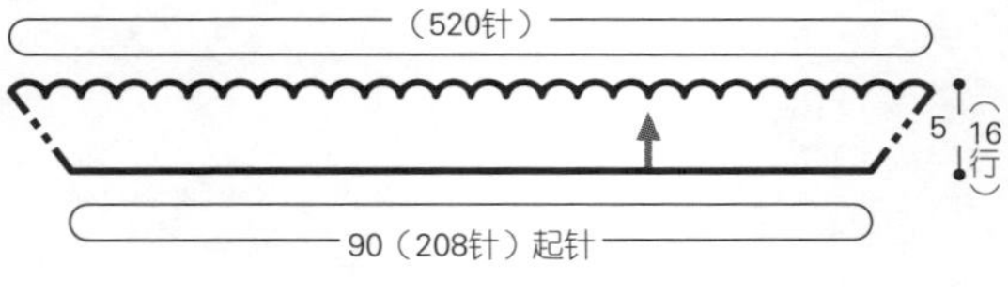

边缘编织

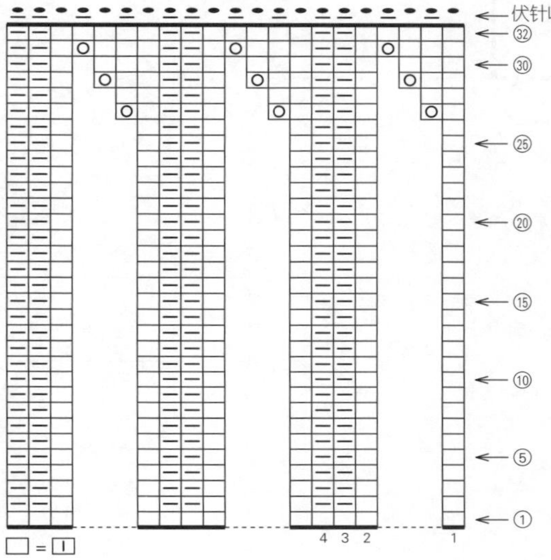

□ = 丨

= 下针的伏针收针

= 上针的伏针收针

材料

内藤商事 Degrade 灰色系段染(15) 355g/9团

工具

钩针7/0号，棒针7号

成品尺寸

胸围98cm，衣长52cm，连肩袖长60.5cm

编织密度

编织花样 1个花样6针3.3cm，12行10cm

编织要点

●身片…锁针起针，做编织花样。参照图示加针。下摆、衣领分开针目挑针，编织双罗纹针。编织终点做双罗纹针收针。衣领两端从反面做藏针缝缝合。

●组合…肩部、袖下卷针缝缝合，胁部做挑针缝合和引拔的锁针接合。袖口分开两端针目挑针，编织双罗纹针，编织终点和下摆用相同方法收针。

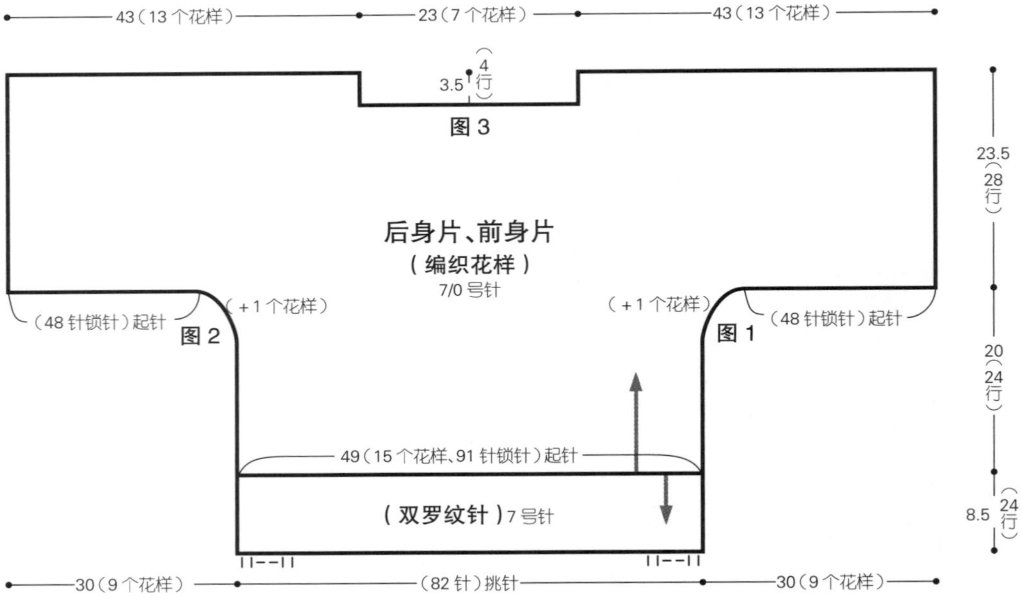

※双罗纹针收针的方法请参照第119页

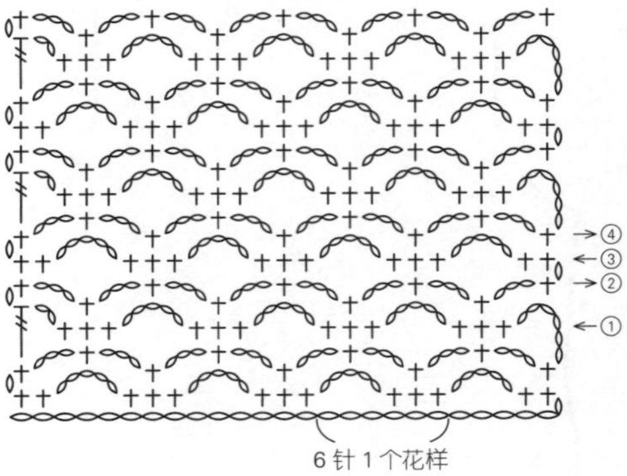

※双罗纹针收针的方法（环形编织）请参照第121页

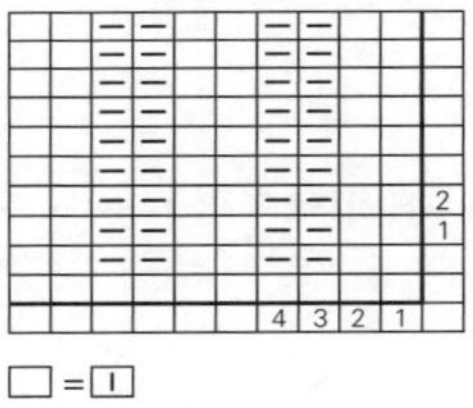

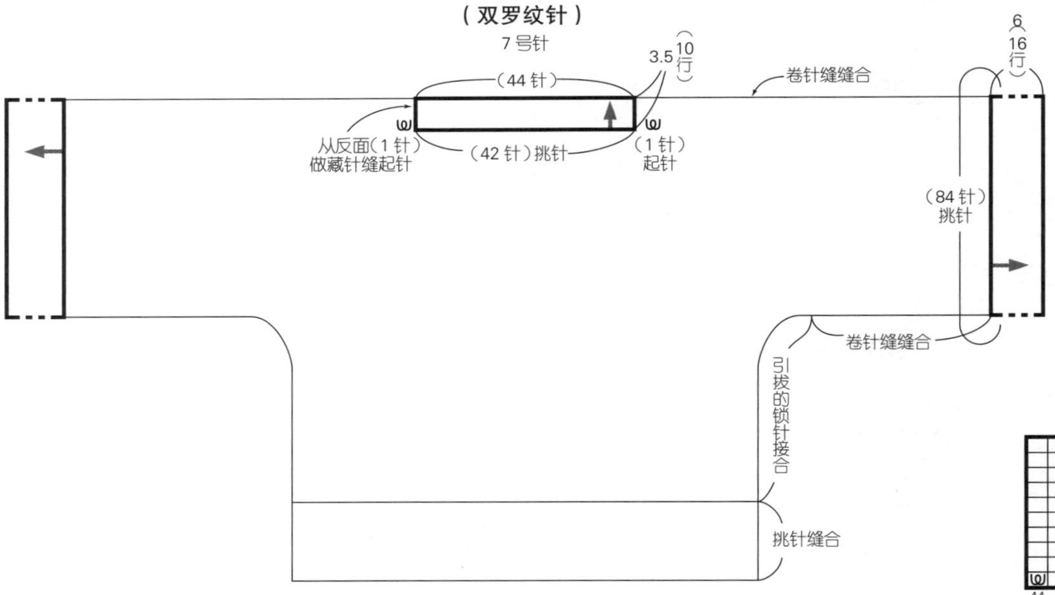

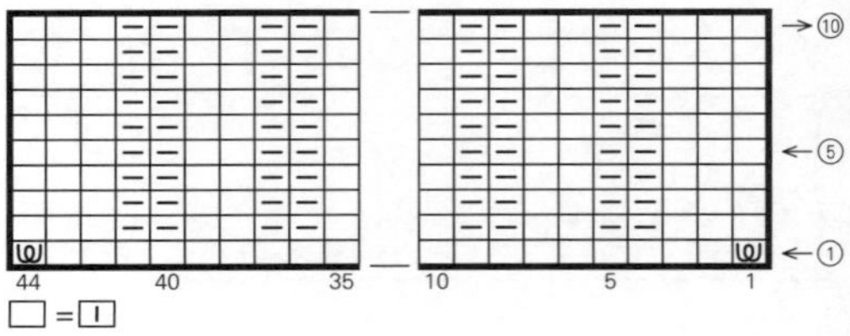

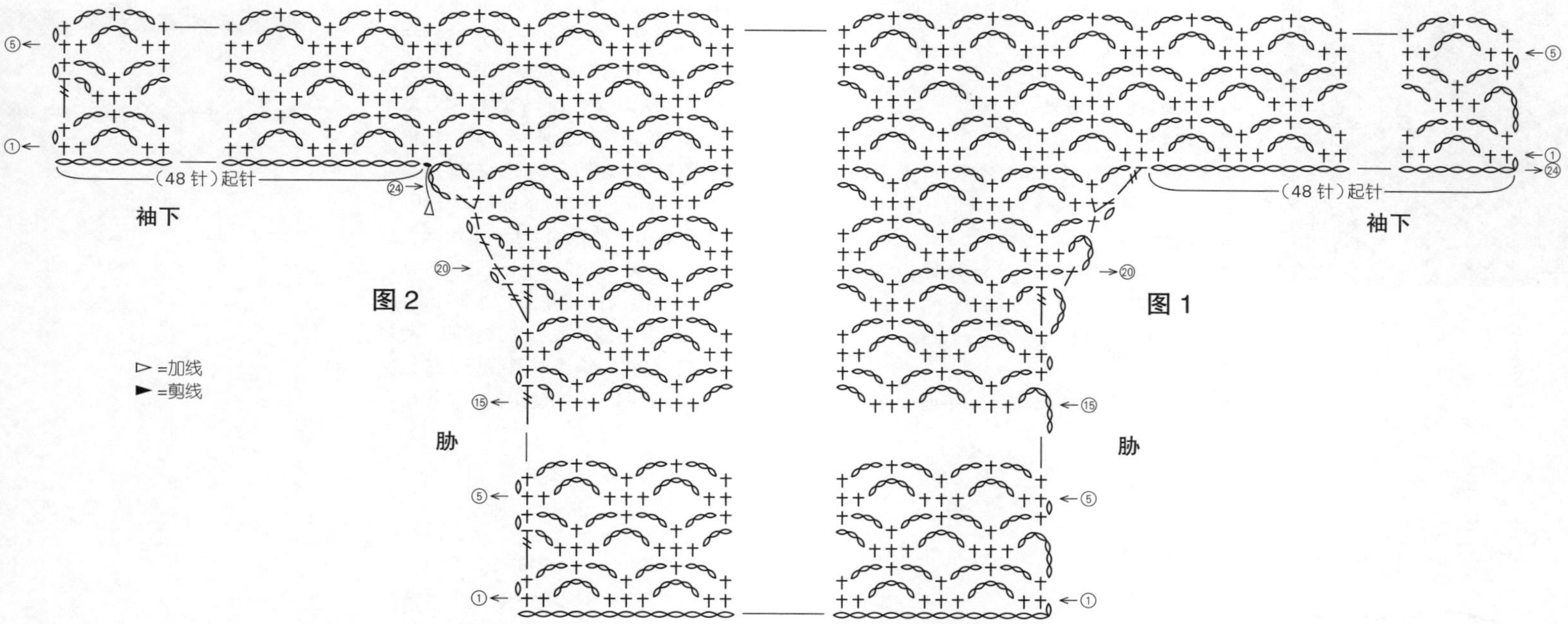

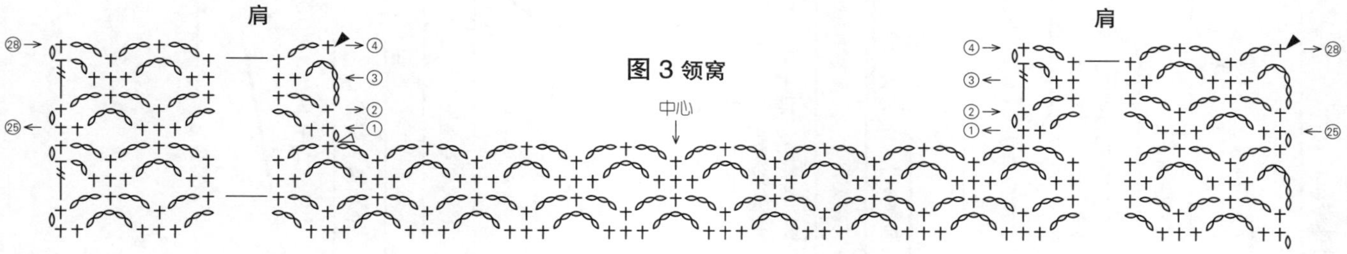

(48针)起针

袖下

图 2

▷ =加线
▶ =剪线

胁

(48针)起针

袖下

图 1

胁

肩

图 3 领窝

中心

肩

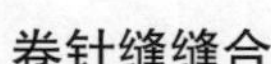
卷针缝缝合

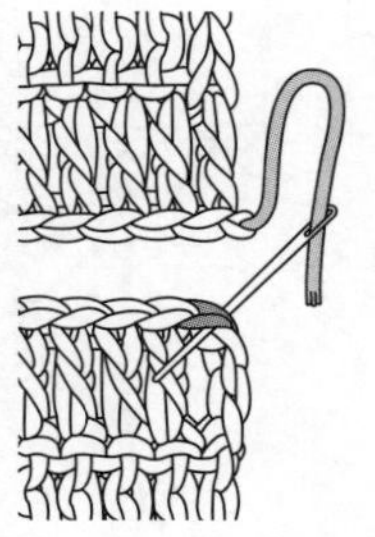
1 两片织片正面向上对齐，将针插入一端针目的锁针2根线中。

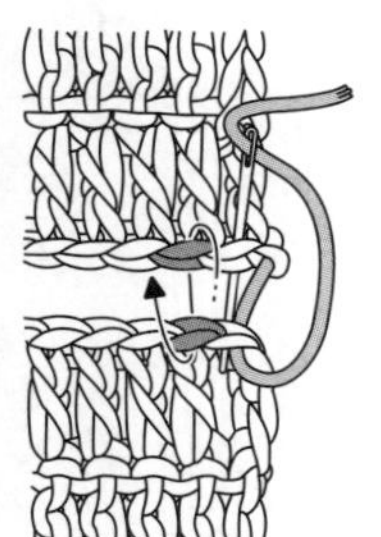
2 从第2片织片开始逐针插入。

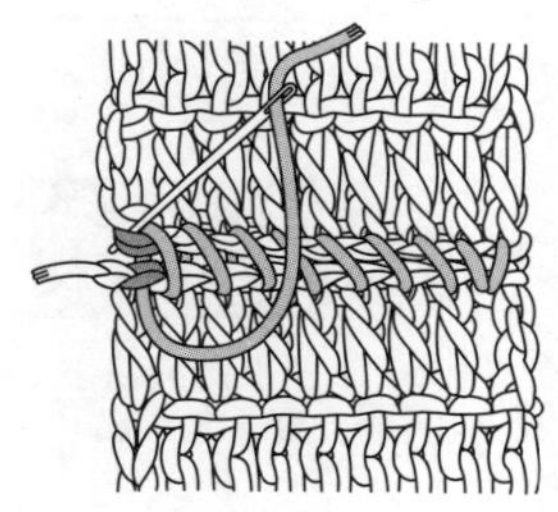
3 重复步骤2。最后在同一个地方将针重复插入。

反短针

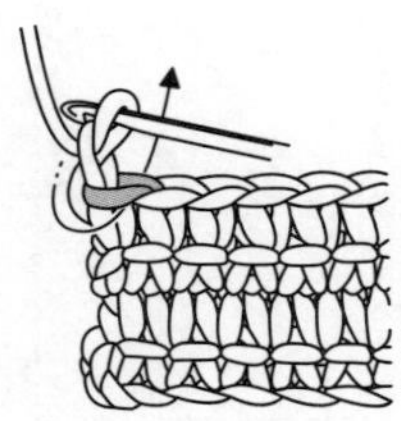

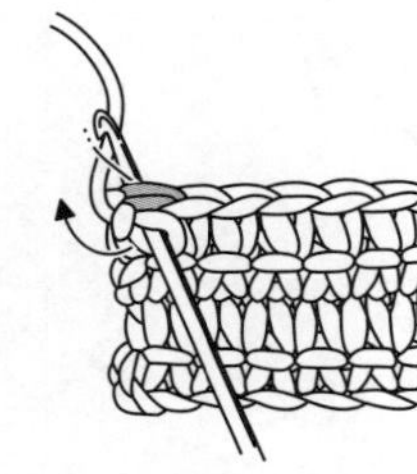
1 保持织片的方向不变，立织1针锁针，如箭头所示转动钩针，从前向后插入前一行锁针上面的2根线中。

2 钩针在线的上方挂线，然后从织片前面拉出。

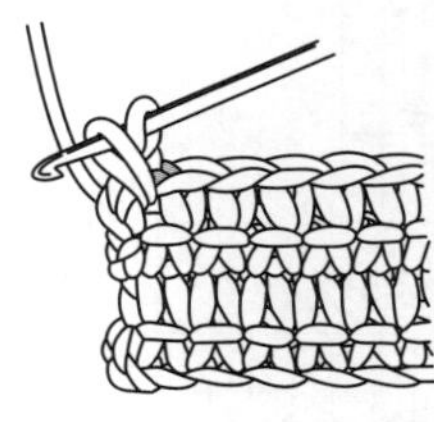
3 将线从织片前面拉出后的样子。

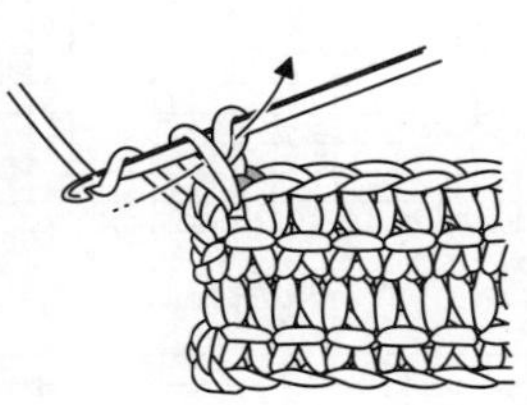
4 在钩针上挂线，按照箭头的方向，一次性地从2个线圈中引拔出，钩织短针。

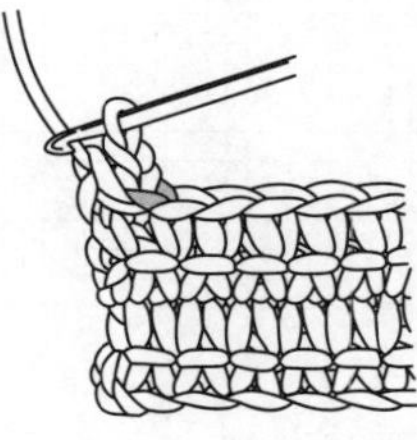
5 反短针钩织完成。

材料

钻石线 Dia Alpaca Mix 紫红色系段染（6705）415g/14团；Dia Alpaca Due 紫红色（6606）80g/3团；直径15mm的纽扣8颗

工具

棒针7号、6号、5号

成品尺寸

胸围95cm，肩宽39cm，衣长54cm，袖长55cm

编织密度

10cm×10cm面积内：下针编织20针，28行；编织花样B 26.5针，28行；编织花样A 1个花样12针5cm，28行10cm

编织要点

●身片、袖…另线锁针起针，参照图示做下针编织、编织花样A和编织花样B。减针时，2针以上时做伏针减针，1针时立起侧边1针减针。加针时，在1针内侧编织扭针加针。

●组合…肩部盖针接合，胁部、袖下使用毛线缝针挑针缝合。下摆上侧拆开锁针起针挑针编织起伏针，编织终点从反面做伏针收针。下摆下侧从上侧第1行的渡线挑针做下针编织，编织终点做伏针收针。前门襟挑取指定数量的针目，编织起伏针，右前门襟开扣眼，编织终点和下摆上侧的收针方法相同。下层衣领挑取指定数量的针目，编织双罗纹针，编织终点做双罗纹针收针。上层衣领从和下层衣领相同的位置挑针，做下针编织，编织终点和下摆下侧的收针方法相同。袖口拆开锁针起针挑针，编织双罗纹针。编织终点和下层衣领相同。衣袖使用钩针引拔接合于身片上。缝上纽扣。

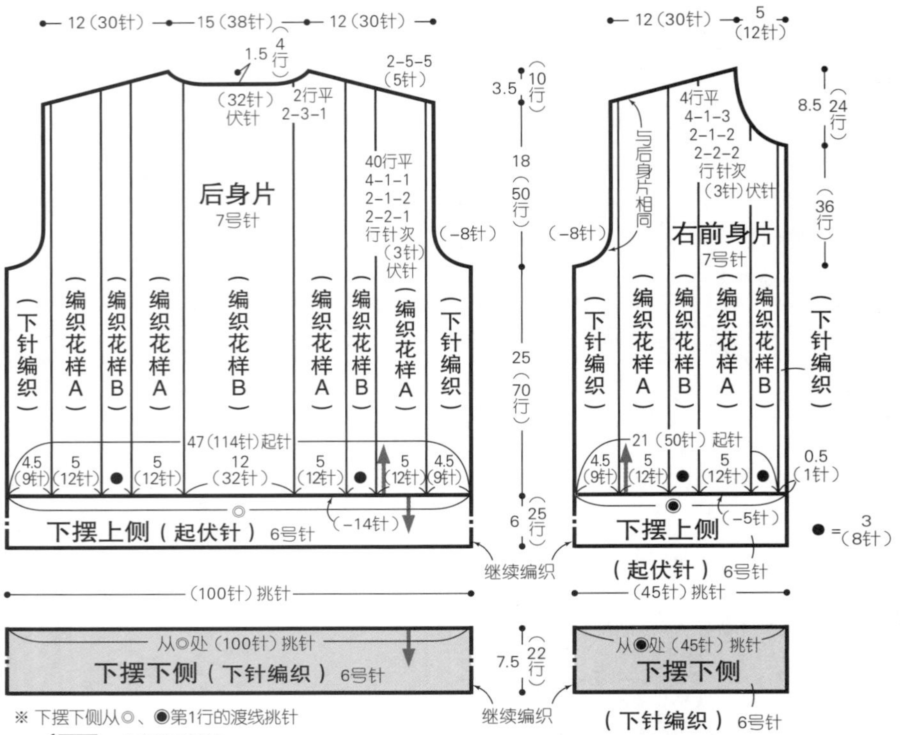

后身片 7号针

右前身片 7号针

袖 7号针

下摆上侧（起伏针）6号针

下摆下侧（下针编织）6号针

继续编织

※ 下摆下侧从◎、◉第1行的渡线挑针

※ 左前身片对称编织

配色：□ =紫红色系段染；■ =紫红色

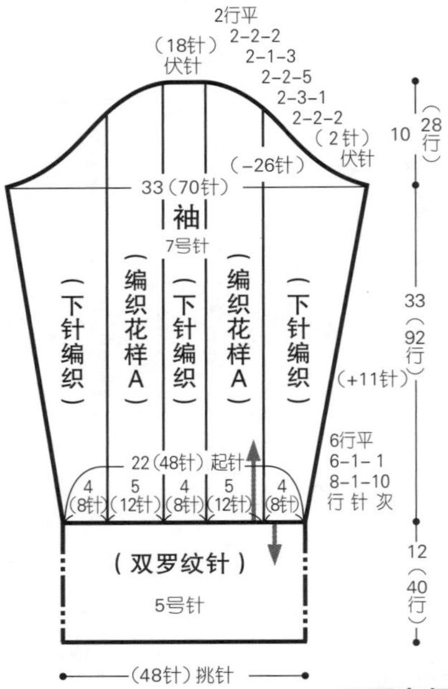

※双罗纹针收针的方法（环形编织）请参照第121页

下层衣领（双罗纹针）5号针

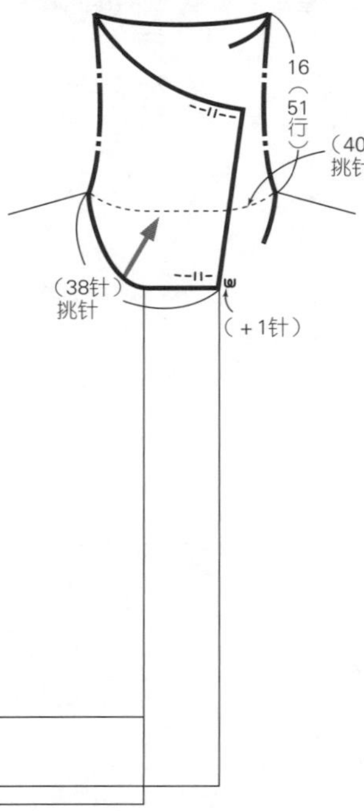

上层衣领（下针编织）6号针

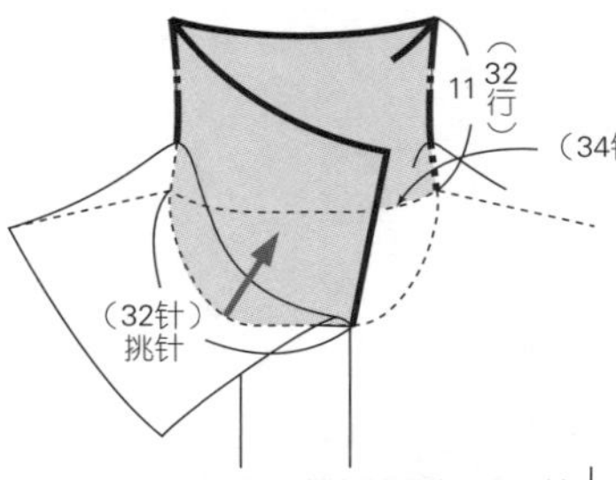

※ 上层衣领和下层衣领在相同的地方挑针

缝合下摆上侧和下摆下侧

※ 双罗纹针收针的方法请参照第119页

编织花样A

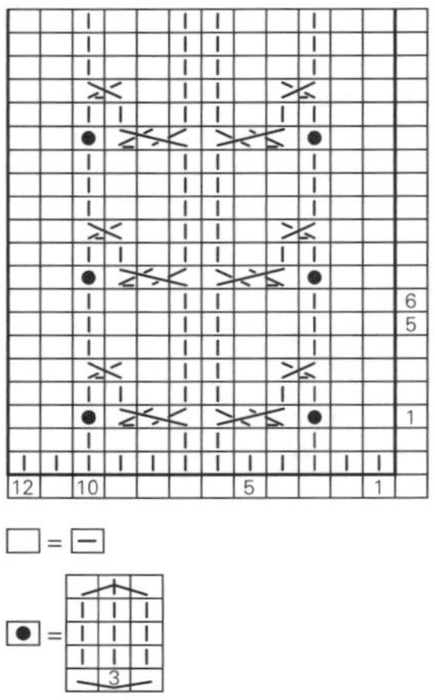

编织花样B

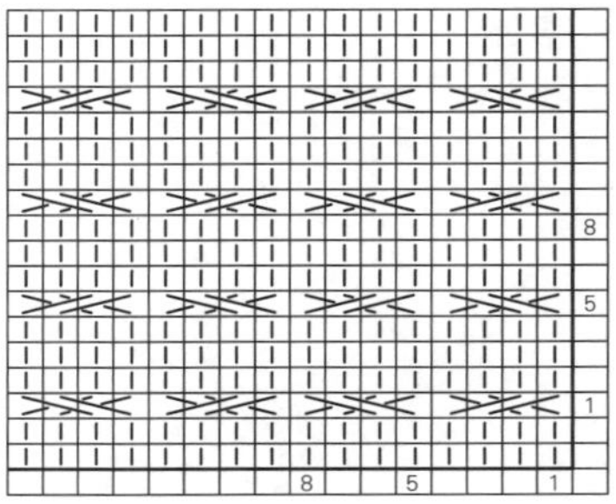

双罗纹针

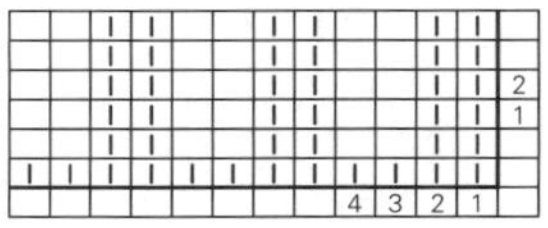

起伏针

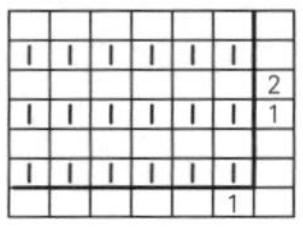

□=⊟

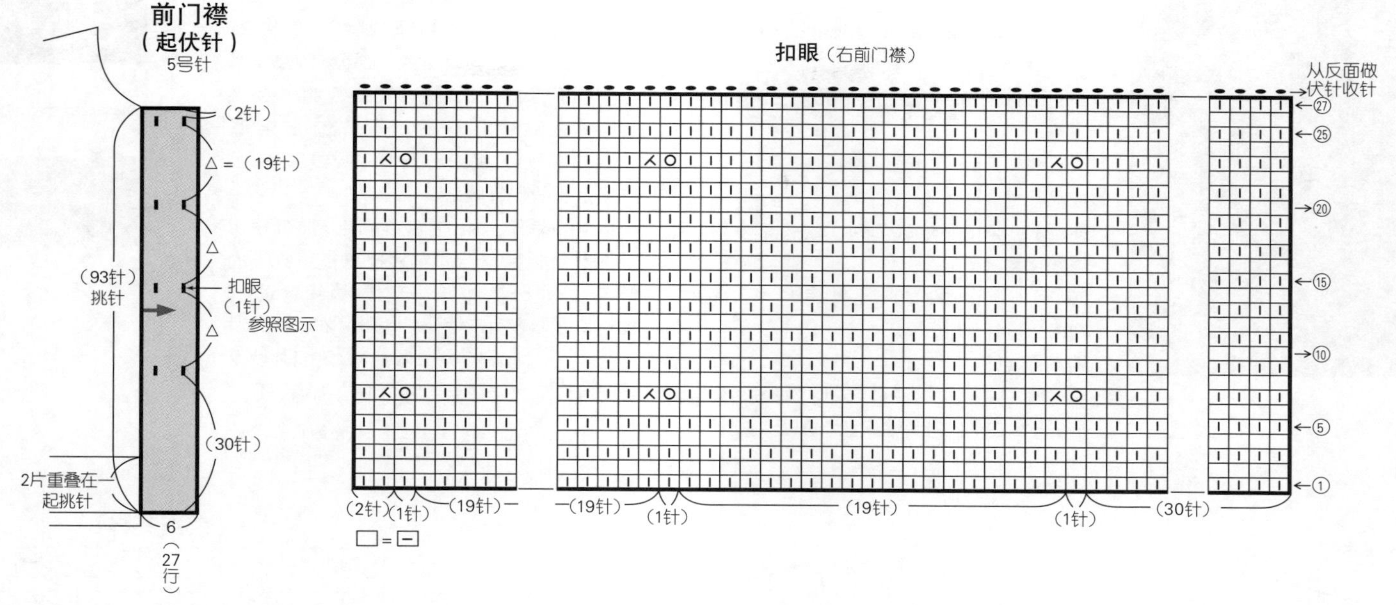

右上1针交叉
(下侧是上针)

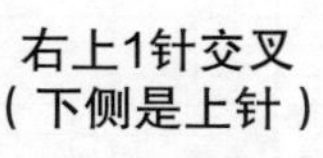

1 将线放在织片前侧，如箭头所示，从左边针目的后侧插入右棒针。

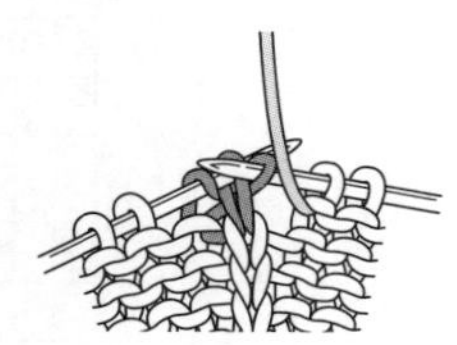

2 将插入右棒针的针目拉向右边针目的右侧。

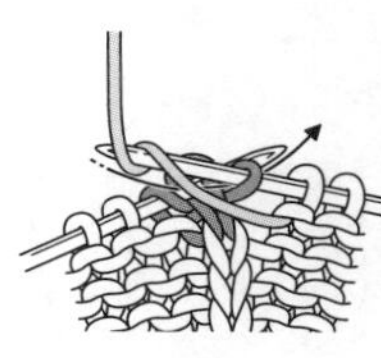

3 编织上针。

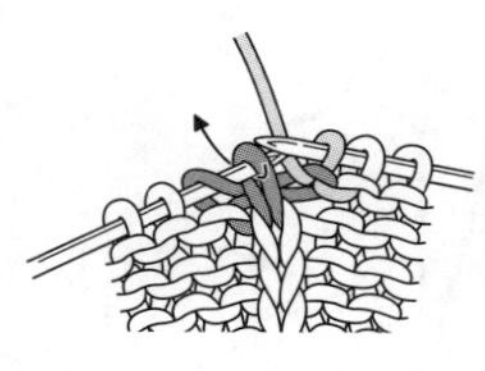

4 保持此状态，右边针目编织下针。

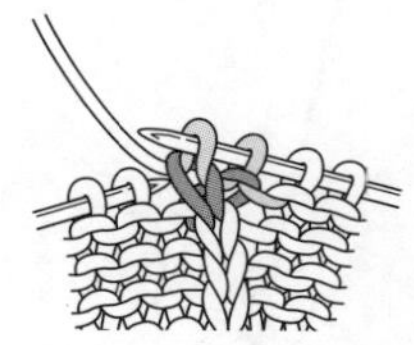

5 将编织终点的2针从左棒针上退下来。

左上1针交叉
(下侧是上针)

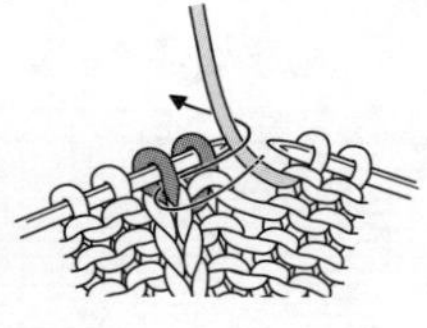

1 如箭头所示，将右棒针插入左边的针目。

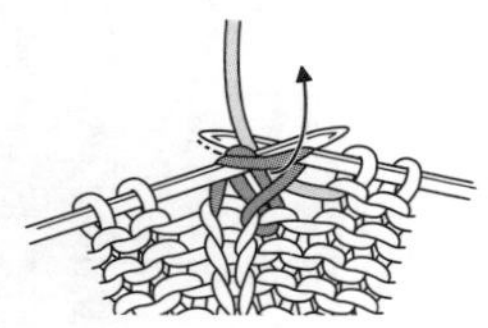

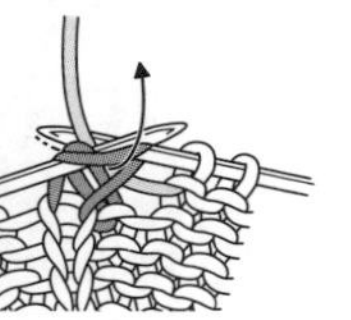

2 编织下针。

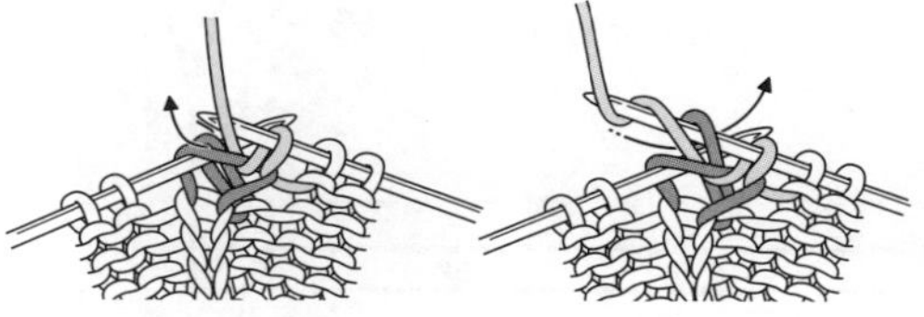

3 保持此状态，从后侧插入右边的针目。

4 编织上针。

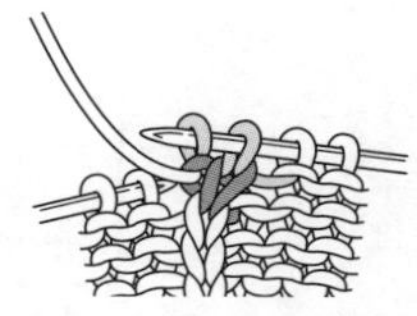

5 将编织终点的2针从左棒针上退下来。

3针、5行的枣形针

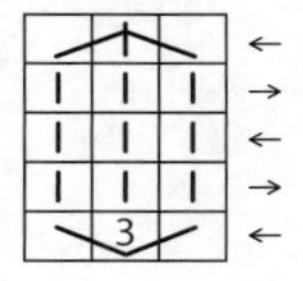

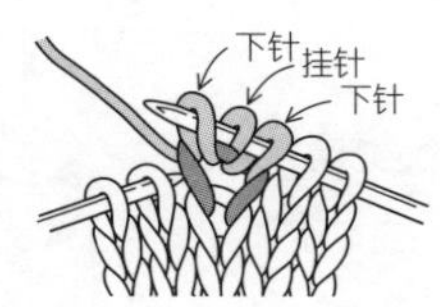

1 在1针上编织1针下针、1针挂针、1针下针。

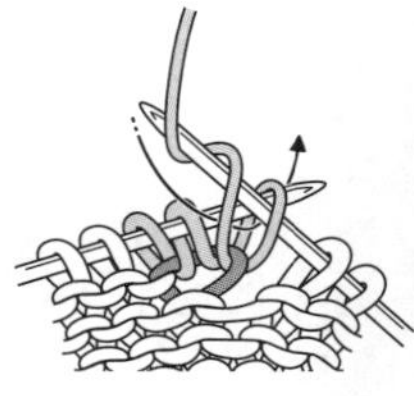

2 翻到反面，编织3针上针。

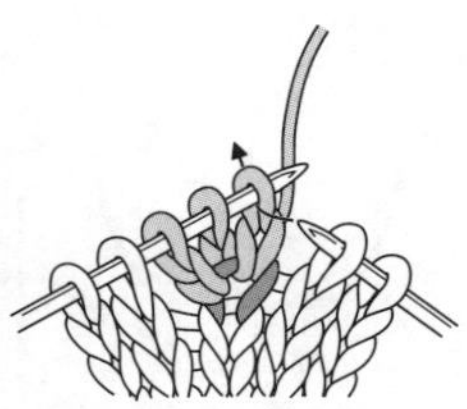

3 同样，只有第3针编织2行。

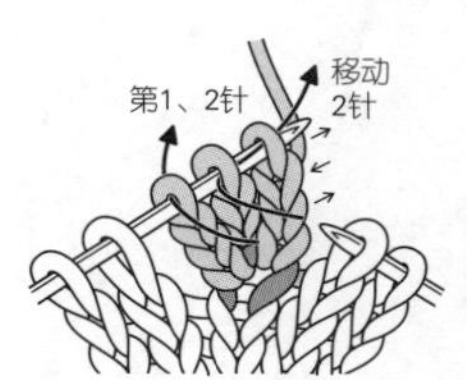

4 如箭头所示入针，将右边的2针移至右棒针，第3针编织下针。

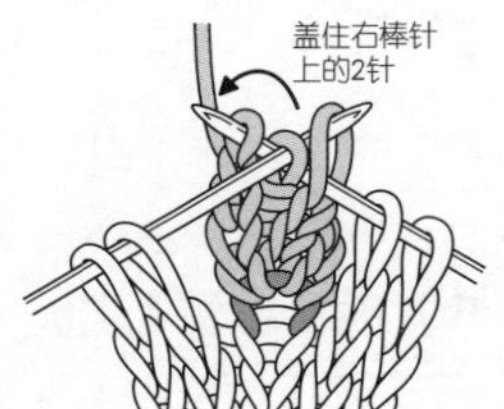

5 将左棒针插入步骤4中移至右棒针的2针中，盖住下针。

6 3针、5行的枣形针完成。

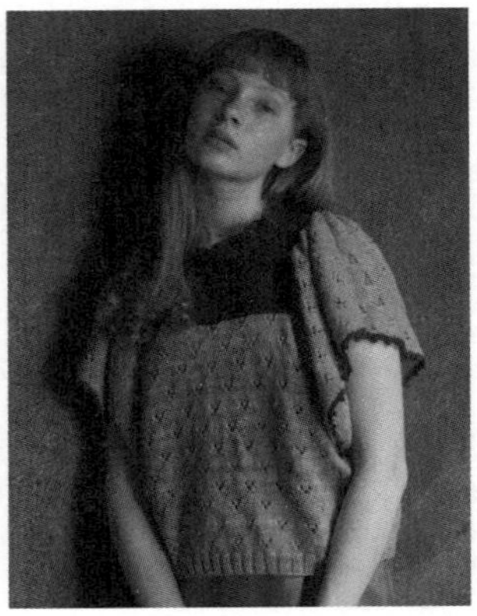

材料

钻石线 Dia Tasmanian Merino <malti> 粉色、绿色、紫色系段染(228) 235g/6团；Dia Lana Mohair 酒红色(6509) 50g/2团

工具

棒针6号、5号、4号；钩针5/0号

成品尺寸

胸围124cm，衣长50.5cm，连肩袖长32cm

编织密度

10cm×10cm面积内：下针编织、编织花样均为23针，31行

编织要点

●身片、袖…另线锁针起针，做编织花样。加针时，在1针内侧编织扭针加针。减针时，2针以上时做伏针减针，1针时立起侧边1针减针。编织花样由挂针和2针并1针构成，如果一侧因为加减针导致一部分有欠缺，另一侧也不要编织。中途分开编织，中心处换针与线做下针编织。下摆拆开锁针起针挑针，编织双罗纹针，编织终点做下针织下针、上针织上针的伏针收针。

●组合…肩部、袖山均盖针接合，胁部使用毛线缝针挑针缝合。衣领挑取指定数量的针目，一边分散加针，一边做边缘编织A。编织终点参照图示做伏针收针。衣袖部分对齐前、后身片收缩30cm做抽褶，和身片使用半回针缝的方法缝合。袖口做边缘编织B。

后身片
(编织花样)
6号针

19(45针) 9(21针) 19(45针)
2-5-8 (5针)
4(10针) 16(37针) 4(10针)
2-3-2 2-2-1 (2针)
2行平 2-4-2
(21针)伏针
2 6行
(下针编织)
5号针 酒红色
15 46行
34 106行
4行平 6-1-3 4-1-4 3次
8行平 6-1-1 6-1-2 4-1-1 6-1-2 6次
(+1针)
(57针)
24(55针)
10.5 32行
62(143针)
9(21针)
2-1-5 4-1-7 26-1-1 行 针 次
(+13针)
51(117针)起针
(-3针)
(双罗纹针) 5号针
(114针)挑针
5 16行
39.5 122行
20.5 64行
2.5 8行

前身片
(编织花样)
6号针

19(45针) 9(21针) 19(45针)
◎ = 4行平 4-1-2 2-1-3 2-2-3 行针次
4(10针) 16(37针) 4(10针)
与后身片相同
2 6行
8 24行
(15针)伏针
(下针编织)
5号针 酒红色
15 46行 28行
34 106行
与后身片相同
(57针)
24(55针)
△=(+1针)
10.5 32行
62(143针)
9(21针)
(+13针)
51(117针)起针
(-3针)
(双罗纹针) 5号针
(114针)挑针
5 16行
39.5 122行
20.5 64行
2.5 8行

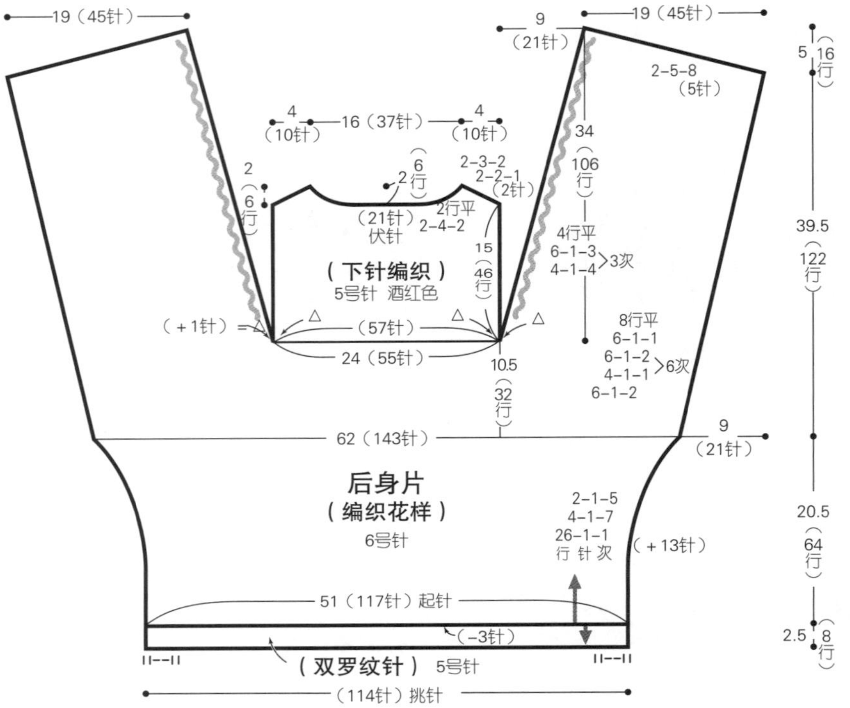

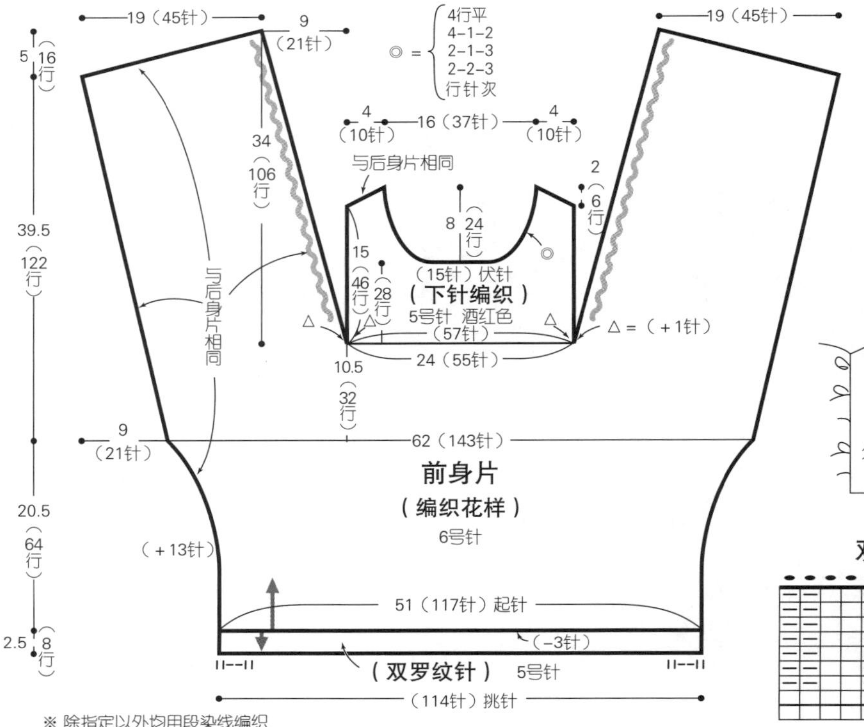

※ 除指定以外均用段染线编织
※ 〰 = 抽褶的部分

编织花样

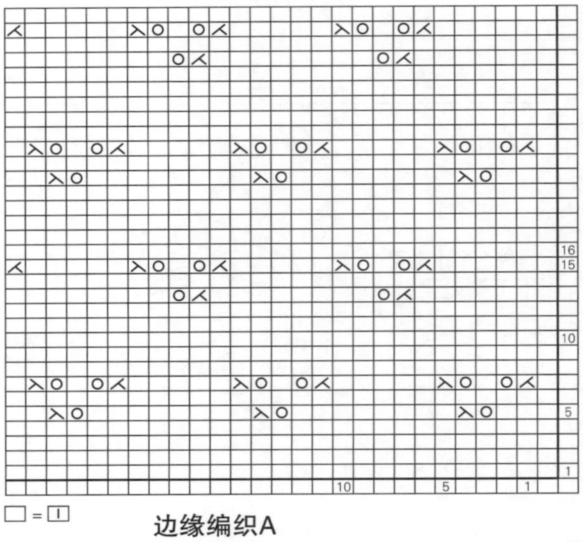

□ = ｜

边缘编织A

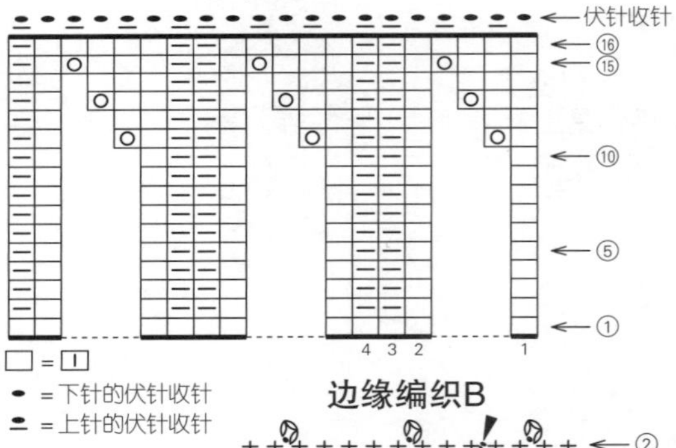

伏针收针

□ = ｜

⁃ = 下针的伏针收针
⁼ = 上针的伏针收针

边缘编织B

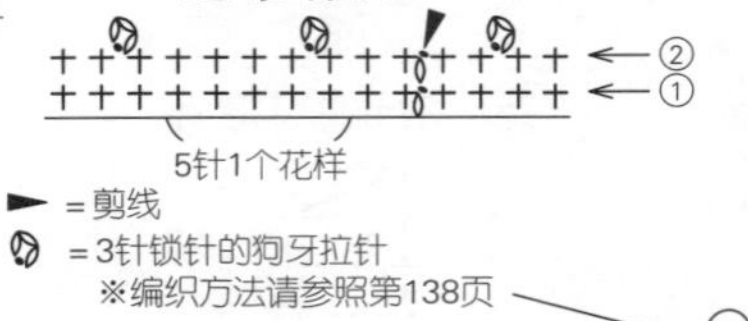

5针1个花样
◀ = 剪线
⊘ = 3针锁针的狗牙拉针
※编织方法请参照第138页

衣领 (边缘编织A)
4号针 酒红色
(175针)
(40针)挑针
4.5 16行
(60针)挑针
分散加针(+75针)
参照图示
抽褶后做半回针缝

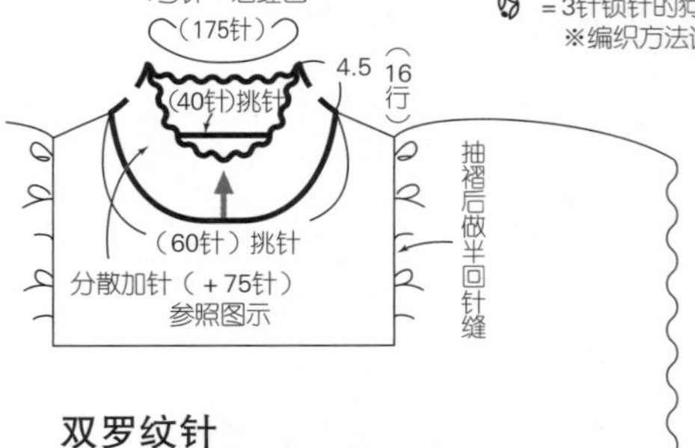

袖口
(边缘编织B)
5/0号针 酒红色
(185针)挑针
1 2行

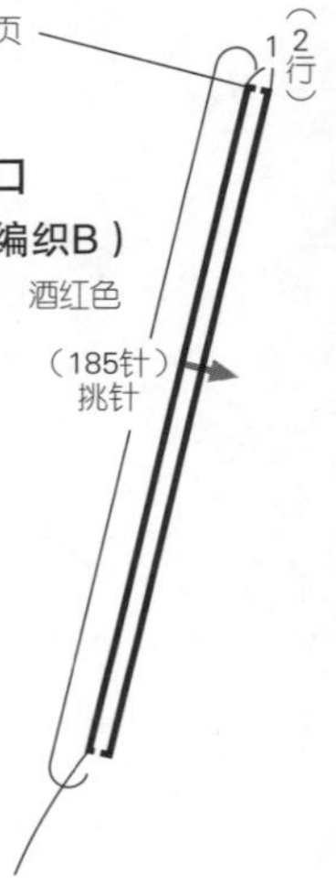

双罗纹针

做下针织下针、上针织上针的伏针收针

□ = ｜

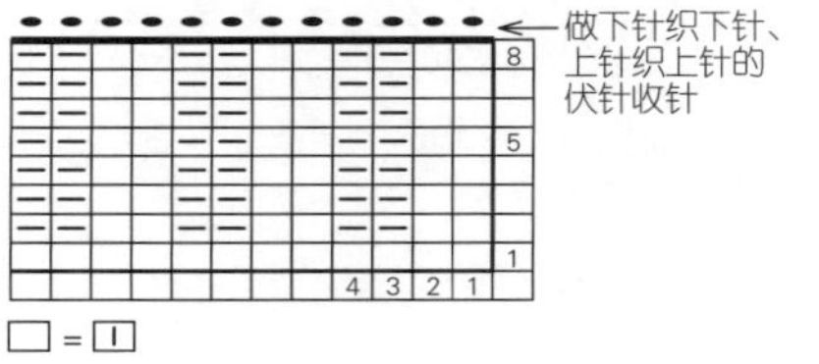

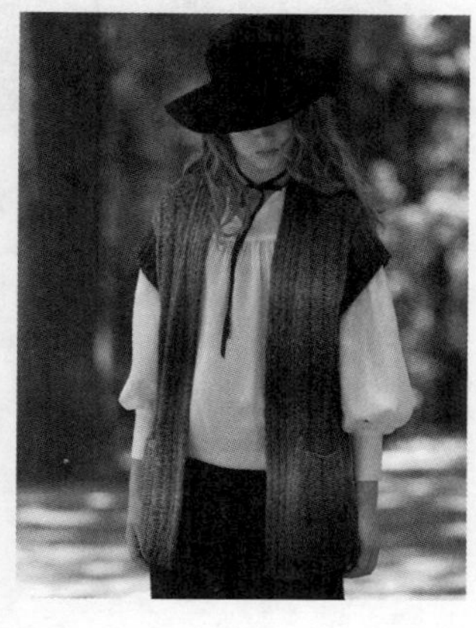

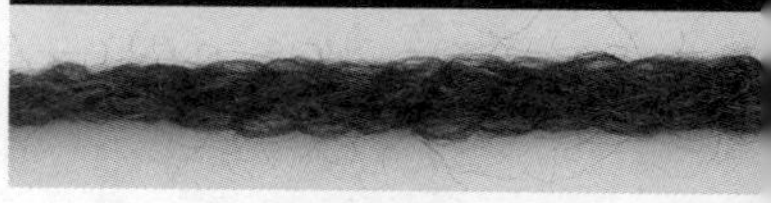

材料

和麻纳卡 Kaunis 灰色系段染（8）450g/12团

工具

棒针10号、8号

成品尺寸

胸围104cm，衣长71.5cm，连肩袖长29.5cm

编织密度

10cm×10cm面积内：编织花样18针，24行

编织要点

●身片…手指起针，编织双罗纹针、编织花样。袖窿、后领窝减针时，2针以上时做伏针减针，1针时立起侧边1针减针。前领窝参照图示减针。前身片接着后领编织，编织终点休针。

●组合…肩部、后领的编织终点盖针接合。后领和后领窝对齐针与行，使用毛线缝针缝合。袖口挑取指定数量的针目，编织双罗纹针。编织终点做下针织下针、上针织上针的伏针收针。袖口对齐针与行和腋下针目缝合至第10行，剩下的挑针缝合。口袋和身片的起针方法相同，做编织花样、双罗纹针，编织终点和袖口的收针方法相同。在指定位置做挑针缝合和下针的无缝缝合。

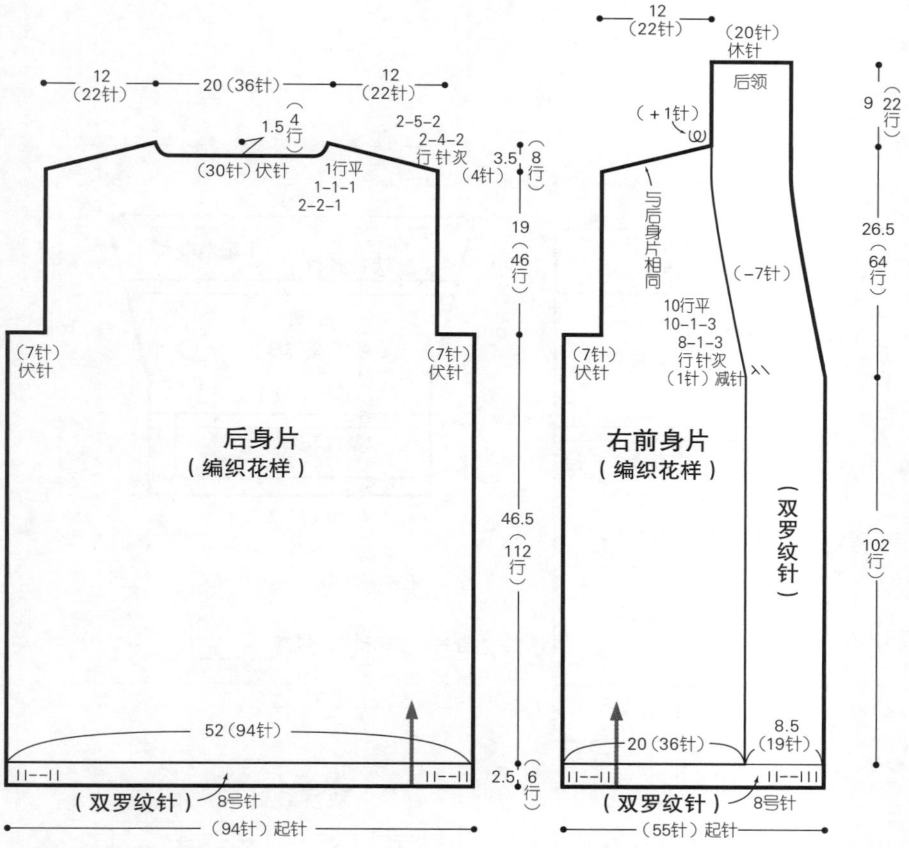

※ 除指定以外均用10号针编织

※ 左前身片对称编织

编织花样

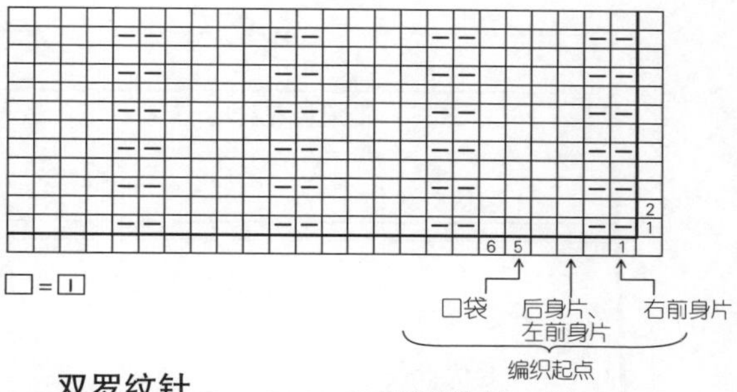

双罗纹针

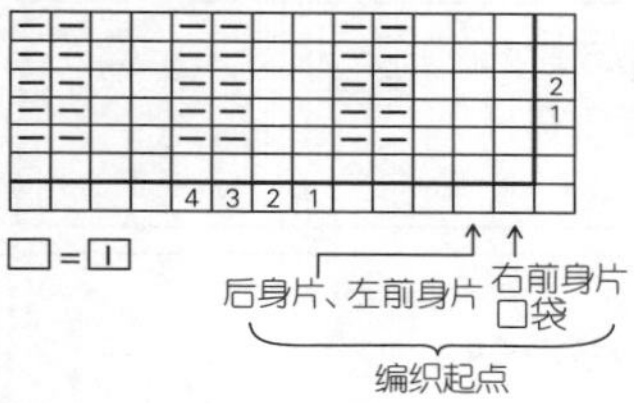

双罗纹针（袖口）

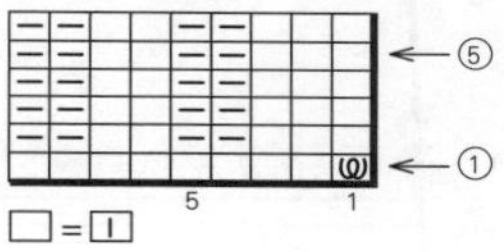

组合方法

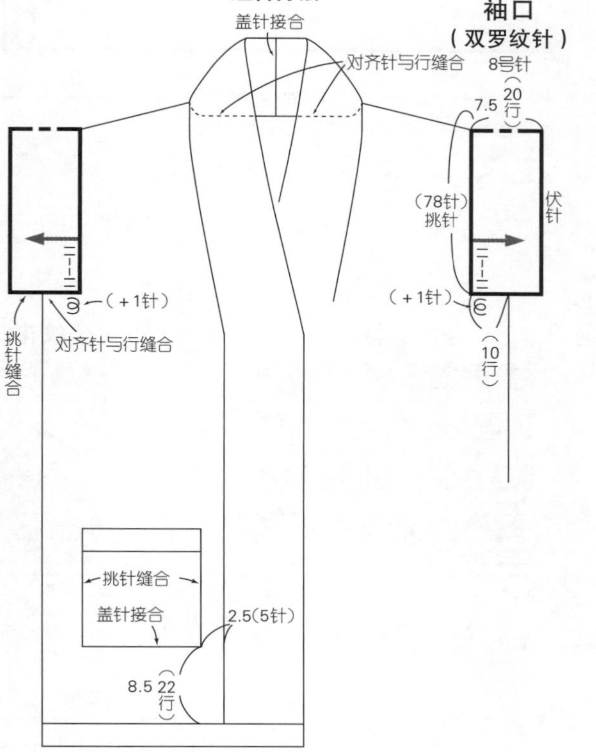

前领窝的减针

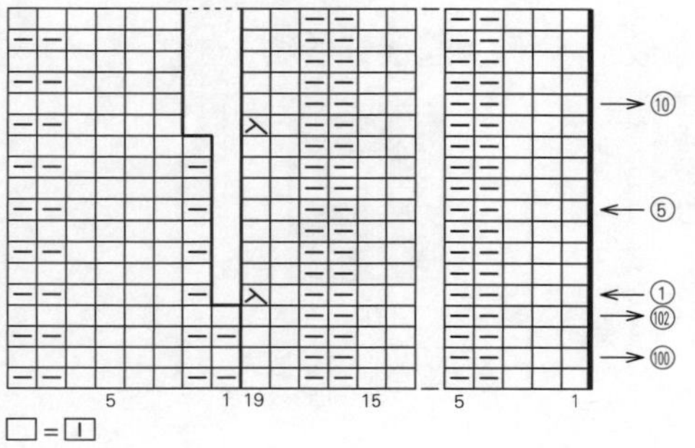

口袋 2片

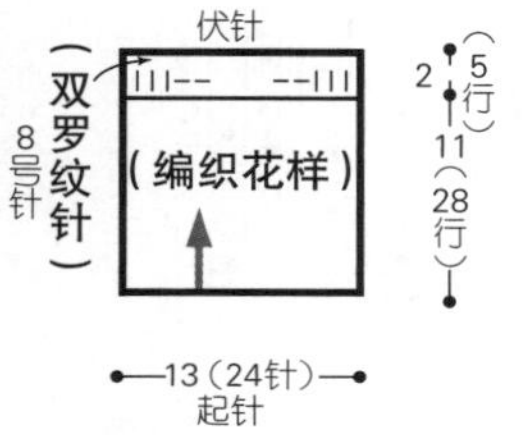

材料

钻石线 Dia Tasmanian Merino 胭脂色(718) 210g/6团，藏青色(725) 70g/2团；Dia Carino 绿色、蓝色、胭脂色系段染(6805) 185g/7团，粉色、蓝色、橙色系段染(6804) 95g/4团；直径18mm的纽扣4颗

工具

棒针7号、5号

成品尺寸

胸围110.5cm，衣长82.5cm，连肩袖长62.5cm

编织密度

10cm×10cm面积内：条纹花样A、B均为24针，43行；配色花样24针，31行；条纹花样C 24针，40行

编织要点

●身片、袖、育克…身片、袖另线锁针起针，编织条纹花样A、条纹花样B、起伏针条纹和配色花样。配色花样使用横向渡线的方法编织。减针时，立起侧边1针减针。加针时，在1针内侧编织扭针加针。袖口拆开锁针起针挑针，编织起伏针条纹。编织终点从反面做伏针收针。胁部、袖下使用毛线缝针挑针缝合，相同标记处做下针的无缝缝合和对齐针与行缝合。育克部分从身片和袖挑针，一边分散减针，一边编织条纹花样C，编织终点一边减针，一边做伏针收针。

●组合…下摆拆开锁针起针挑针，编织双罗纹针，编织终点做双罗纹针收针。前门襟编织起伏针条纹。右前门襟上编织扣眼。编织终点和袖口的收针方法相同。衣领编织条纹花样D。参照图示编织扣眼，编织终点和袖口的收针方法相同。

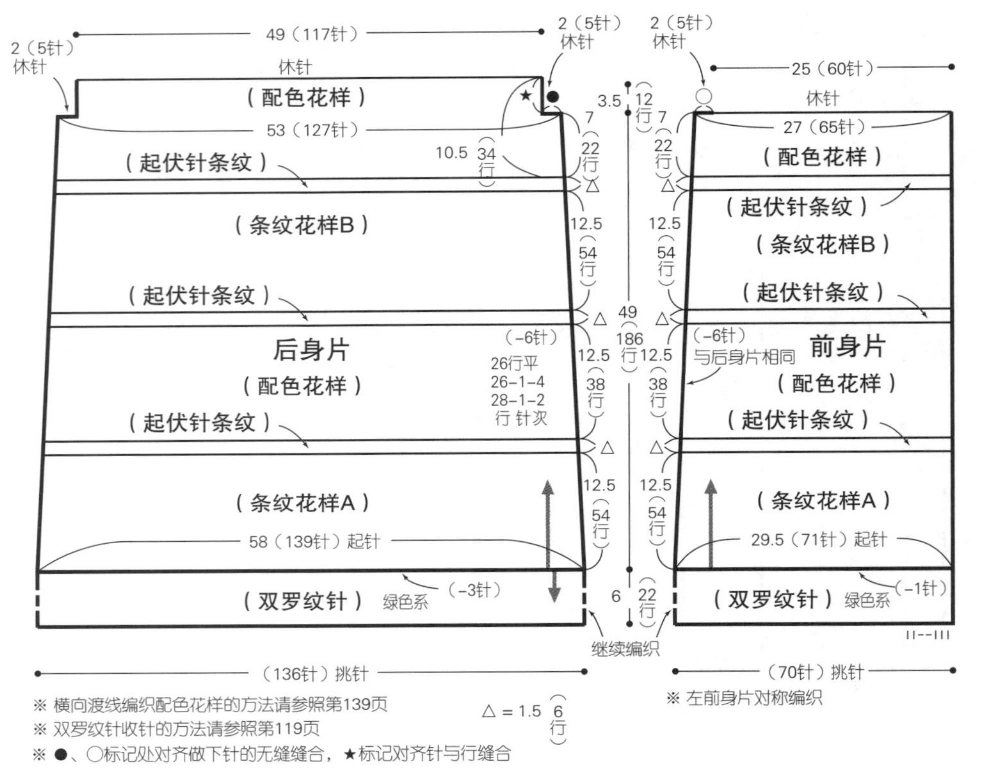

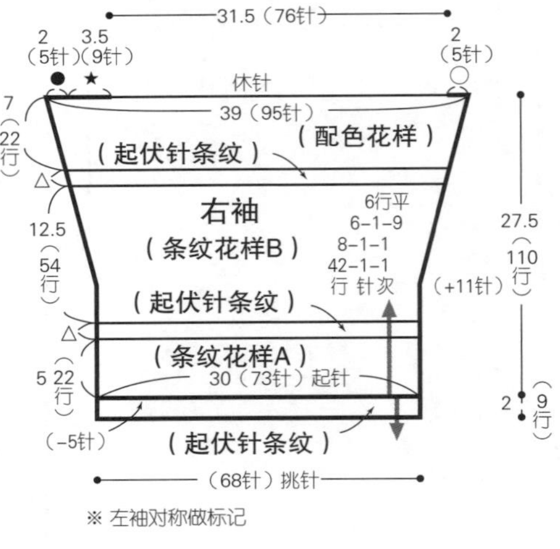

身片、袖的棒针号数

条纹花样A、条纹花样B、配色花样	7号针
起伏针条纹、双罗纹针	5号针

双罗纹针

条纹花样A

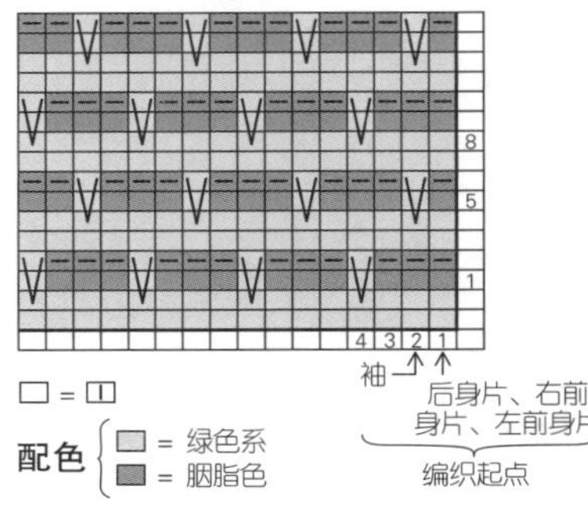

条纹花样B

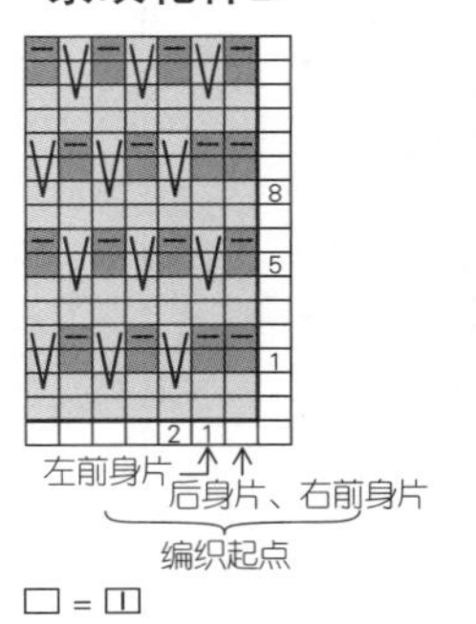

配色花样

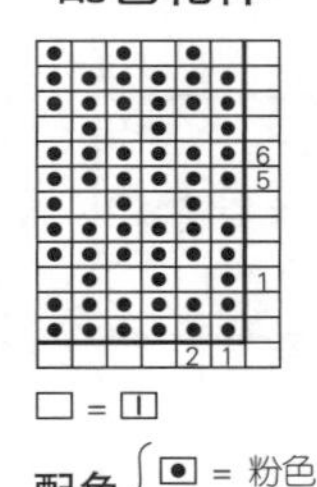

起伏针条纹

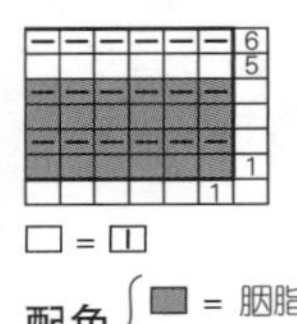

起伏针条纹（袖口）

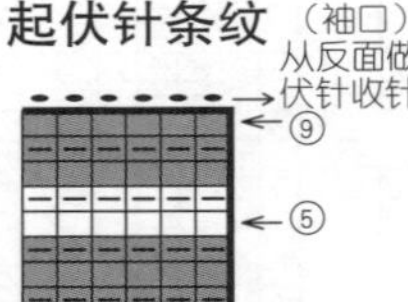

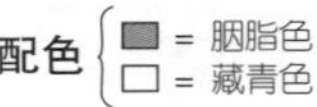

18
（89针）
24 96行
育克
（条纹花样C）
分散减针
全部（-300针）
参照图示
从右袖
（76针）挑针
从后身片（117针）挑针
从左袖
（76针）挑针
从右前身片
（60针）挑针
从左前身片
（60针）挑针
※ 全部（389针）挑针

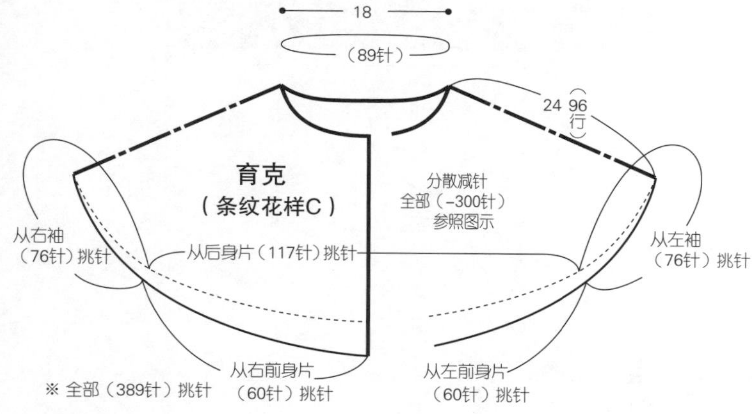

减针的编织方法　※注意减针位置不要偏

伏针	（伏针2、入̇）×23次、（伏针1、入̇）×9次、伏针2
第88行	（下针4、人）×23次、下针6
第81行	（下针3、人）×30次、（下针2、人）×7次、下针3
第68行	（下针7、人）×13次、（下针6、人）×10次、下针7
第61行	（下针5、人）×14次、（下针4、人）×23次、下针5
第48行	（下针8、人）×25次、（下针7、人）×1次、下针8
第41行	（下针6、人）×33次、（下针5、人）×5次、下针6
第28行	（下针12、人）×17次、（下针11、人）×6次、下针12
第21行	（下针8、人）×24次、（下针7、人）×13次、下针8
第8行	（下针14、人）×15次、（下针13、人）×9次、下针14

人 = 左上2针并1针
入 = 右上2针并1针
入̇ = 2针并1针做伏针收针

条纹花样C

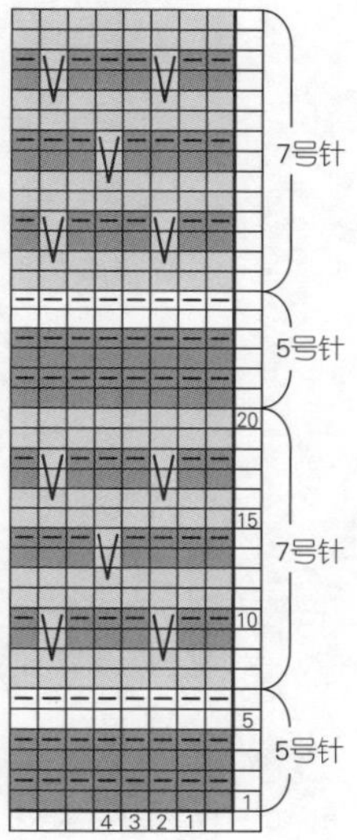

7号针
5号针
7号针
5号针
20
15
10
5
1
4 3 2 1

□ = ⊡

配色
■ = 胭脂色
□ = 藏青色
▨ = 绿色系

育克分散减针的编织方法

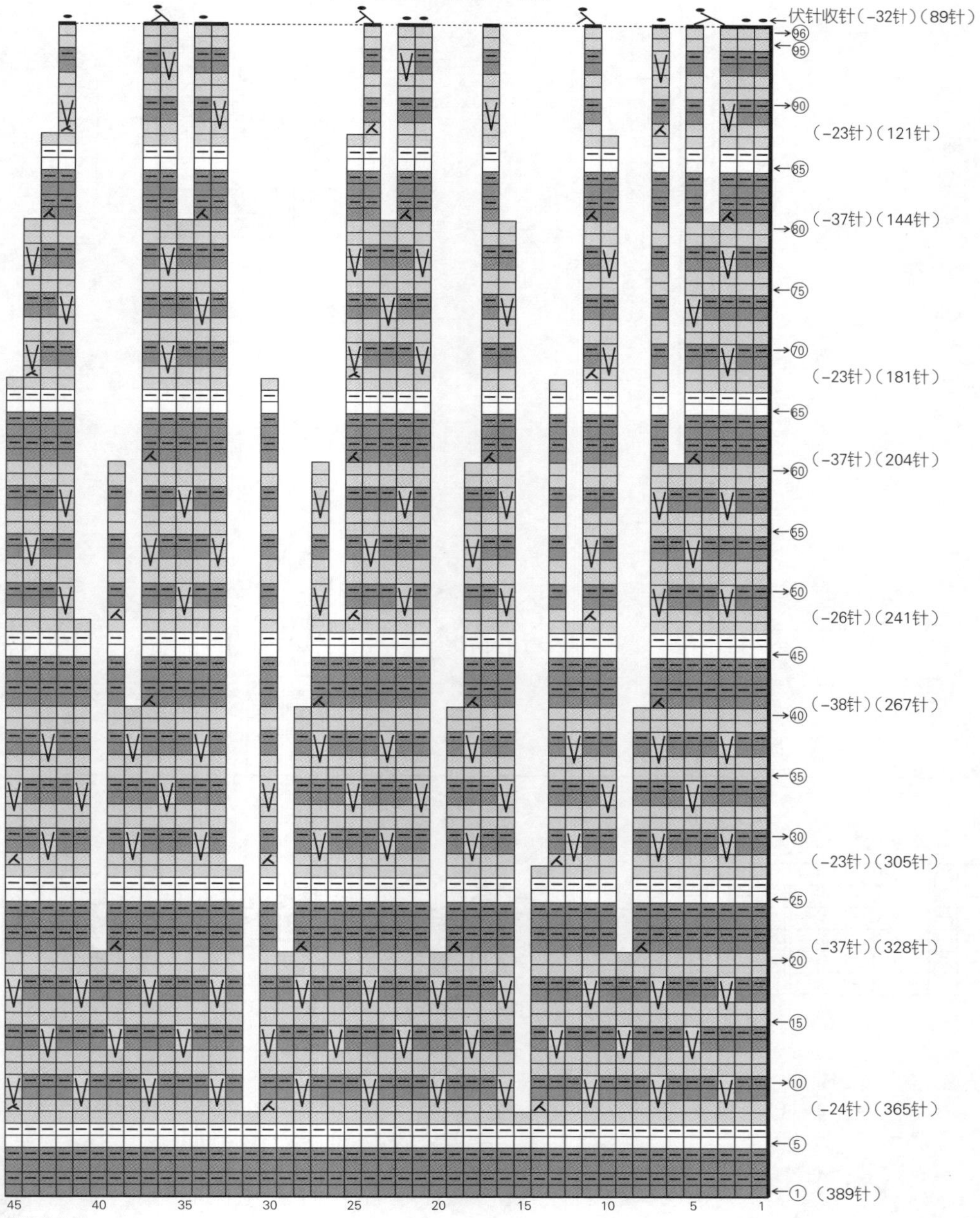

伏针收针（-32针）（89针）
96
95
90
（-23针）（121针）
85
（-37针）（144针）
80
75
70
（-23针）（181针）
65
（-37针）（204针）
60
55
50
（-26针）（241针）
45
（-38针）（267针）
40
35
30
（-23针）（305针）
25
（-37针）（328针）
20
15
10
（-24针）（365针）
5
1（389针）
45 40 35 30 25 20 15 10 5 1

□ = ⊡

配色
■ = 胭脂色
□ = 藏青色
▨ = 绿色系

入̇ = 2针并1针做伏针收针

扣眼（右前门襟）

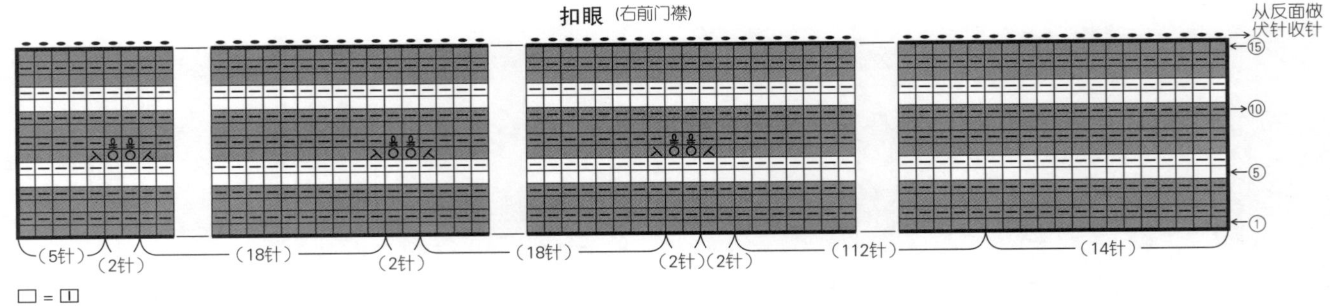

□ = ⊟

配色 { ■ = 胭脂色 / □ = 藏青色 }

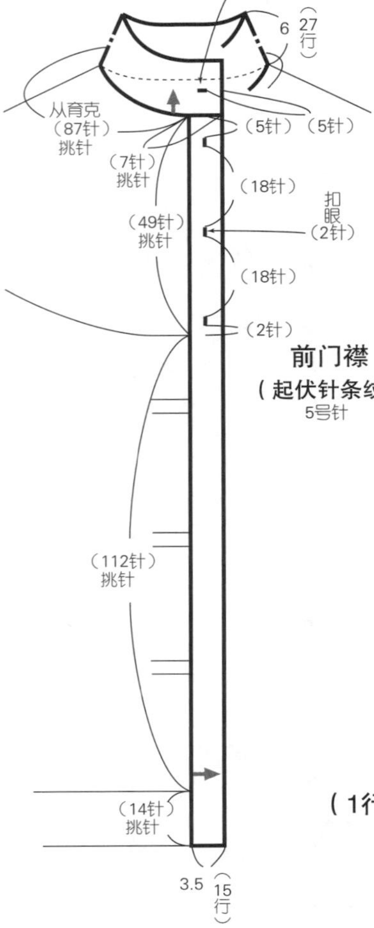

衣领

（条纹花样D）

5号针

扣眼（2针）

6（27行）

从育克（87针）挑针

（7针）挑针

（5针）（5针）

（18针）

扣眼（2针）

（49针）挑针

（18针）

（2针）

前门襟

（起伏针条纹）

5号针

（112针）挑针

（14针）挑针

3.5（15行）

扣眼（右衣领）

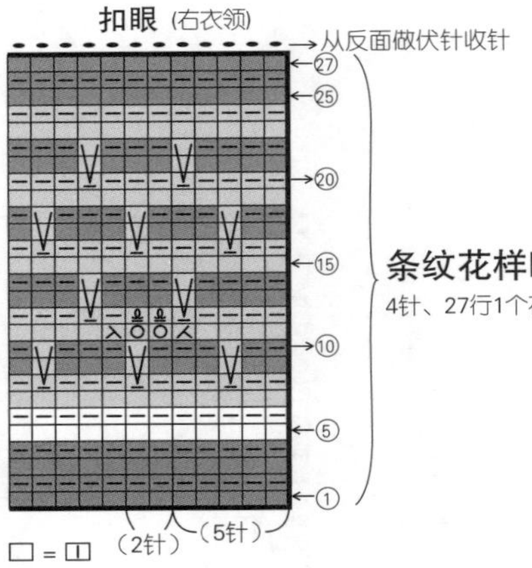

从反面做伏针收针

27 25 20 15 10 5 1

（2针）（5针）

条纹花样D

4针、27行1个花样

□ = ⊟

配色 { ■ = 胭脂色 / □ = 藏青色 / ▨ = 绿色系 }

滑针

（1行的情况）

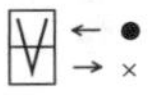

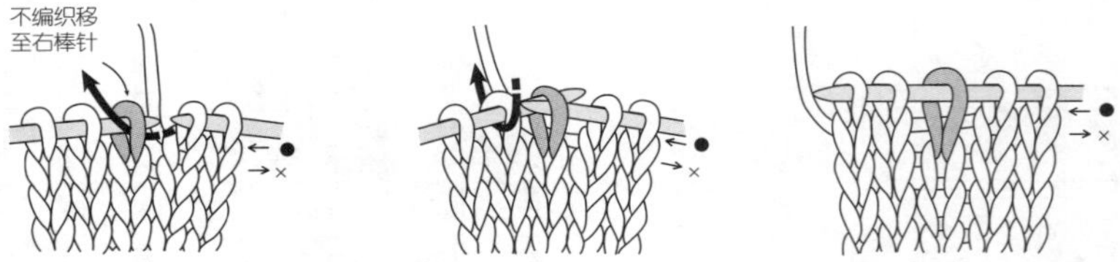

← ●
→ ×

不编织移至右棒针

1 ×行为下针的状态。●行将线放在后侧，左棒针上的针目直接移至右棒针。

2 下一针按照图示入针，编织下针。

3 1行的滑针完成。

拉针

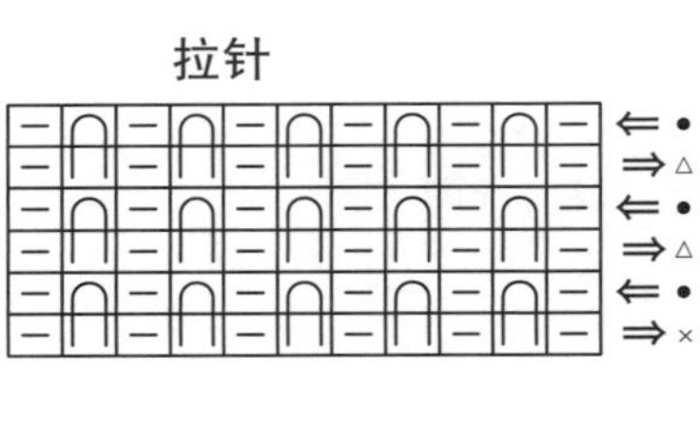

从正面编织（第1行）

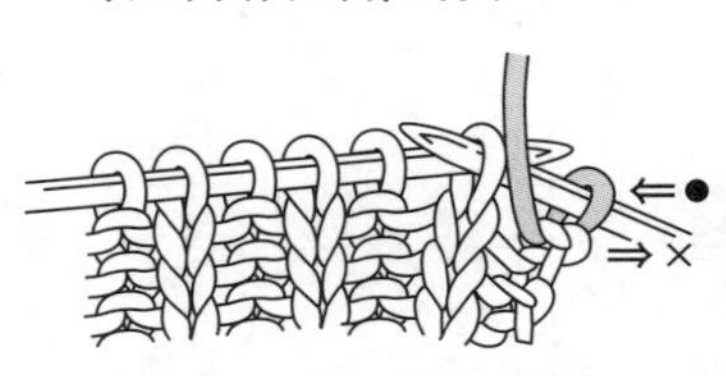

1 从●行开始编织。第1针编织上针，下针挂线，不编织，直接移至右棒针上。

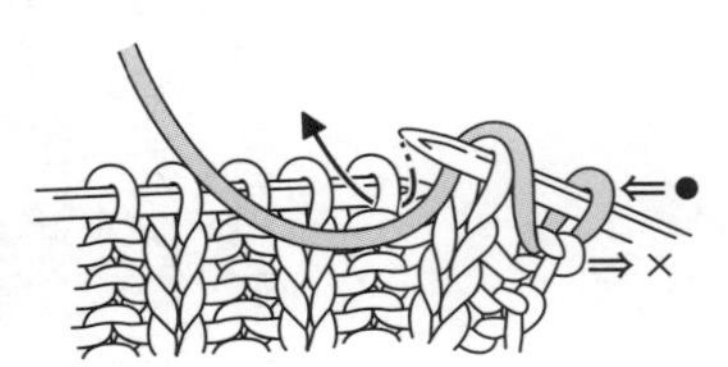

2 第3针编织上针。重复“下针挂线，不编织，直接移至右棒针上，编织上针”。

从反面编织（第2行）

3 翻转织片，△行的上针与前一行的挂针一起编织。

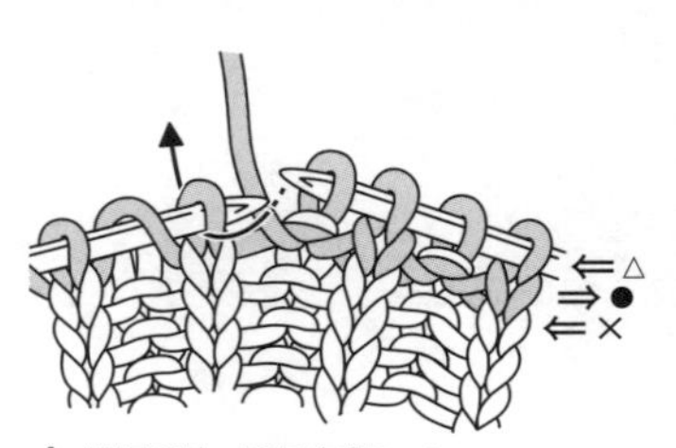

4 编织下针。重复步骤3、4。

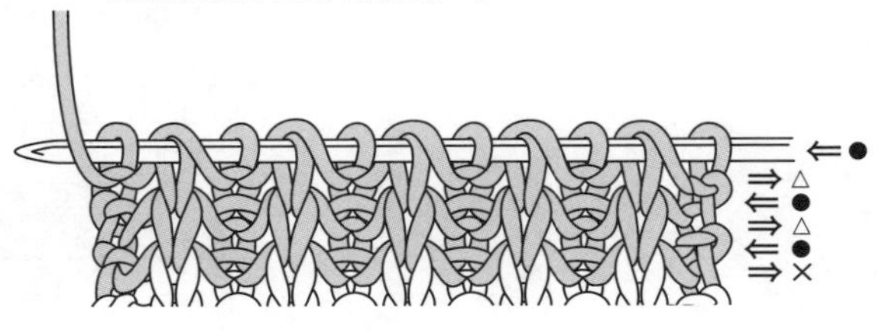

5 第5行编织好后的样子。

材料

和麻纳卡 Alpaca Leggero 原色(1) 250g/5团

工具

棒针14号、6号

成品尺寸

胸围100cm，衣长53cm，连肩袖长71cm

编织密度

10cm×10cm面积内：编织花样18针，29行

编织要点

●身片、袖…手指起针，做编织花样。插肩线参照图示减针。领窝减针时，2针以上时做伏针减针，1针时立起侧边1针减针。

●组合…插肩线、胁部、袖下使用毛线缝针挑针缝合，腋下针目做下针的无缝缝合。衣领挑取指定数量的针目，编织单罗纹针，编织终点做伏针收针，向内翻折做藏针缝缝合。

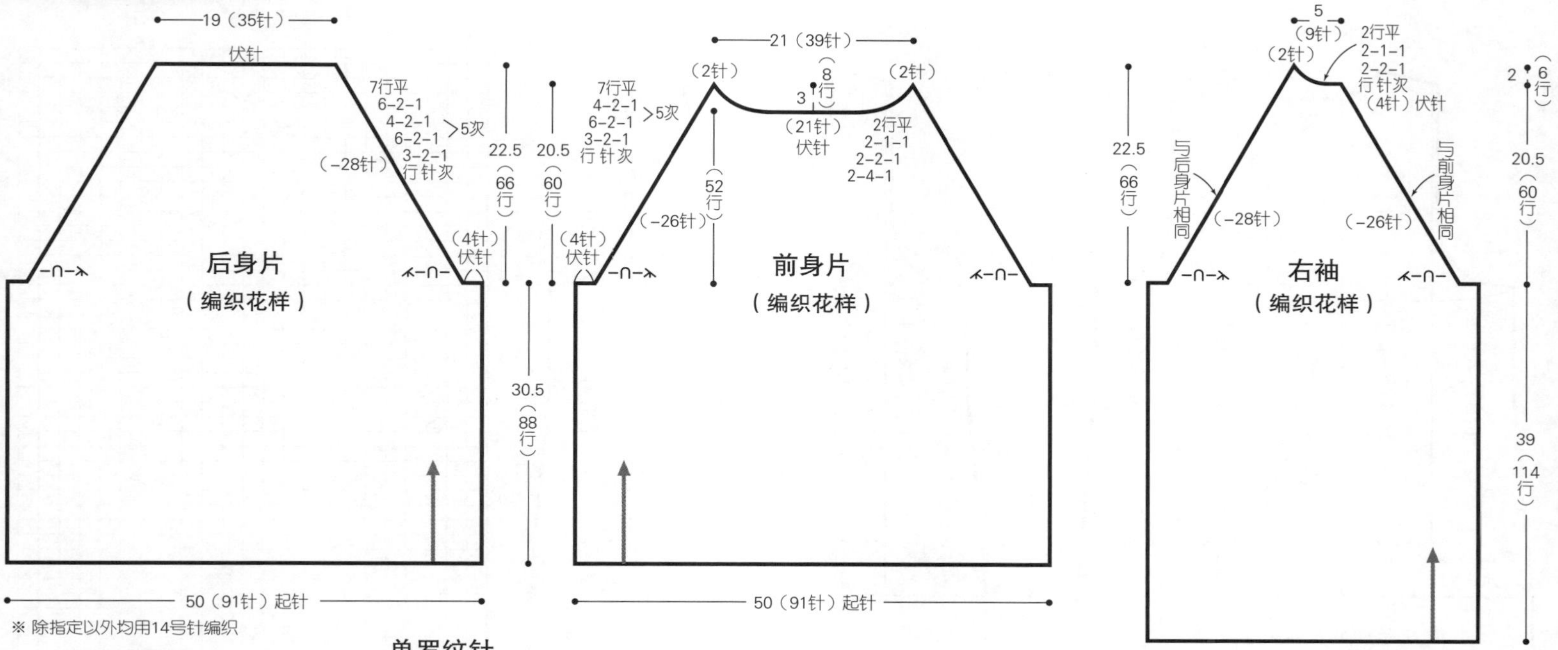

后身片（编织花样）
19（35针） 伏针
7行平 6-2-1 4-2-1 6-2-1 3-2-1 行针次 >5次
（-28针）
22.5（66行） 20.5（60行）
（4针）伏针
30.5（88行）
50（91针）起针

※ 除指定以外均用14号针编织

前身片（编织花样）
21（39针）
（2针） （2针）
8行 3
（21针）伏针
2行平 2-1-1 2-2-1 2-4-1
52行
7行平 4-2-1 6-2-1 3-2-1 行针次 >5次
（-26针）
（4针）伏针
50（91针）起针

右袖（编织花样）
5（9针） （2针）
2行平 2-1-1 2-2-1 行针次 （4针）伏针
2（6行）
与后身片相同 （-28针）
与前身片相同 （-26针）
22.5（66行） 20.5（60行）
39（114行）
35（63针）起针

※ 左袖对称编织

编织花样

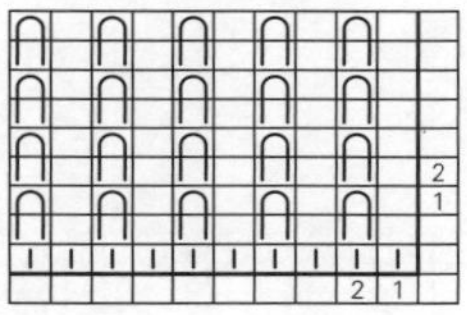

□ = ⊟

拉针符号 = 拉针

※ 编织方法请参照第132页

单罗纹针

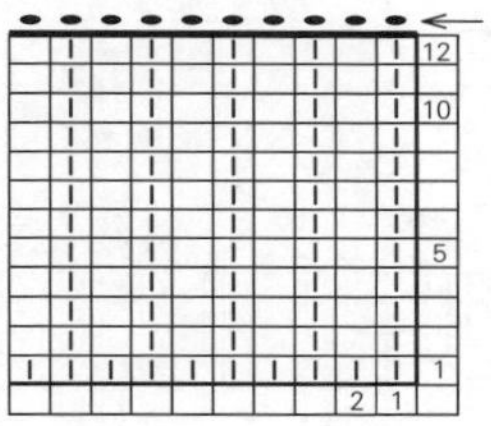

伏针收针

□ = ⊟

衣领（单罗纹针） 6号针

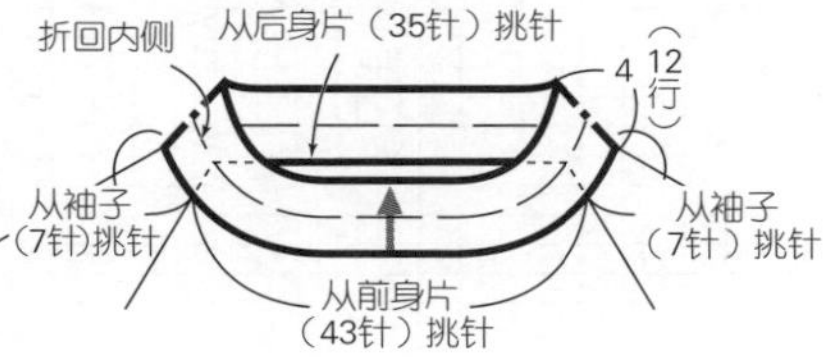

折回内侧

从后身片（35针）挑针

4（12行）

从袖子（7针）挑针

从袖子（7针）挑针

从前身片（43针）挑针

插肩线的减针

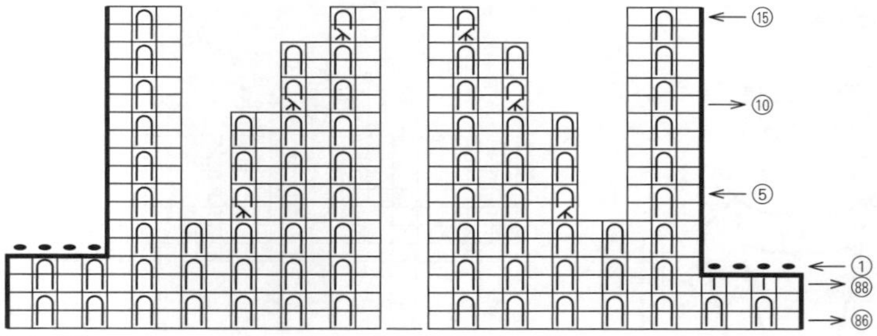

□ = ⊟

拉针符号 = 拉针

= 拉针的右上3针并1针

= 拉针的左上3针并1针

拉针的右上3针并1针

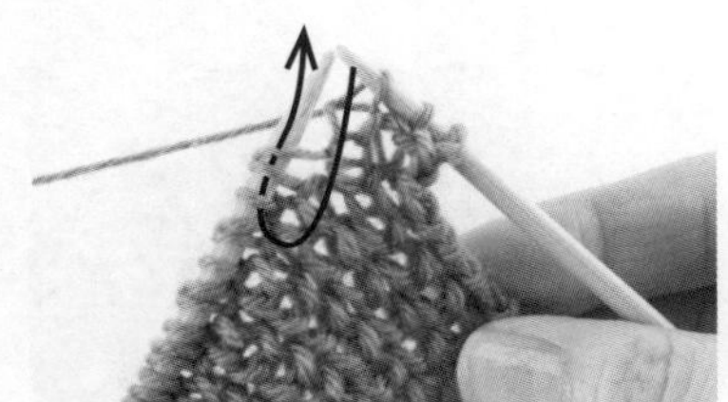

1 从左侧插入左棒针上的2针(3个线圈)中，将针目移至右棒针。

2 下一针目(2个线圈)同样移至右棒针。

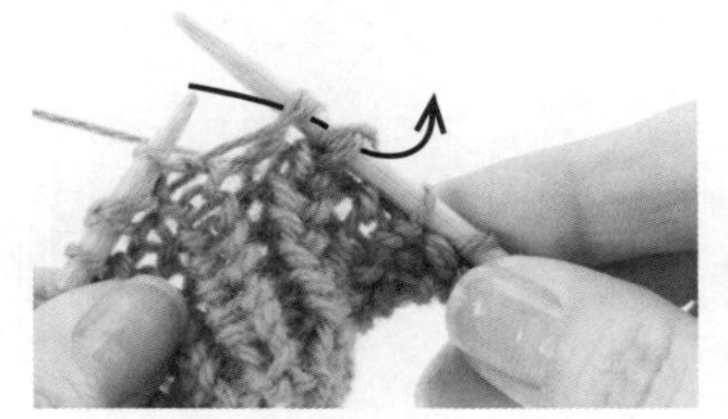

3 将移至右棒针的针目移回左棒针。

4 将线放在织片前面，从织片后面将右棒针插入步骤3的针目(5个线圈)中，编织上针。

材料

和麻纳卡 Cashmere 黑色(115) 225g/12团

工具

棒针4号、2号

成品尺寸

胸围88cm，肩宽36cm，衣长67.5cm

编织密度

10cm×10cm面积内：上针编织24针，36行；编织花样A 1个花样32针9.5cm，36行10cm；编织花样B 1个花样22针8cm，36行10cm

编织要点

●身片…手指起针，编织双罗纹针。然后，做上针编织、编织花样A、编织花样B。减针时，2针以上时做伏针减针，1针时立起侧边1针减针。

●组合…肩部盖针接合。衣领、袖窿挑取指定数量的针目，编织双罗纹针，编织终点做下针织下针、上针织上针的伏针收针。衣领、胁部使用毛线缝针挑针缝合。

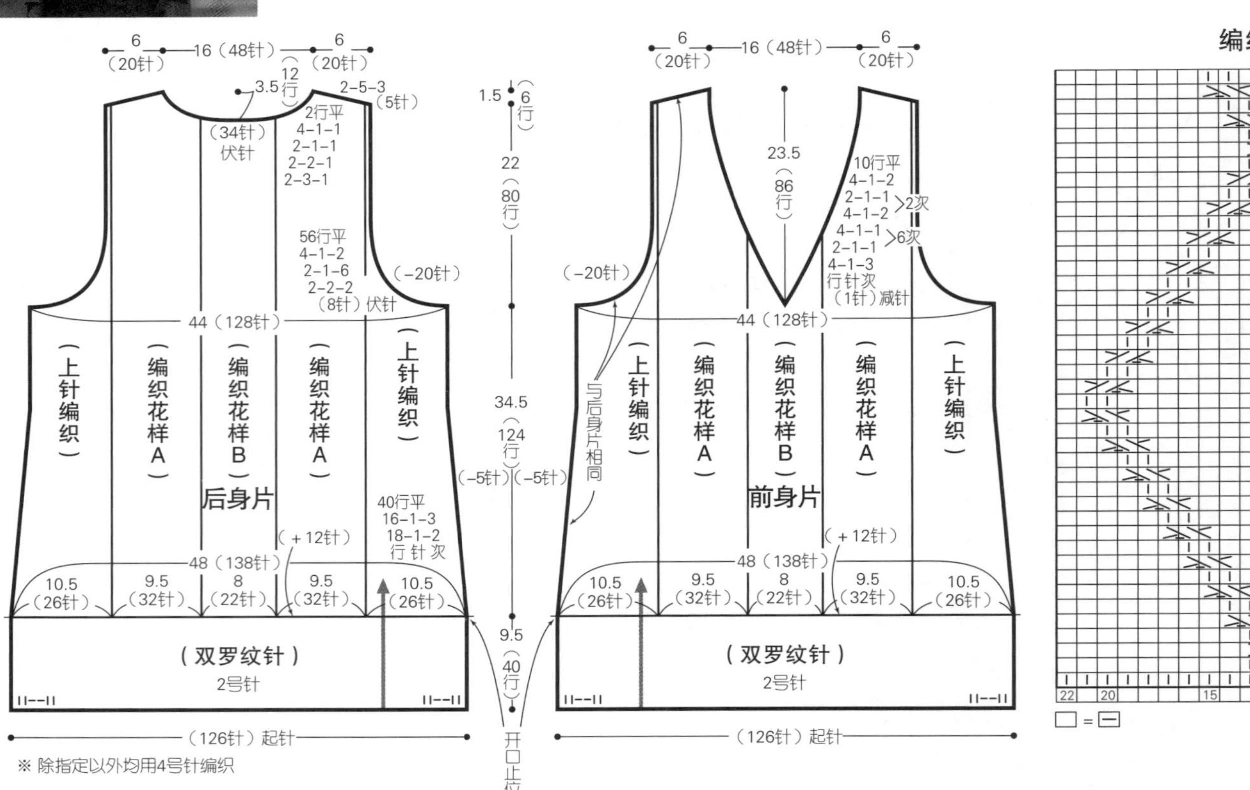

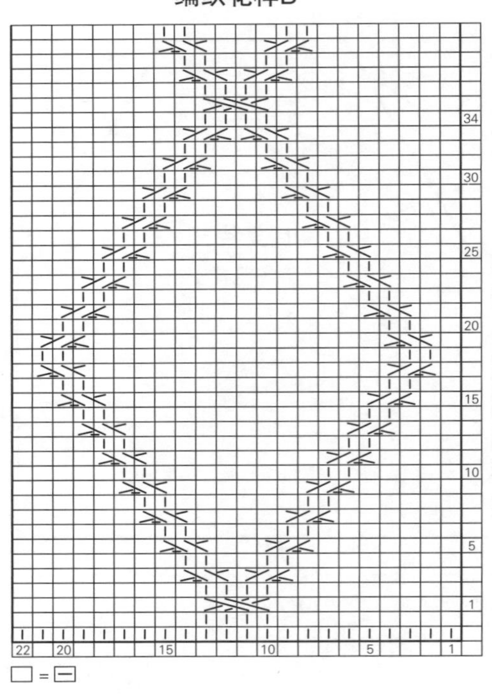

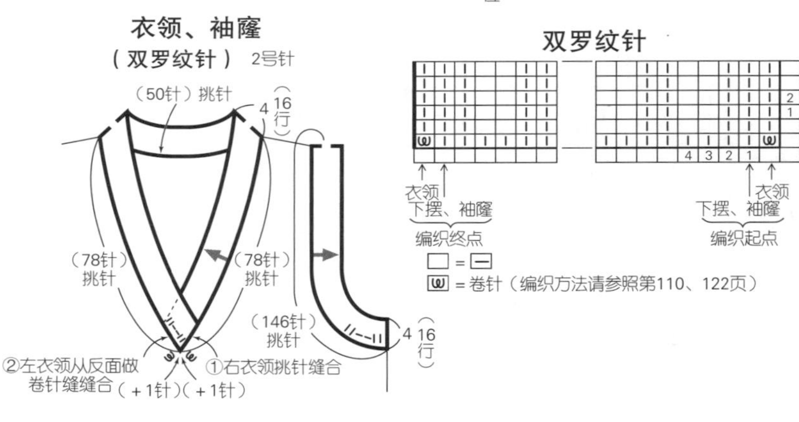

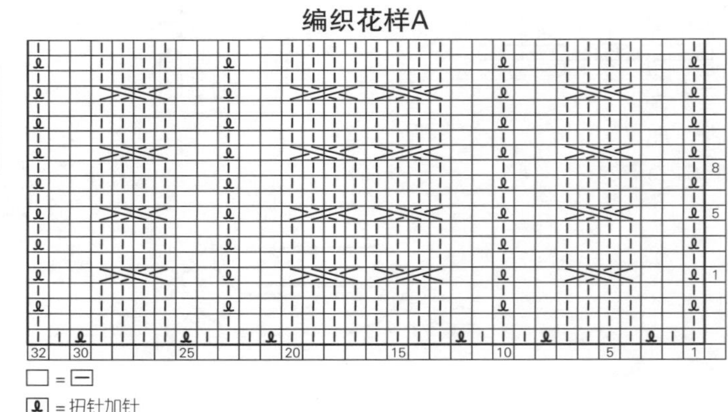

拉针的左上3针并1针

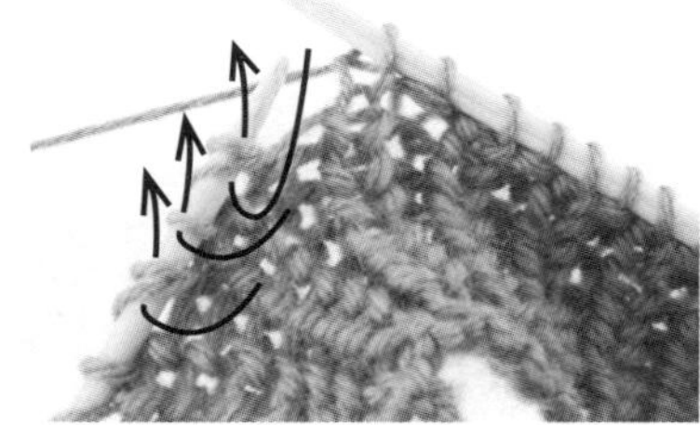

1 从左侧逐一插入左棒针上的3针（2个线圈、1个线圈、2个线圈）中，将针目移至右棒针。

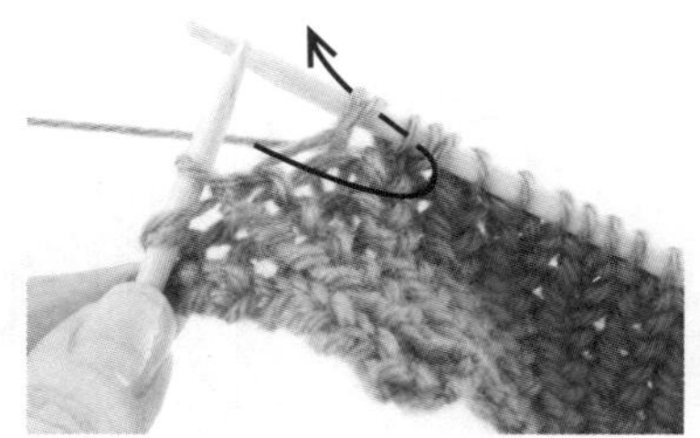

2 从右侧将针插入移过来的2针（3个线圈）中，将其移回左棒针。

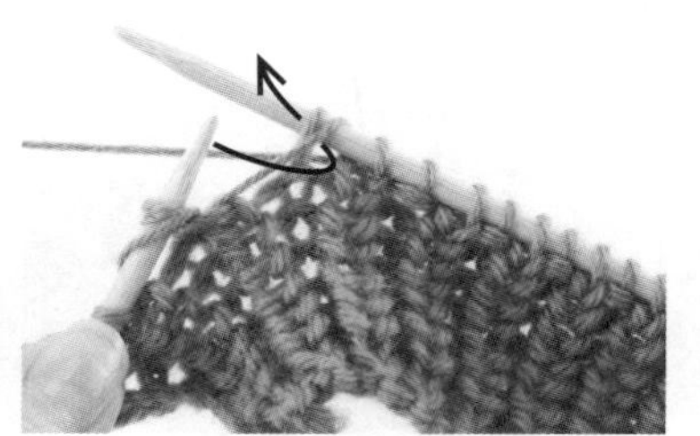

3 剩余的1针（2个线圈）同样移回左棒针。

4 将右棒针插入左棒针的3针（5个线圈）中，编织上针。

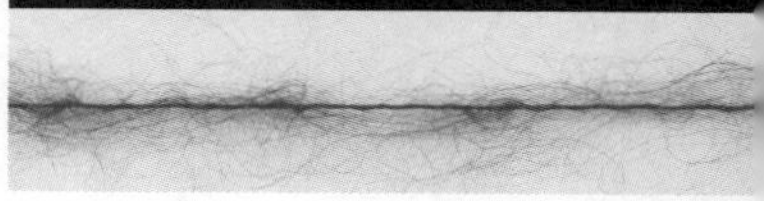

材料

和麻纳卡 Excellent Mohair <Count10> 白色(1)、浅灰色(4)、深灰色(25)各75g/各4团

工具

棒针8号、6号

成品尺寸

胸围98cm，衣长46.5cm，连肩袖长57.5cm

编织密度

10cm×10cm面积内：起伏针16针，34行

编织要点

●身片、袖…3种颜色的线各取1根并为1股编织。手指起针，编织起伏针。前、后身片连在一起编织，袖下使用毛线缝针挑针缝合，相同标记处做下针的无缝缝合，然后编织育克。插肩线减针时，插肩线的第2针和第3针编织2针并1针。衣领减针时，2针以上时做伏针减针，1针时立起侧边1针减针。

●组合…衣领挑取指定数量的针目，编织起伏针，编织终点从反面做伏针收针。

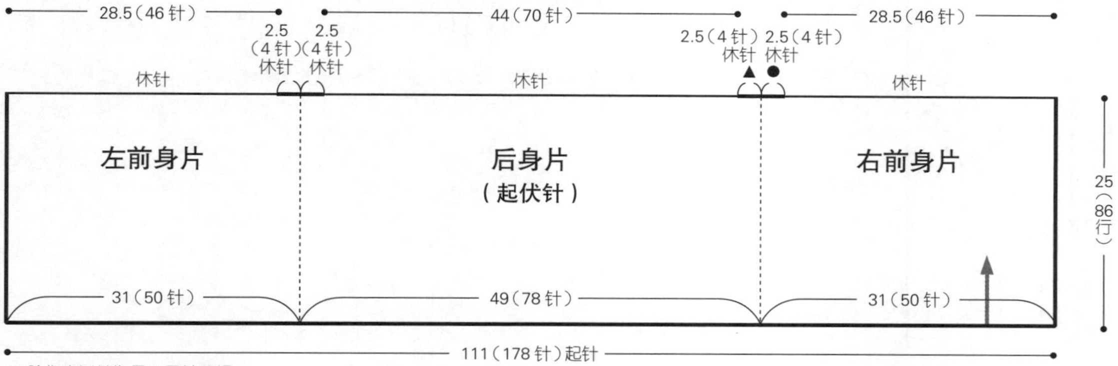

左前身片　后身片（起伏针）　右前身片

28.5(46针)　44(70针)　28.5(46针)

2.5(4针)休针　2.5(4针)休针　2.5(4针)休针▲　2.5(4针)休针●

休针　休针　休针

25(86行)

31(50针)　49(78针)　31(50针)

111(178针)起针

※ 除指定以外均用8号针编织

※ 白色、浅灰色、深灰色线各取1根并为1股编织

右袖（起伏针）

25(40针)

2.5(4针)休针▲　2.5(4针)休针●　休针

25(86行)

30(48针)起针

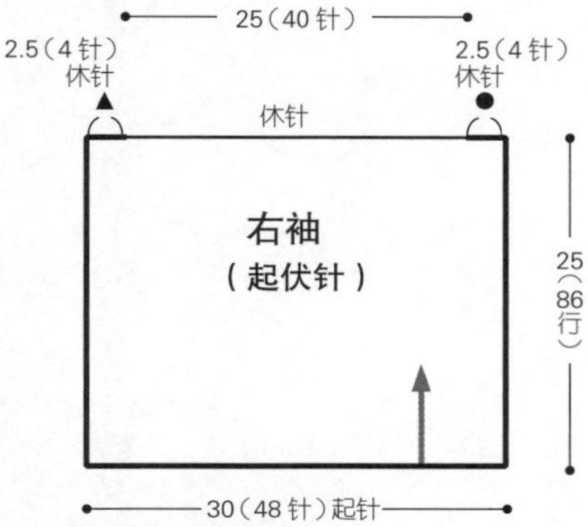

※ 左袖对称做标记

衣领（起伏针）6号针

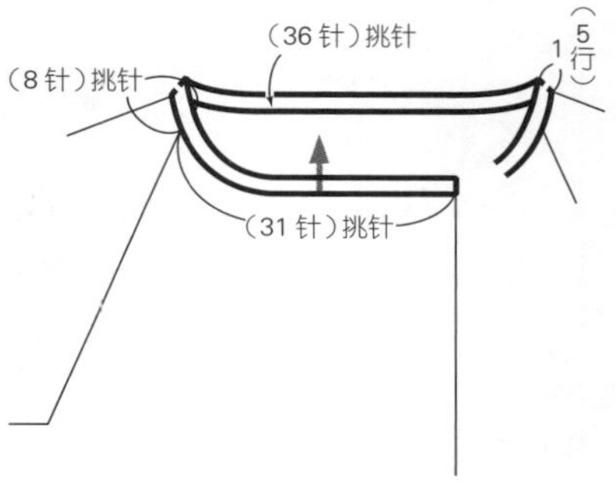

(36针)挑针　(8针)挑针　1(5行)　(31针)挑针

起伏针（衣领）

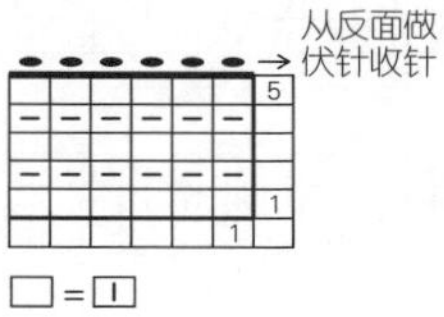

从反面做伏针收针

□=□

育克（起伏针）

从后身片(70针)挑针

21.5(74行)

伏针

☆=4行平 / 4-1-16 / 6-1-1

(-17针)　继续编织　☆

22(36针)

从右袖(40针)挑针　从左袖(40针)挑针

20(68行)

(1针)　5(8针)　1.5(6行)

19(31针)　19(31针)

(-15针)　继续编织　★

(1针)2行平 / 2-1-3 / 2-2-3

(21针)伏针　4(14行)

16(54行)

▲=2行平 / 2-1-1 / 2-2-1 / (4针)伏针

★=6行平 / 4-1-14 / 6-1-1 / 行 针 次

从右前身片(46针)挑针　从左前身片(46针)挑针

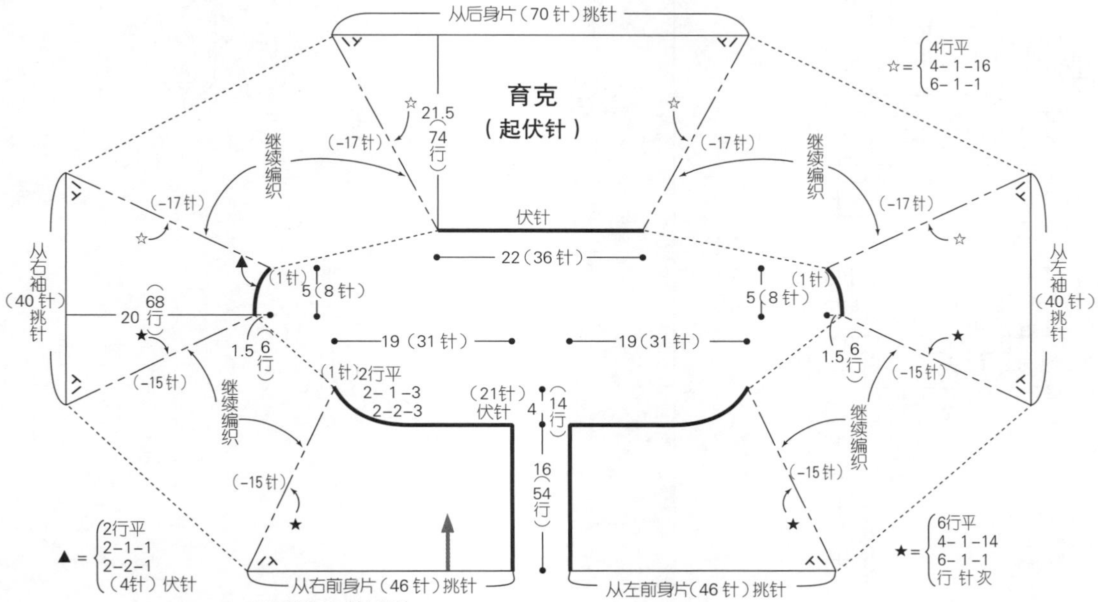

※ 全部(242针)挑针

※ 领窝参照图示减针

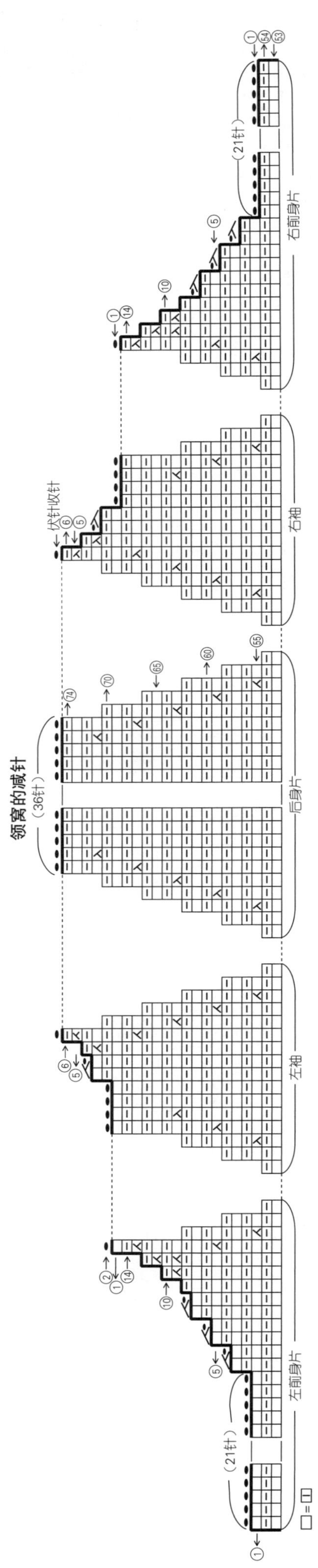

右加针

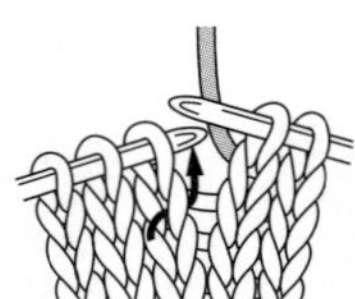

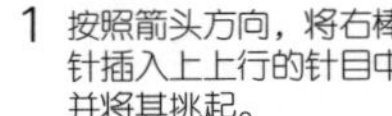

1 按照箭头方向，将右棒针插入上上行的针目中并将其挑起。

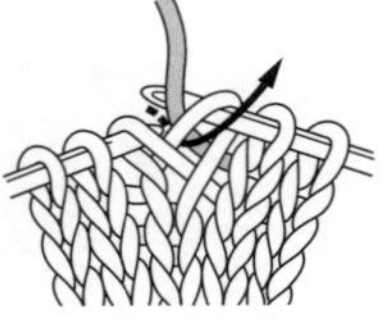

2 编织下针。左棒针上挂着的下一针也编织下针。

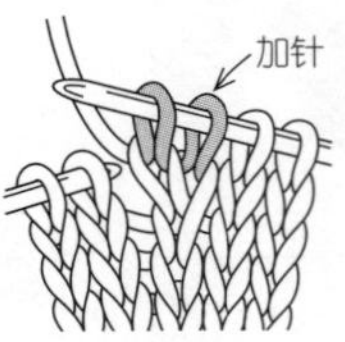

3 右加针完成。

上针的右加针

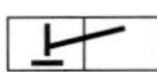

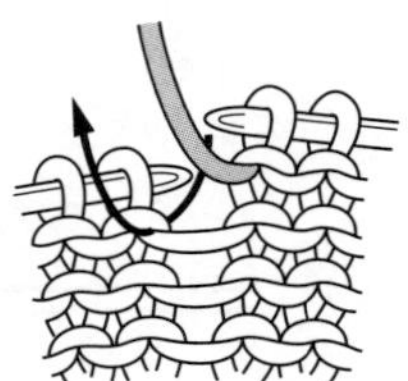

按照箭头方向，插入右棒针编织上针。
左棒针上挂的下一针也编织上针。

左加针

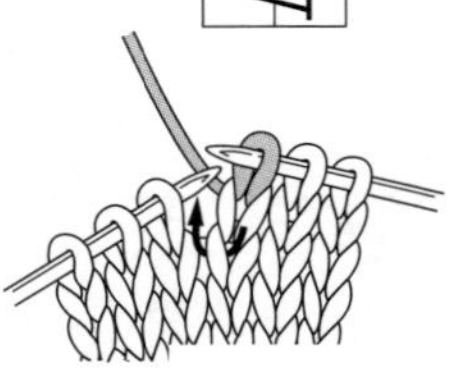

1 编织1针下针，按照箭头方向，将右棒针插入上上行的针目中并将其挑起。

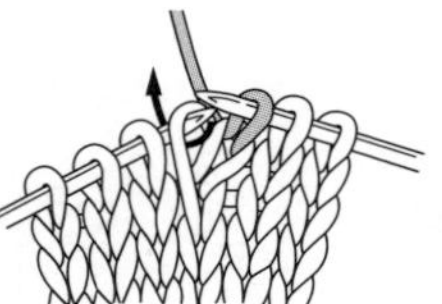

2 挂在左棒针上，编织下针。

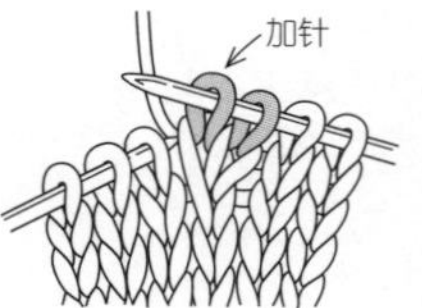

3 左加针完成。

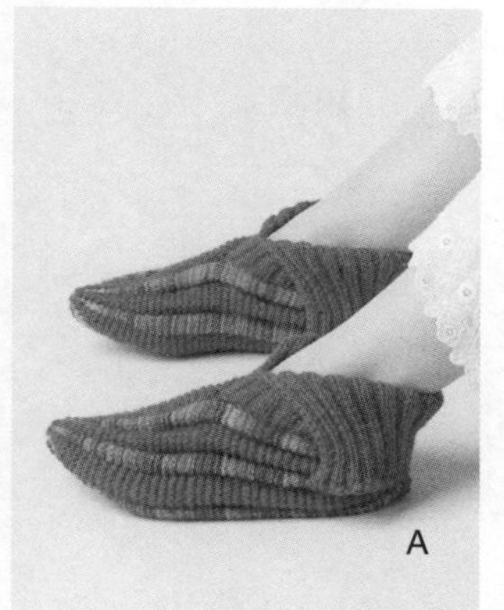

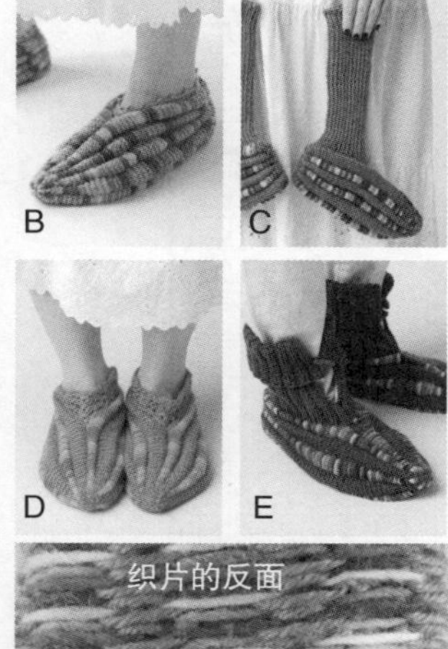

材料

奥林巴斯手编线 Milky Kids、Make Make Socks 颜色名、色号、使用量参见图表所示

工具

棒针4号、2号，钩针6/0号

成品尺寸

［A］底长22cm，高12cm
［B］底长22cm，高10cm
［C］底长22cm，高29cm
［D］底长22cm，高12.5cm
［E］底长23cm，高13cm

编织密度

10cm×10cm面积内：配色花样A、B均为54针，44行

编织要点

●A～E…主体手指起针，组合做下针编织和配色花样A或B。配色花样采用横向渡线的方法编织，在渡线的时候，要靠近右棒针上编织好了的8针。袜子脚尖部分参照图示，使用分散减针的方法编织。编织终点将线穿入最后一行的针目中，收紧。袜子脚跟部分参照图示缝合。袜子脚面部分到开口止位为止挑针缝合。

●A…袜口位置挑取指定数量的针目，编织双罗纹针和边缘编织A，双罗纹针编织起点一侧的前10行环形编织。

●B…袜口部分环形编织边缘编织B。

●C…袜口部分环形编织单罗纹针，编织终点做下针织下针、上针织上针的伏针收针。

●D…袜口部分环形编织边缘编织C。

●E…袜口部分与A相同，编织双罗纹针。编织终点的处理方法与C相同。

颜色名、色号及使用量

	Milky Kids	Make Make Socks	纽扣
A	红色（58）110g/3团	红色、蓝色、粉色系段染（912）40g/2团	
B	浅褐色（52）60g/2团	蓝色、黄色、橙色系段染（910）40g/2团	
C	蓝色（66）105g/3团	灰色、黄绿色、蓝色系段染（911）35g/2团	
D	橙色（56）70g/2团	橙色、红色、黄色系段染（909）40g/2团	
E	灰色（62）140g/4团	灰色、茶色、白色线段染（913）45g/2团	30mm×10mm 2颗

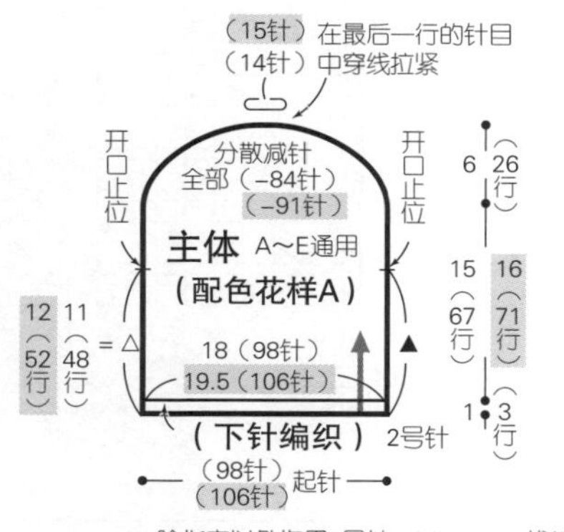

※ 除指定以外均用4号针、Milky Kids线编织
※ 内是E的尺寸
※ B使用配色花样B编织
※ 横向渡线编织配色花样的方法请参照第139页

配色花样A（A、C～E）

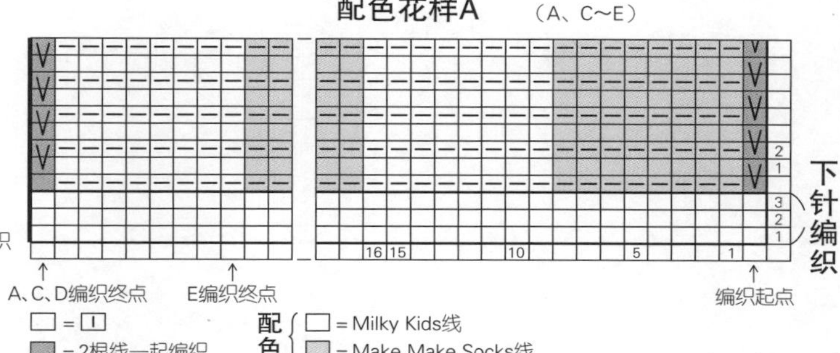

□ = Ⅰ
■ = 2根线一起编织
配色 □ = Milky Kids线
配色 ■ = Make Make Socks线

A的袜口

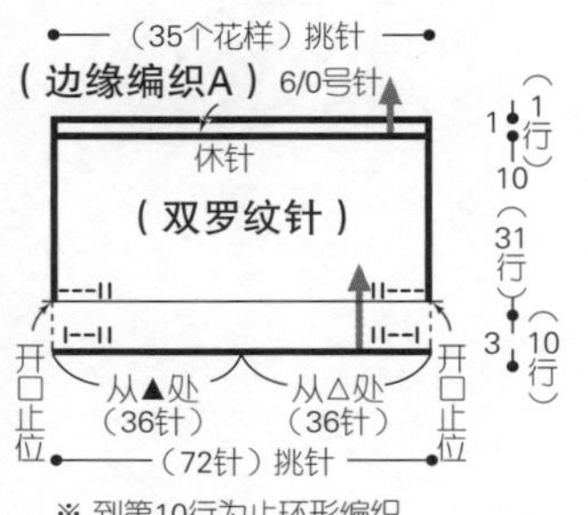

※ 到第10行为止环形编织

边缘编织A

※为了折回之后，看到的是正面，要看着反面钩织

B的袜口（边缘编织B）

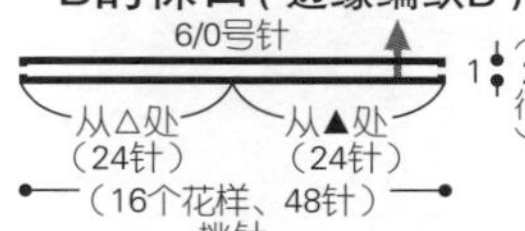

边缘编织B

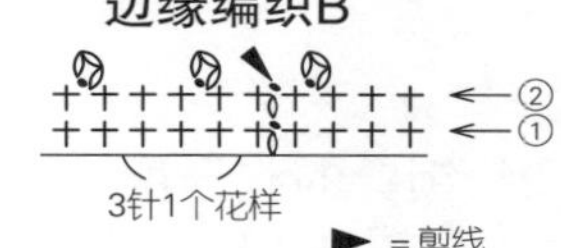

双罗纹针（A、E）

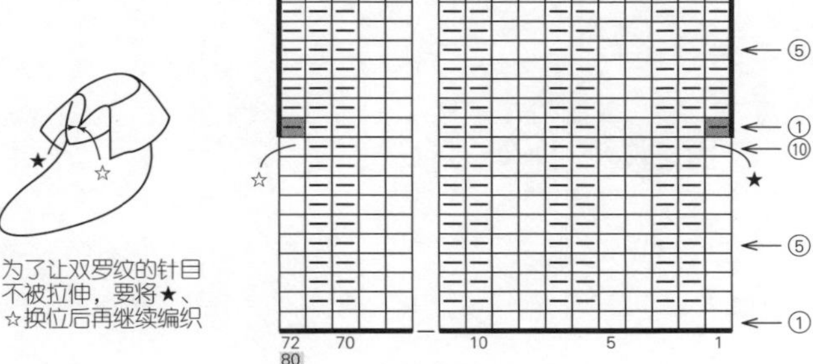

■ = 将前一行的针目换位后，编织上针（参照图示）
□ = Ⅰ

配色花样B（B）

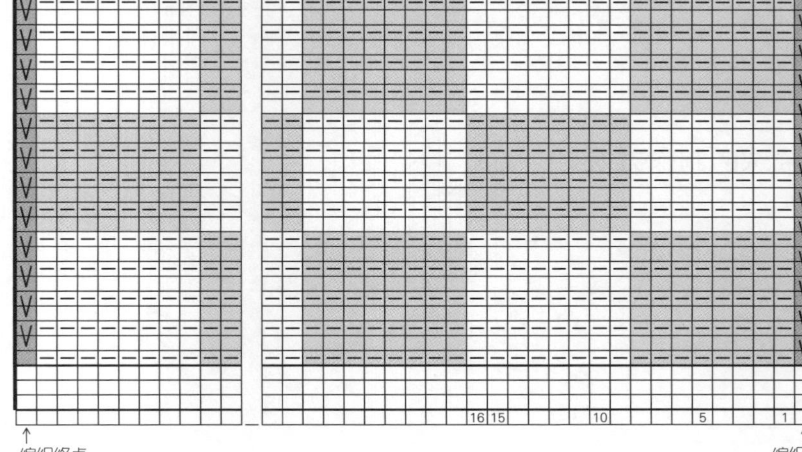

□ = Ⅰ
■ = 2根线一起编织
配色 □ = Milky Kids线
配色 ■ = Make Make Socks线

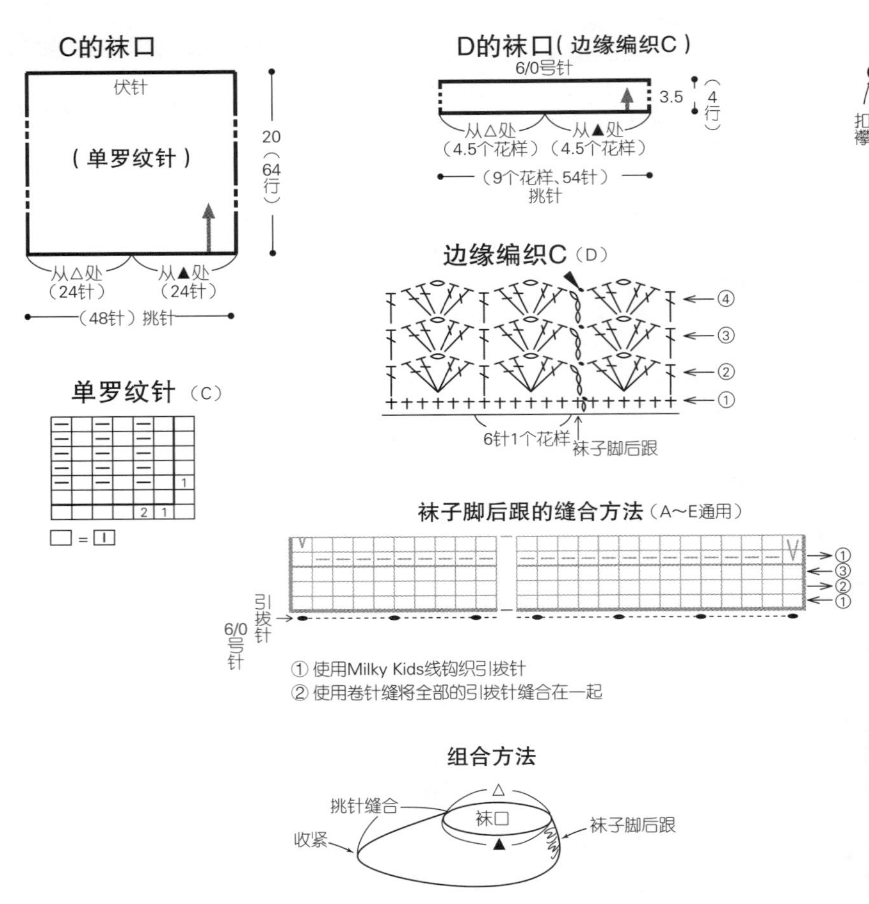
C的袜口
伏针
（单罗纹针）
20
（64行）
从△处（24针）
从▲处（24针）
（48针）挑针
D的袜口（边缘编织C）
6/0号针
3.5
（4行）
从△处（4.5个花样）
从▲处（4.5个花样）
（9个花样、54针）挑针
边缘编织C（D）
④
③
②
①
6针1个花样
袜子脚后跟
单罗纹针（C）
2
1
□ = I
袜子脚后跟的缝合方法（A~E通用）
引拔针
6/0号针
① 使用Milky Kids线钩织引拔针
② 使用卷针缝将全部的引拔针缝合在一起
组合方法
挑针缝合
袜口
收紧
袜子脚后跟

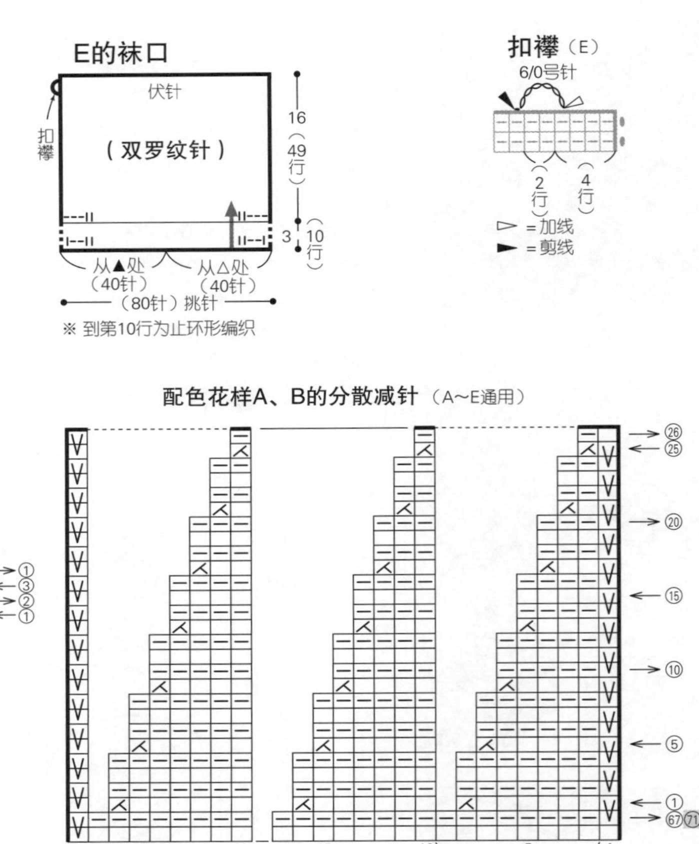
E的袜口
伏针
扣襻
（双罗纹针）
16
（49行）
3
（10行）
从▲处（40针）
从△处（40针）
（80针）挑针
※ 到第10行为止环形编织
扣襻（E）
6/0号针
（2行）
（4行）
▷ = 加线
▶ = 剪线
配色花样A、B的分散减针（A~E通用）
㉖
㉕
⑳
⑮
⑩
⑤
①
67 71
98
95
90
15
10
5
1
106 105
100
重复减针
□ = I
※ 继续编织各个花样的同时做分散减针

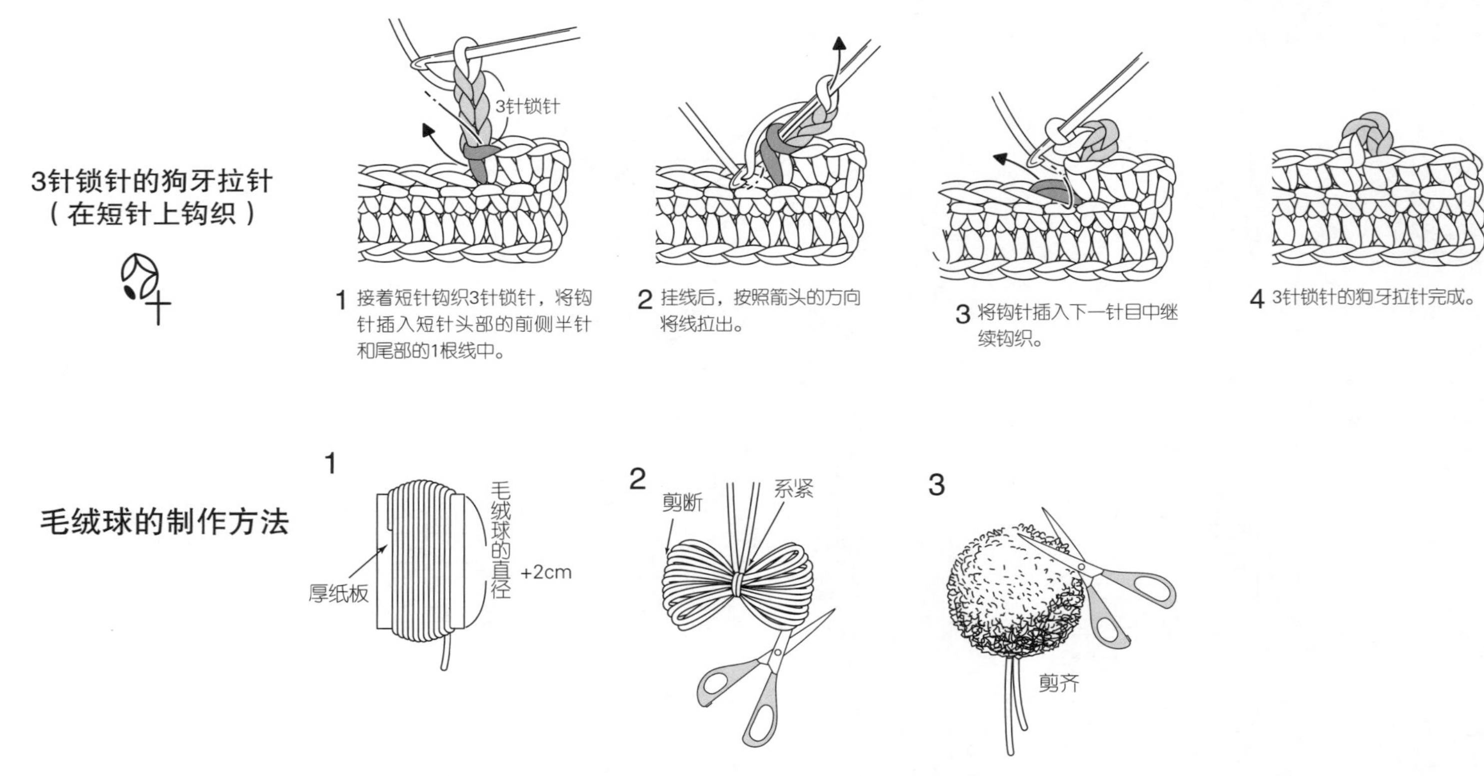
3针锁针的狗牙拉针
（在短针上钩织）
3针锁针
1 接着短针钩织3针锁针，将钩针插入短针头部的前侧半针和尾部的1根线中。
2 挂线后，按照箭头的方向将线拉出。
3 将钩针插入下一针目中继续钩织。
4 3针锁针的狗牙拉针完成。
毛绒球的制作方法
1
厚纸板
毛绒球的直径
+2cm
2
剪断
系紧
3
剪齐

材料

[A] 芭贝 库音阿妮 沙米色（991）45g/团，灰粉色（108）20g/团，蓝色（987）5g/团

[B] 芭贝 库音阿妮 黑灰色（833）45g/团，原色（869）20g/团，蓝色（987）5g/团

工具

棒针10号、8号

成品尺寸

头围46cm，帽深24cm

编织密度

10cm×10cm面积内：配色花样21针，26行

编织要点

●手指起针，环形编织双罗纹针、配色花样。使用横向渡线的方法编织配色花样。参照图示分散减针。最终行穿线并收紧。

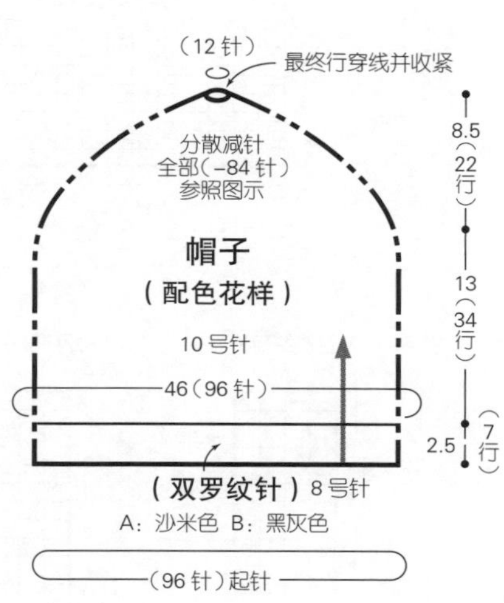

配色花样的分散减针

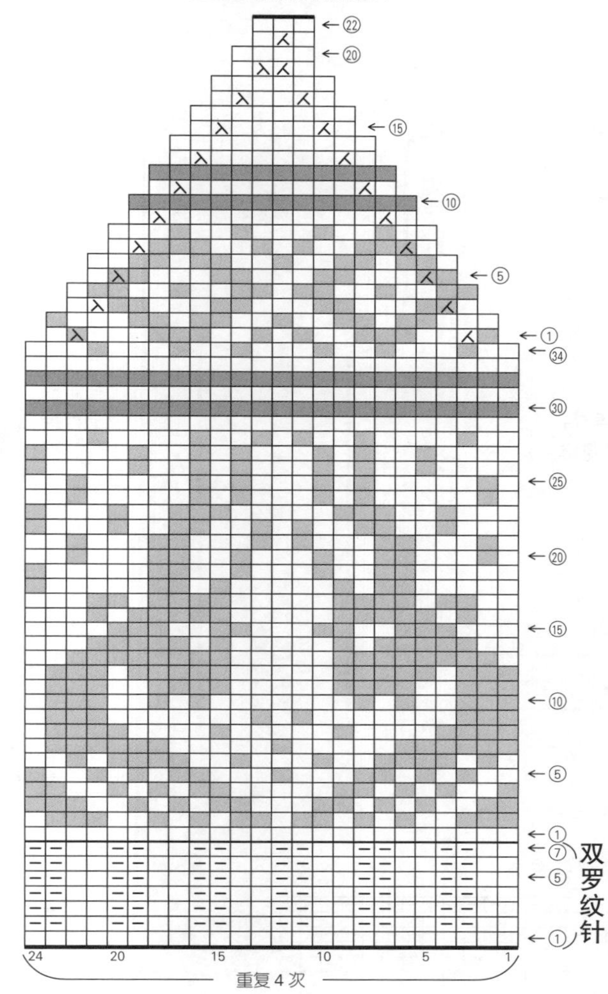

□=□ A：沙米色 B：黑灰色

■=A：灰粉色 B：原色

■=A、B均为蓝色

横向渡线编织配色花样

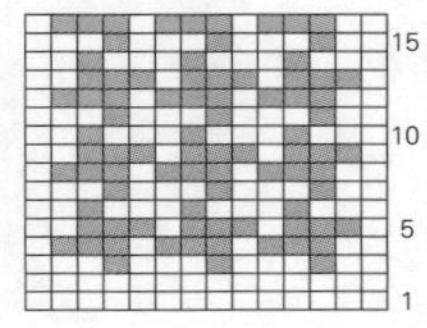

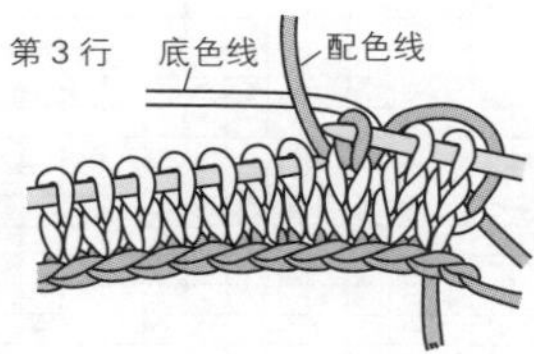

1 加入配色线后开始编织，用底色线编织2针，用配色线编织1针。

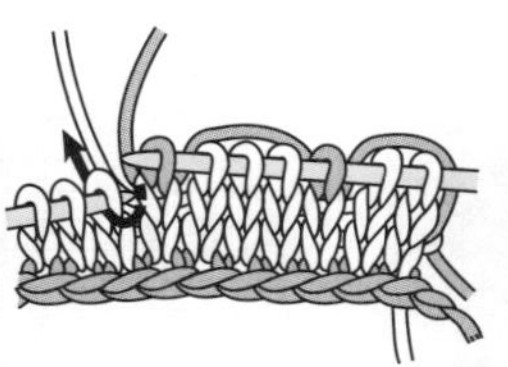

2 配色线在上、底色线在下渡线，重复“底色线编织3针，配色线编织1针”。

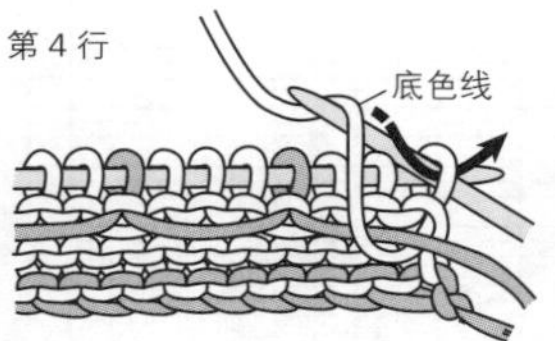

3 第4行的编织起点。加入配色线编织第1针。

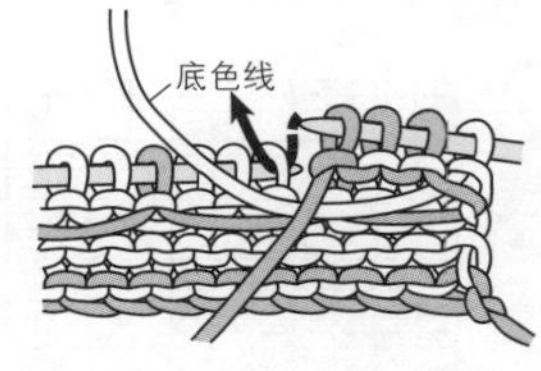

4 编织上针行时也要配色线在上、底色线在下渡线。

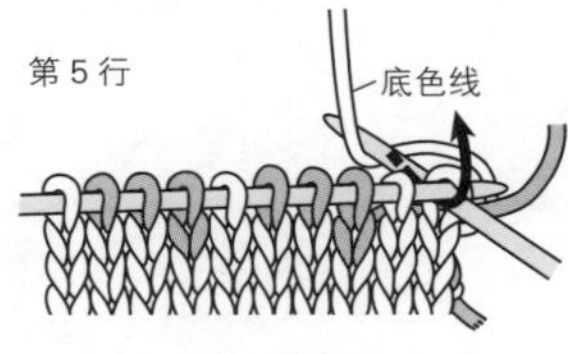

5 行的编织起点，在编织线中加入底色线编织。

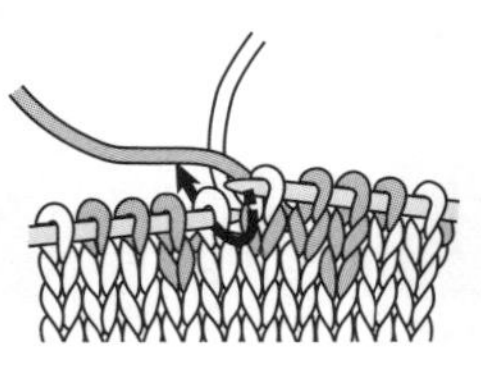

6 按照符号图，重复“配色线编织3针，底色线编织1针”。

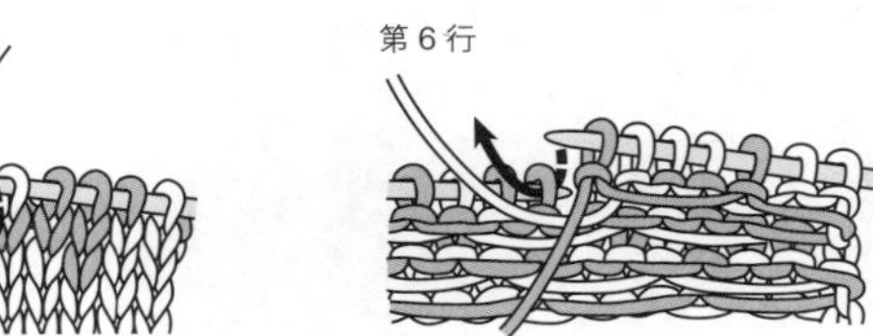

7 重复“配色线编织1针，底色线编织3针”。此行完成后能编织出1个花样。

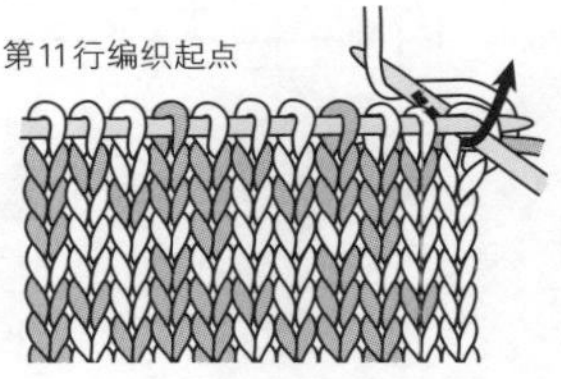

8 再编织4行，2个千鸟格的花样编织完成的情形。

材料

奥林巴斯手编线 Tree House Leaves 浅褐色（13）310g/8 团，黑灰色（10）165g/5 团；62cm 长的双头拉链

工具

棒针 8 号、6 号，钩针 7/0 号

成品尺寸

胸围 106cm，肩宽 43cm，衣长 65.5cm

编织密度

10cm×10cm 面积内：编织花样 A 19 针，31 行；编织花样 B 26 针，24 行

编织要点

●身片…手指起针，组合编织单罗纹针、编织花样 A 和 B、边缘编织 A。减针时，2 针及 2 针以上时做伏针减针，1 针时立起侧边 1 针减针。

●组合…肩部做盖针接合，胁部使用毛线缝针挑针缝合。衣领挑取指定数量的针目，编织单罗纹针。编织终点做伏针收针。袖窿环形编织起伏针，编织终点做上针的伏针收针。参照组合方法，缝上拉链。将衣领向内翻折，缝合固定。

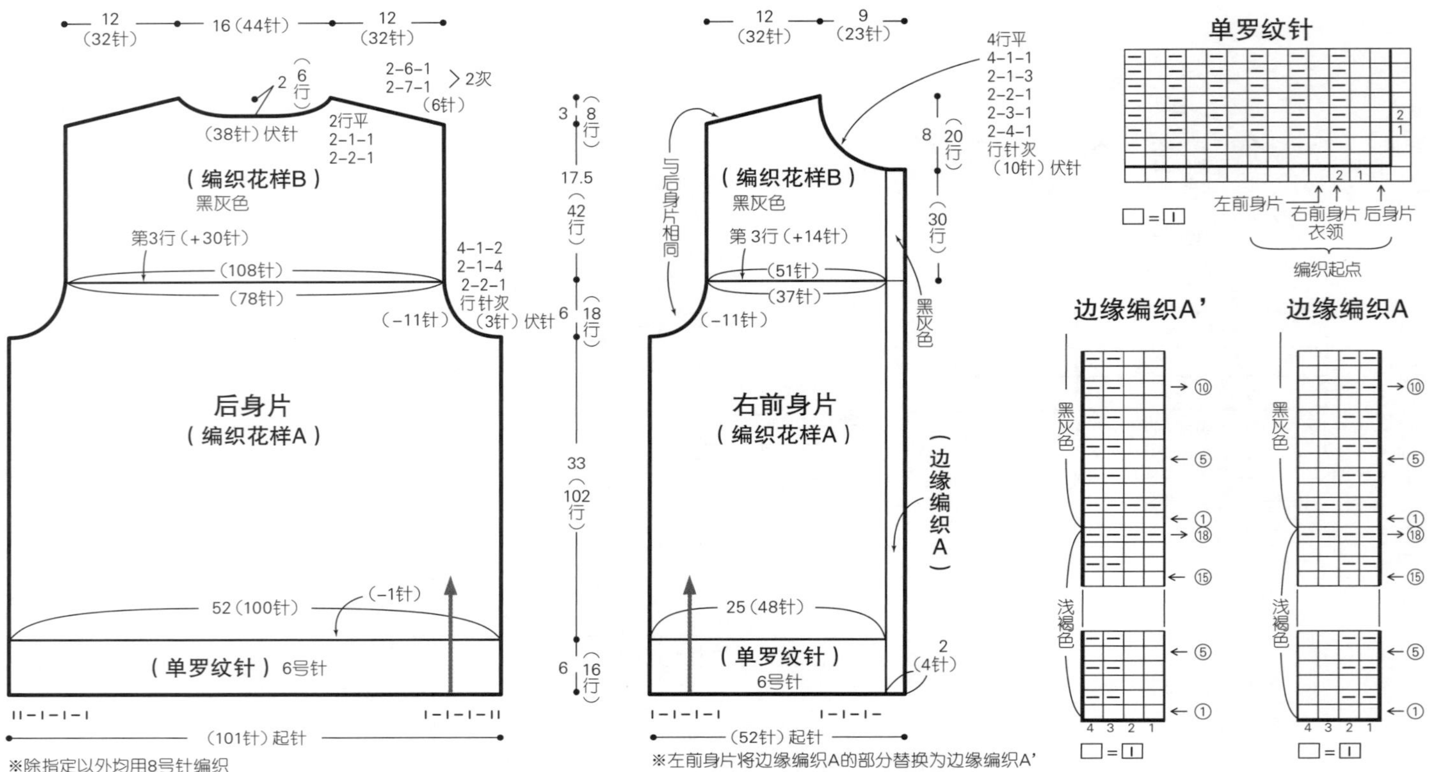

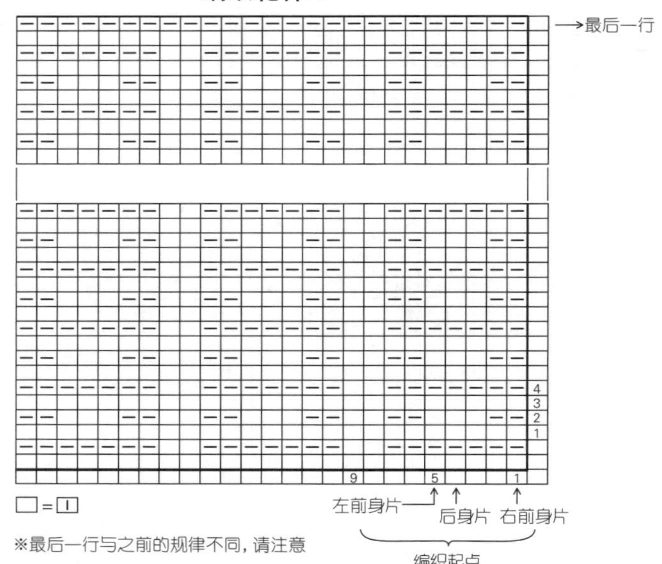

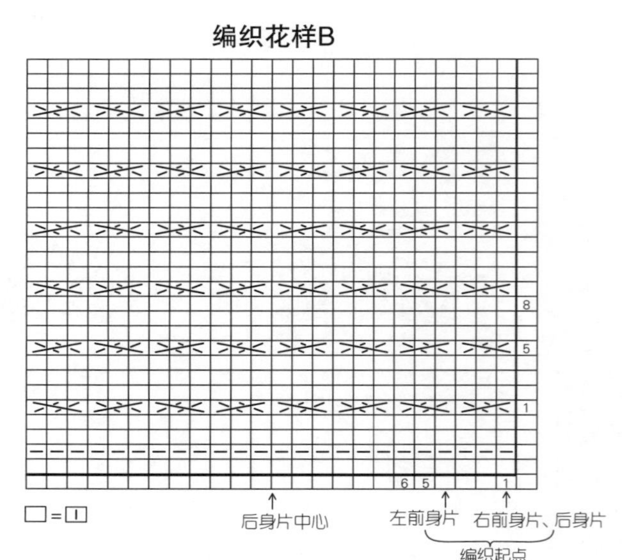

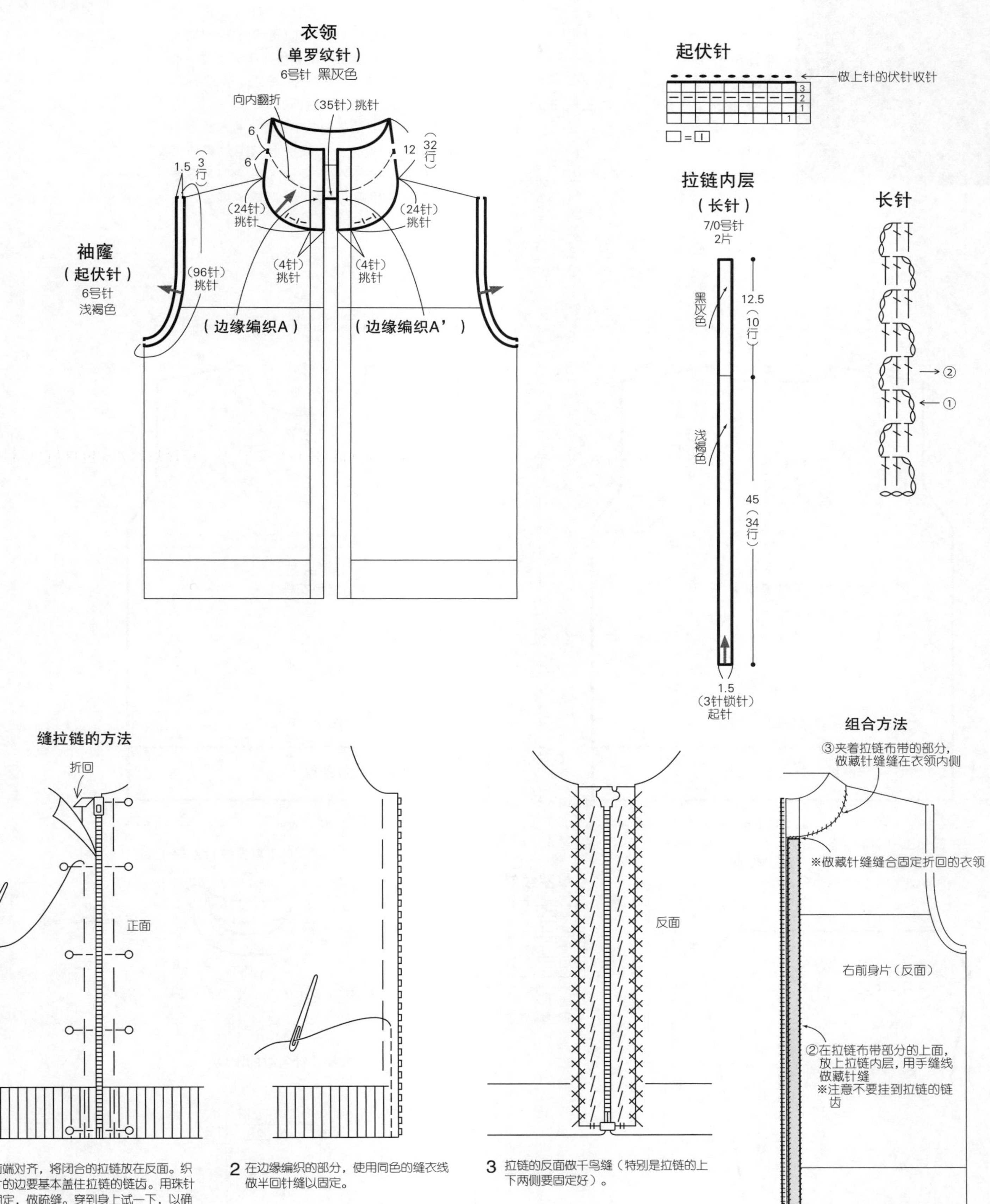

1 前端对齐，将闭合的拉链放在反面。织片的边要基本盖住拉链的链齿。用珠针固定，做疏缝。穿到身上试一下，以确认拉链是否服帖。

2 在边缘编织的部分，使用同色的缝衣线做半回针缝以固定。

3 拉链的反面做千鸟缝（特别是拉链的上下两侧要固定好）。

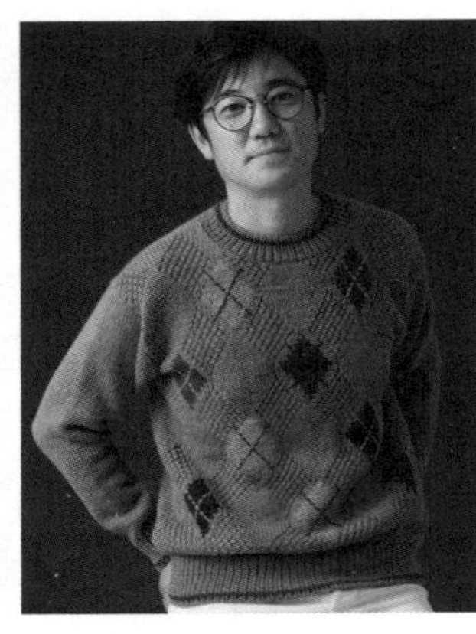

材料

奥林巴斯手编线Tree House Ground浅茶色(304)590g/15团，酒红色(307)20g/1团，灰粉色(303)、芥末黄色(305)、绿色(306)、深棕色(310)各10g/各1团

工具

棒针8号、6号

成品尺寸

胸围110cm，肩宽46cm，衣长68.5cm，袖长56cm

编织密度

10cm×10cm面积内：下针编织、配色花样均为18针，25行

编织要点

●身片、袖…另线锁针起针，后身片和衣袖做下针编织，前身片编织配色花样。配色花样采用纵向渡线的方法编织。减针时，2针及2针以上时做伏针减针，1针时立起侧边1针减针。加针时，在1针内侧编织扭针加针。在前身片指定的位置做刺绣。拆开下摆、袖口起针的锁针，挑取针目，编织单罗纹针条纹，编织终点做单罗纹针收针。

●组合…肩部做盖针接合，胁、袖下使用毛线缝针挑针缝合。衣领挑取指定数量的针目，环形编织单罗纹针条纹，编织终点与下摆的处理方法相同。参照图示将衣袖缝合到身片上。

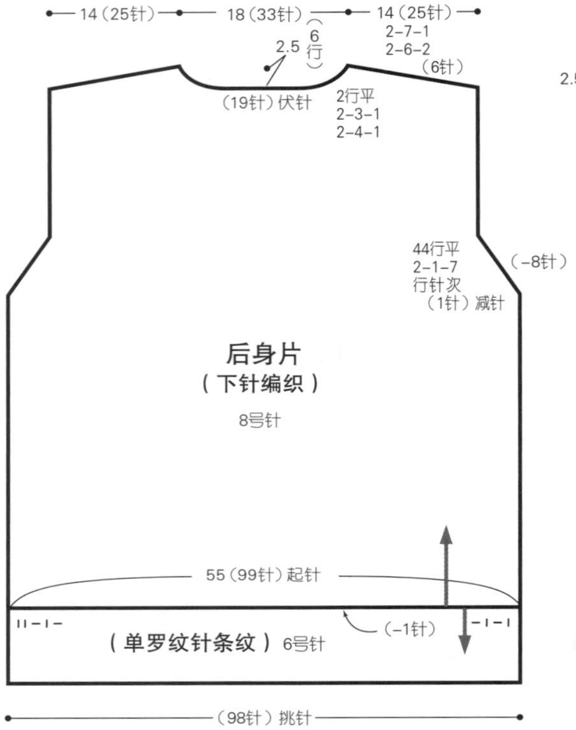

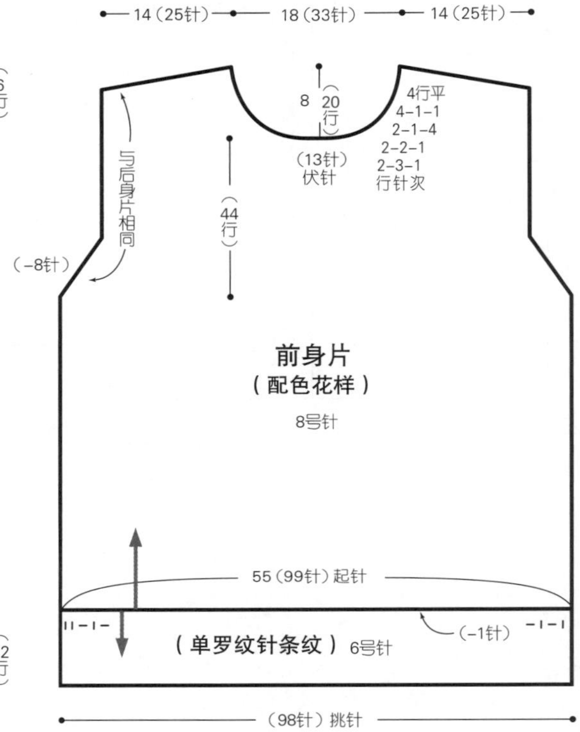

※除指定以外均用浅茶色线编织

※纵向渡线编织配色花样的方法请参照第145页

※单罗纹针收针的方法请参照第99页

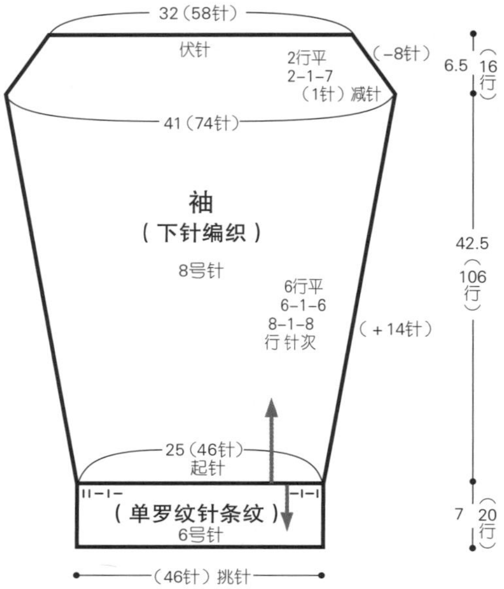

单罗纹针条纹

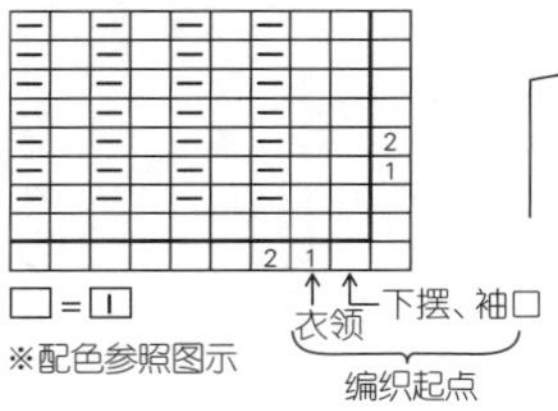

※配色参照图示

衣领（单罗纹针条纹） 6号针

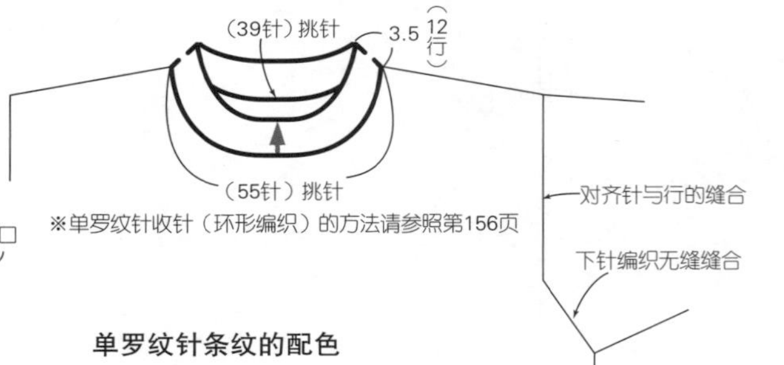

※单罗纹针收针（环形编织）的方法请参照第156页

单罗纹针条纹的配色

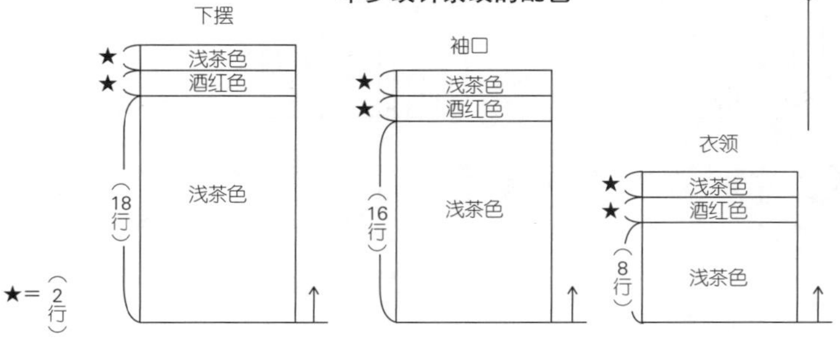

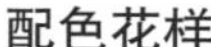

配色花样

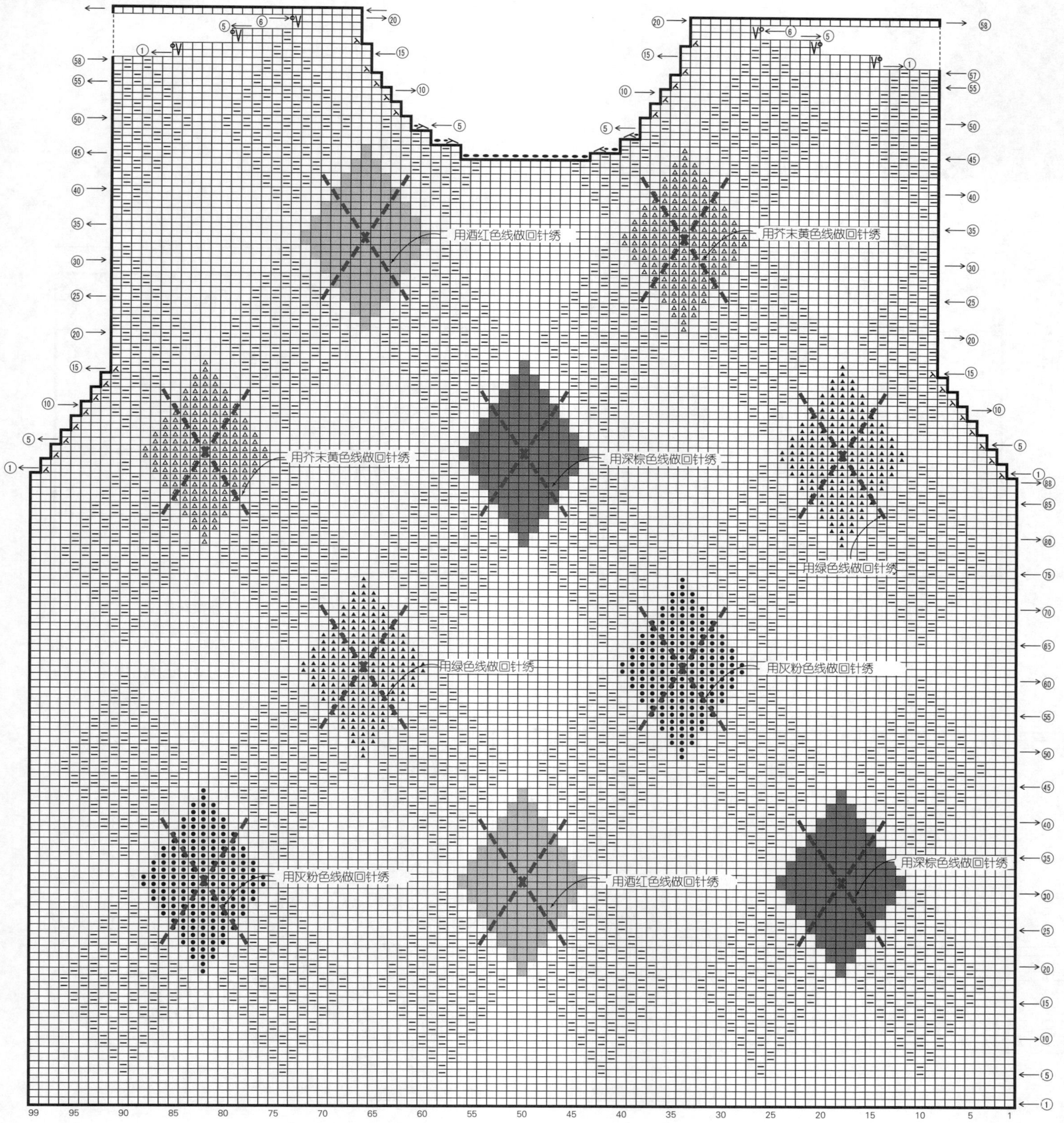

用酒红色线做回针绣
用芥末黄色线做回针绣
用芥末黄色线做回针绣
用深棕色线做回针绣
用绿色线做回针绣
用绿色线做回针绣
用灰粉色线做回针绣
用灰粉色线做回针绣
用酒红色线做回针绣
用深棕色线做回针绣

□ = ⊡

配色
- □ = 浅茶色
- ■ = 酒红色
- ■ = 芥末黄色
- ⊡ = 深棕色
- ▲ = 灰粉色
- △ = 绿色

▬ ▬ ▬ = 回针绣

回针绣

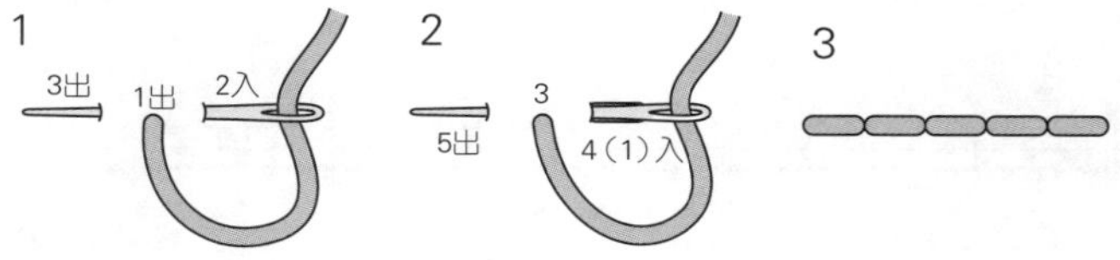

1 3出 1出 2入

2 3 5出 4（1）入

3

材料

手织屋 Original Wool N 藏青色(35) 200g，深棕色(17)、黑色(30)各65g

工具

棒针6号、5号

成品尺寸

胸围102cm，肩宽44cm，衣长60.5cm

编织密度

10cm×10cm面积内：条纹花样19针，37行；下针编织19针，27行

编织要点

●身片…另线锁针起针，组合编织条纹花样、下针编织。由于织片的下端直接单做下摆，因此在拉起纵向渡线时要注意。袖窿、领窝参照图示，使用加针的往返编织和留针的往返编织。前领窝的起针方法与身片相同，编织终点休针备用。

●组合…肩部使用毛线缝针挑针缝合，拆开胁部起针的锁针，使用钩针引拔接合。衣领、袖窿挑取休针及拆开的起针锁针的针目，做双层下针编织，V领领尖部分参照图示，在编织的同时做加减针，编织终点做伏针收针，向内侧折回后做藏针缝缝合。

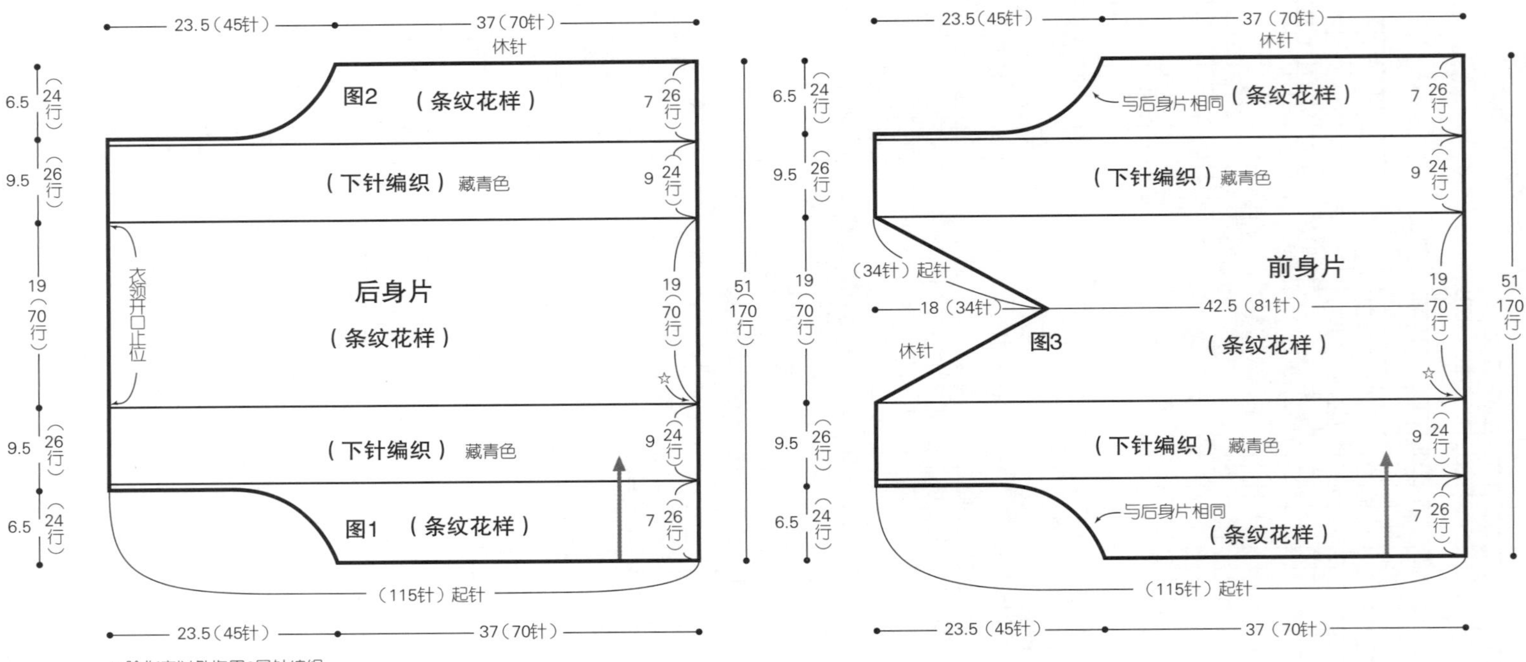

※除指定以外均用6号针编织

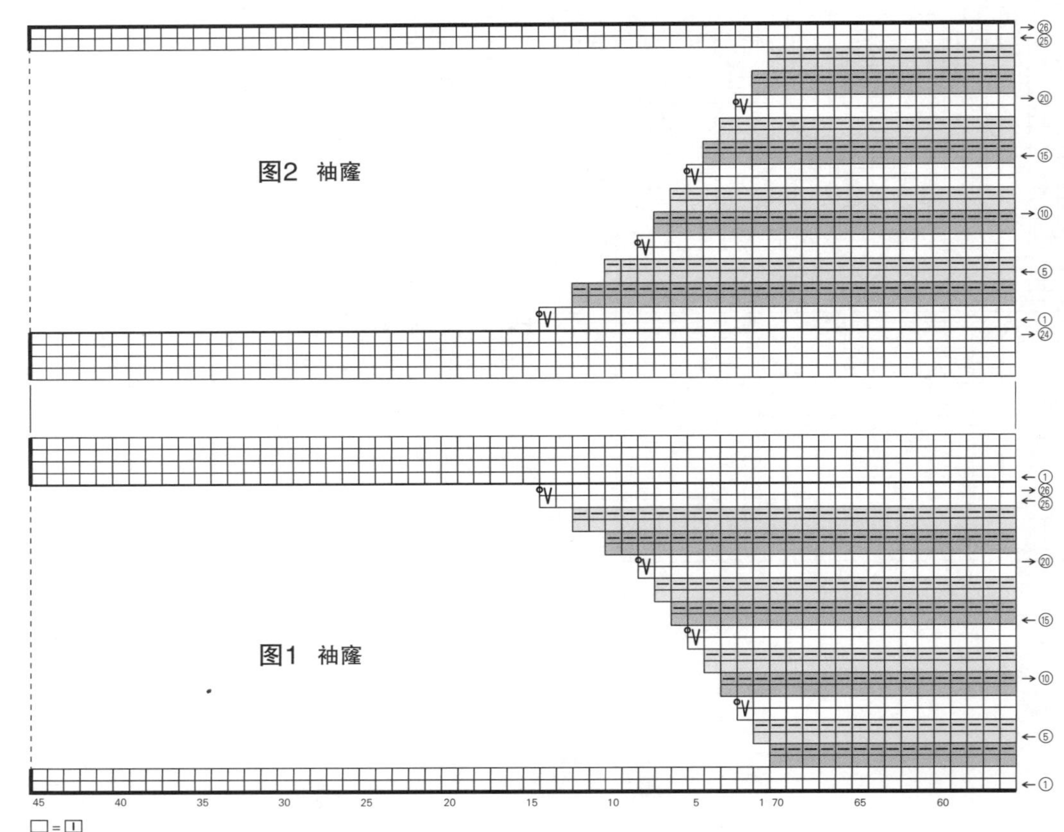

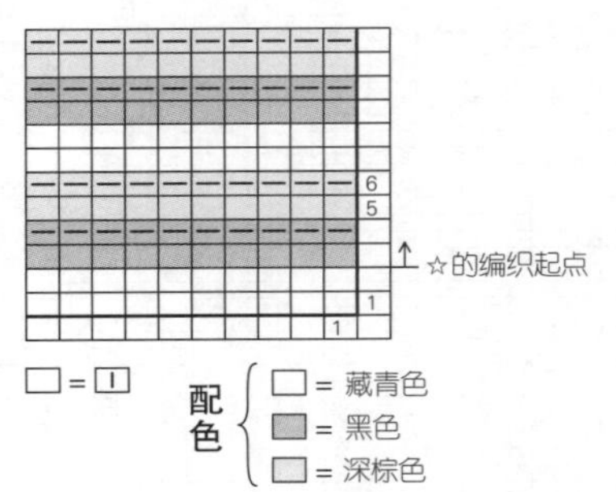

※横向条纹花样（细条纹）的编织方法请参照第99页

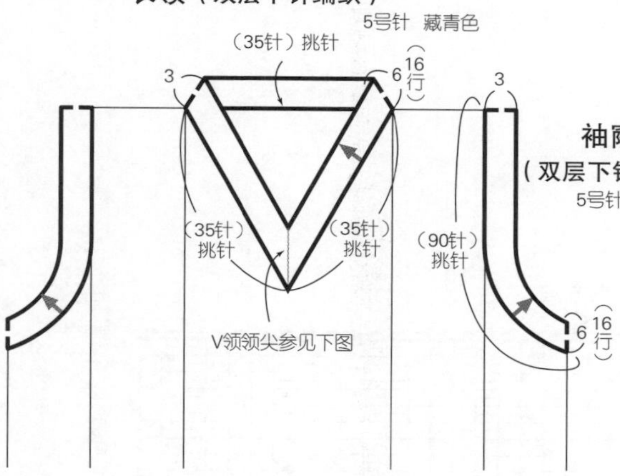

衣领（双层下针编织）

5号针　藏青色

（35针）挑针

3　6　16行　3

袖窿

（双层下针编织）

5号针　藏青色

（35针）挑针　（35针）挑针　（90针）挑针

6　16行

V领领尖参见下图

※将衣领、袖口折回内侧后做藏针缝缝合

V领领尖的加减针

伏针收针

16　15　10　5　1

10　5　1　35　30

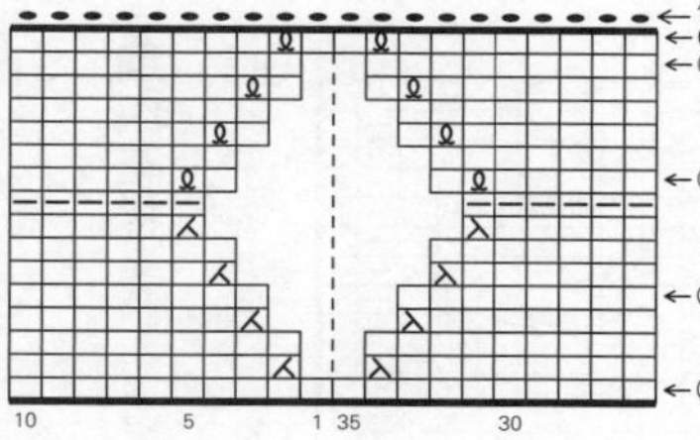

□ = 丨

前身片中心

双层下针编织

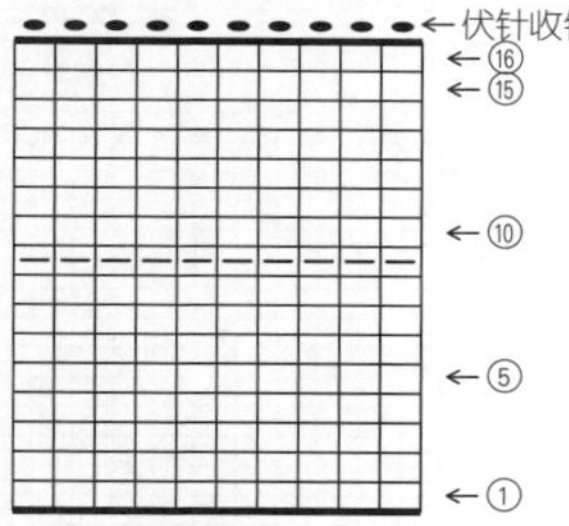

伏针收针

16　15　10　5　1

□ = 丨

图3　前领窝

1　70　65　60　55　50　45　40　36

（34针起针

35　30　25　20　15　10　5　1　24

34　30　25　20　15　10　5　1　81　80

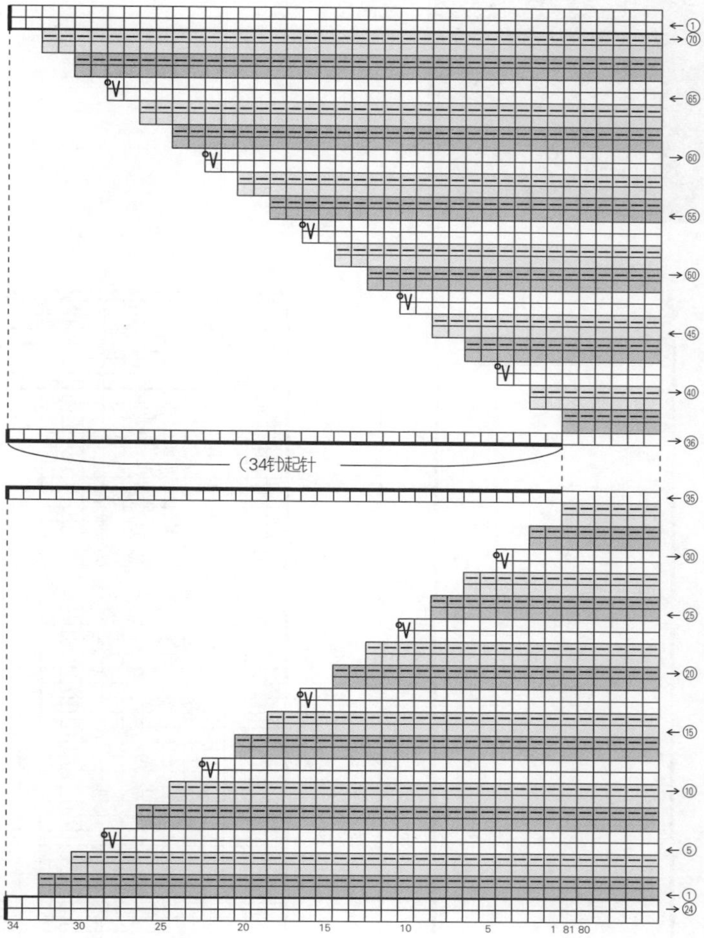

□ = 丨

配色：□ = 藏青色　■ = 黑色　▨ = 深棕色

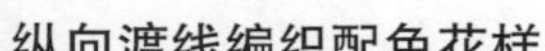

纵向渡线编织配色花样

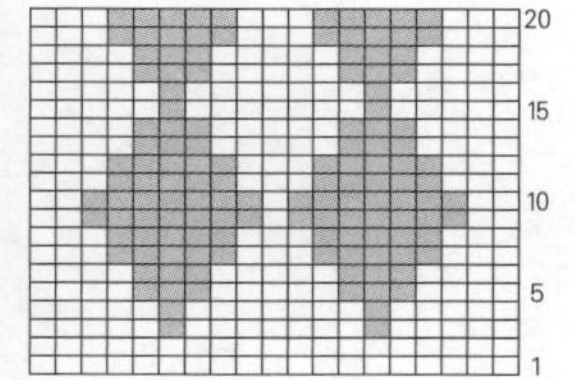

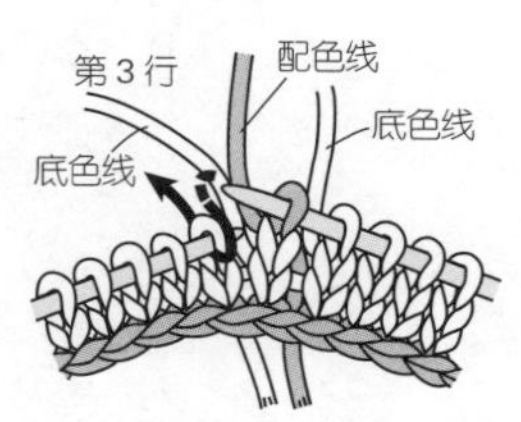

1 在菱形花样各个顶角处分别加线，开始编织。

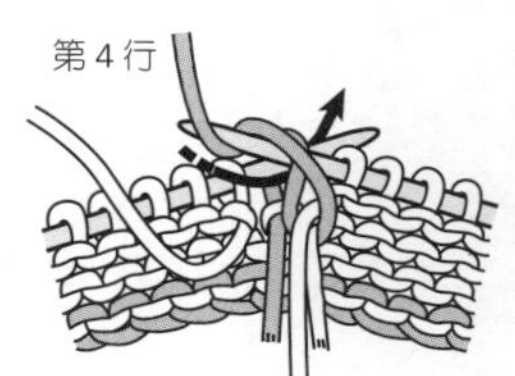

2 换为配色线时，从底色线的下侧渡线交叉。

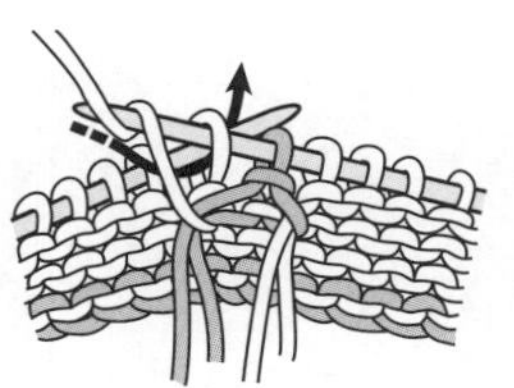

3 换为底色线时，也同样从下侧渡线交叉。

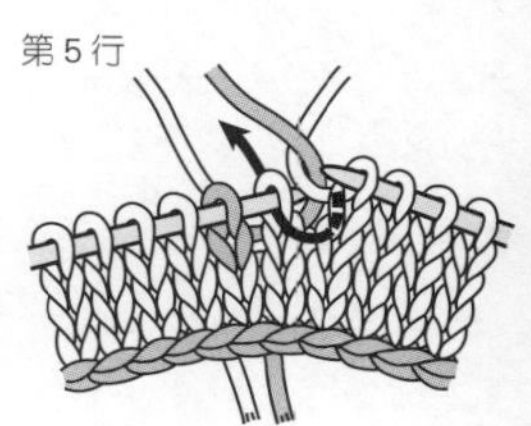

4 从正面编织的行，也同样将编织线从下侧渡线交叉。

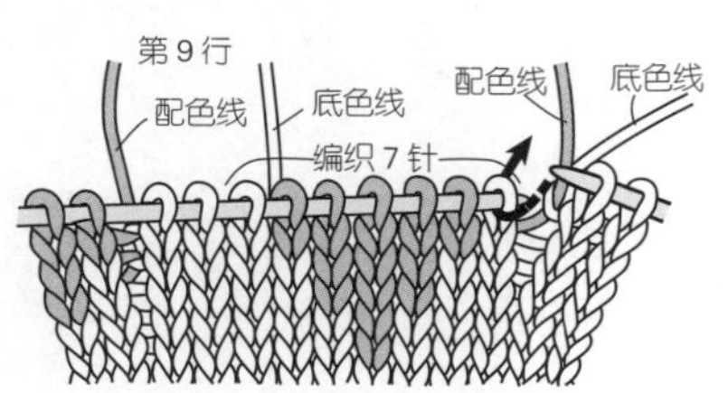

5 这个花样是每隔2行的菱形花样，要在正面一侧改变编织花样的针数。

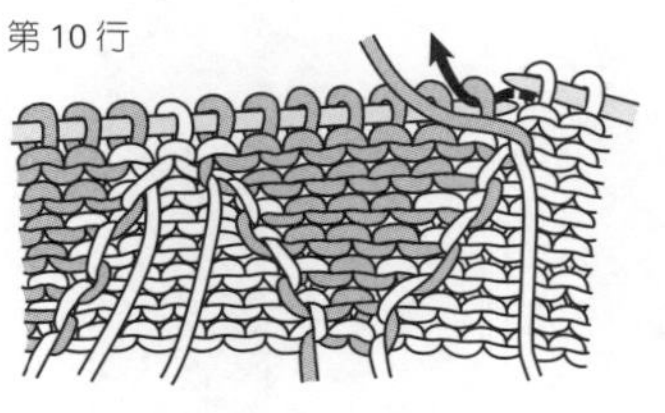

6 反面与正面使用同样的颜色编织。在换色的时候，要将两种颜色的线交叉。

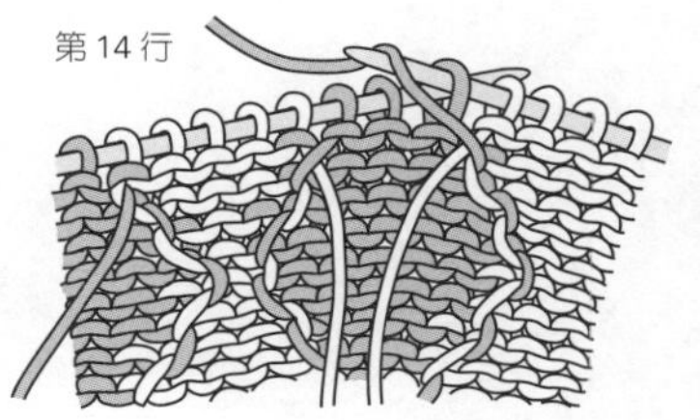

7 这是正在编织第14行的样子。反面是这样的状态。

材料

手织屋Original T Honey Wool黑灰色(23) 185g

工具

棒针8号

成品尺寸

宽24cm，长127cm

编织密度

10cm×10cm面积内：编织花样18.5针，23行

编织要点

●手指起针，组合编织双罗纹针、编织花样。编织终点，做下针织下针、上针织上针的伏针收针。

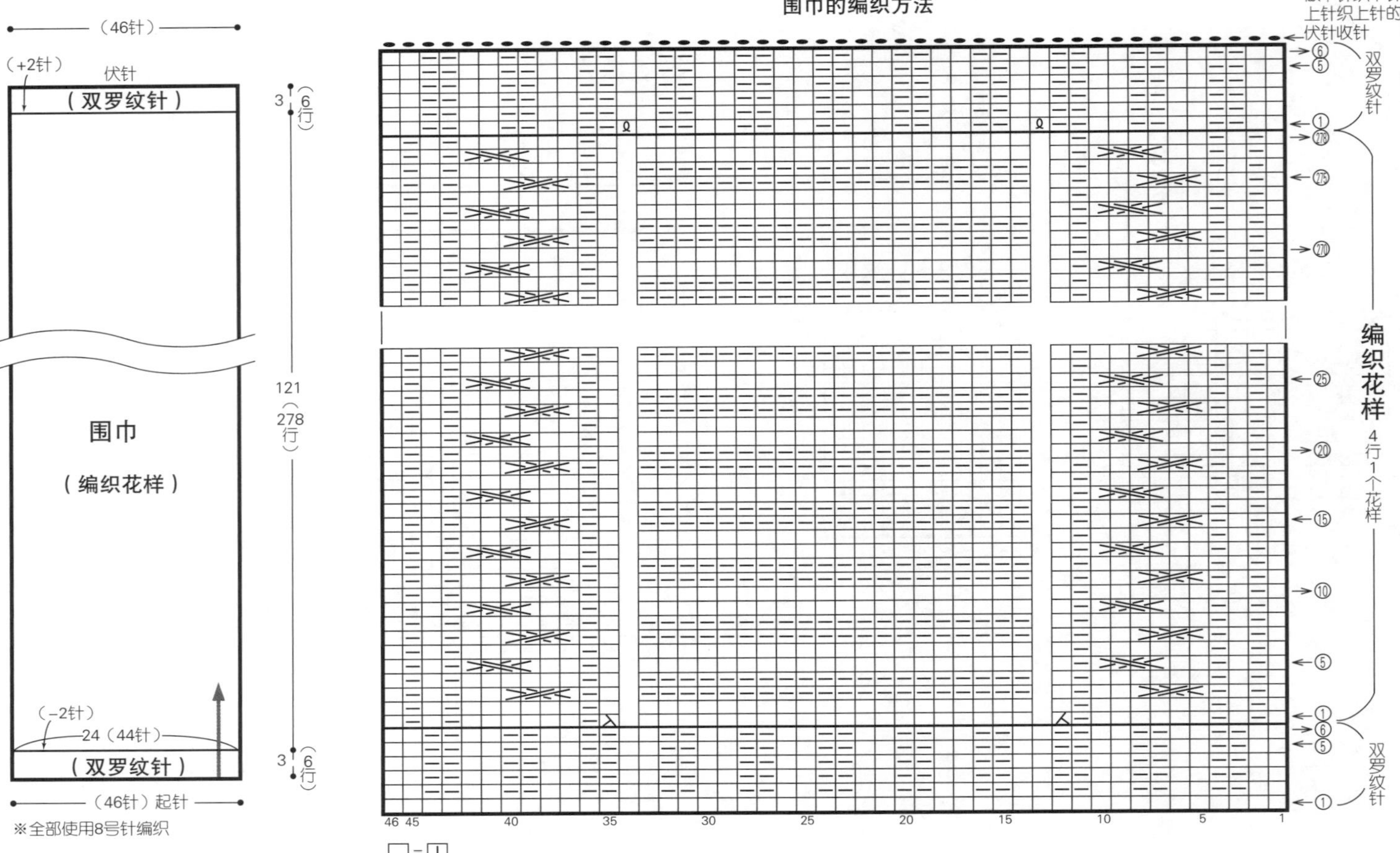

材料

[套头衫] Ski毛线 Ski Tweed Tweed灰粉色(6202) 550g/14团

[狗狗的服装] Ski毛线 Ski Tweed Tweed红色(6204) 55g/2团，原色(6201)、黑色(6208)各25g/各1团

工具

棒针6号、3号、8号

成品尺寸

[套头衫]胸围102cm，肩宽40cm，衣长68cm，袖长61cm

[狗狗的服装]腹部一周51cm，衣长29.5cm

编织密度

[套头衫] 10cm×10cm面积内：下针编织19针，26行；编织花样26针，26行

[狗狗的服装]10cm×10cm面积内：下针编织和下针条纹A、B均为18针，28行；条纹花样25.5针，28行

编织要点

●套头衫…手指起针，参照图示组合编织双罗纹针、下针编织和编织花样。减针时，2针及2针以上时做伏针减针，1针时立起侧边1针减针。加针时，在1针内侧编织扭针加针。肩部做盖针接合，胁、袖下使用毛线缝针挑针缝合。衣领挑取指定数量的针目，编织双罗纹针，编织终点做双罗纹针收针。使用钩针将衣袖引拔接合到身片上。

●狗狗的服装…腹部另线锁针起针，参照图示组合编织下针编织和单罗纹针。后背与腹部使用同样的方法起针，组合编织下针条纹A、条纹花样。加针时，在1针内侧编织扭针加针；减针时，2针及2针以上时做伏针减针，1针时立起侧边1针减针。胁部的对齐标记之间使用毛线缝针挑针缝合。风帽拆开腹部与后背起针的锁针，挑取针目，编织下针条纹B。减针时，在中心的两侧编织2针并1针。编织终点休针备用，使用盖针接合。下摆、袖口挑取指定数量的针目，编织单罗纹针，编织终点使用单罗纹针收针。制作毛绒球，缝到指定的位置。

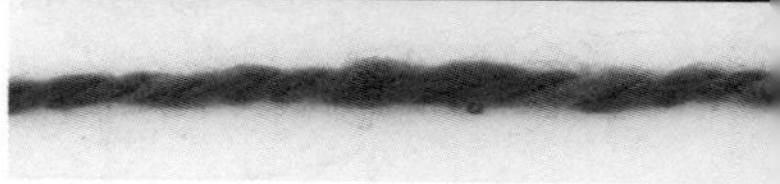

套头衫

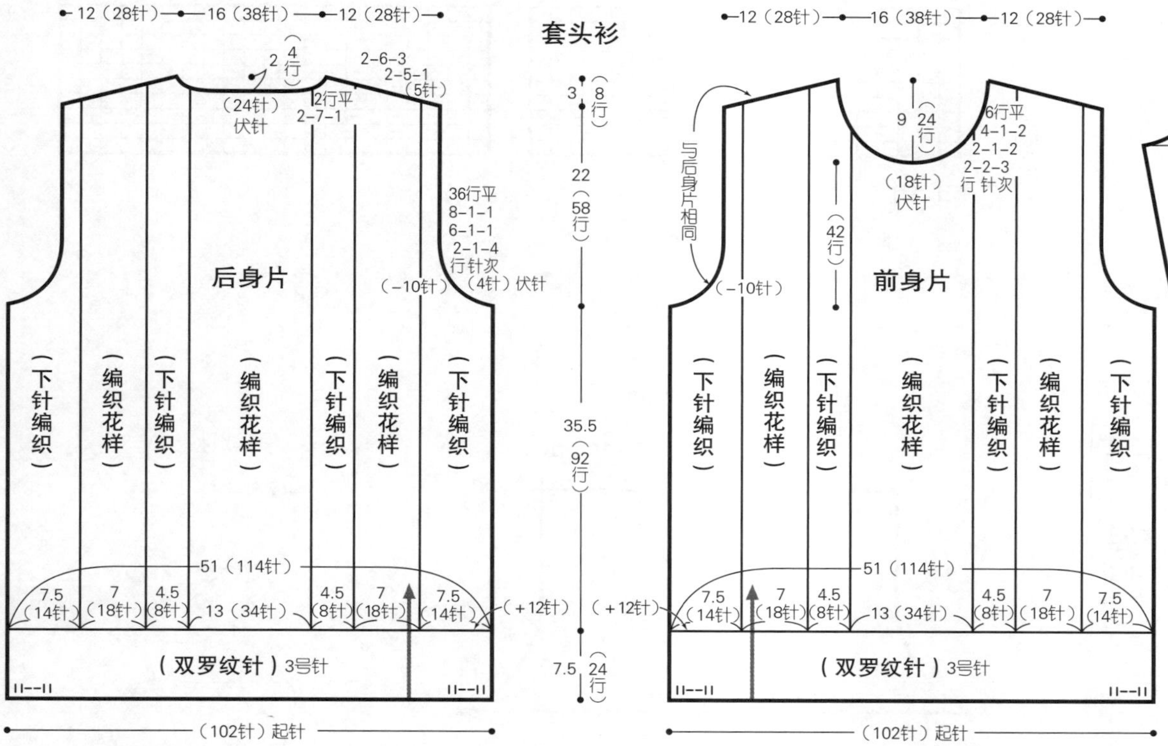

后身片：12（28针）— 16（38针）— 12（28针）；2（4行）；（24针）伏针；2-6-3，2-5-1，（5针）；2行平，2-7-1；36行平，8-1-1，6-1-1，2-1-4 行针次；（−10针）（4针）伏针；下针编织、编织花样、下针编织、编织花样、下针编织、编织花样、下针编织；51（114针）；7.5（14针）7（18针）4.5（8针）13（34针）4.5（8针）7（18针）7.5（14针）；（+12针）；（双罗纹针）3号针；（102针）起针

3（8行）；22（58行）；35.5（92行）；7.5（24行）

前身片：12（28针）— 16（38针）— 12（28针）；与后身片相同；9（24行）；6行平，4-1-2，2-1-2，2-2-3 行针次；（18针）伏针；（42行）；（−10针）；下针编织、编织花样、下针编织、编织花样、下针编织、编织花样、下针编织；51（114针）；7.5（14针）7（18针）4.5（8针）13（34针）4.5（8针）7（18针）7.5（14针）；（+12针）；（双罗纹针）3号针；（102针）起针

袖（下针编织）：（20针）伏针；2行平，2-3-1，2-2-4，2-1-6，2-2-4，（3针）伏针；（−28针）；40（76针）；12.5（32行）；42.5（110行）；6行平，6-1-8，8-1-7 行针次；（+15针）；24（46针）；（双罗纹针）3号针；6（20行）；（46针）起针

※除指定以外均用6号针编织

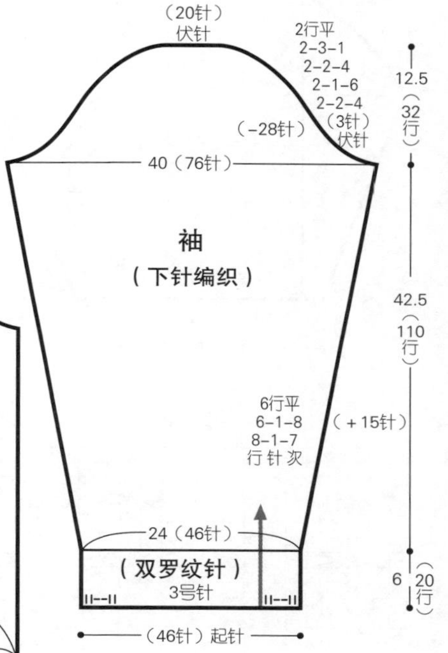

编织花样

□=Ⅰ

双罗纹针

前领中心

□=Ⅰ

衣领（双罗纹针）3号针

（40针）挑针；3（9行）；（64针）挑针

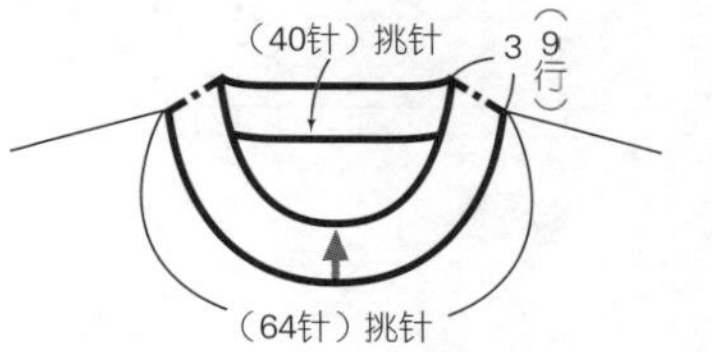

※双罗纹针收针（环形编织）的方法请参照第121页

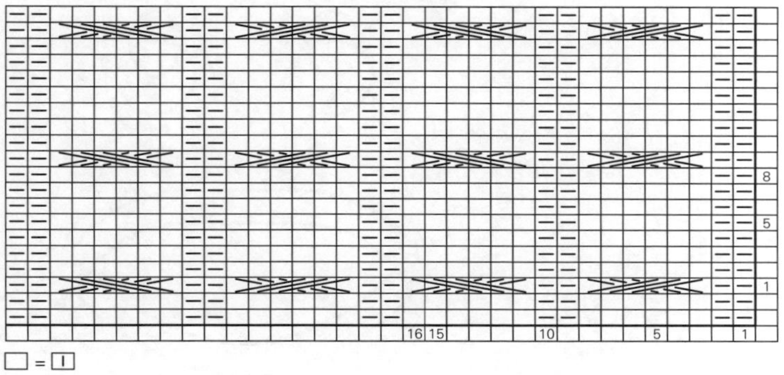

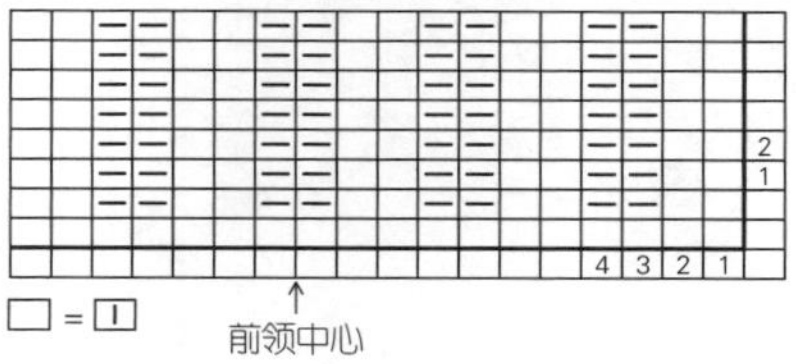

后身片、前身片 第1行加针的位置

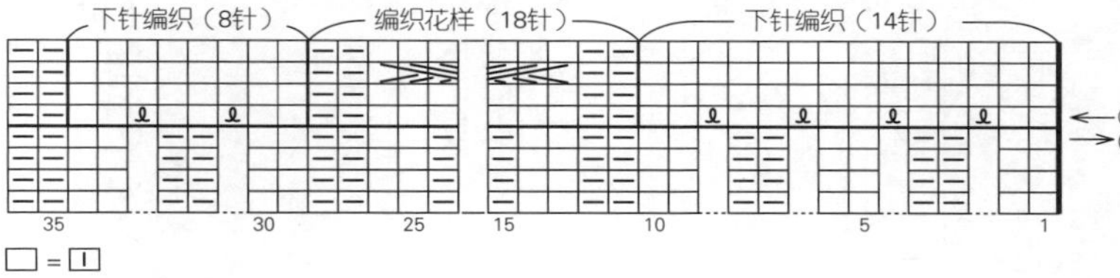

下针编织（8针）— 编织花样（18针）— 下针编织（14针）

□=Ⅰ

※以中心为轴对称加针

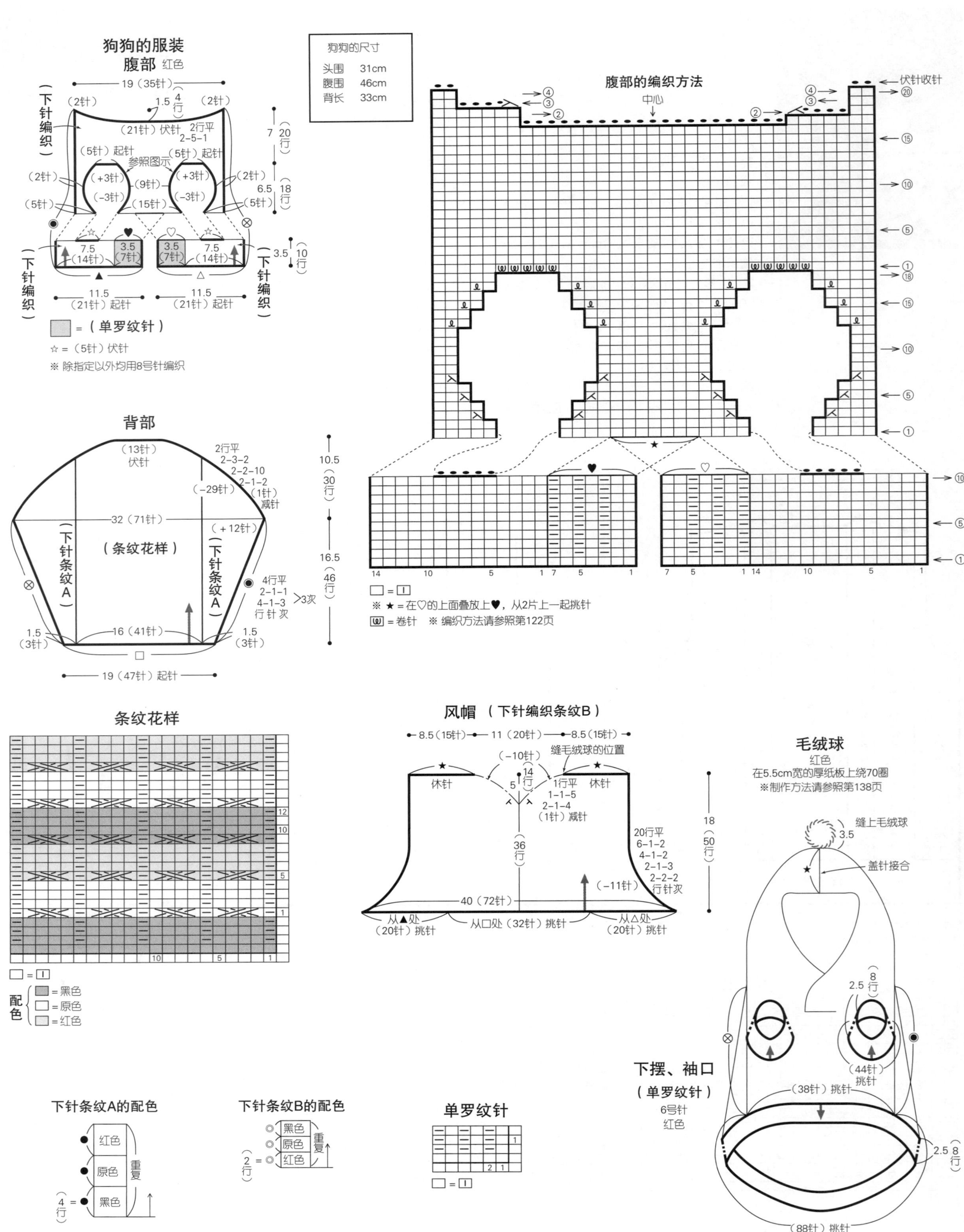

狗狗的服装
腹部 红色
狗狗的尺寸
头围 31cm
腹围 46cm
背长 33cm
腹部的编织方法
中心
伏针收针
(下针编织)
☆ = (5针) 伏针
※ 除指定以外均用8号针编织
= (单罗纹针)
背部
(条纹花样)
(下针条纹A)
19 (47针) 起针
※ ★ = 在♡的上面叠放上♥，从2片上一起挑针
= 卷针 ※ 编织方法请参照第122页
条纹花样
配色
= 黑色
= 原色
= 红色
风帽 (下针编织条纹B)
缝毛绒球的位置
休针
从▲处 (20针) 挑针
从□处 (32针) 挑针
从△处 (20针) 挑针
毛绒球
红色
在5.5cm宽的厚纸板上绕70圈
※制作方法请参照第138页
缝上毛绒球
盖针接合
下摆、袖口
(单罗纹针)
6号针
红色
(38针) 挑针
(44针) 挑针
(88针) 挑针
下针条纹A的配色
红色
原色
黑色
重复
下针条纹B的配色
黑色
原色
红色
重复
单罗纹针
※单罗纹针收针 (环形编织) 的方法请参照第156页

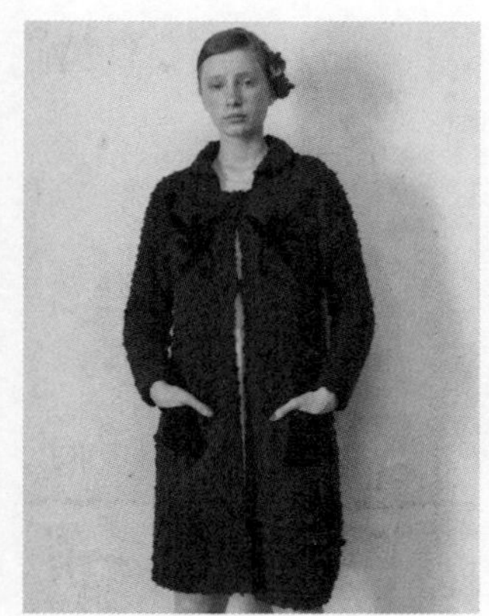

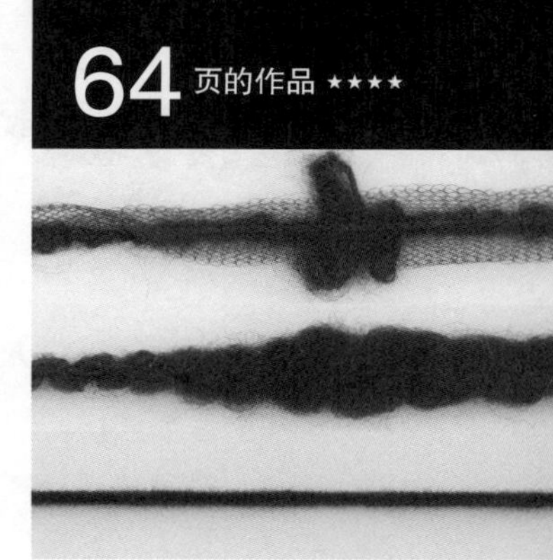

材料

Mondo Fil Ischia 藏青色(60) 470g, Cocoon 藏青色(445) 430g;Flocky藏青色(25) 45g;长70mm的盘扣1组;直径13mm的按扣2组

工具

棒针11号,钩针4/0号、3/0号、2/0号

成品尺寸

胸围101.5cm,肩宽35cm,衣长88cm,袖长53cm

编织密度

10cm×10cm面积内:条纹花样13针,23.5行

编织要点

●身片、袖…另线锁针起针,编织条纹花样。减针时,2针及2针以上时做伏针减针,1针时立起侧边1针减针。加针时,在1针内侧编织扭针加针。

●组合…肩部做盖针接合,肋、袖下使用毛线缝针挑针缝合。拆开下摆起针的锁针,挑取针目,前、后身片连续编织起伏针。编织终点做伏针收针。袖口、前门襟与下摆相同,编织起伏针,其中袖口要环形编织。衣领挑取指定数量的针目,组合编织起伏针、条纹花样和边缘编织。钩织口袋及花片,以藏针缝缝到前身片的指定位置。使用钩针将衣袖引拔接合到身片上。钉上纽扣后即完成。

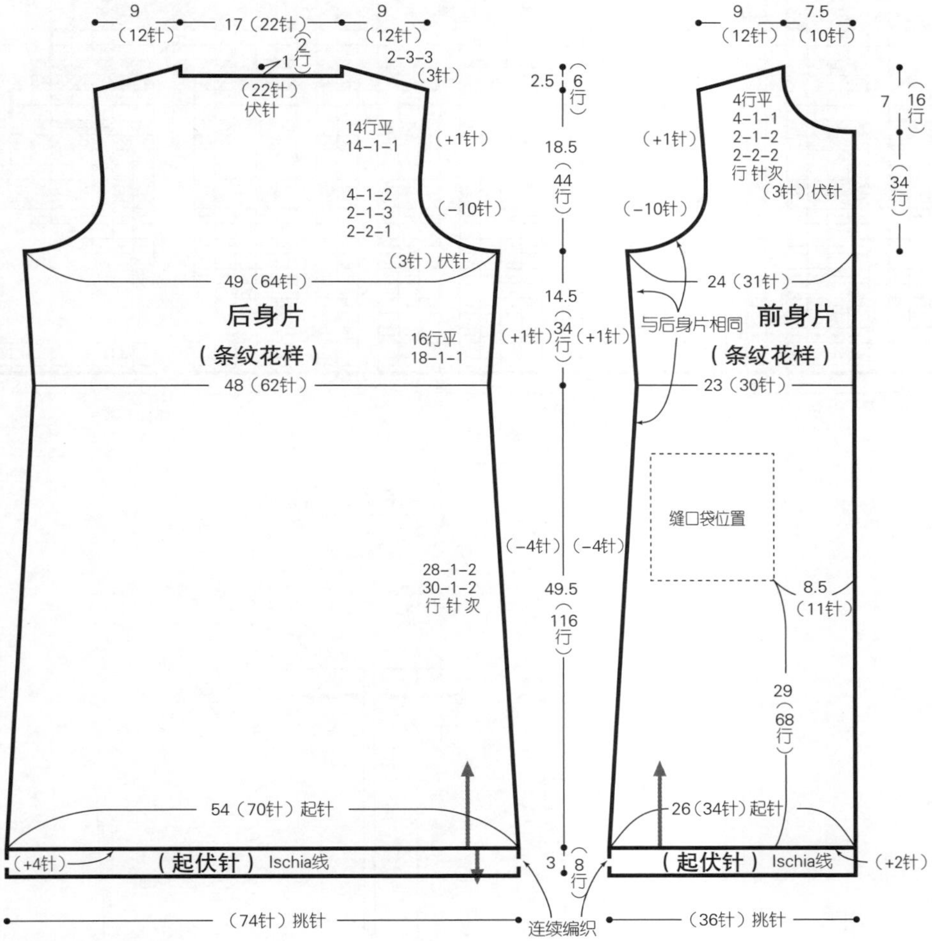

后身片(条纹花样)

前身片(条纹花样)

袖(条纹花样)

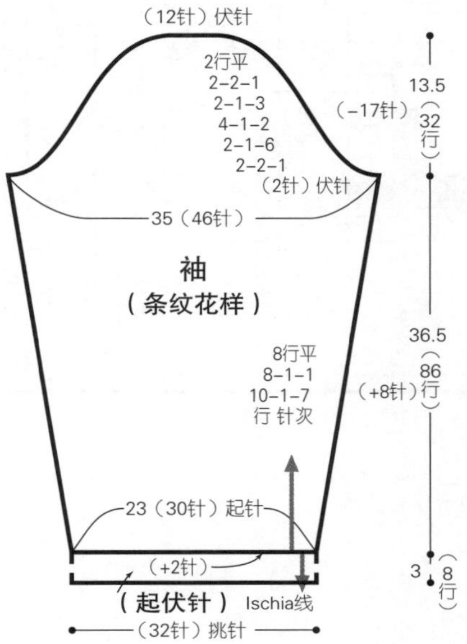

条纹花样

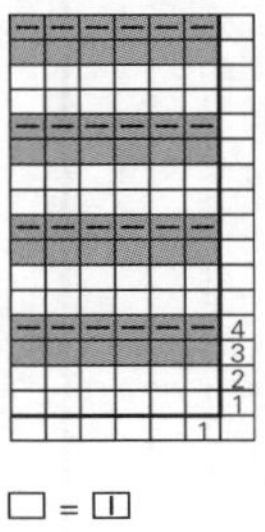

起伏针

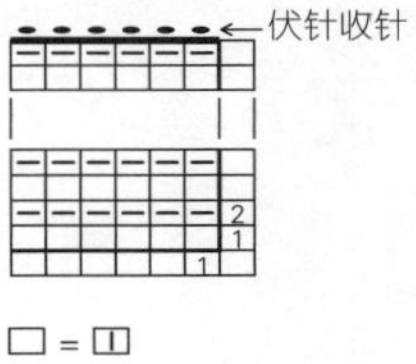

配色 □ = Cocoon线 ■ = Ischia线

※除指定以外均用11号针编织

口袋 2片 Flocky线

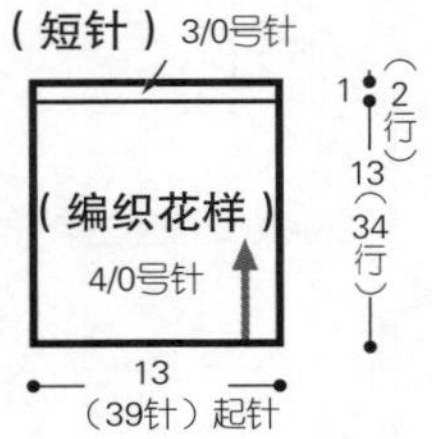

(短针) 3/0号针

(编织花样) 4/0号针

13 (39针) 起针

口袋的编织方法

短针

编织花样

12针1个花样

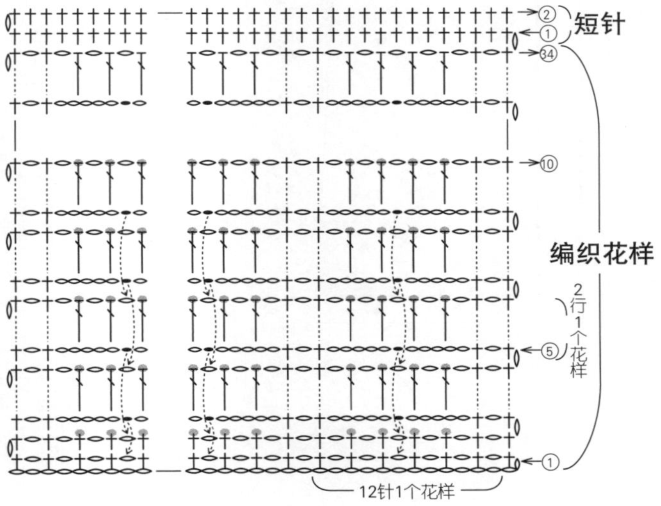

※在钩织第3行的引拔针时,将第2行留在后侧,在第1行的锁针上钩织。
第5行之后,也使用同样的方法,将下面的第2行留在后侧,在下面第3行的锁针上钩织。

※在钩织第4行的长针时,将第3行留在后侧,在第1行的短针(●)上钩织。
第6行之后,也使用同样的方法,将前一行留在后侧,在前两行的长针(●)上钩织。

（边缘编织）
2/0号针 Flocky线
全部（72个花样）挑针
衣领 参照图示
（56针）伏针
（条纹花样） 分散加针 全部（+14针）
（56针）
2行平
2-1-6
3-1-1
行 针 次
（-7针）
7
17行
3.5
10行
0.5
（1行）
（起伏针）
Cocoon线
从左前身片（16针）挑针
从后身片（24针）挑针
从右前身片（16针）挑针
※ 钩织时要注意，折回后应为正面
※ 看着身片的正面挑针

边缘编织

1个花样

衣领的编织方法（衣领正面）
伏针收针
从右前身片（16针）挑针
从后身片（24针）挑针
从左前身片（16针）挑针
= Cocoon线
= Ischia线
配色

1.5
衣领挑针止位
1.5
将按扣缝在反面
17.5
前门襟
（起伏针）
Ischia线
（110针）挑针
（4针）挑针
4.5
（12行）

组合方法
衣领正面
衣领反面
缝上盘扣
8
3
1
17
16
2
使用藏针缝缝上花片
将花片翻到反面，使用藏针缝缝合固定
使用藏针缝缝上口袋
※ 口袋、花片、盘扣均缝在左右对称的位置

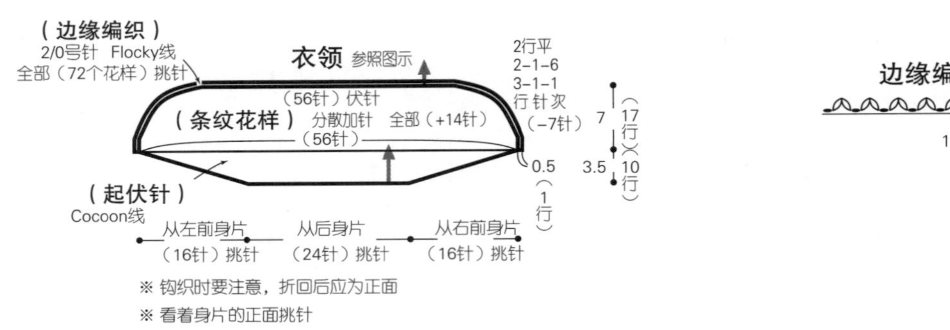

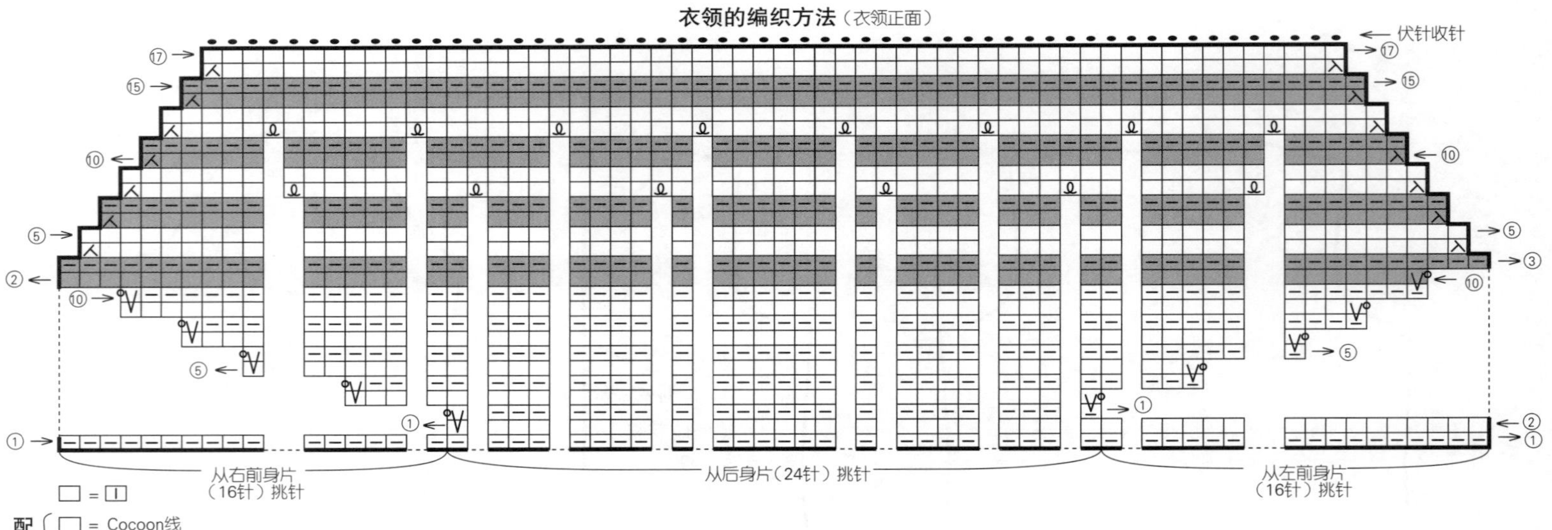

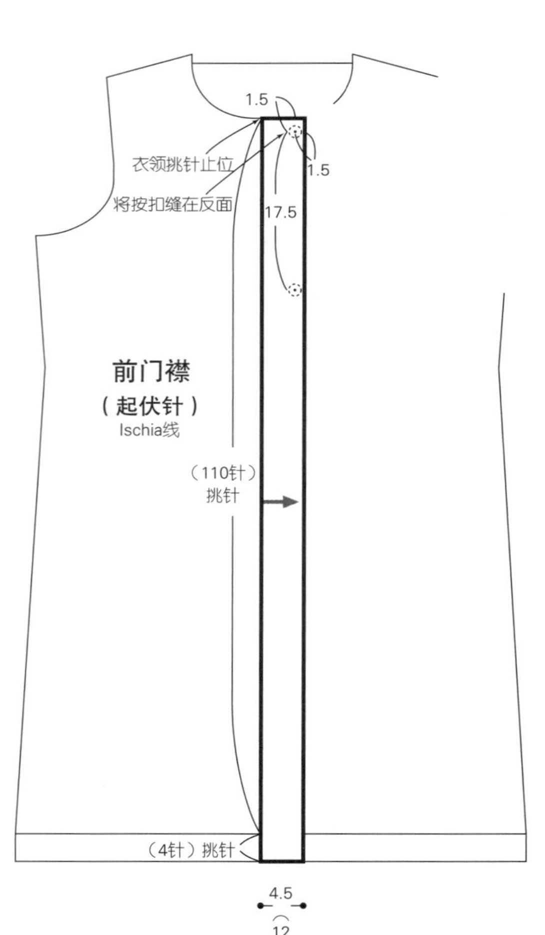

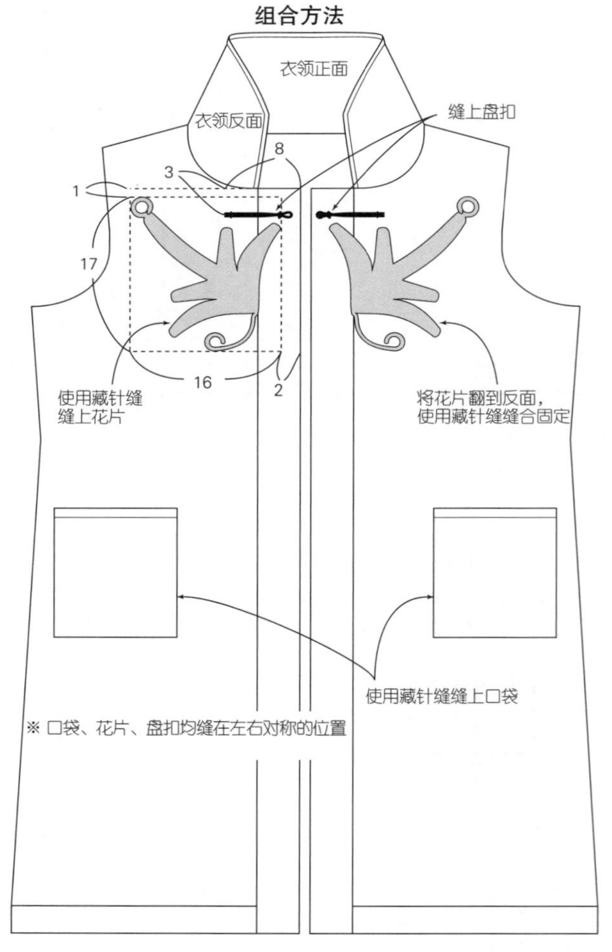

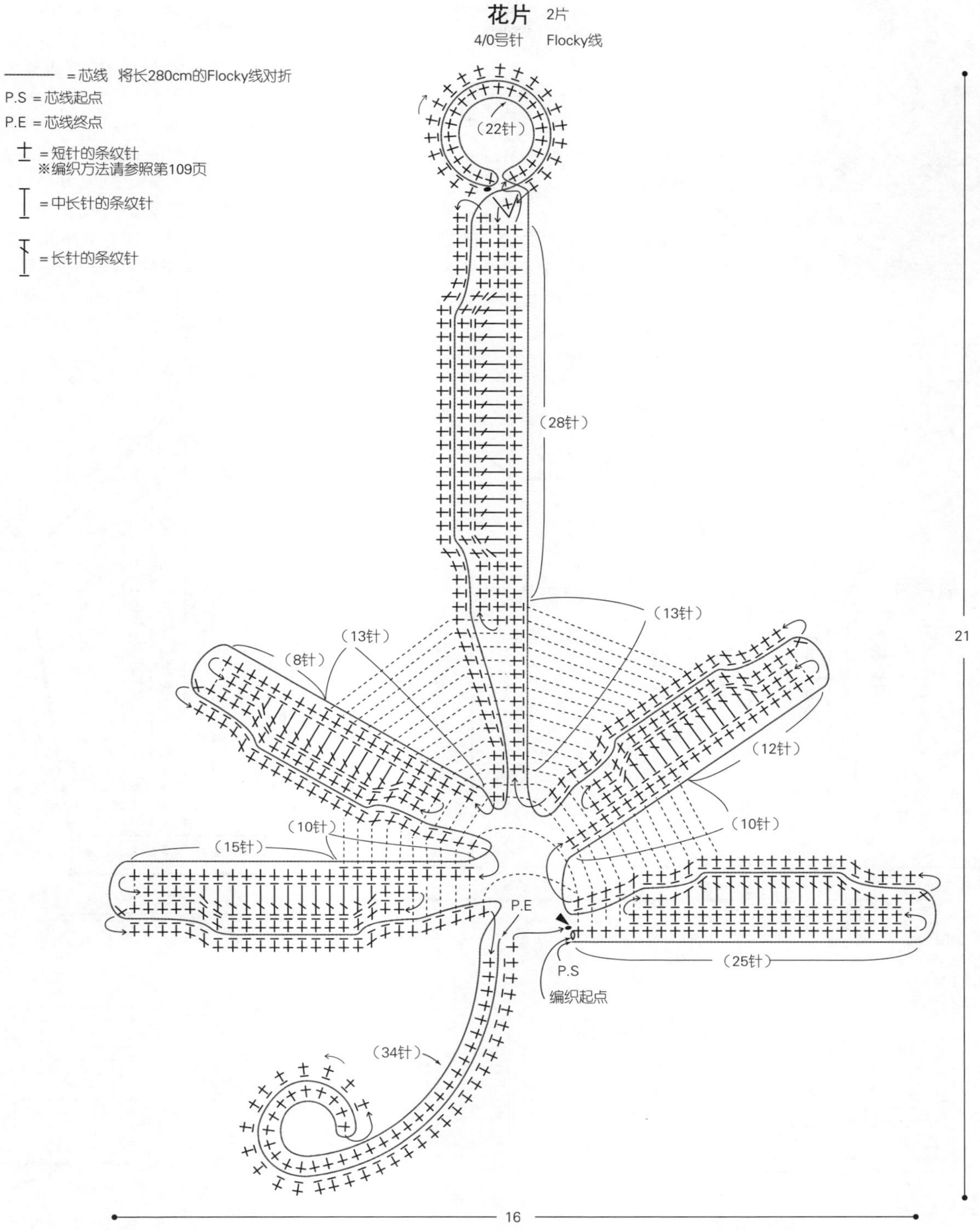

花片 2片
4/0号针 Flocky线
= 芯线 将长280cm的Flocky线对折
P.S = 芯线起点
P.E = 芯线终点
= 短针的条纹针
※编织方法请参照第109页
= 中长针的条纹针
= 长针的条纹针
(22针)
(28针)
(13针)
(13针)
(8针)
(12针)
(10针)
(10针)
(15针)
(25针)
(34针)
P.E
P.S
编织起点
21
16

在芯线上加线钩织的方法（短针）

芯线
挂线
拉出

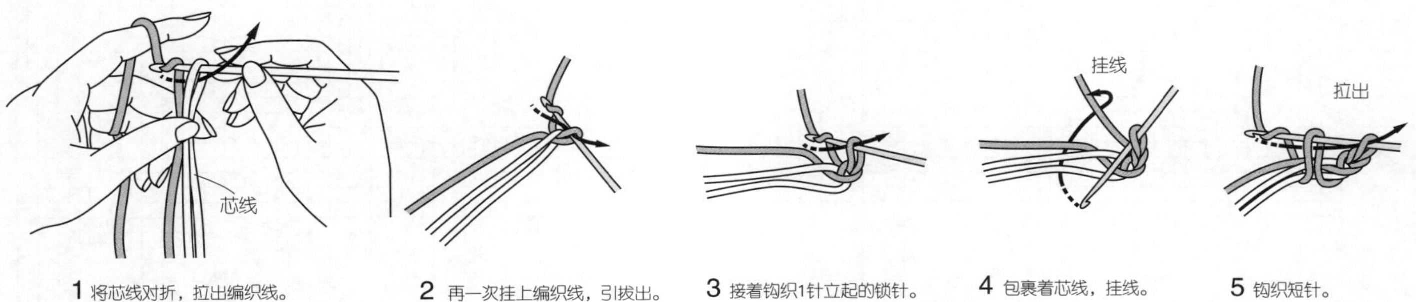

1 将芯线对折，拉出编织线。

2 再一次挂上编织线，引拔出。

3 接着钩织1针立起的锁针。

4 包裹着芯线，挂线。

5 钩织短针。

材料

Mondo Fil Mondo Nep 浅茶色（A）310g；Extratam茶色系混合（314）105g；直径25mm的纽扣1颗

工具

棒针6号、4号

成品尺寸

胸围98cm，衣长59cm，连肩袖长69.5cm

编织密度

10cm×10cm面积内：下针编织18.5针，26.5行；编织花样B、B'均为25针，26.5行；编织花样C为22.5针，26.5行；编织花样A 1个花样3针为1cm，26.5行为10cm

编织要点

●身片、袖…手指起针，从单罗纹针开始编织。随后再组合做下针编织和编织花样A、B、B'、C。腋下的针目编织伏针，插肩线减针时，立起侧边2针减针。领窝处减针时，2针及2针以上时做伏针减针，1针时立起侧边1针减针。袖下加针时，在1针内侧编织扭针加针。

●组合…插肩线、肋、袖下使用毛线缝针挑针缝合。腋下的针目使用毛线缝针做下针编织无缝缝合。后身片两端编织单罗纹针，在左后身片两端编织扣眼，编织终点，做下针织下针、上针织上针的伏针收针。衣领挑取指定数量的针目，编织单罗纹针，左、右后身片两端要重叠在一起挑针。编织终点与后身片两端的处理方法相同。

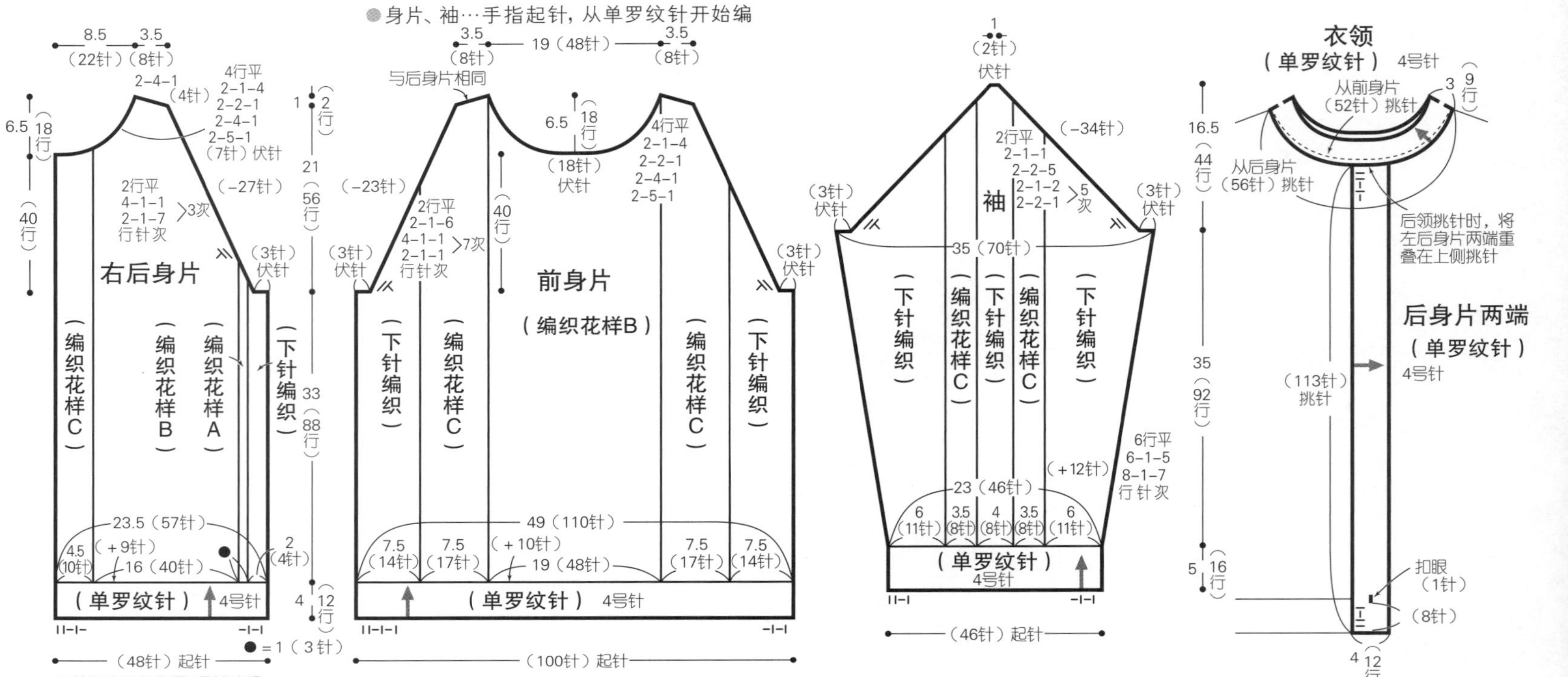

右后身片

前身片（编织花样B）

袖

衣领（单罗纹针）4号针

后身片两端（单罗纹针）4号针

※ 除指定以外均用6号针编织

※ 全部使用Mondo Nep线和Extratam线各1根并为1股编织

※ 左后身片对称编织（编织花样B换为B'）

单罗纹针

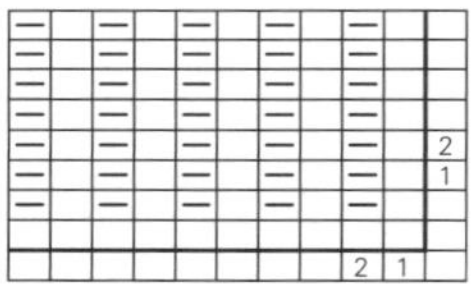

编织花样A

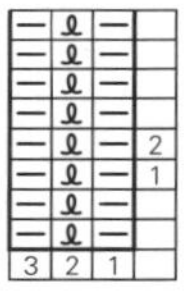

编织花样C

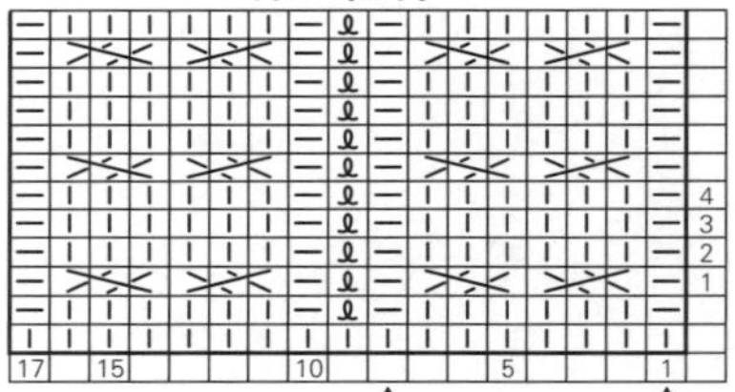

扣眼（左后身片两端）

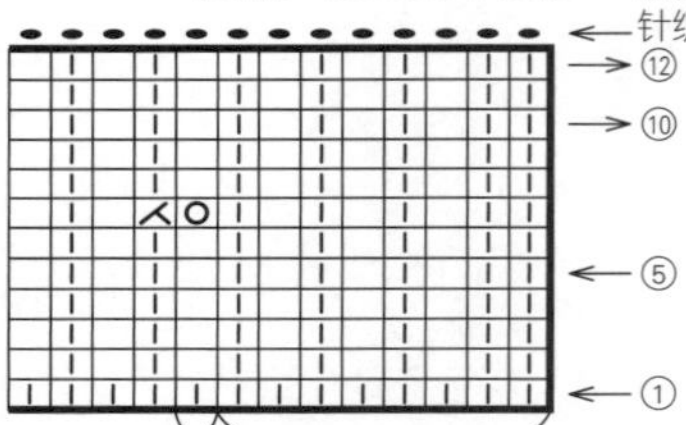

编织花样B

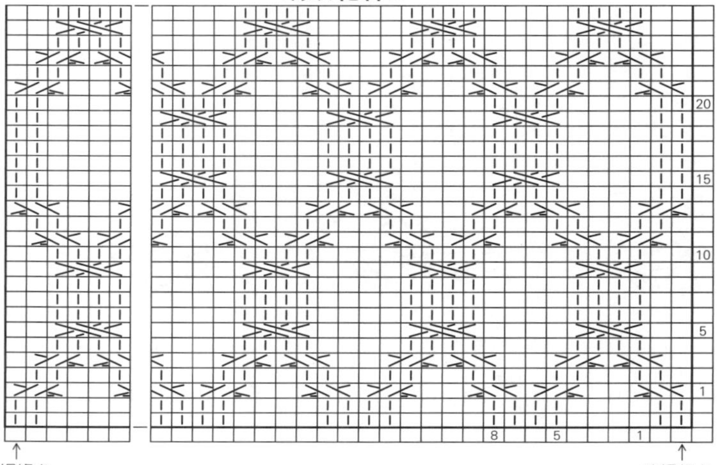

编织花样B'

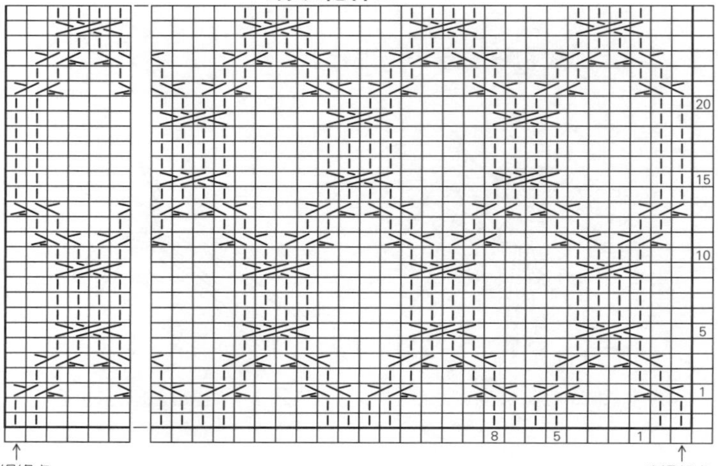

= 左上2针和1针的交叉（下侧为上针）

= 右上2针和1针的交叉（下侧为上针）

编织方法请参照第156页

材料

DMC HANDY 蓝色（BLEU 07）430g/3桄

工具

棒针15mm

成品尺寸

宽36cm，高23.5cm

编织密度

10cm×10cm面积内：桂花针5针，9行；下针编织5针，8行

编织要点

●手指起针，编织桂花针、下针编织。编织终点做伏针收针。带子用手指做指编锁针编织。对齐相同标记使用毛线缝针挑针缝合。在指定位置穿入带子，在一端打结。

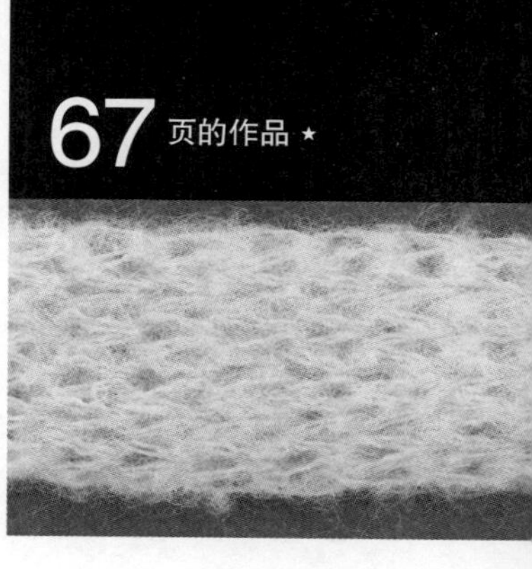

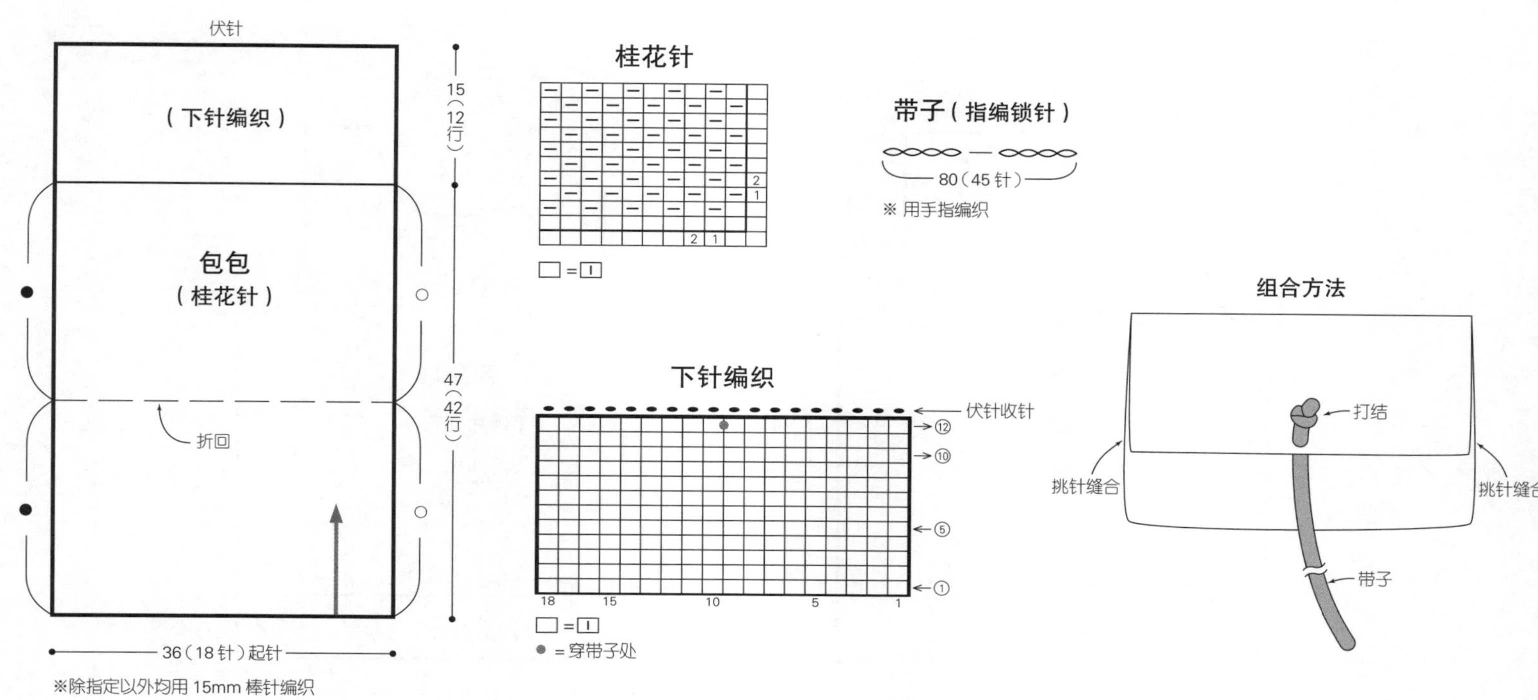

指编锁针

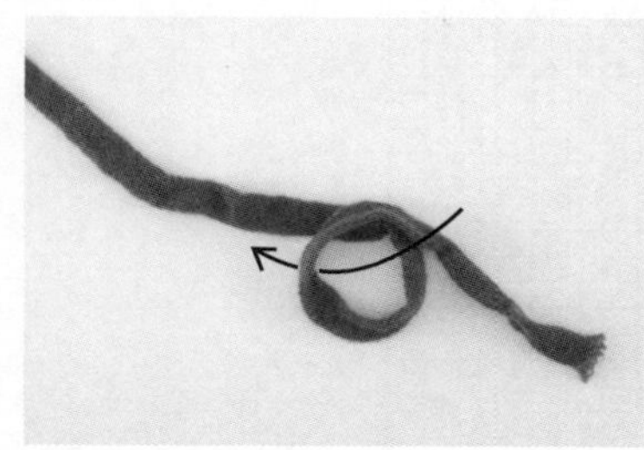

1　将拇指和食指插入线圈中，钩住线并拉出来。

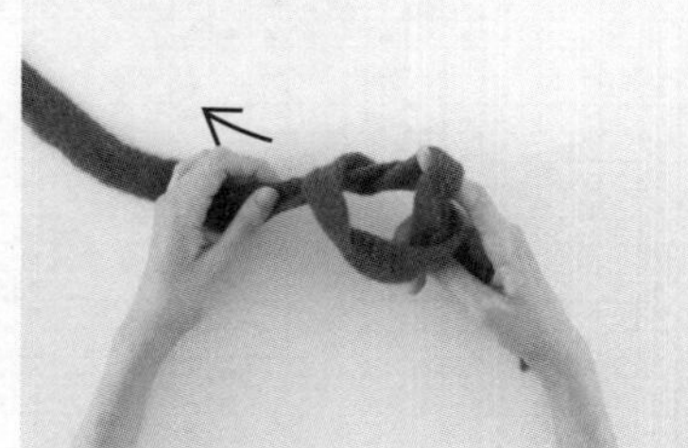

2　将拉出来的线挂在食指上，收紧。

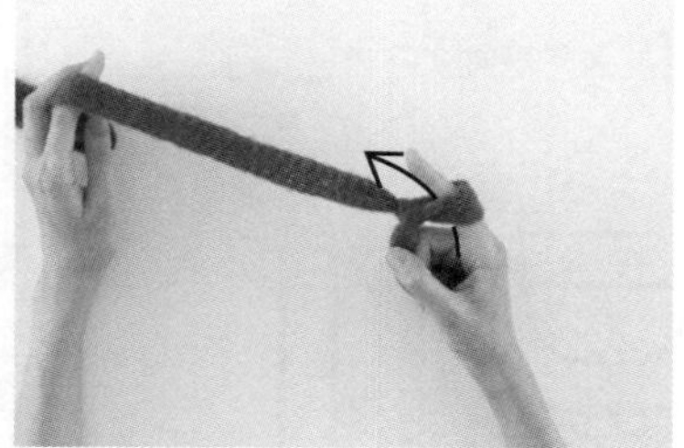

3　将拇指插入线圈中。

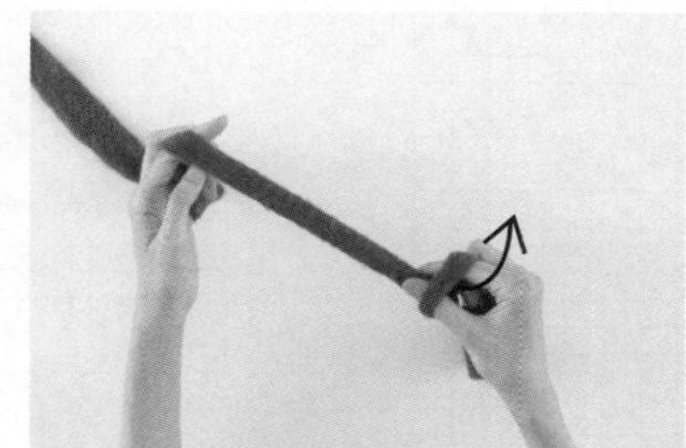

4　抓住线并拉出来。

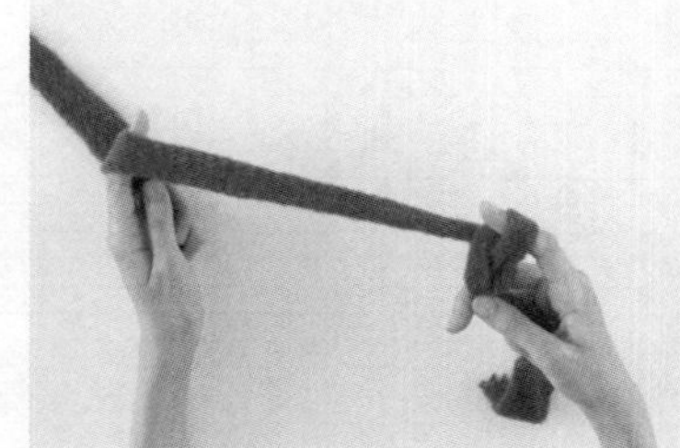

5　编好了1针。

6　重复步骤3、4，编织所需的针数。

材料

芭贝 Princess Anny灰色(518) 180g/5团，酒红色(510)、灰紫色(523) 各25g/各1团，藏青色(516)、浅灰蓝色(534)、浅灰色(546)、蓝色(559)、绿色(560) 各15g/各1团，黄绿色(536)、黄色(551) 各5g/各1团

工具

棒针4号、5号、3号

成品尺寸

胸围90cm，肩宽36cm，衣长59.5cm

编织密度

10cm×10cm面积内：下针编织26针，33行；配色花样29.5针，30.5行

编织要点

●身片…手指起针，编织双罗纹针。随后，后身片做下针编织，前身片编织配色花样。配色花样采用横向渡线的方法编织。袖窿、领窝处减针时，2针及2针以上时做伏针减针，1针时立起侧边1针减针。

●组合…肩部做盖针接合。衣领、袖窿挑取指定数量的针目，编织双罗纹针，编织终点，做下针织下针、上针织上针的伏针收针。袖窿、胁使用毛线缝针挑针缝合。

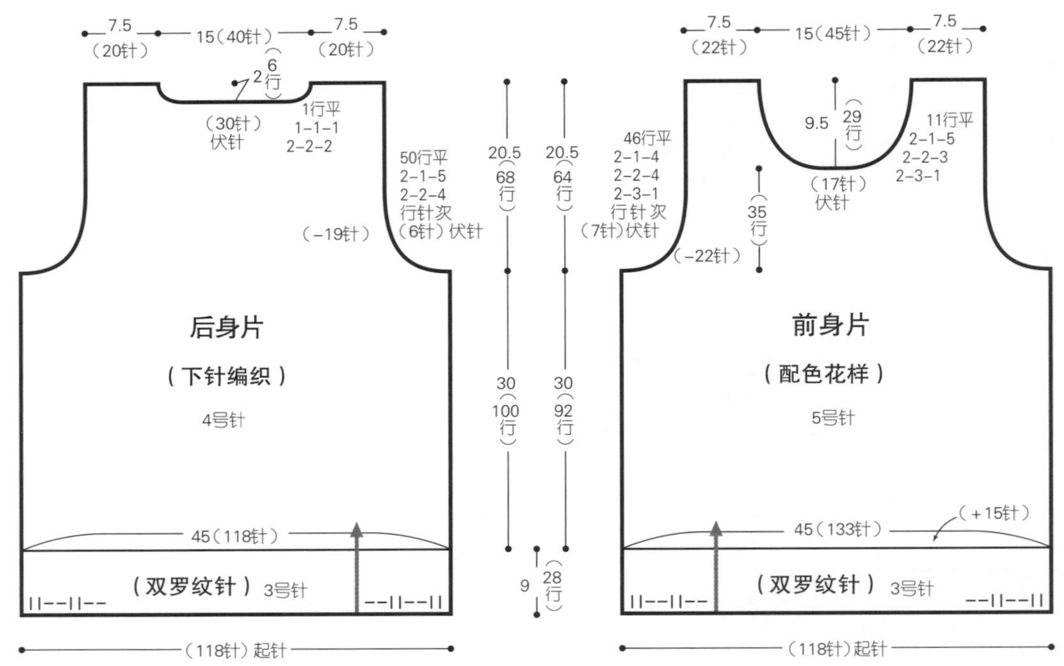

※除指定以外均用灰色线编织

※横向渡线编织配色花样的方法请参照第139页

配色花样

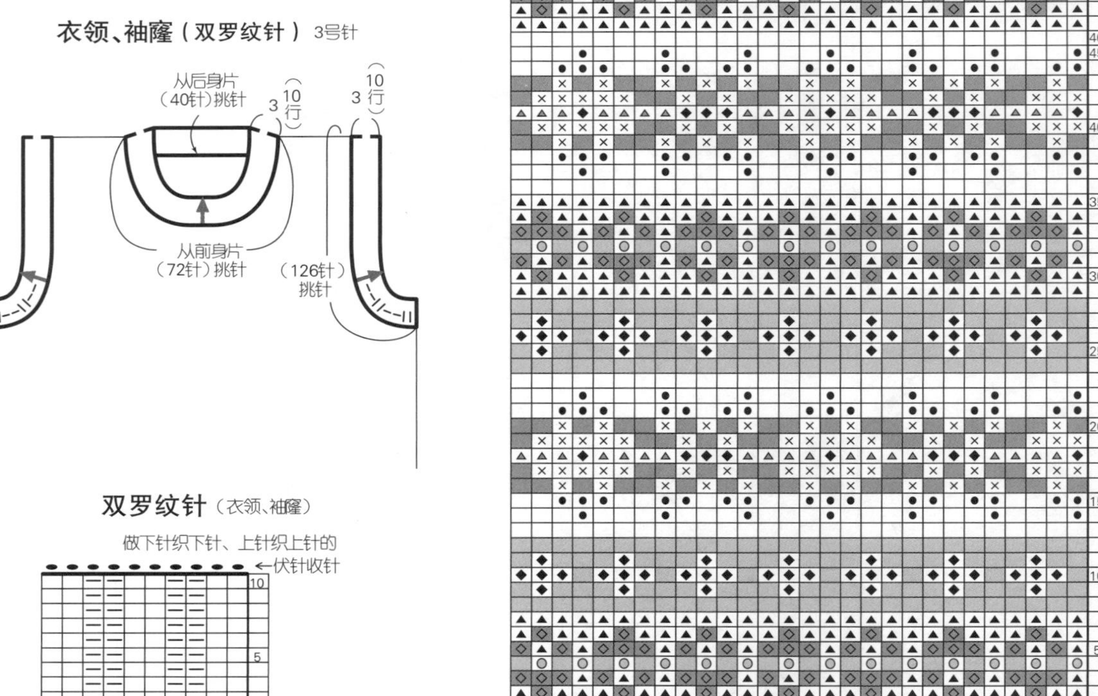

配色

▲ = 灰紫色

◇ = 浅灰蓝色

◎ = 黄绿色

▒ = 酒红色

◆ = 蓝色

□ = 灰色

● = 绿色

■ = 藏青色

☒ = 浅灰色

△ = 黄色

材料

芭贝Queen Anny白色(802) 415g/9团，黑色(803) 150g/3团

工具

棒针6号、5号，钩针7/0号

成品尺寸

胸围110cm，衣长63.5cm，连肩袖长49cm

编织密度

10cm×10cm面积内：下针编织20针，28行；配色花样A、B均为20针，27行；条纹花样19.5针，28行

编织要点

●身片、袖…手指起针，后身片组合编织双罗纹针，前身片组合编织起伏针、配色花样A和B、下针编织。配色花样采用横向渡线的方法编织。胁部加针时，在2针内侧编织扭针加针。领窝处减针时，2针及2针以上时做伏针减针，1针时，使用侧边第2针与第3针编织2针并1针。袖与身片使用相同的方法起针开始编织，编织条纹花样，编织终点做伏针收针。

●组合…肩部做盖针接合，胁、袖下使用毛线缝针挑针缝合。衣袖的织片是将反面当作正面使用，袖下要看着织片的反面缝合。衣领钩织边缘编织，袖口钩织短针。使用钩针将衣袖引拔接合到身片上。

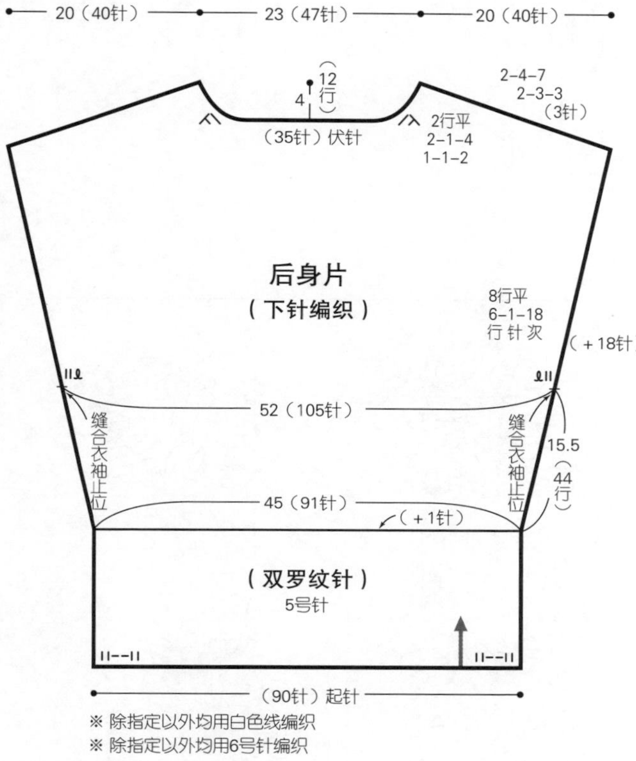

后身片（下针编织）

20（40针） 23（47针） 20（40针）
4（12行） (35针)伏针 2行平 2-1-4 1-1-2 2-4-7 2-3-3 (3针)
7（20行） 41.5（116行） 15（46行）
8行平 6-1-18 行针次 (+18针)
52（105针） 缝合衣袖止位 15.5（44行）
45（91针） (+1针)
（双罗纹针） 5号针
(90针)起针

※ 除指定以外均用白色线编织
※ 除指定以外均用6号针编织

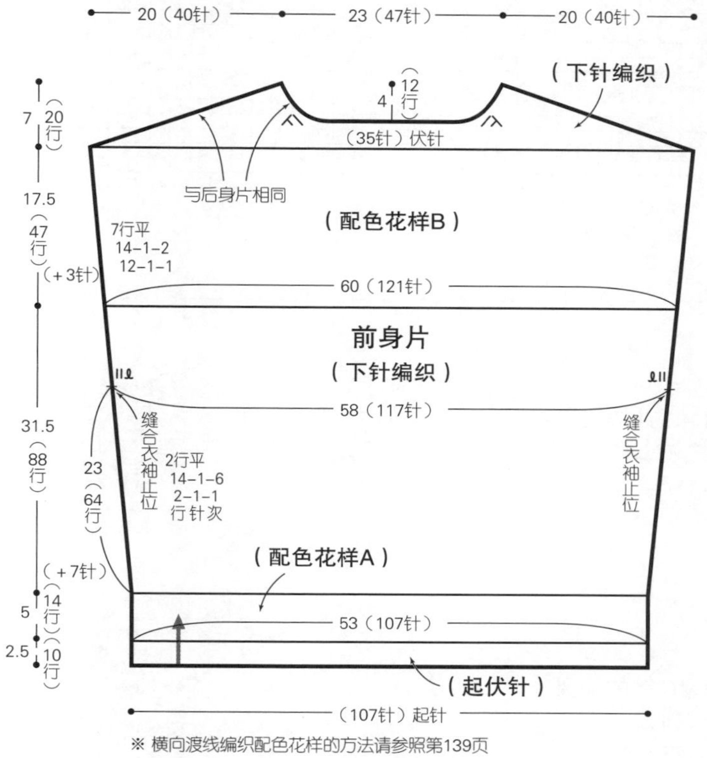

前身片（下针编织）

20（40针） 23（47针） 20（40针）
4（12行） (35针)伏针 （下针编织） 与后身片相同
7（20行） 17.5（47行） (+3针) 31.5（88行） 23（64行） 5（14行） 2.5（10行）
（配色花样B） 7行平 14-1-2 12-1-1
60（121针）
58（117针） 缝合衣袖止位 2行平 14-1-6 2-1-1 行针次
（配色花样A） (+7针)
53（107针）
（起伏针）
(107针)起针

※ 横向渡线编织配色花样的方法请参照第139页

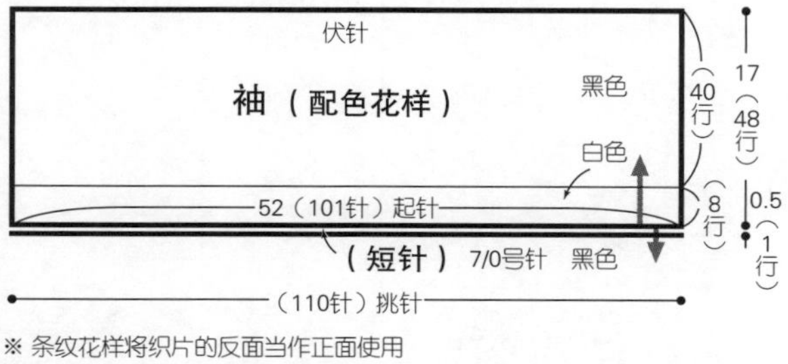

袖（配色花样）

伏针 黑色 白色
17（48行） 40（40行） 8（8行）
52（101针）起针
（短针） 7/0号针 黑色 0.5（1行）
(110针)挑针

※ 条纹花样将织片的反面当作正面使用

双罗纹针

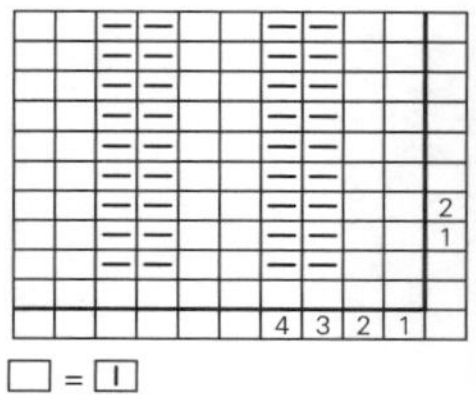

□ = ｜

起伏针

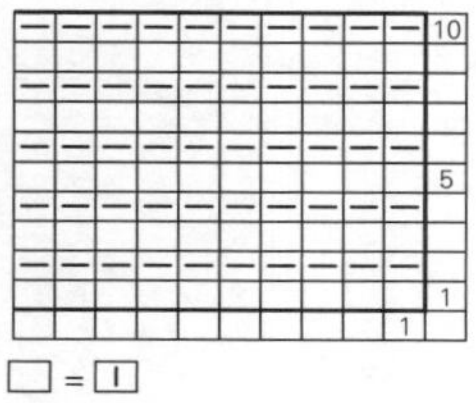

□ = ｜

衣领（边缘编织）

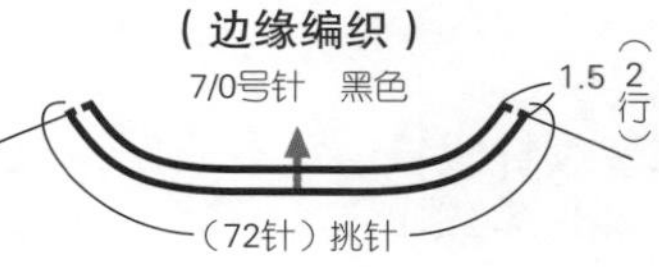

7/0号针 黑色 1.5（2行）
(72针)挑针

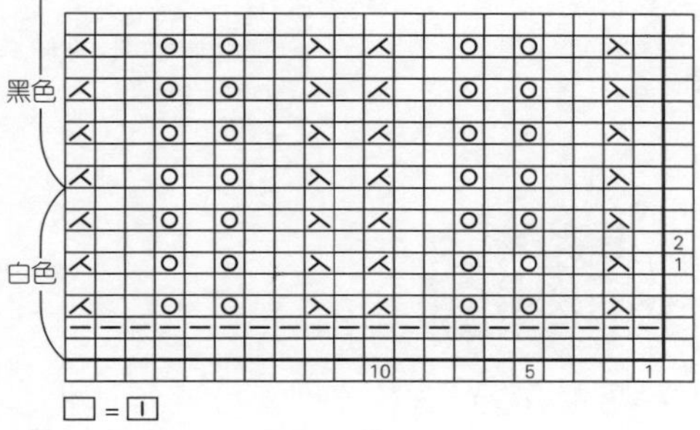

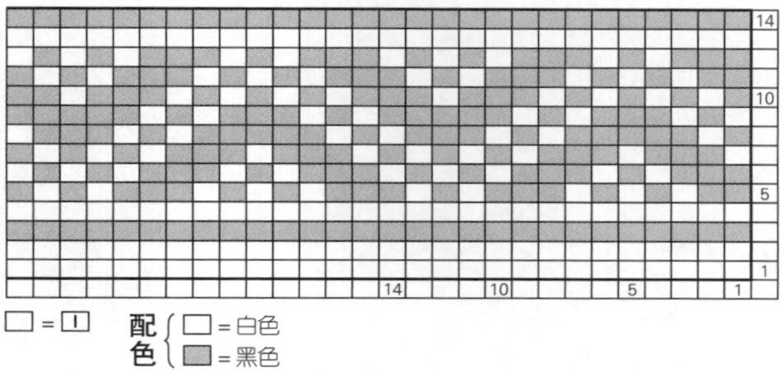

边缘编织

► = 剪线

3针1个花样

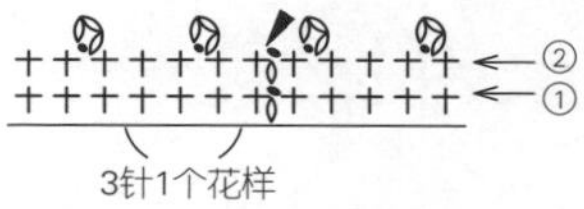

= 3针锁针的狗牙拉针

※编织方法请参照第138页

短针

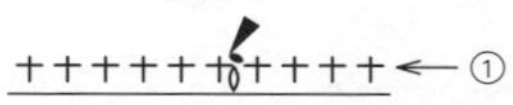

配色花样A

□ = ｜ 配色 □ = 白色 ▨ = 黑色

条纹花样

黑色 白色

□ = ｜

配色花样B

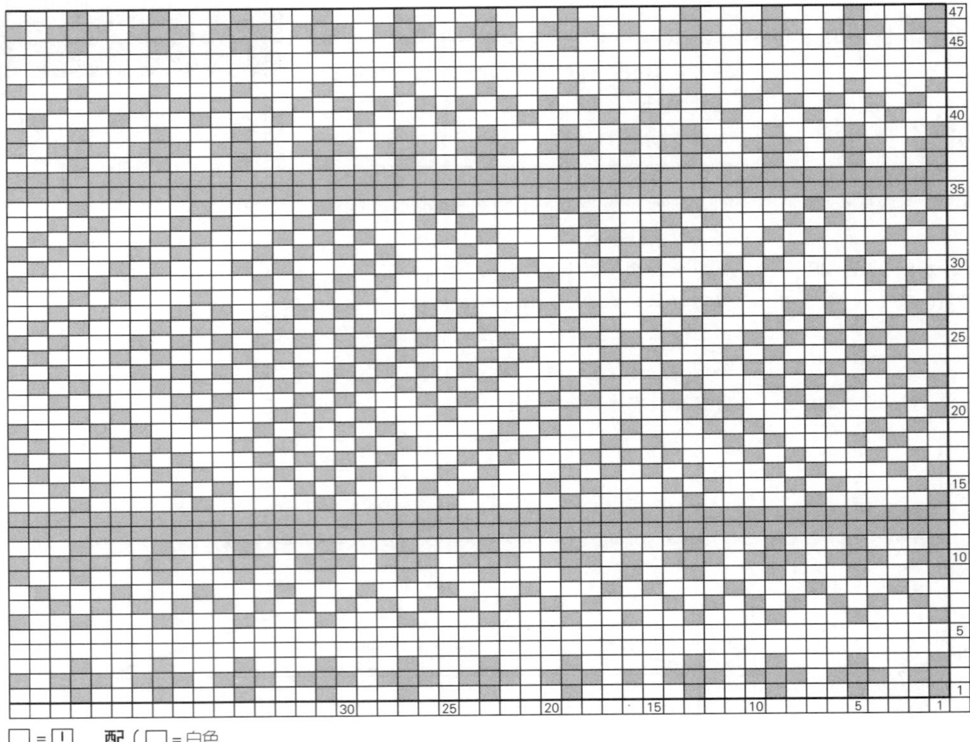

□ = ⊟　配色 { □ = 白色　▩ = 黑色 }

右上2针和1针的交叉（下侧为上针）

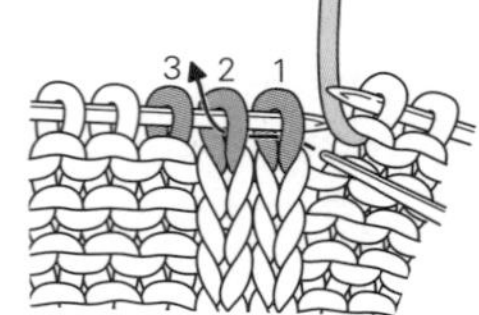

1 将右侧的2针移到麻花针上，留在织片前休针备用。

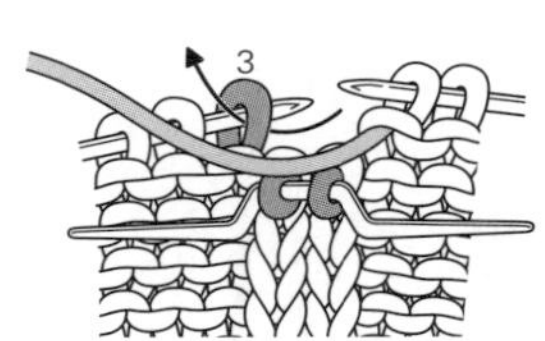

2 针目3编织上针。

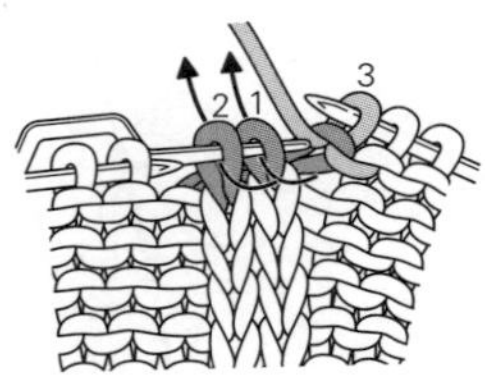

3 麻花针上的2针编织下针。

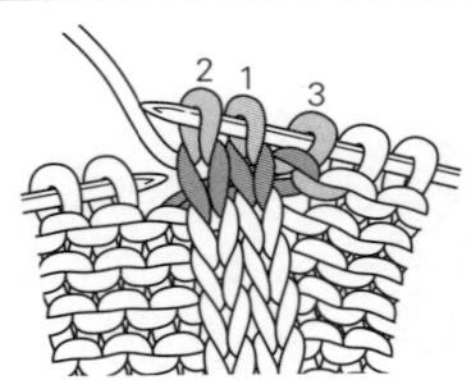

4 右上2针和1针的交叉（下侧为上针）完成。

左上2针和1针的交叉（下侧为上针）

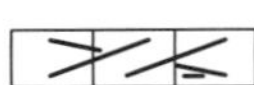

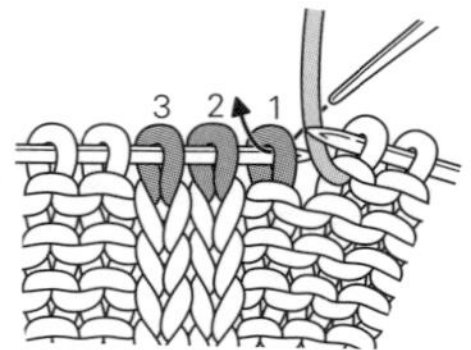

1 将针目1移到麻花针上，留在织片后休针备用。

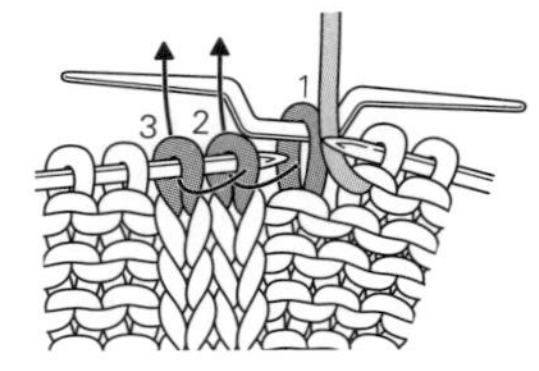

2 针目2、3编织下针。

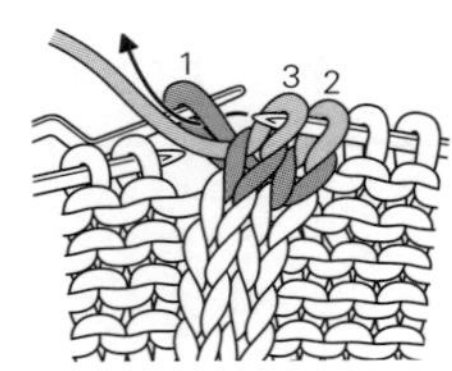

3 麻花针上的针目编织上针。

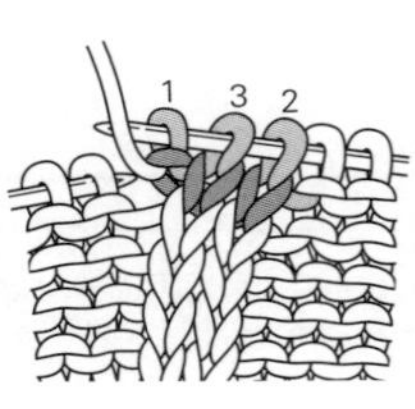

4 左上2针和1针的交叉（下侧为上针）完成。

单罗纹针收针（环形编织）

编织起点侧

1 从针目1（第1针下针）的后侧入针，从针目2的后侧出针。

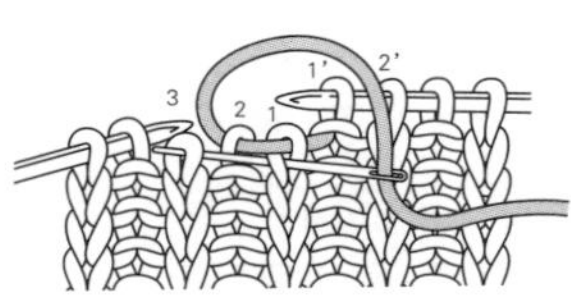

2 从针目1的前侧入针，从针目3的前侧出针。

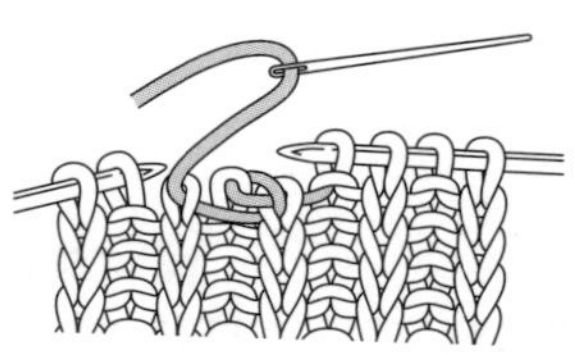

3 将线拉出后的样子。

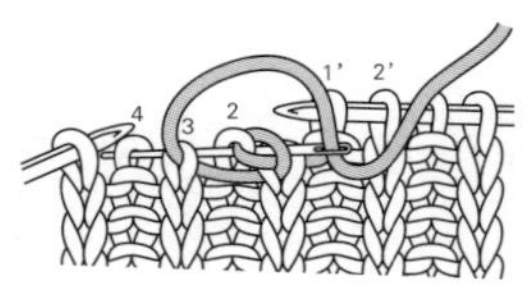

4 从针目2的后侧入针，从针目4的后侧出针（上针和上针）。

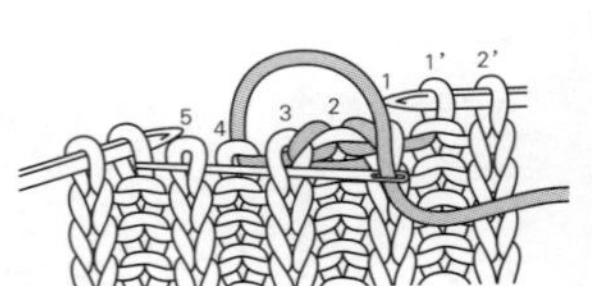

5 从针目3的前侧入针，从针目5的前侧出针（下针和下针）。重复步骤4、5。

编织终点侧

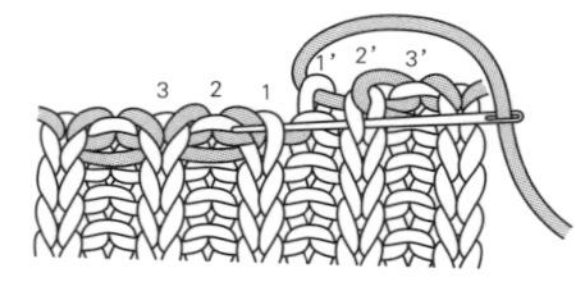

6 从针目2'的前侧入针，从针目1（第1针下针）的前侧出针（下针和下针）。

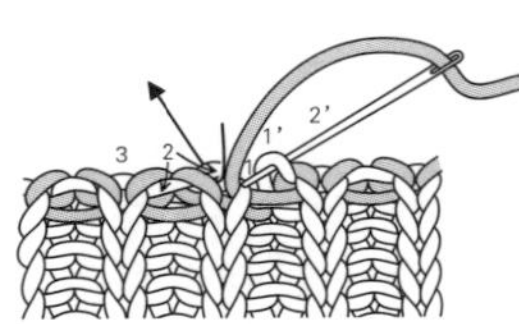

7 从针目1'（上针）的后侧入针，从针目2（第1针上针）的后侧出针。

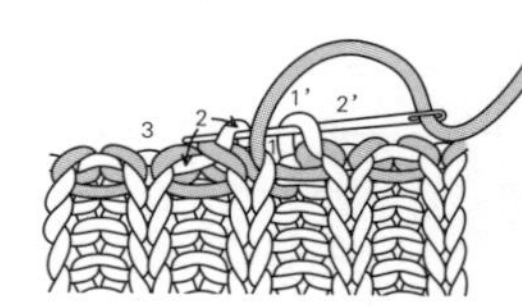

8 这是将针插入针目1'和针目2'后的样子。针目1、2中均入针3次。

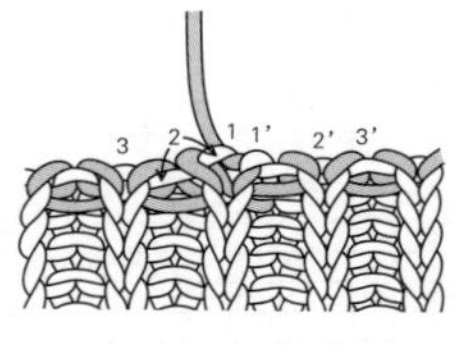

9 将线拉出后，完成。

材料

芭贝 Princess Anny 红色(555) 465g/12团

工具

棒针5号、4号

成品尺寸

胸围94cm，肩宽42cm，衣长59cm，袖长41.5cm

编织密度

10cm×10cm面积内：下针编织24针，33行；编织花样A 24针，40行；编织花样B 26.5针，35行

编织要点

●身片、袖…手指起针，组合编织起伏针、下针编织、编织花样A和B。减针时，2针及2针以上时做伏针减针，1针时立起侧边1针减针。加针时，在1针内侧编织扭针加针。

●组合…肩部做盖针接合。衣领挑取指定数量的针目，环形编织起伏针，编织终点做上针的伏针收针。对齐针与行，使用毛线缝针将袖缝合到身片上。胁、袖下使用毛线缝针挑针缝合。

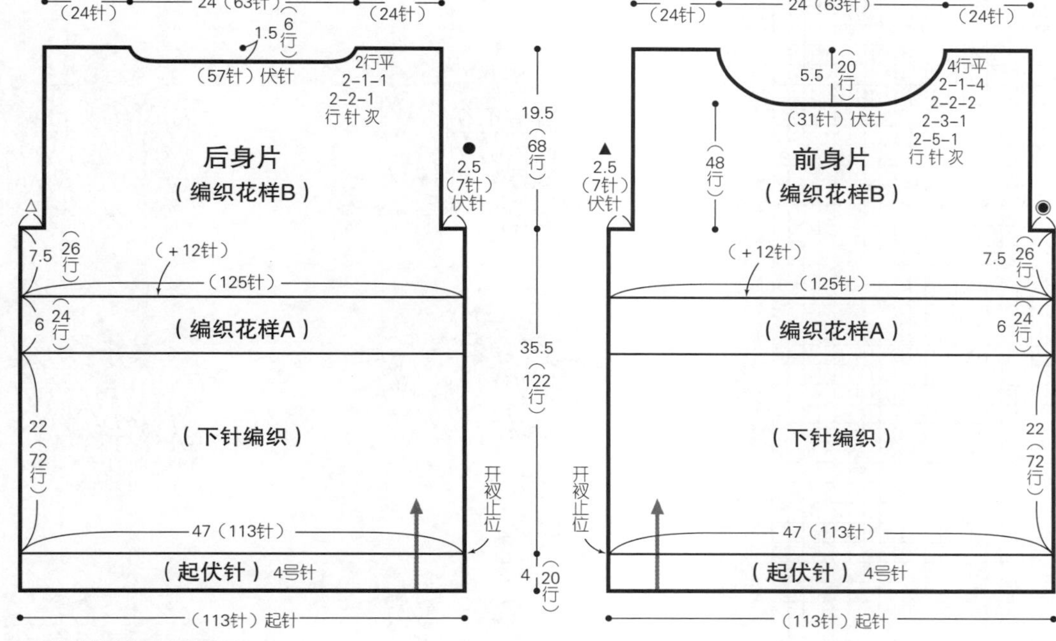

起伏针

右袖
(下针编织)
(编织花样A)
(下针编织)
(起伏针) 4号针
39 (95针)
伏针
2.5 8行
10.5 34行
6 24行
21 70行
2行平
6-1-1
8-1-14
行 针 次
(+15针)
27 (65针)
35 120行
4 20行
(65针) 起针

※ ( ) 内为左袖的对齐标记

衣领 (起伏针) 4号针
(56针) 挑针
2 11行
(65针) 挑针

编织花样A

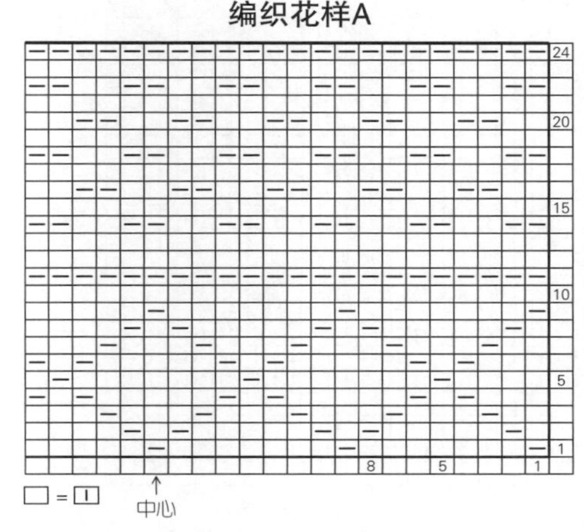

编织花样B

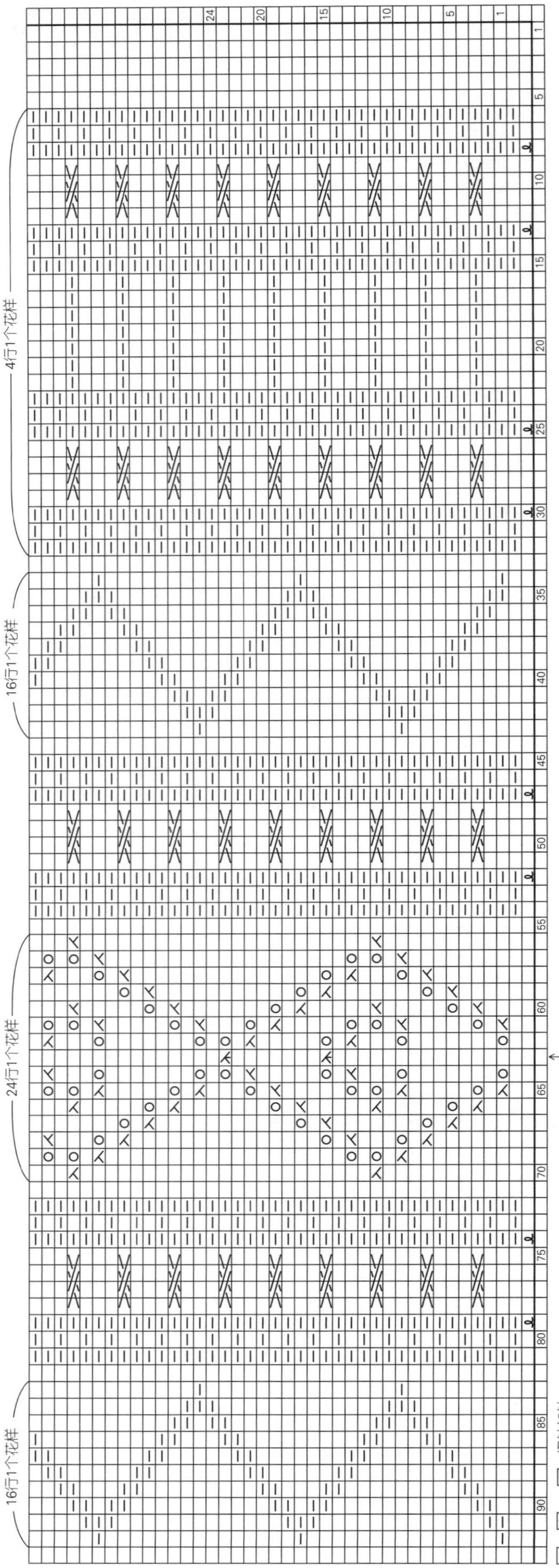

4行1个花样

16行1个花样

24行1个花样

16行1个花样 ☆

中心

□ = 丨　ℓ = 扭针加针

※ 花样除☆部分外，均从中心开始左右对称排列

右上扭针1针交叉（两针）

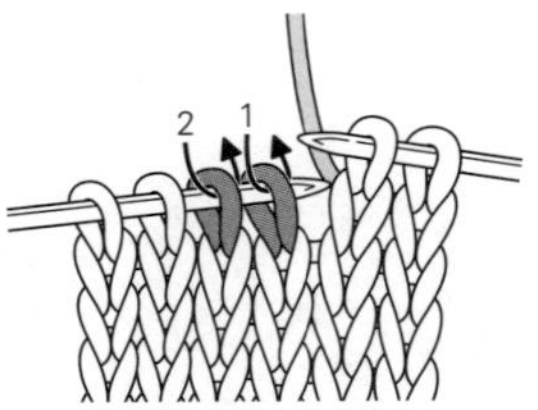

1 按照1、2的顺序将2针移到右棒针上。

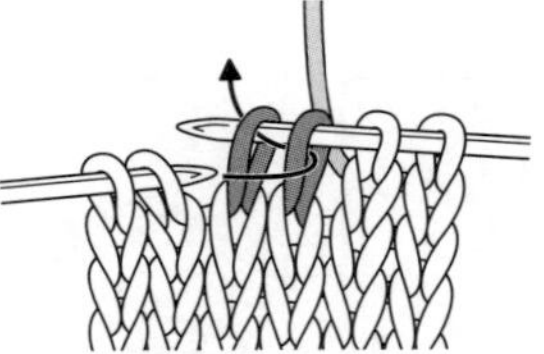

2 按照箭头的方向插入左棒针，将针目移回。

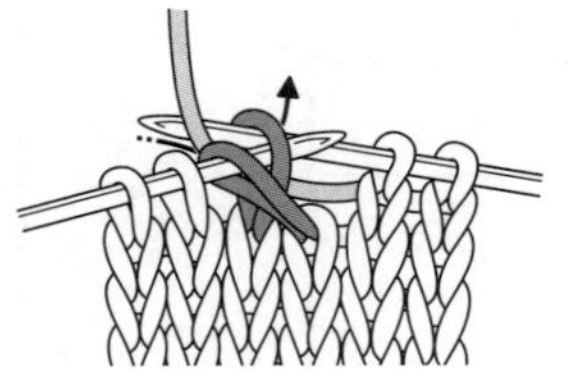

3 从右侧针目的后侧入针，编织扭针。

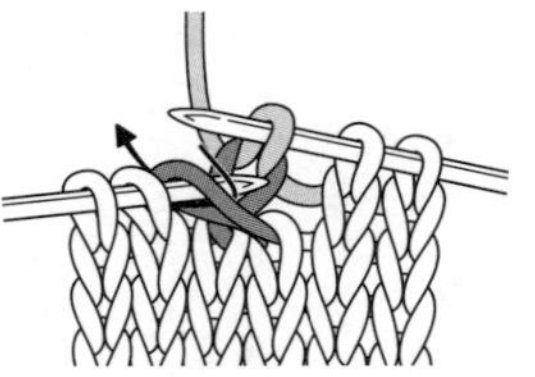

4 按照箭头的方向将右棒针插入左侧的针目中，也编织扭针。

左上扭针1针交叉（两针）

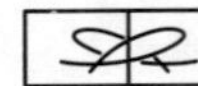

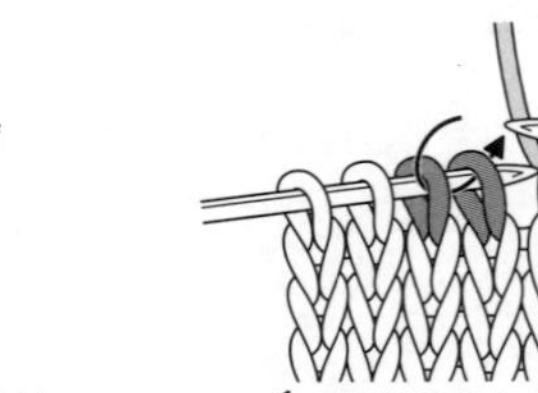

1 按照箭头的方向，将右棒针一次性插入2针中，移至右棒针上。

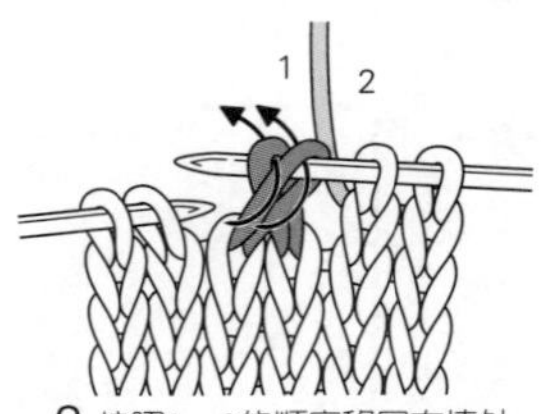

2 按照1、2的顺序移回左棒针。

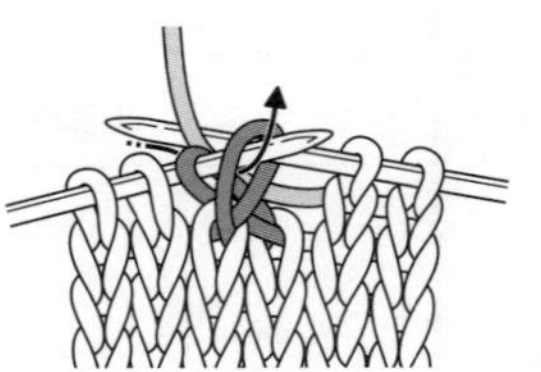

3 将右棒针从右侧插入右侧的针目中，编织扭针。

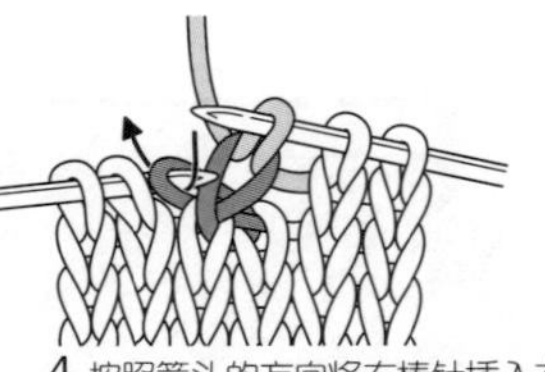

4 按照箭头的方向将右棒针插入左侧的针目中，也编织扭针。

73 页的作品 ★★★

材料

和麻纳卡 Amerry 茶色(36) 250g/7团

工具

棒针8号、6号

成品尺寸

胸围104cm，衣长50cm，连肩袖长30.5cm

编织密度

10cm×10cm面积内：上针编织20针，28行；编织花样A、A' 均为1个花样 15针为6cm，28行为10cm

编织要点

●身片…手指起针，组合做上针编织和编织花样A、A'、B。领窝处减针时，2针及2针以上时做伏针减针，1针时立起侧边1针减针。下摆挑取指定数量的针目，做编织花样C，编织终点，做下针织下针、上针织上针的伏针收针。

●组合…肩部做盖针接合。袖口挑取指定数量的针目，按编织花样C编织，编织终点与下摆的处理方法相同。胁、袖口使用毛线缝针挑针缝合。衣领挑取指定数量的针目，按编织花样C' 环形编织，编织终点与下摆的处理方法相同。

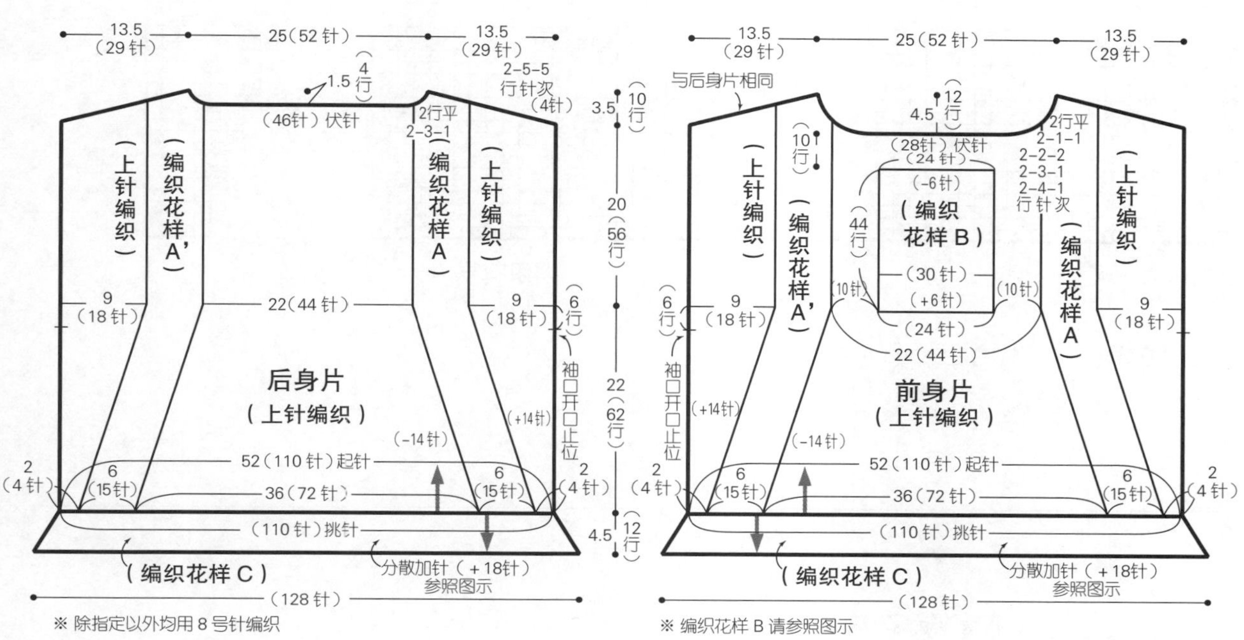

※ 除指定以外均用8号针编织

※ 编织花样B请参照图示

编织花样C

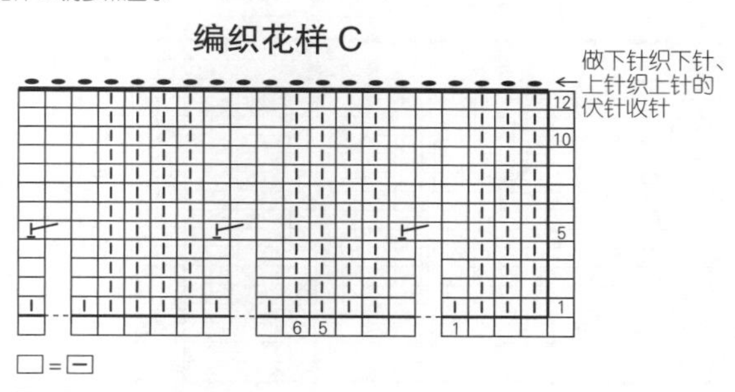

□=⊟

⊢ = 上针的右加针

※ 编织方法请参照第136页

编织花样B

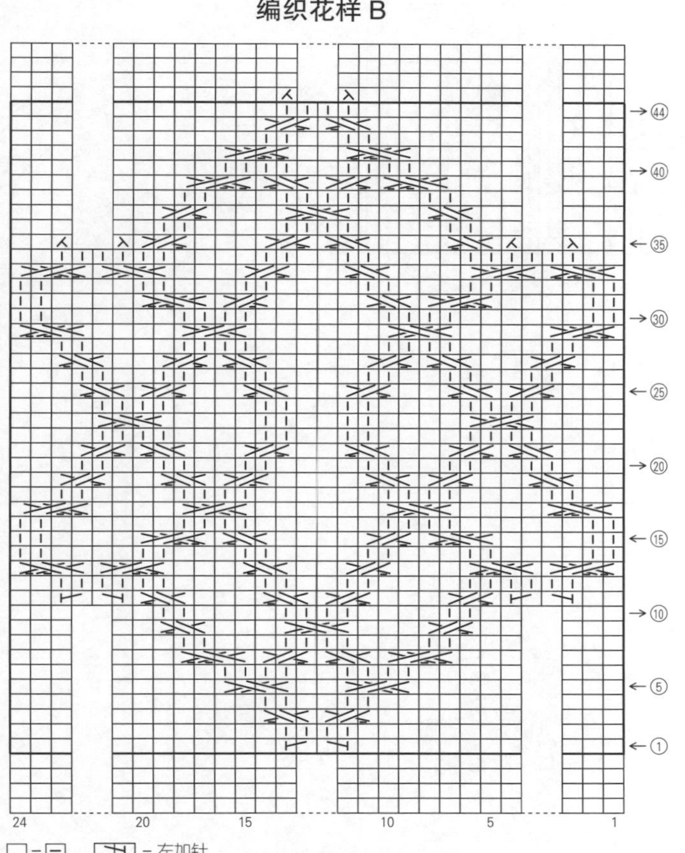

□=⊟　⊣ = 左加针　⊢ = 右加针

※ 编织方法请参照第136页

衣领（编织花样C'）6号针

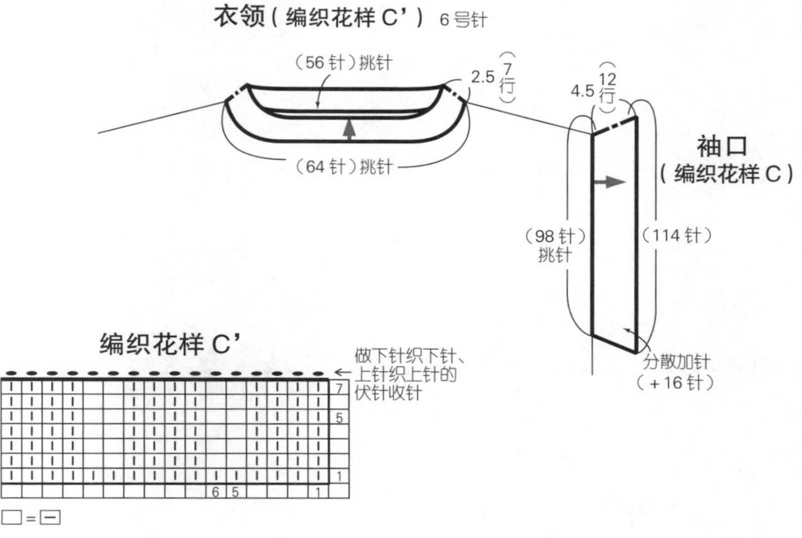

□=⊟

身片的编织方法

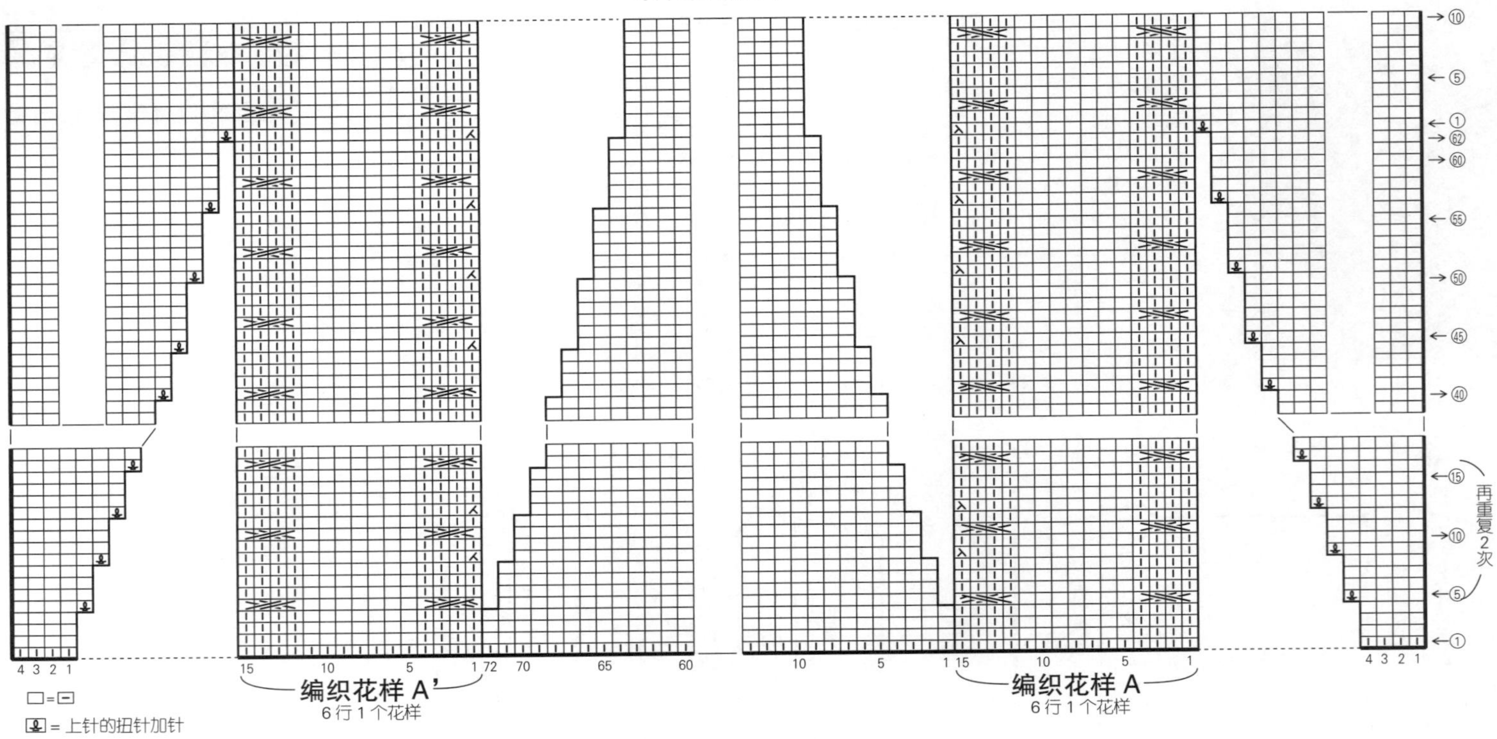

= 针目 1、2 留在织片前侧休针备用。
针目 3、4 编织下针。
休针的针目 1 编织下针，
针目 2 与针目 4 的下一针一起编织
右上 2 针并 1 针。

= 针目 1 的前一针不编织，直接移至右棒针上备用。
针目 1、2 留在织片后侧休针备用。
将移动的针目移回左棒针，与针目 3 一起编织左上 2 针并 1 针，
针目 4 编织下针。
休针的针目 1、2 编织下针。

接第 162 页▶

衣领的编织方法

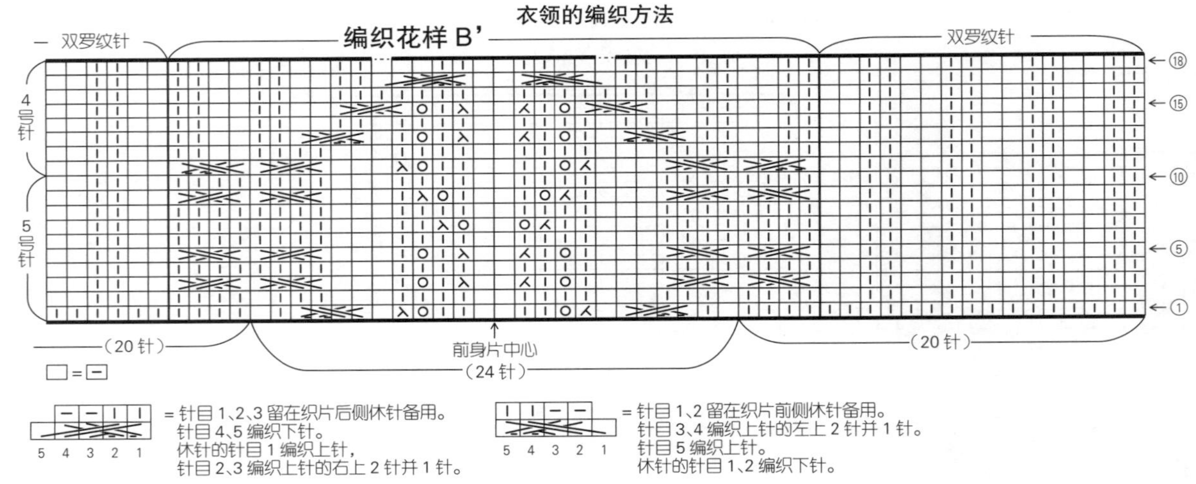

= 针目 1、2、3 留在织片后侧休针备用。
针目 4、5 编织下针。
休针的针目 1 编织上针，
针目 2、3 编织上针的右上 2 针并 1 针。

= 针目 1、2 留在织片前侧休针备用。
针目 3、4 编织上针的左上 2 针并 1 针。
针目 5 编织上针。
休针的针目 1、2 编织下针。

扣眼绣

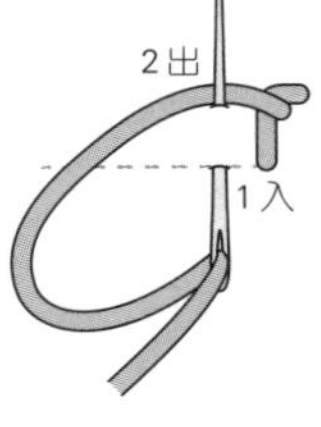

1 重复“入针、出针、挂线”。如果线拉得过紧，会不容易扣上纽扣。

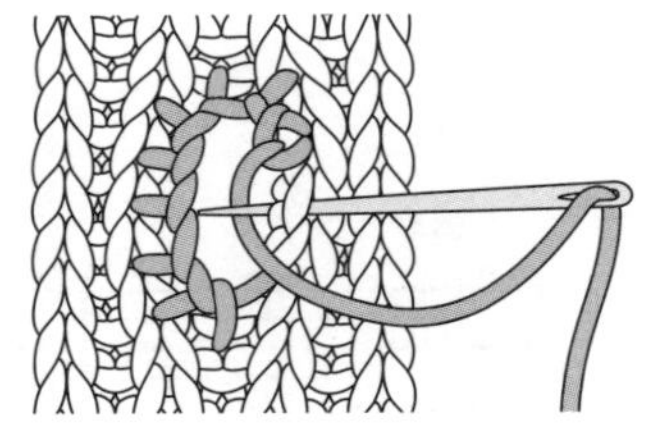

2 绣一圈。

3 将线头藏在反面，完成。

材料

和麻纳卡 Email 原色(1) 390g/13团

工具

棒针7号、6号、4号、5号

成品尺寸

胸围94cm，衣长61cm，连肩袖长69.5cm

编织密度

10cm×10cm面积内：编织花样A、A'、B均为26针，29行

编织要点

●身片、袖…手指起针，组合编织起伏针和编织花样A、B。第1行将成为从反面编织的行。开衩止位的减针参照图示。减针时，2针及2针以上时做伏针减针，1针时立起侧边1针减针，前领窝有部分针目是休针，请注意。衣袖另线锁针起针，按编织花样A'、B编织。拆开袖口起针的锁针，挑取针目，编织双罗纹针，编织终点做双罗纹针收针。

●组合…肩部做盖针接合。衣领挑取指定数量的针目，在环形编织双罗纹针和编织花样B'的同时调整编织密度，编织终点与袖口的处理方法相同。对齐针与行，使用毛线缝针将袖缝合到身片上。肋、袖下使用毛线缝针挑针缝合。

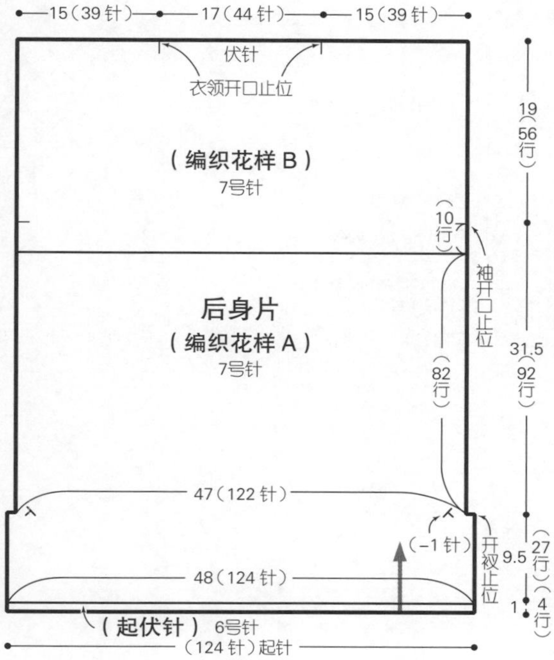

15(39针) 17(44针) 15(39针)

伏针

衣领开口止位

(编织花样B) 7号针

19 (56行)

10行

袖开口止位

后身片 (编织花样A) 7号针

31.5 (92行)

82行

47(122针)

(-1针)

开衩止位

9.5 27行

48(124针)

(起伏针) 6号针

1 (4行)

(124针)起针

15(39针) 17(44针) 15(39针)

12行 4

2行平 2-1-2 2-2-1 2-3-2 行针次

(24针)休针

44行 (编织花样B) 7号针

10行

袖开口止位

前身片 (编织花样A) 7号针

82行

47(122针)

(-1针)

开衩止位

48(124针)

(起伏针) 6号针

(124针)起针

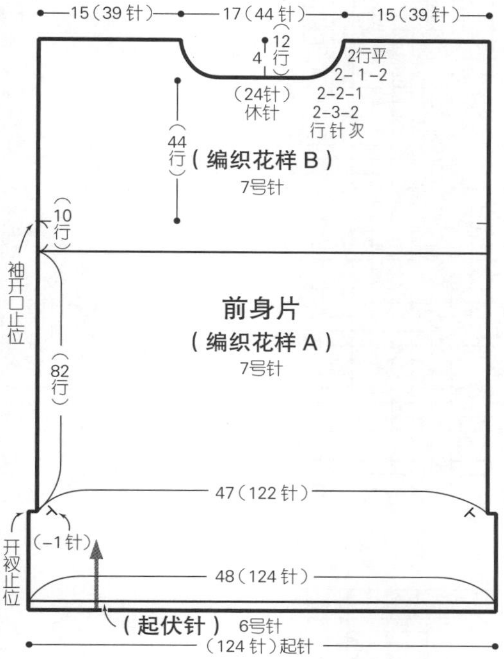

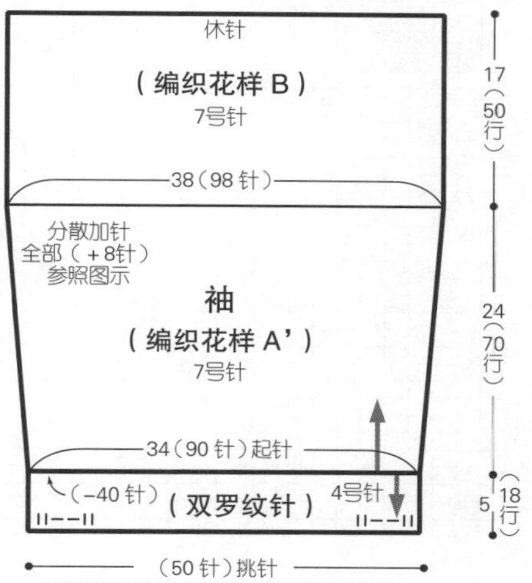

休针

(编织花样B) 7号针

17 (50行)

38(98针)

分散加针 全部(+8针) 参照图示

袖 (编织花样A') 7号针

24 (70行)

34(90针)起针

(-40针) (双罗纹针) 4号针

5 (18行)

(50针)挑针

※双罗纹针收针的方法请参照第119页

衣领

调整编织密度 参照图示

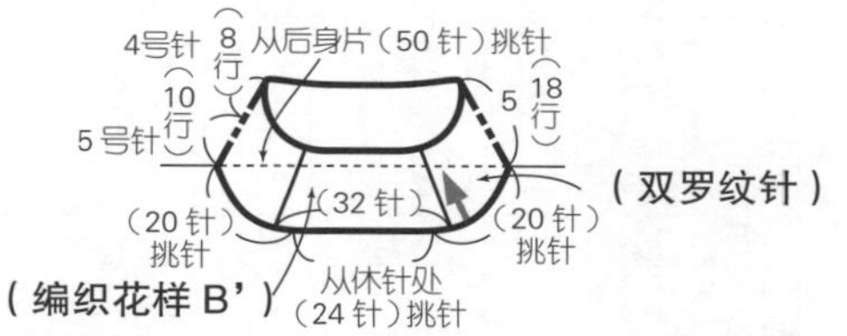

4号针 8行 从后身片(50针)挑针

5号针 10行 5 18行

(32针)

(20针)挑针 (20针)挑针

从休针处(24针)挑针

(编织花样B') (双罗纹针)

※双罗纹针收针(环形编织)的方法请参照第121页

编织花样A

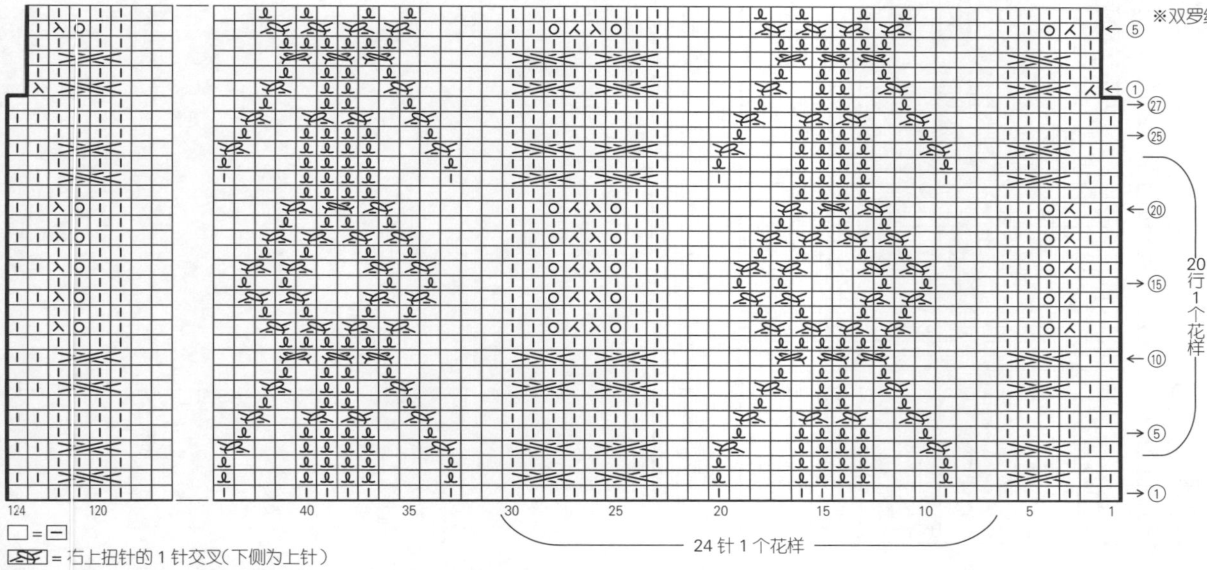

124 120 40 35 30 25 20 15 10 5 1

20行1个花样

24针1个花样

□=㊀

= 右上扭针的1针交叉(下侧为上针)

= 左上扭针的1针交叉(下侧为上针) ※编织方法请参照第164页

= 右上扭针1针交叉(两针)

= 左上扭针1针交叉(两针) ※编织方法请参照第158页

起伏针

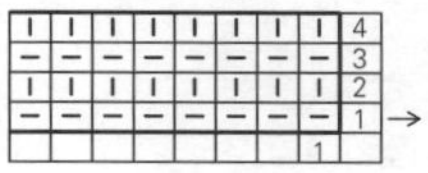

编织花样 B

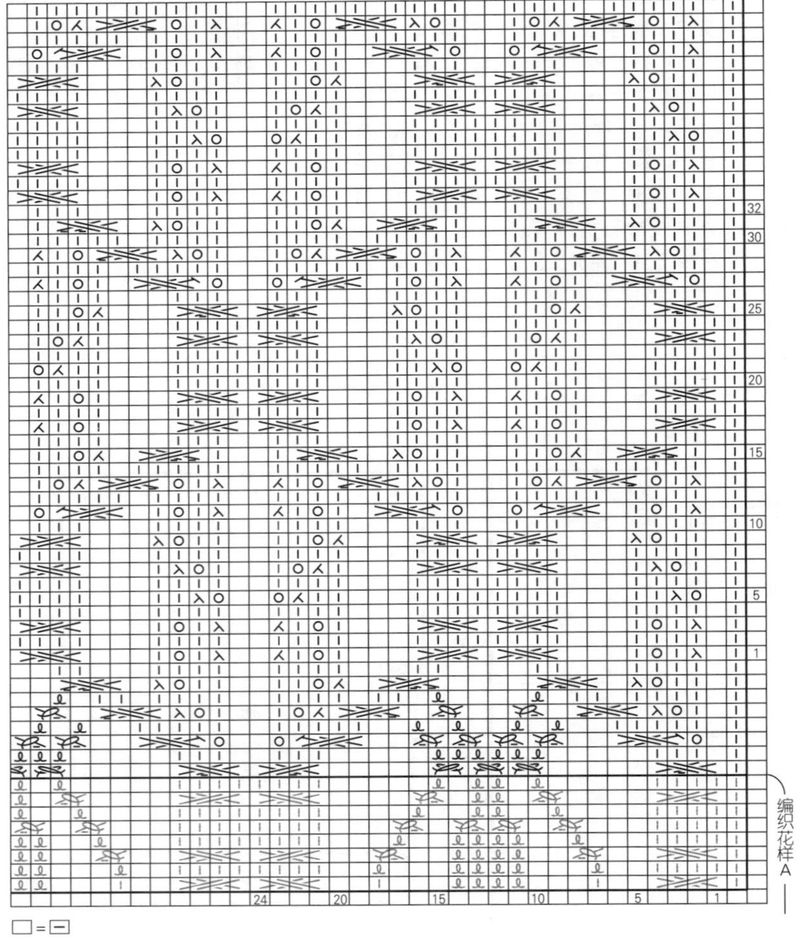

□=⊟

(symbol) 5 4 3 2 1 = 针目 1、2 留在织片后侧休针备用。
针目 3、4 编织下针。
休针的针目 1 编织下针，针目 2、5 编织左上 2 针并 1 针，编织挂针。

(symbol) 5 4 3 2 1 =编织挂针。针目2、3留在织片前侧休针备用。
针目 1、4 编织右上 2 针并 1 针。
针目 5 编织下针。
休针的针目 2、3 编织下针。

编织花样 A'和袖的分散加针

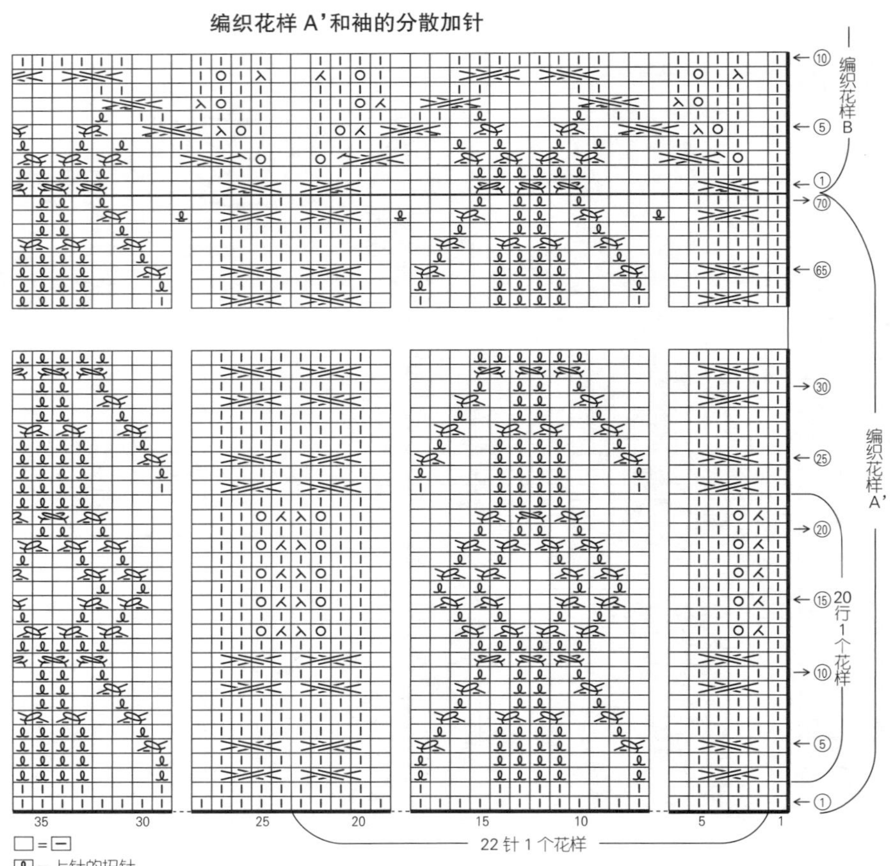

□=⊟

(symbol)= 上针的扭针

◀衣领的编织方法请参照第 160 页

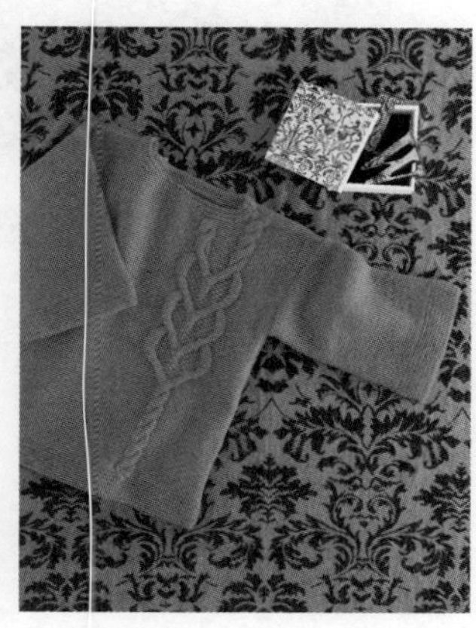

材料

芭贝 Mini Sport 橙色(724) 535g/11团

工具

棒针10号

成品尺寸

胸围102cm，衣长57cm，连肩袖长56cm

编织密度

10cm×10cm面积内：上针编织16针，22行；编织花样24针为15cm，22行为10cm

编织要点

●身片、袖…手指起针，组合编织起伏针、上针编织和编织花样。领窝处减针时，2针及2针以上时做伏针减针，1针时立起侧边1针减针。袖编织终点做伏针收针。

●组合…肩部做盖针接合。衣领挑取指定数量的针目，环形编织起伏针，编织终点做上针的伏针收针。对齐针与行，使用毛线缝针将袖缝合到身片上。肋、袖下使用毛线缝针挑针缝合。

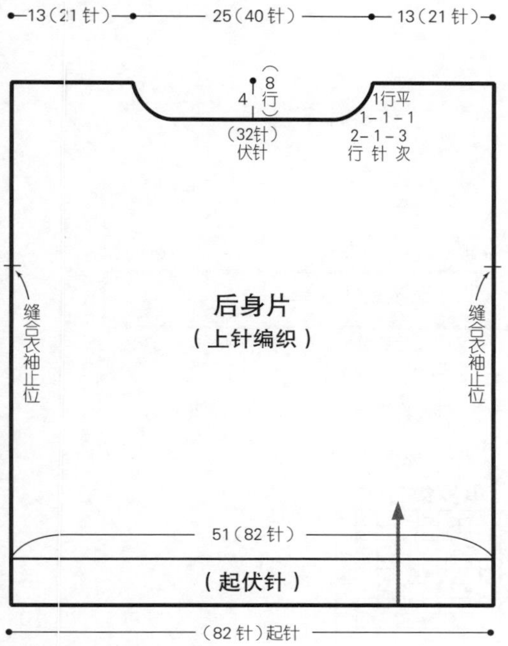

※ 全部使用10号针编织

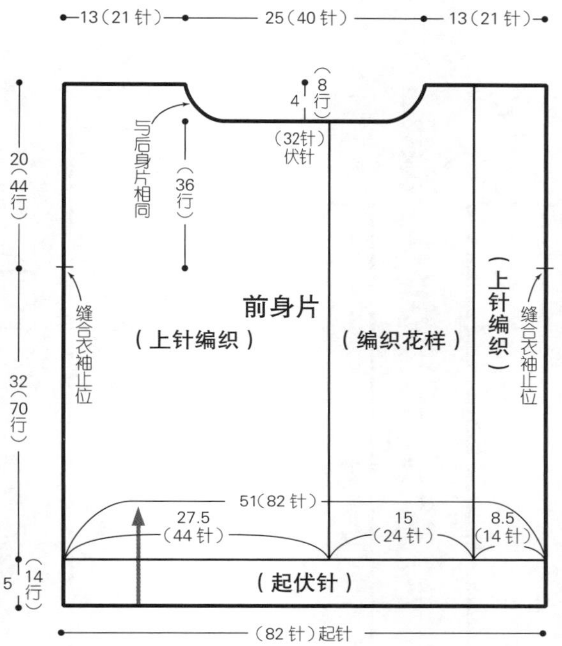

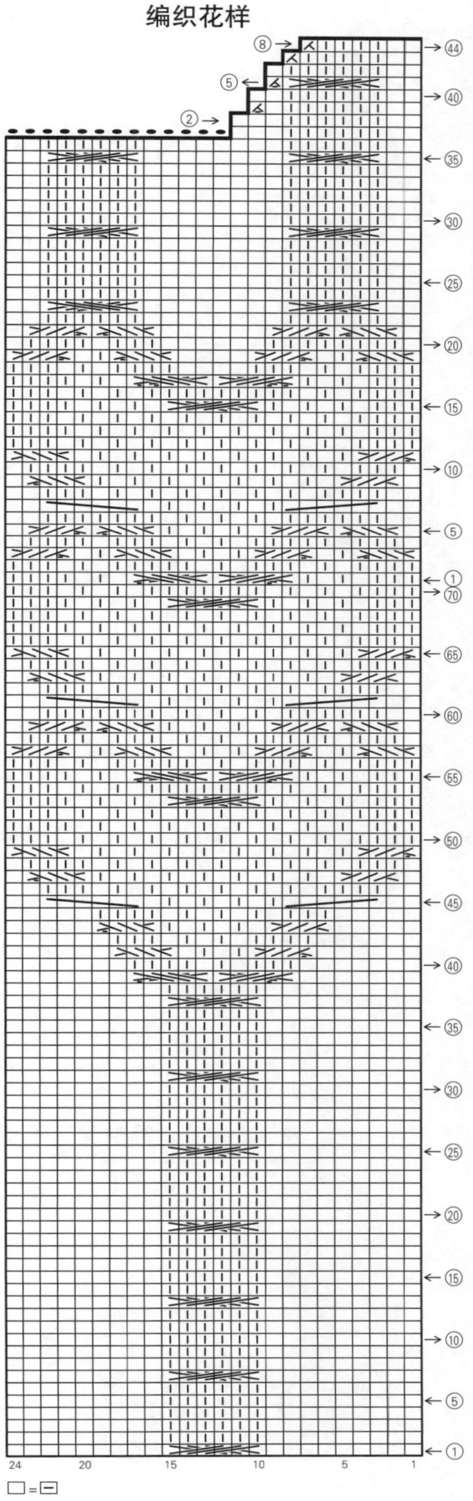

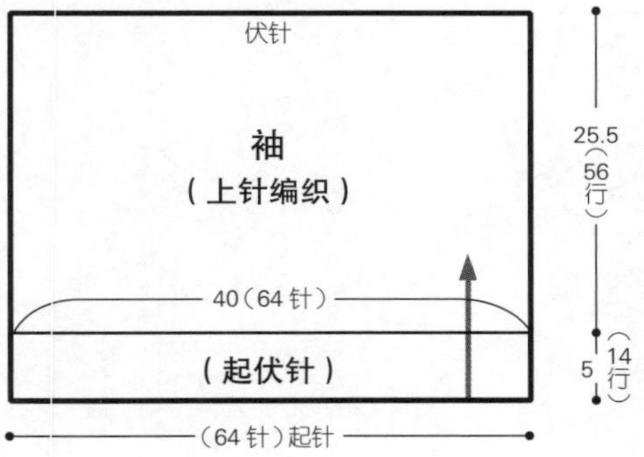

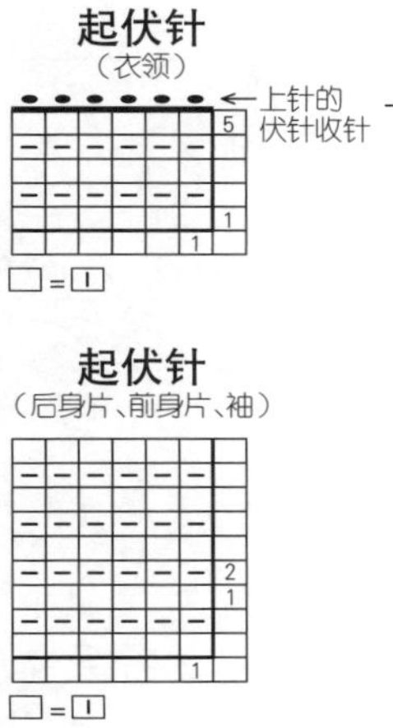

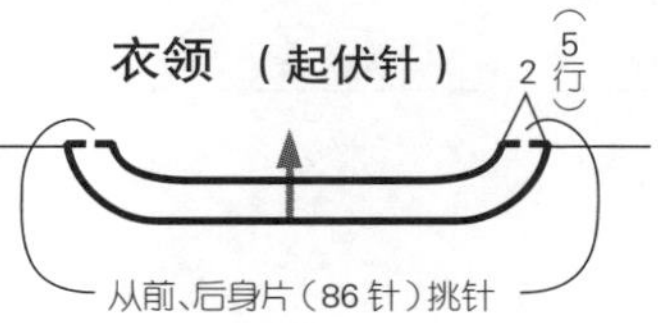

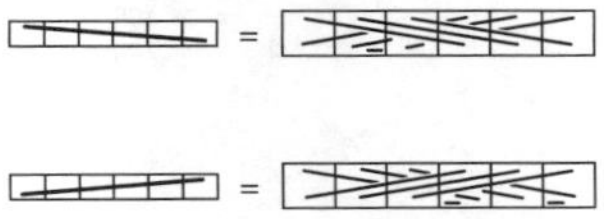

材料

和麻纳卡Rich More Tahti灰色(2) 115g/6团

工具

棒针5号、4号，钩针5/0号(手编)

编织机Amimumemo(6.5mm)，钩针5/0号(机编)

成品尺寸

胸围98cm，肩宽49cm，衣长56cm

编织密度

10cm×10cm面积内：下针编织20.5针，35行

编织要点

〔手编〕

●另线锁针起针,做下针编织。编织终点休针，做伏针收针。拆开下摆起针的锁针，挑取针目，编织单罗纹针。前身片的部分针目需要重叠在一起后挑针，编织终点2根线并为1股，使用钩针做引拔收针。肩部做盖针接合，前身片的◎处使用钩针做引拔接合，▲处对齐针与行，使用毛线缝针缝合，胁部使用毛线缝针挑针缝合。

〔机编〕

●舍编用另色线起针,做下针编织。编织终点分别编织几行33针、34针的另色线，从编织机上取下织片。下摆将另色线部分向后折，挑取针目，编织所需行数的下针编织后，将针目重新穿回到机针上后，编织单罗纹针。编织终点编织几行另色线后，做引拔收针。肩部正面相对，做针与针的无缝缝合后，编织1行，引拔收针，前身片的◎、▲、胁之间，与手编的处理方法相同。

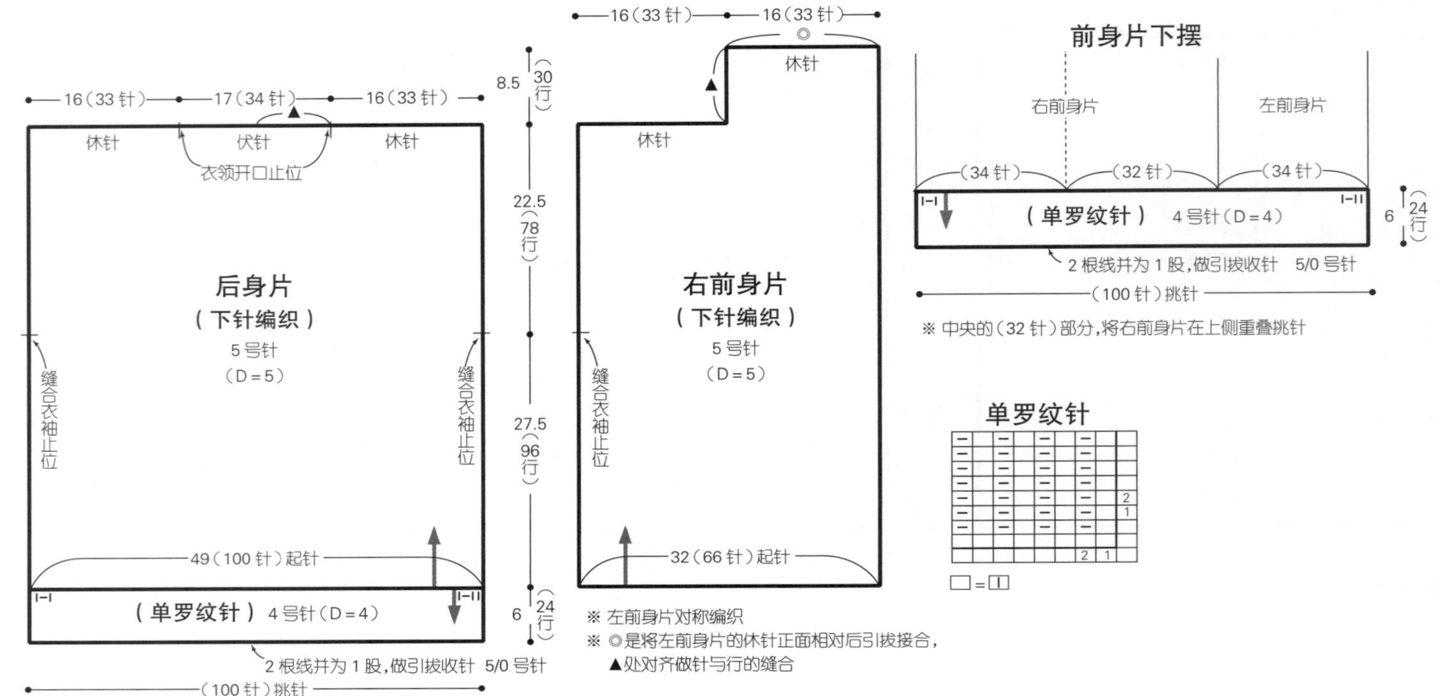

左上扭针的1针交叉（下侧为上针）

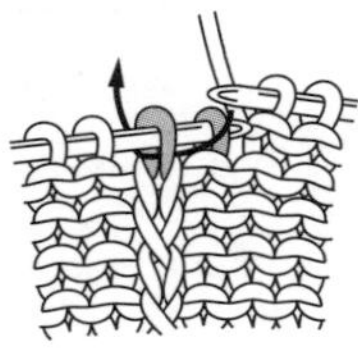

1 按照箭头的方向，经过右侧针目的前侧，将右棒针插入左侧的针目中。

2 将线拉出至右侧针目的右侧，编织扭针。

3 已经编织好的左侧针目保持不动，右侧的针目编织上针。将左侧的针目从右棒针上取下。

右上扭针的1针交叉（下侧为上针）

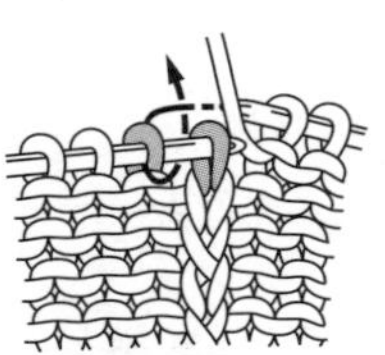

1 按照箭头的方向，经过右侧针目的后侧，将右棒针插入左侧的针目中。

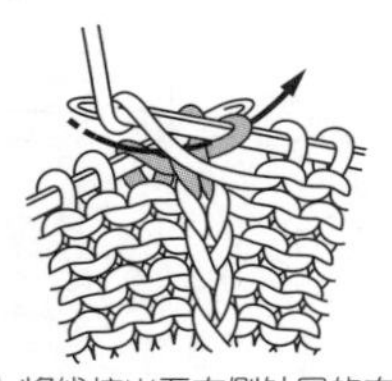

2 将线拉出至右侧针目的右侧，编织上针。

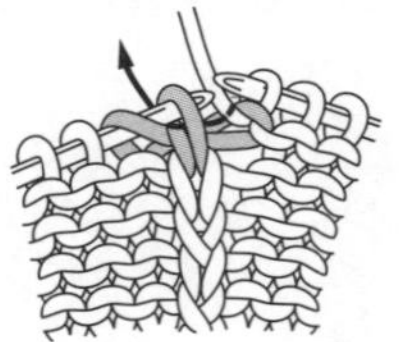

3 已经编织好的左侧针目保持不动，按照箭头的方向，将针插入右侧的针目中，编织扭针。将左侧的针目从针上取下。

材料

[长开衫]和麻纳卡 Rich More Bacara Epoch Fine 蓝色系段染(25)225g/8 团，绿色系段染(18)145g/5 团；直径 12mm 的纽扣 5 颗

[围巾]和麻纳卡 Rich More Bacara Epoch Fine 绿色系段染(18)85g/3 团，蓝色系段染(25)55g/2 团

工具

棒针 4 号、3 号、6 号(手编)

编织机 Amimumemo(6.5mm)(机编)

成品尺寸

[长开衫]胸围 111cm，肩宽 44cm，衣长 91cm，袖长 49.5cm

[围巾]宽 30cm，长 190cm

编织密度

10cm×10cm 面积内：下针条纹 A、下针编织均为 24 针，34 行；下针条纹 B 23 针，26.5 行

编织要点

〔手编〕

●长开衫…后身片分为 3 片编织，前身片分为 2 片编织。身片另线锁针起针，做下针条纹 A。在前身片的口袋位置织入另线备用。减针时，2 针及 2 针以上时做伏针减针，1 针时立起侧边 1 针减针。编织终点休针，后领窝部分做伏针收针。拆开口袋位置的另线，挑取针目，编织口袋内层。后身片、前身片的各个部分之间使用毛线缝针挑针缝合。口袋参照图示。拆开下摆起针的锁针，挑取针目，编织单罗纹针，编织终点做单罗纹针收针。衣袖与身片使用同样的方法起针做下针编织，编织终点 2 根线并为 1 股，做伏针收针。肩部做盖针接合。拆开衣袖起针的锁针，对齐针与行，缝合到身片上。胁、袖下使用毛线缝针挑针缝合。前门襟编织上针编织，在指定的位置编织扣眼，编织终点做伏针收针。参照图示缝合到身片上。钉上纽扣后即完成。

●围巾…共线锁针起针，做下针条纹 B。编织终点做伏针收针。

〔机编〕

●长开衫…后身片分为 3 片编织，前身片分为 2 片编织。舍编用另色线起针，身片做下针条纹 A，衣袖做下针编织，前门襟编织上针编织。在前门襟的指定位置编织扣眼。口袋的位置织入另线备用。袖窿做伏针减针，减 1 针时，立起侧边 1 针减针。编织终点编织几行另色线，从编织机上取下织片，其中后身片中央肩部与领窝的部分分别编织几行另色线。口袋内层看着反面将指定位置挂到编织机上，做下针编织。编织终点与身片的处理方法相同。后领窝引拔收针。身片，除后身片中央的部分，将 3 部分使用毛线缝针挑针缝合。下摆编织几行另色线后，折向后侧，挑取针目，编织指定行数的下针编织，将针目重新穿回到机针上后，编织单罗纹针。编织终点与身片的处理方法相同。将 3 片之间使用毛线缝针挑针缝合。肩部正面相对，做针与针的无缝缝合后，编织 1 行，将另色线拆下，引拔收针。下摆、口袋内层引拔收针后，拆下另色线。袖口使用 2 根线并为 1 股引拔收针。衣袖对齐针与行，使用毛线缝针缝合，袖下挑针缝合。前门襟编织起点与编织终点的处理方法与身片相同。参照组合方法，将口袋内层与前门襟缝合在一起。

●围巾…舍编用另色线起针，做下针条纹 B。编织终点编织几行另色线后，从编织机上取下。编织起点、编织终点均做引拔收针后，拆下另色线。

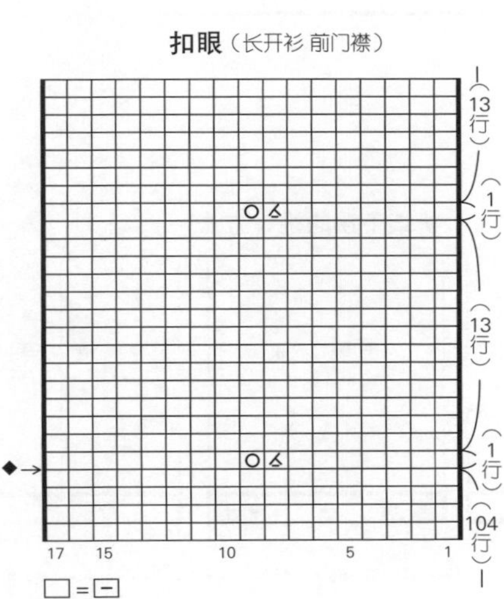

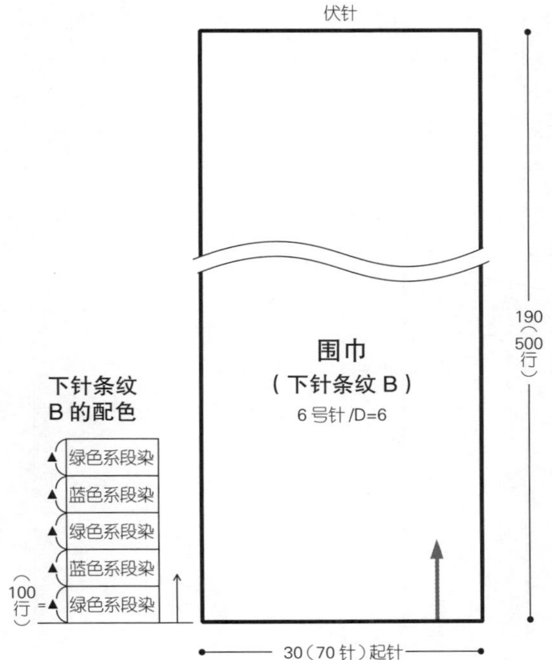

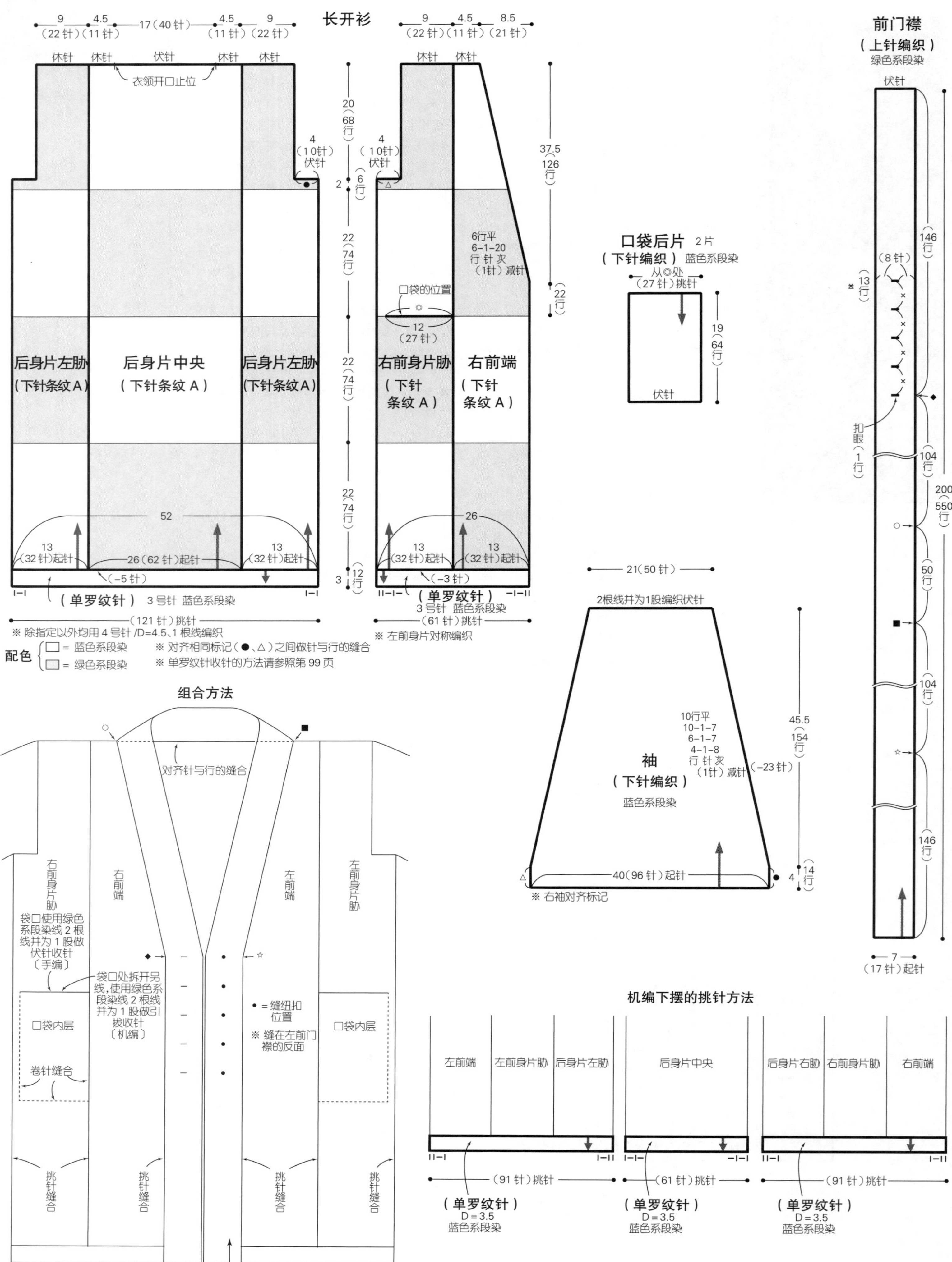
长开衫
9（22针）
4.5（11针）
17（40针）
休针
伏针
衣领开口止位
20（68行）
4（10针）伏针
2
6行
22（74行）
后身片左肋（下针条纹A）
后身片中央（下针条纹A）
52
13（32针）起针
26（62针）起针
（-5针）
3
12行
（单罗纹针）3号针 蓝色系段染
（121针）挑针
※ 除指定以外均用4号针/D=4.5、1根线编织
配色
= 蓝色系段染
= 绿色系段染
※ 对齐相同标记（●、△）之间做针与行的缝合
※ 单罗纹针收针的方法请参照第99页
8.5（21针）
37.5（126行）
6行平
6-1-20
行 针 次
（1针）减针
22行
口袋的位置
12（27针）
右前身片肋（下针条纹A）
右前端（下针条纹A）
26
（-3针）
（单罗纹针）3号针 蓝色系段染
（61针）挑针
※ 左前身片对称编织
口袋后片 2片
（下针编织）蓝色系段染
从◎处（27针）挑针
19（64行）
伏针
前门襟
（上针编织）
绿色系段染
（8针）
13行
扣眼（1行）
146行
104行
50行
200（550行）
7（17针）起针
21（50针）
2根线并为1股编织伏针
10行平
10-1-7
6-1-7
4-1-8
行 针 次
（1针）减针
（-23针）
袖
（下针编织）
蓝色系段染
45.5（154行）
40（96针）起针
4
14行
※ 右袖对齐标记
组合方法
对齐针与行的缝合
右前身片肋
右前端
左前端
左前身片肋
袋口使用绿色系段染线2根线并为1股做伏针收针〔手编〕
袋口处拆开另线，使用绿色系段染线2根线并为1股做引拔收针〔机编〕
口袋内层
卷针缝合
● = 缝纽扣位置
※ 缝在左前门襟的反面
挑针缝合
机编下摆的挑针方法
左前端
左前身片肋
后身片左肋
后身片中央
后身片右肋
右前身片肋
右前端
（91针）挑针
（61针）挑针
（单罗纹针）
D=3.5
蓝色系段染

材料

[披肩]和麻纳卡Rich More Saie紫色系段染（7）135g/3团；直径23mm的纽扣1颗

[手套]和麻纳卡Rich More Saie紫色系段染（7）35g/1团

工具

编织机Amimumemo（6.5mm）

成品尺寸

[披肩]长34cm

[手套]手掌一周18cm，长24.5cm

编织密度

10cm×10cm面积内：下针编织11针，22行（D=15）

编织要点

●披肩…身片的舍编用另色线起针，在调整编织密度的同时做下针编织。每隔1针要将针按到A位置（拔针）编织。编织终点分为10针、30针、10针，分别编织几行另色线后，从编织机上取下。30针的部分减为15针后编织1行，编织几行另色线。将15针的部分正面相对折叠，挂到针上，做针对针的无缝缝合后，编织8针，再编织几行另色线。衣领与身片使用同样的方法起针，起20针。在起针的两侧，看着织片的反面，将身片的休针每隔1针挂上去，做下针编织。编织终点编织几行另色线后，引拔收针。肩部的8针和衣领的20针的另色线部分引拔收针。身片的起针做引拔收针。后背的中心挑针缝合，身片的▲、◎与衣领的起针做下针编织无缝缝合。在指定的位置编织扣眼，钉上纽扣后即完成。

●手套…与披肩使用同样的方法起针做下针编织。减针时，立起侧边1针减针。编织终点编织几行另色线后，从编织机上取下，引拔收针。编织起点侧也做引拔收针。参照组合方法，除拇指的位置外做挑针缝合。

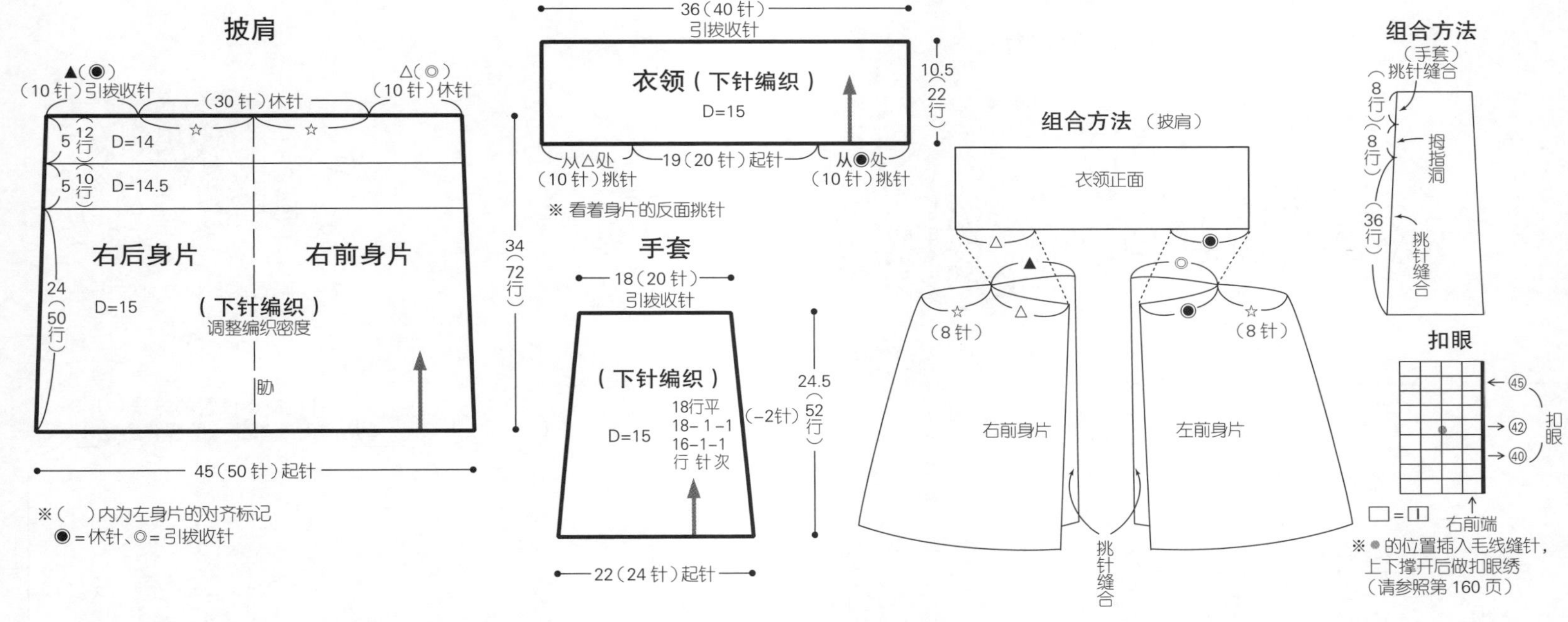

边织边加针的往返编织

在编织弧形的下摆或是斜线时所使用的方法。先编织最后所需要的针数，做往返编织时再逐渐增加针数。

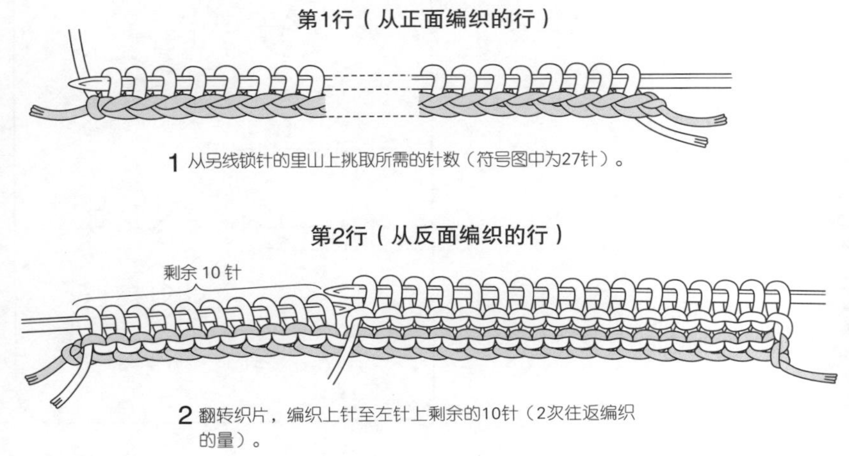

1 从另线锁针的里山上挑取所需的针数（符号图中为27针）。

2 翻转织片，编织上针至左针上剩余的10针（2次往返编织的量）。

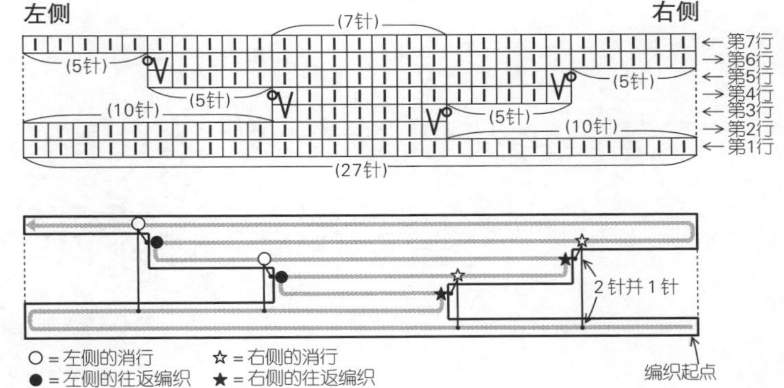

第3行（从正面编织的行）

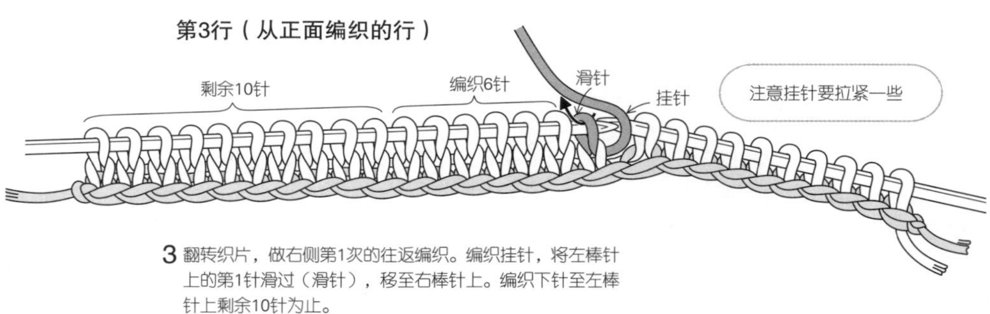

3 翻转织片，做右侧第1次的往返编织。编织挂针，将左棒针上的第1针滑过（滑针），移至右棒针上。编织下针至左棒针上剩余10针为止。

第4行（从反面编织的行）

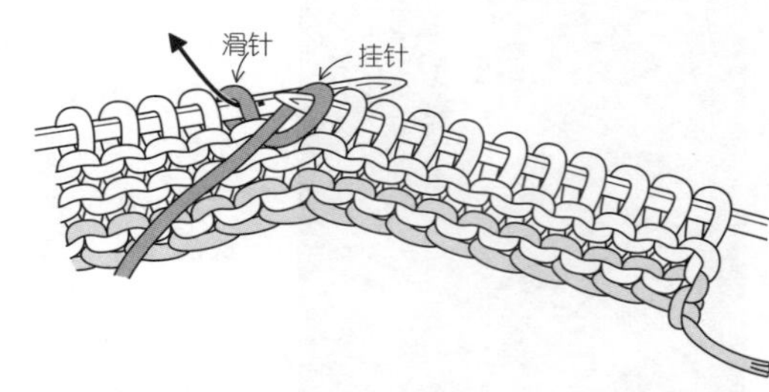

4 翻转织片，做左侧第1次的往返编织。参照图示编织挂针，将左棒针上的第1针滑过（滑针），移至右棒针上。接着编织6针上针。

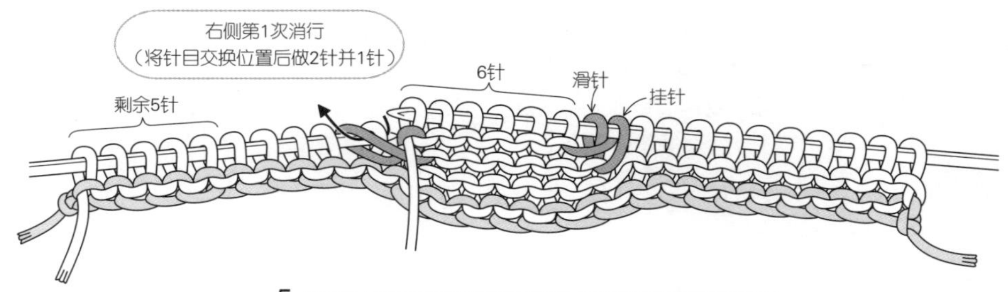

5 将挂针与其左侧的针目交换位置（参见针目交换位置的方法），2针一起编织上针。

第5行（从正面编织的行）

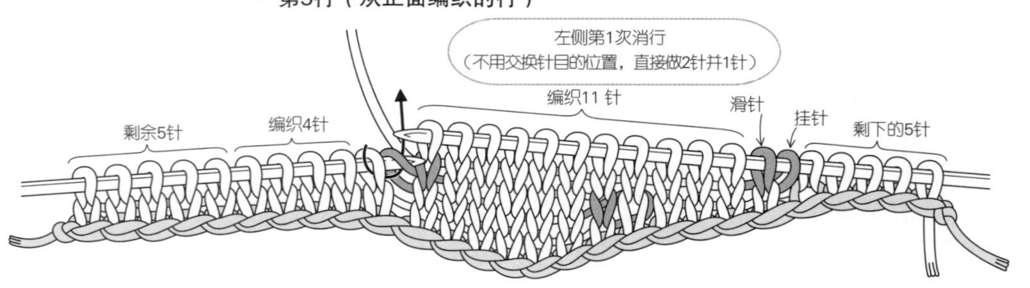

6 翻转织片，编织挂针、滑针，接着编织11针下针。消行时按照箭头的方向将针插入挂针及其左面的针目中，编织2针并1针。

7 编织后的样子。编织下针至左棒针上剩余5针为止。

第6行（从反面编织的行）

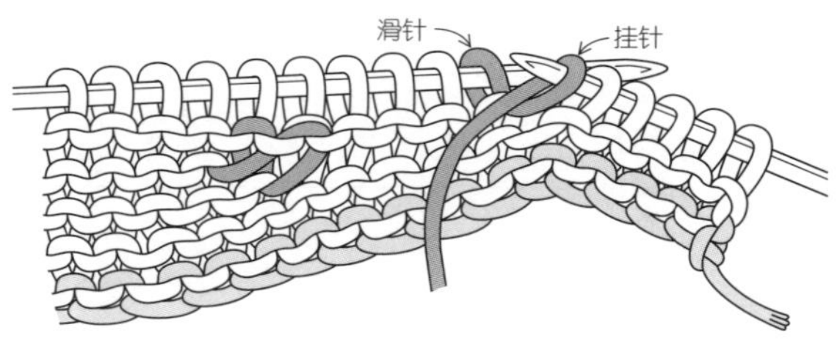

8 翻转织片，做左侧的第2次往返编织。参照图示编织挂针，将左棒针上的第1针滑过（滑针），移至右棒针上。

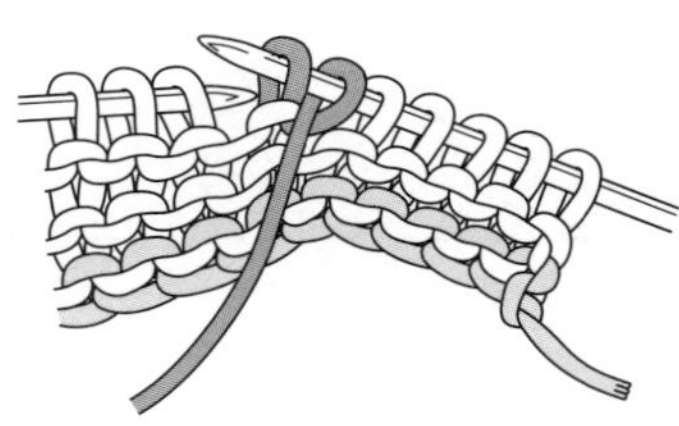

9 接下来的针目编织上针。消行的位置，交换针目的位置，编织上针的2针并1针，随后继续编织上针，直至该行结束。

第7行

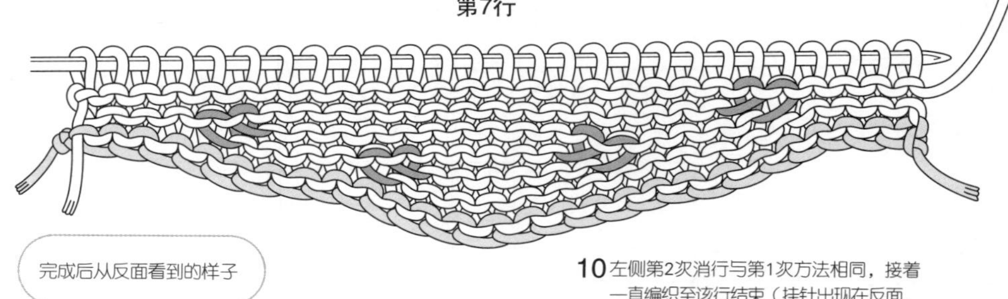

10 左侧第2次消行与第1次方法相同，接着一直编织至该行结束（挂针出现在反面，从正面看不到）。

针目交换位置的方法（从反面编织的行的操作方法）

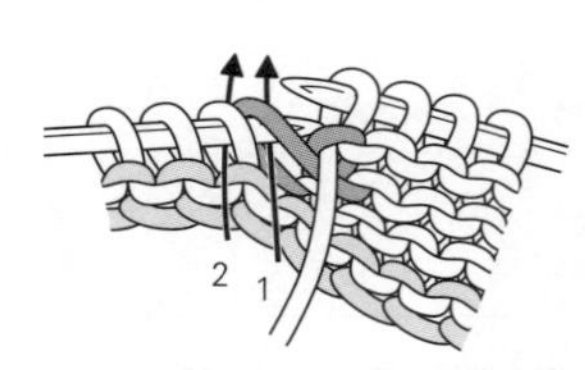

1 将线留在织片前侧，按照1、2的顺序将2针移至右棒针上。

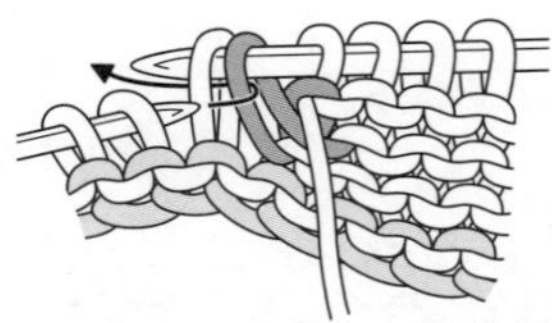

2 左棒针按照箭头的方向插入刚刚移动的2针中，将针目移回。

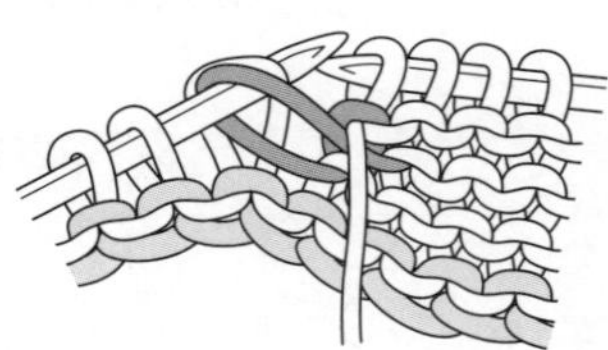

3 这是针目交换位置后的样子。

边织边留针的往返编织

这是编织斜肩等位置的方法。在编织的同时每2行留下一些针目往返编织。做完所需次数的往返编织后，再统一消行，呈现出斜线。

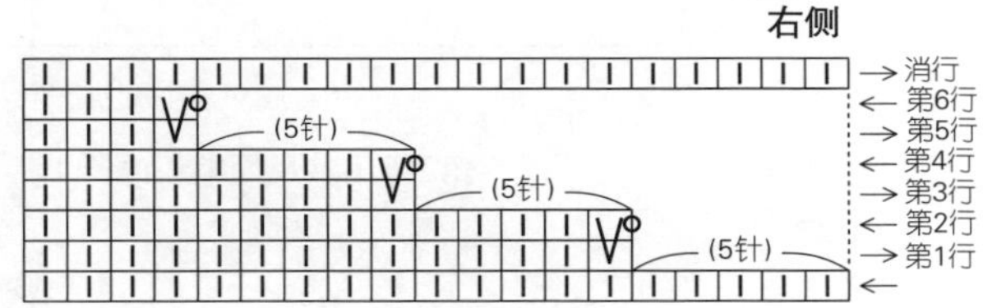

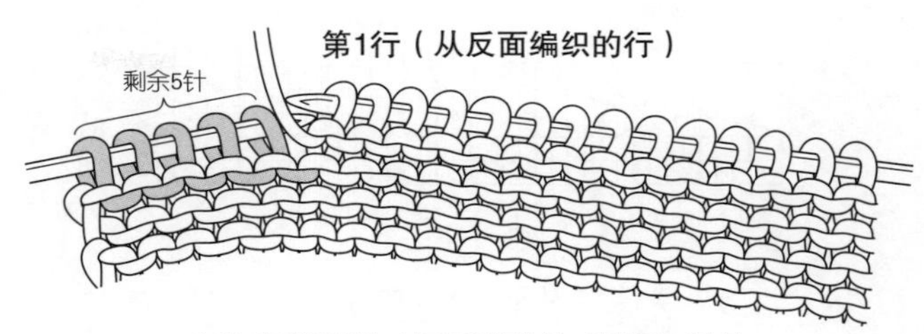

1 第1次往返编织。从反面编织的行，编织至左棒针上剩余5针为止。

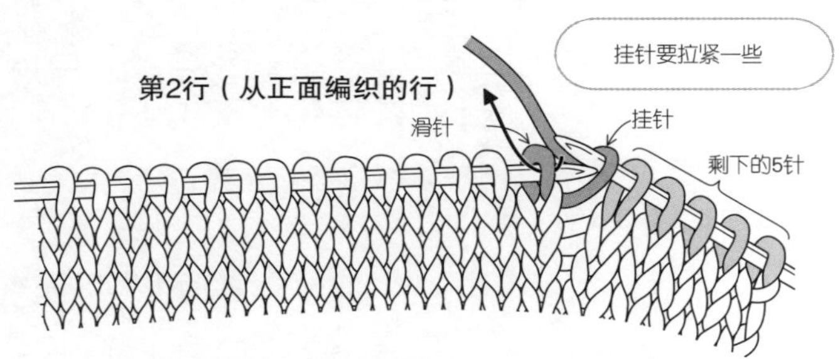

2 翻转织片，将线从织片前侧挂向织片后侧做挂针，将左棒针上的第1针滑过（滑针），移至右棒针上。

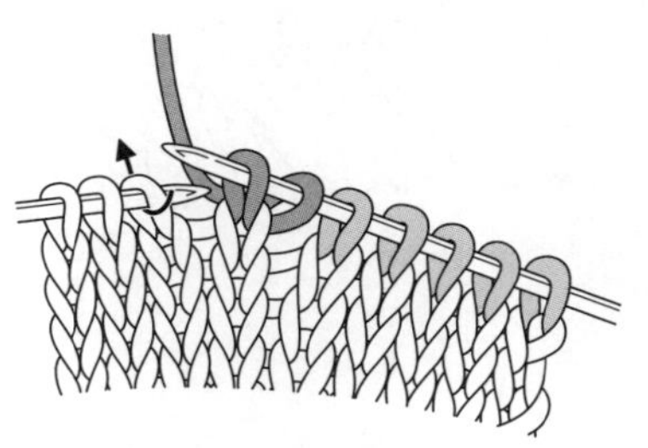

3 下一针编织下针。

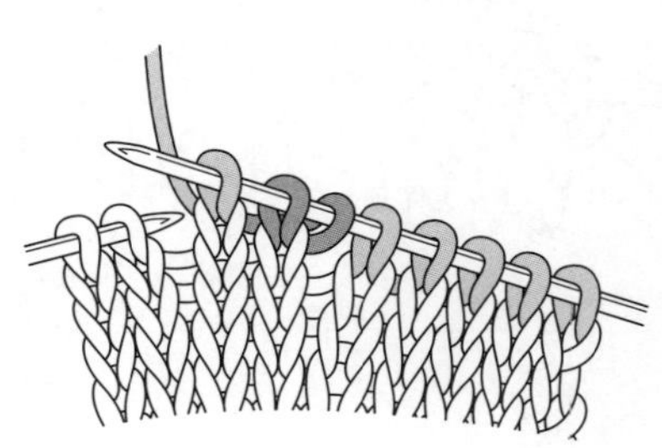

4 剩余的针目也编织下针。

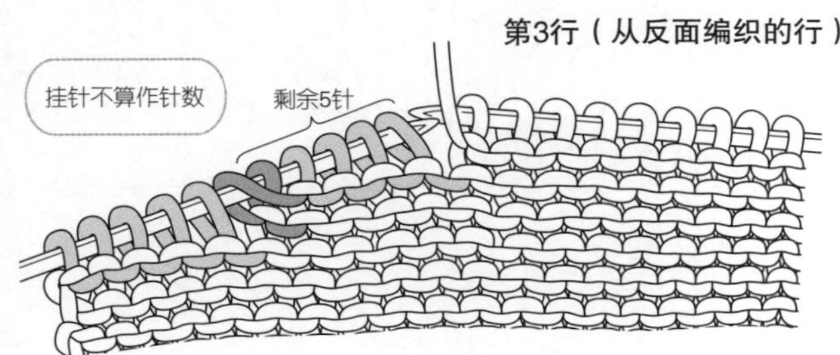

5 第2次往返编织。从左棒针上的滑针开始数，编织至剩余5针的位置。

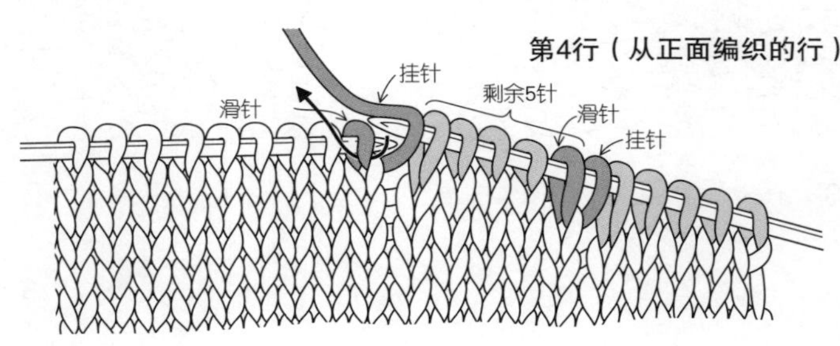

6 翻转织片，与步骤2相同，编织挂针、滑针，剩余的针目编织下针。重复步骤5、6。

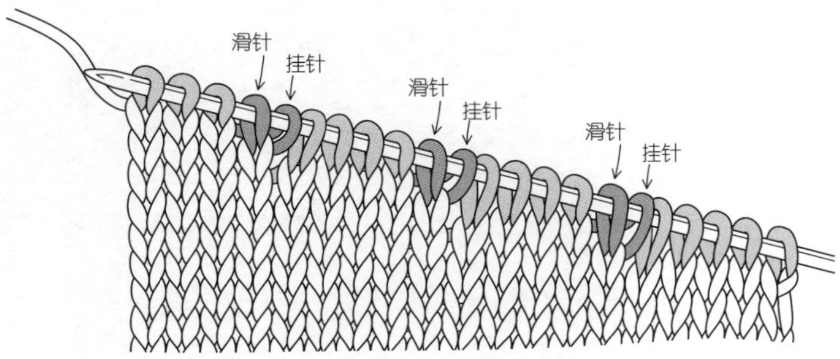

7 第6行（第3次往返编织）编织完成后的样子。

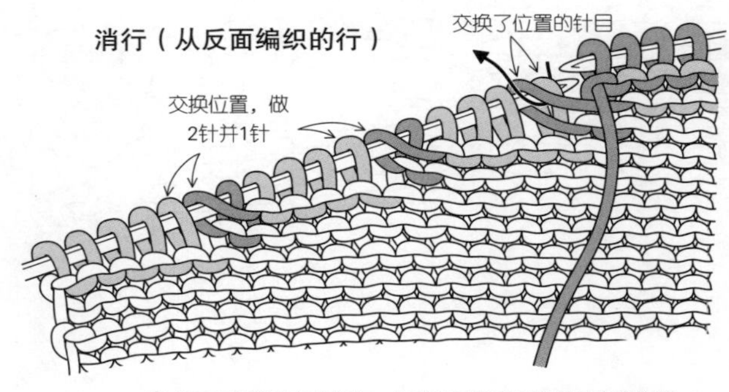

8 从反面编织的行做消行。将挂针及其左侧的针目交换位置（参见针目交换位置的方法），编织上针的2针并1针。

针目交换位置的方法
（从反面编织的行的操作方法）

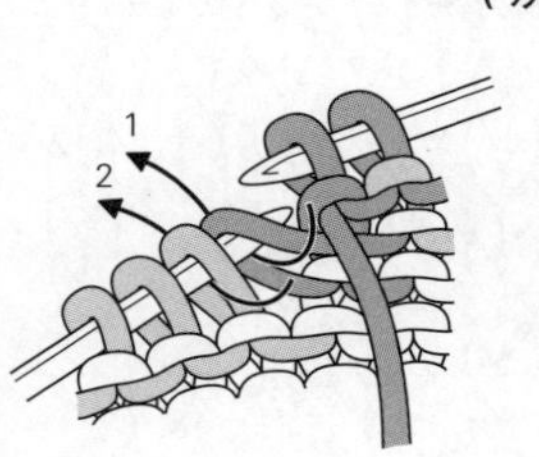

1 将线留在织片前侧，按照1、2的顺序将2针移至右棒针上。

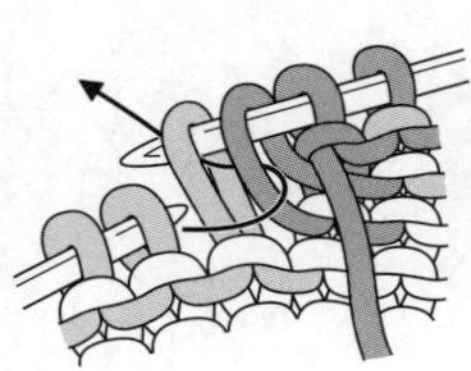

2 左棒针按照箭头的方向插入刚刚移动的2针中，将针目移回。

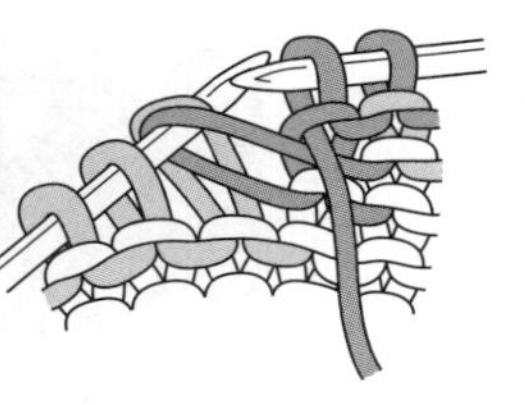

3 这是针目交换位置后的样子。

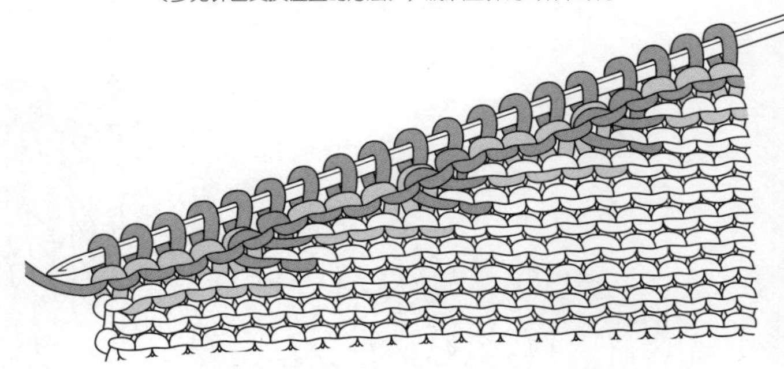

9 右侧的往返编织完成。挂针出现在反面，从正面看不到。

左侧

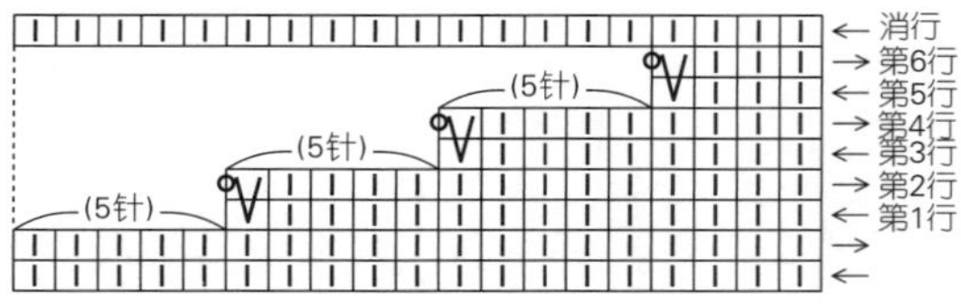

编织斜肩时，左侧将多出1行

左侧的往返编织比右侧晚一行开始。因此，左侧会多出1行以消行。这是由于每一次都必须在编织终点留针。将肩部接合时，由于要将前、后身片连接在一起，因此左、右两侧的行数差相抵，行数会相同。

第1行（从正面编织的行）

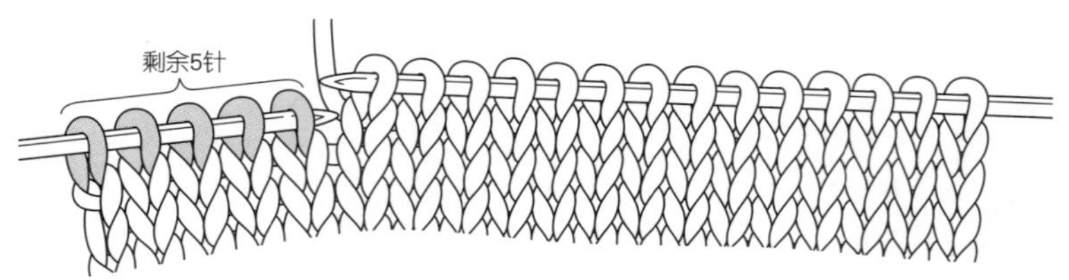

1 第1次的往返编织。从正面编织的行，编织至左棒针上剩余5针为止。

第2行（从反面编织的行）

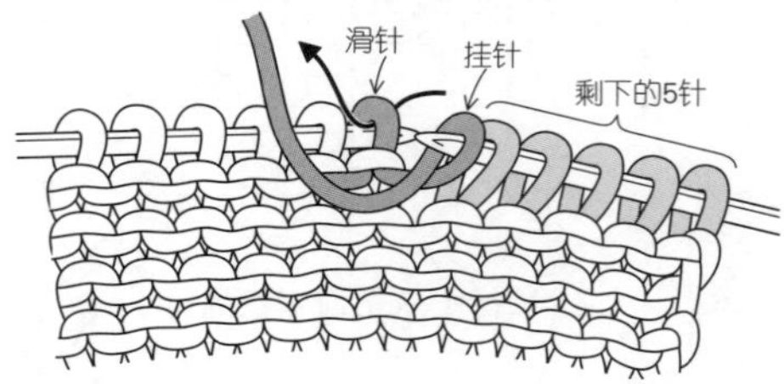

2 翻转织片，参照图示的样子做挂针，将左棒针上的第1针滑过，移至右棒针上。

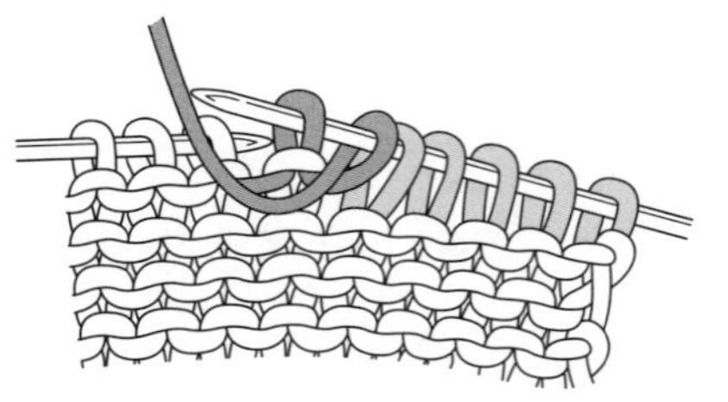

3 滑针编织完成后的样子。下一针编织上针。

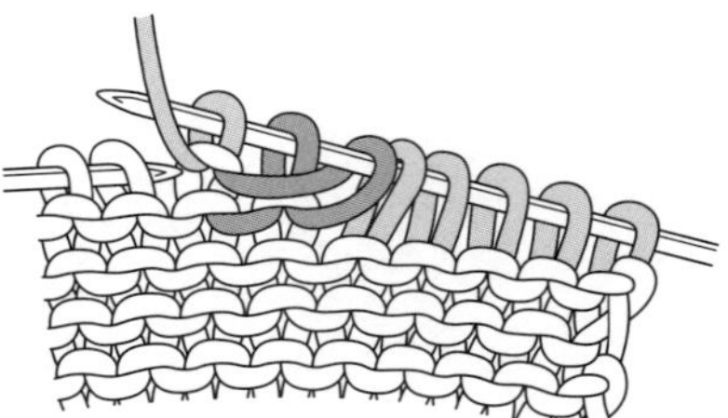

4 剩余的针目也编织上针。

第3行（从正面编织的行）

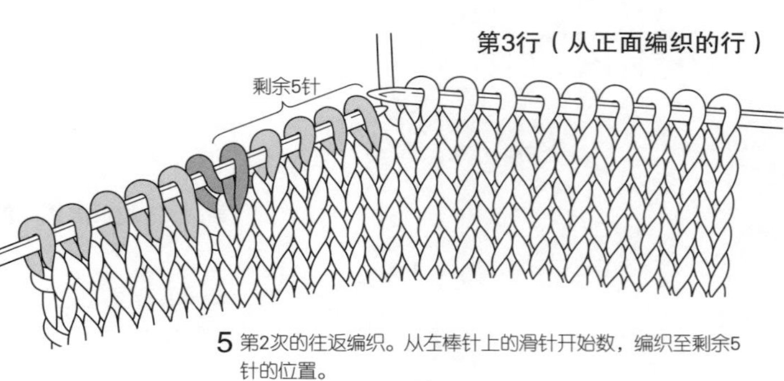

5 第2次的往返编织。从左棒针上的滑针开始数，编织至剩余5针的位置。

第4行（从反面编织的行）

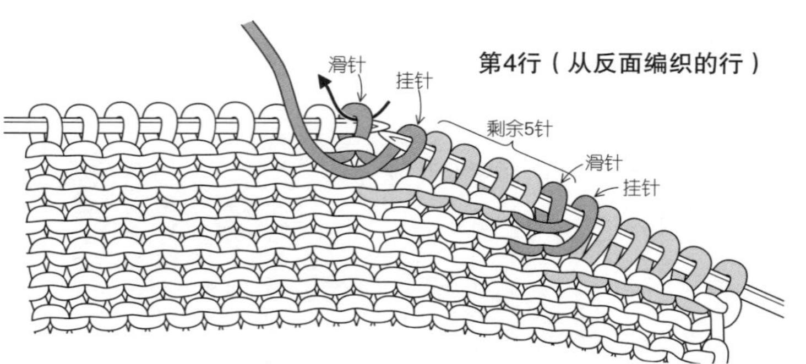

6 翻转织片，与步骤2相同，编织挂针、滑针，剩余的针目编织上针。重复步骤5、6。

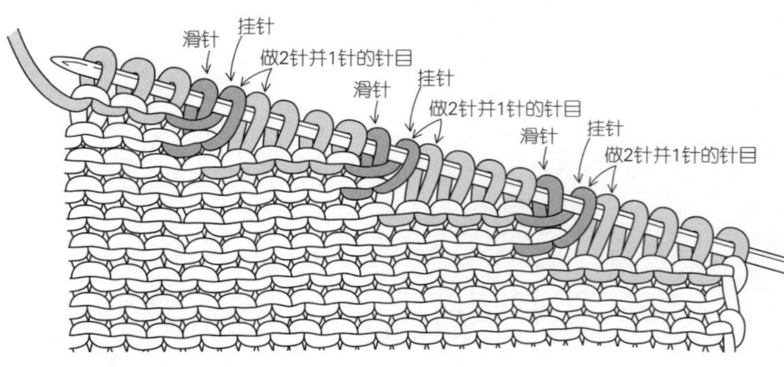

7 第6行（第3次往返编织）编织完成后的样子。

消行（从正面编织的行）

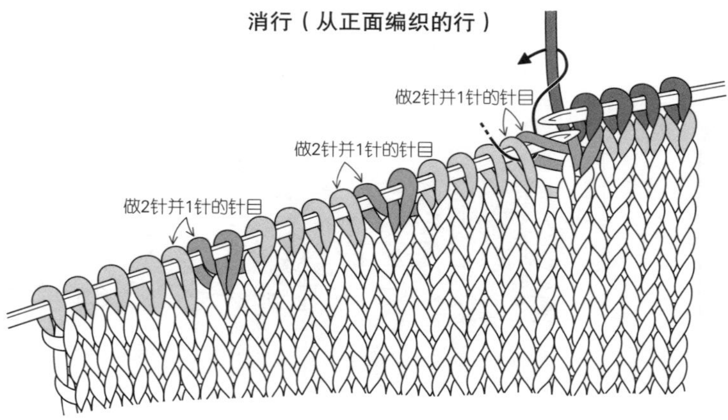

8 从正面编织的行做消行。不需要交换针目的位置，按照箭头的方向将针插入挂针及其左面的针目中，编织下针的2针并1针。

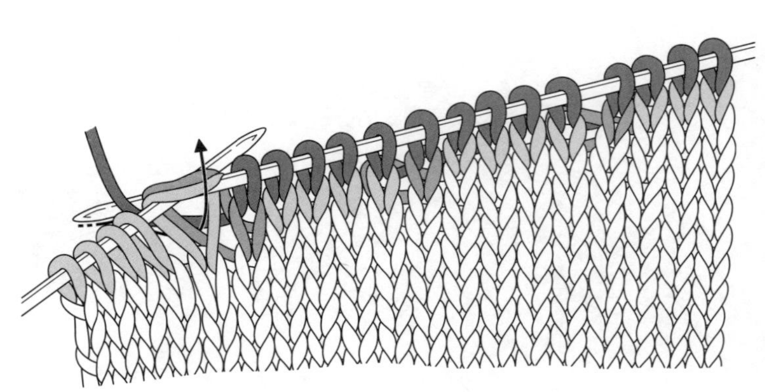

9 一直到第3次往返编织为止，使用同样的方法编织。挂针从正面看不见。

下针编织无缝缝合（两侧针目都留在针上的情况）

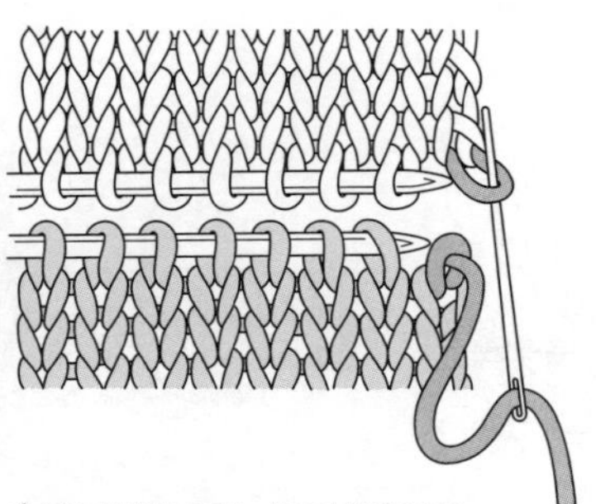

1 将两片织片对齐。先后从靠近自己一侧的织片的边针和远离自己一侧的织片的边针的反面插入毛线缝针。

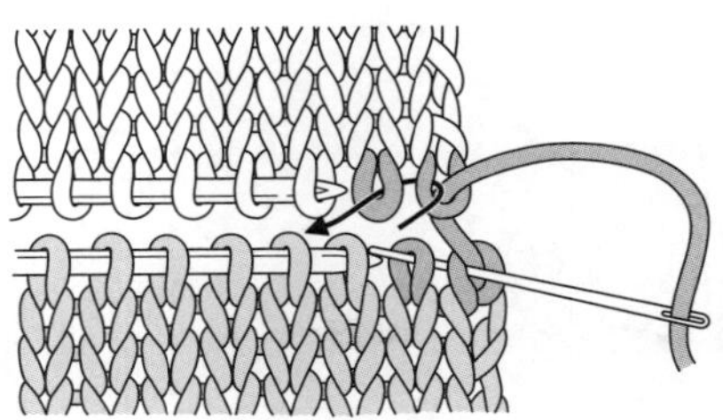

2 按照箭头的方向，将毛线缝针依次插入靠近自己一侧的织片的2针和远离自己一侧的织片的2针中。

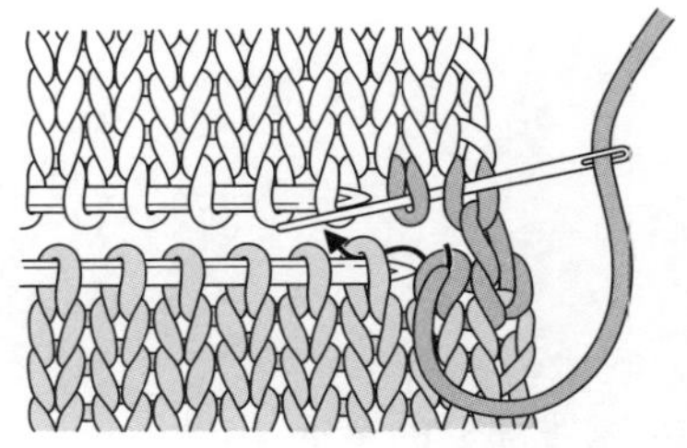

3 接着将毛线缝针插入靠近自己一侧的织片的2针中。

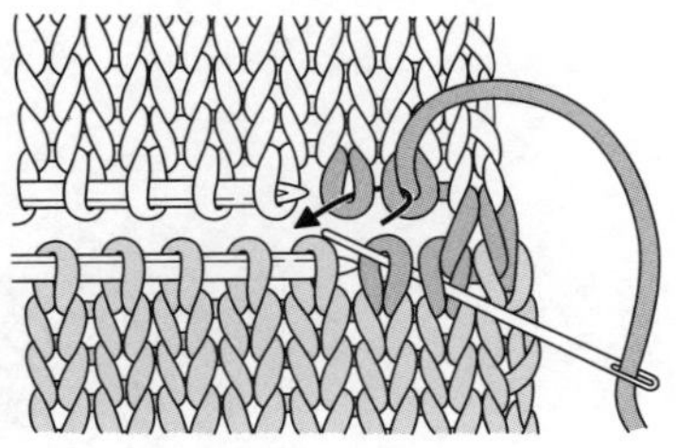

4 随后将毛线缝针插入远离自己一侧的织片的2针中。重复这样的步骤。

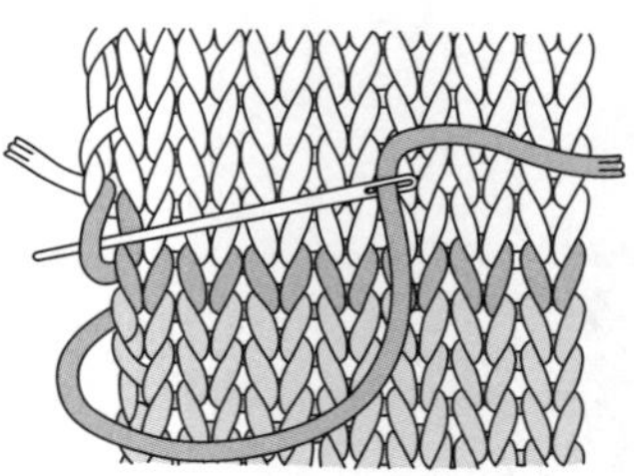

5 最后，从前侧将毛线缝针插入远离自己一侧的织片的针目中。2个织片错开了半针。

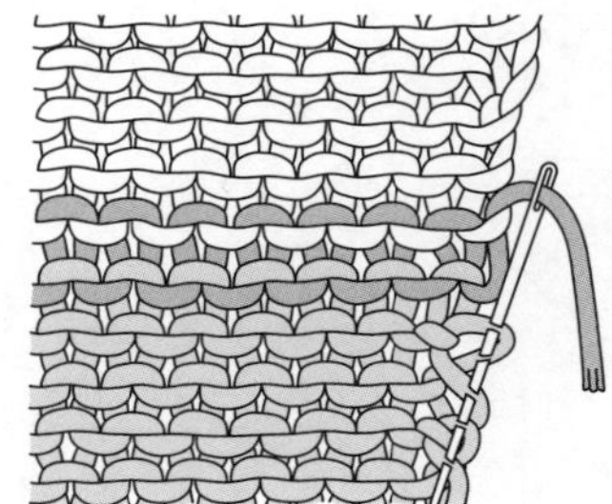

6 藏线头。将线头穿入边针中。

针与行对齐缝合（下针编织的情况）

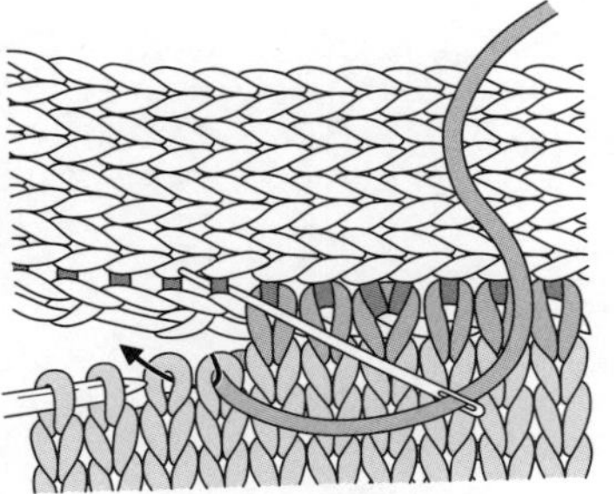

1 行的部分是挑取边上1针内侧的渡线，靠近自己一侧的针目每次插入2针。

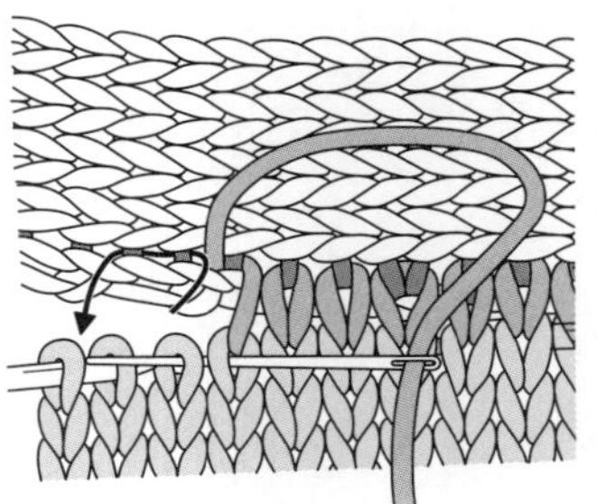

2 当行数比较多时，可以在若干个地方一次性挑取2行，以调整。

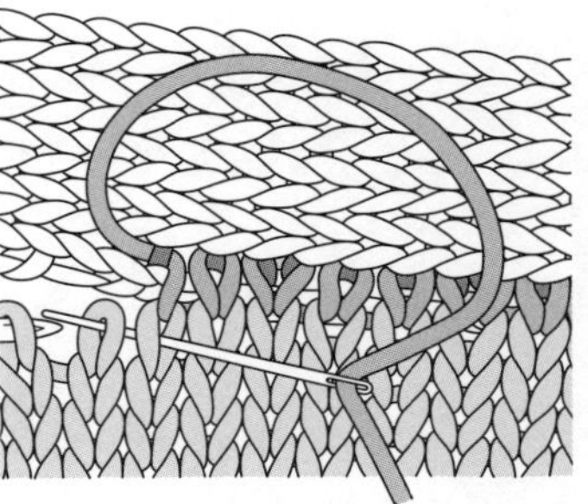

3 将针交替插入针与行中缝合。拉缝合线，使其隐藏起来。

盖针接合（使用棒针的情况）

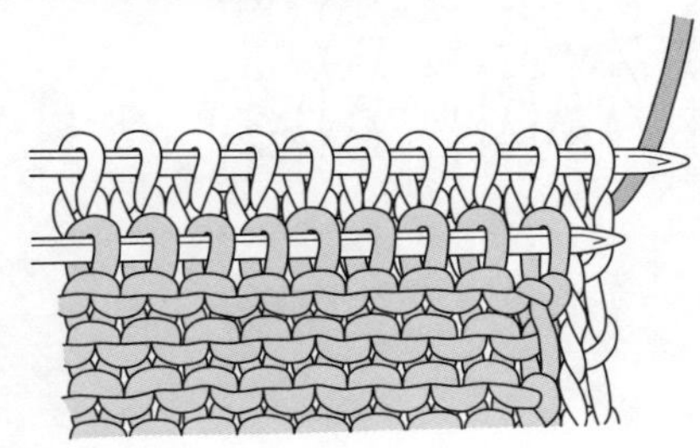

1 将两片织片正面相对。

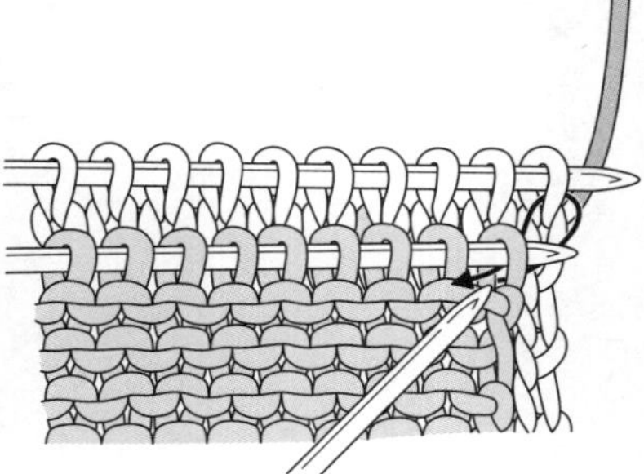

2 用另一根棒针（无堵头款），将后侧织片的针目从前侧织片的针目中拉出。

3 接下来的针目也同样操作。最后棒针上只留下后侧织片的针目。

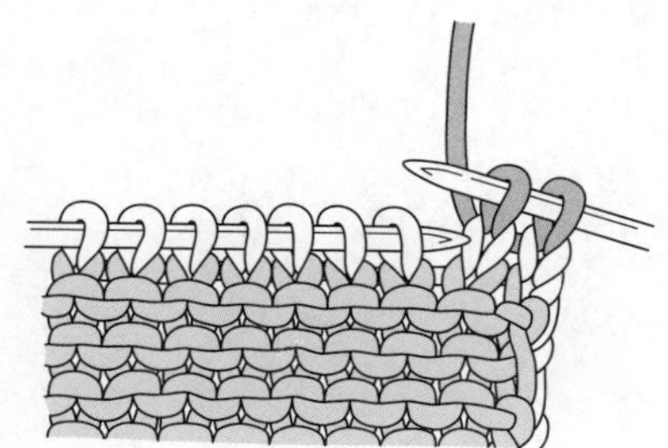

4 边缘剩余的线做伏针收针。边上的2针编织下针。

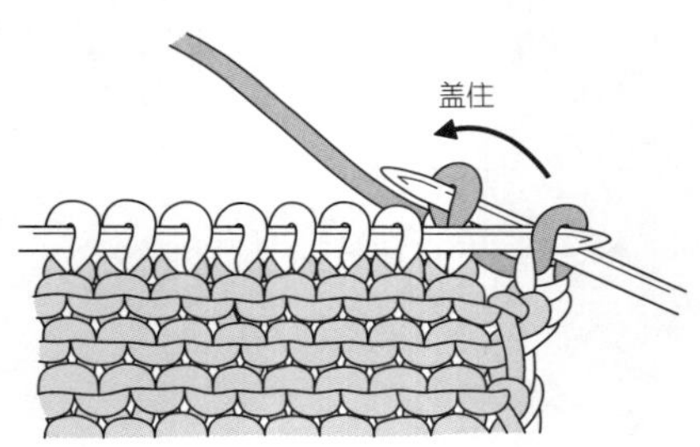

5 使用左棒针的针尖，挑起右侧的针目，盖住左侧的针目。

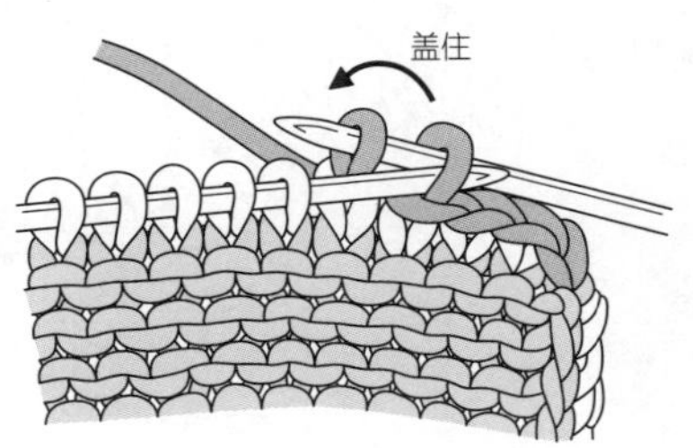

6 接下来的针目也重复这样的步骤。

挑针缝合（直线部分的情况）

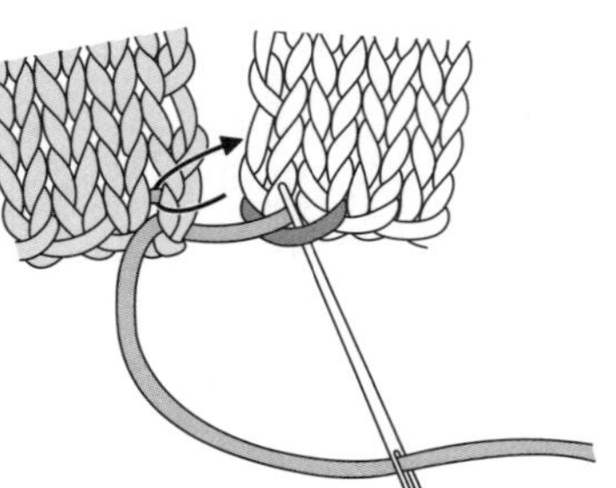

1 用毛线缝针挑起左右两侧起针的线。

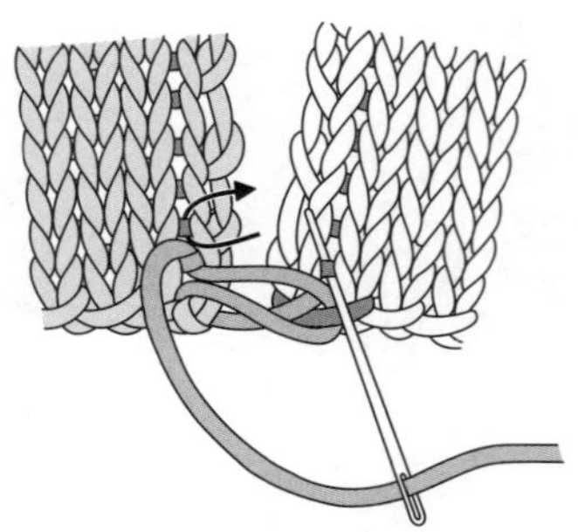

2 交替挑取每一行边上1针内侧的渡线，拉线。

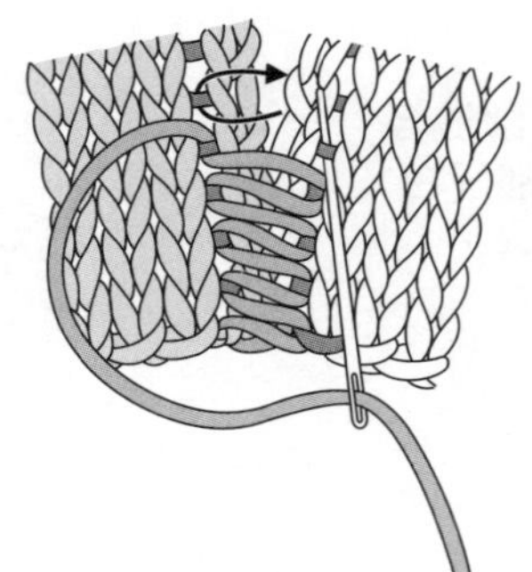

3 重复“挑取渡线、拉线”。将缝合线拉紧至看不见。

挑针缝合（有加针的情况）

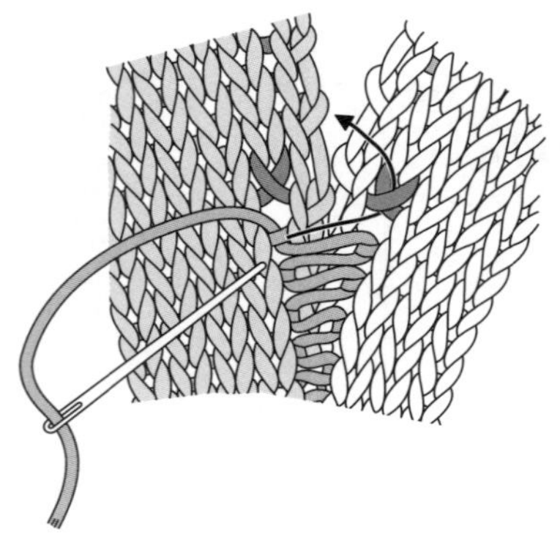

1 从加针（扭针）十字交叉的下侧入针。

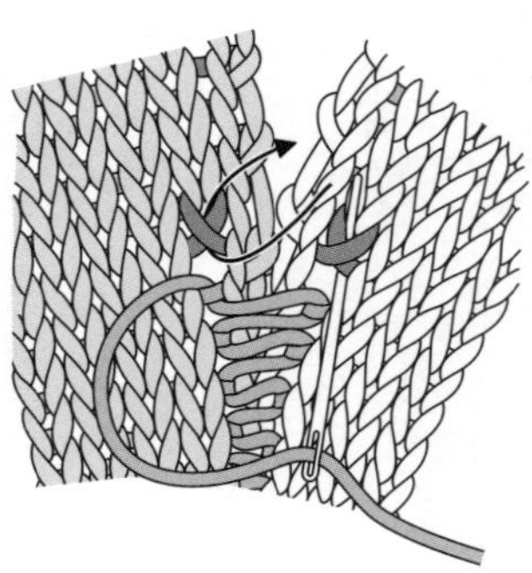

2 另一侧也从加针十字交叉的下侧入针。

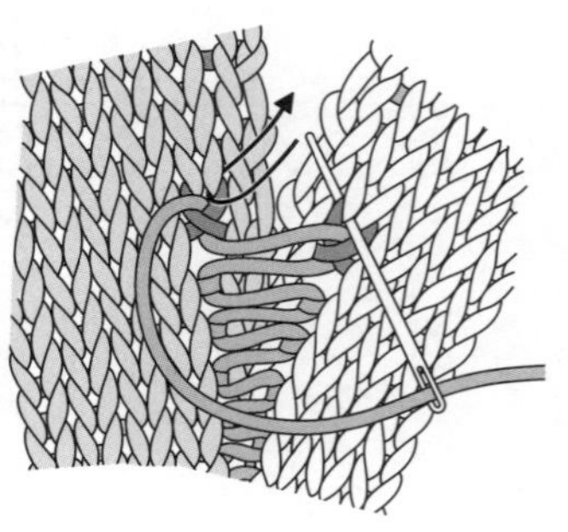

3 随后一起挑取加针十字交叉部分和下一行边上1针内侧的渡线（另一侧也相同）。

挑针缝合（有减针的情况）

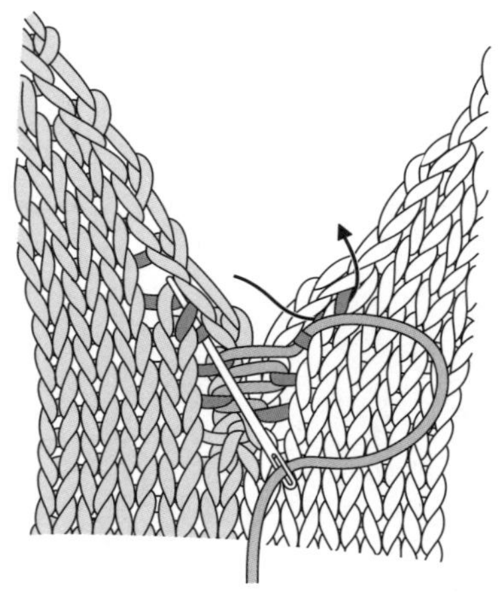

1 减针部分，将毛线缝针插入边上1针内侧的渡线和通过减针而重叠在下侧针目的中心挑针（另一侧也相同）。

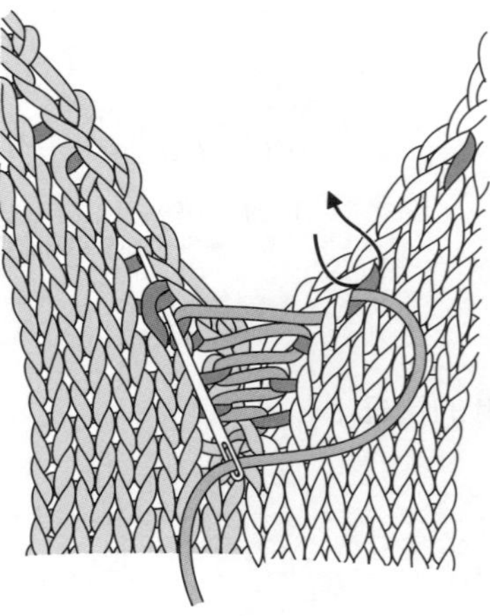

2 随后一起挑取减针部分及下一行边上1针内侧的渡线（另一侧也相同）。

半针内侧的挑针缝合

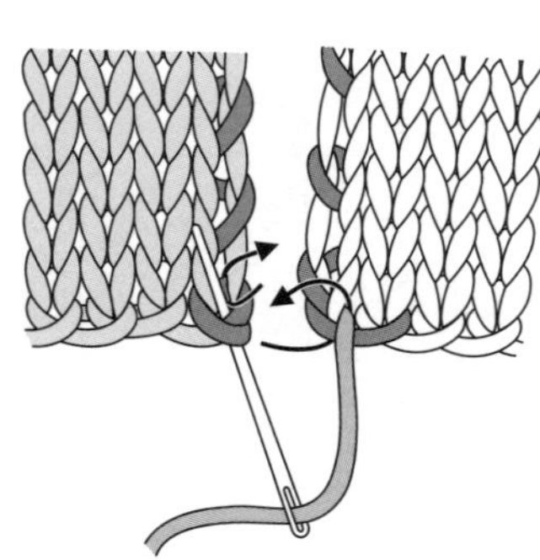

1 用毛线缝针挑起左右两侧起针的线。

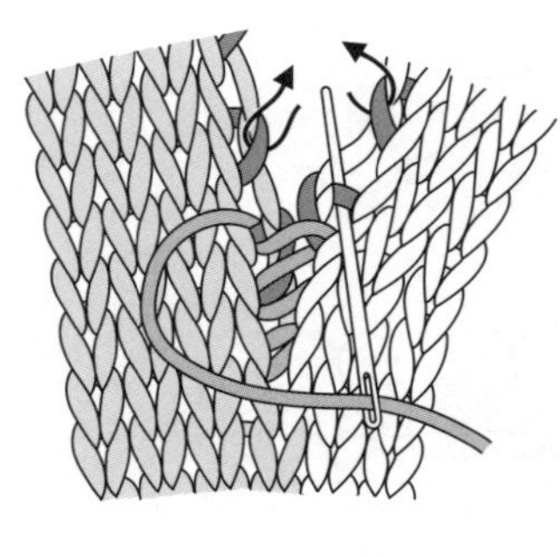

2 挑取边上针目的横线及外侧半针。

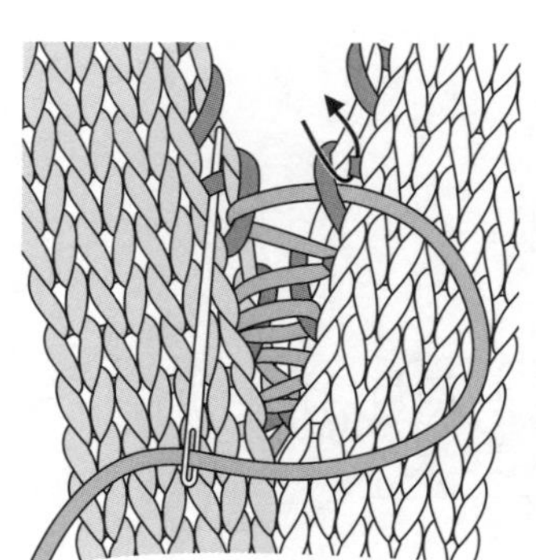

3 将缝合线拉紧至看不到的程度。

棒针编织基本技法

手指起针

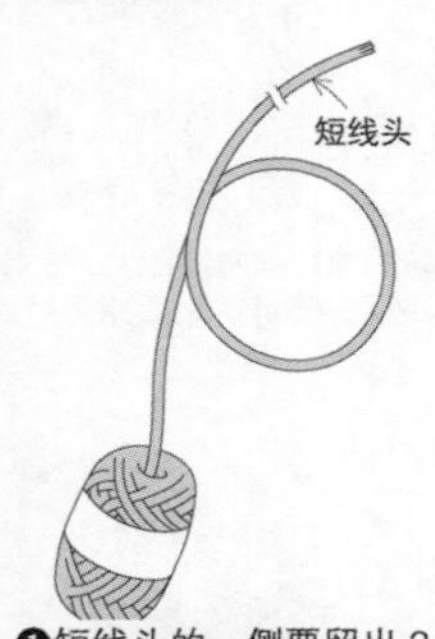

❶短线头的一侧要留出 3 倍于编织宽度的长度。

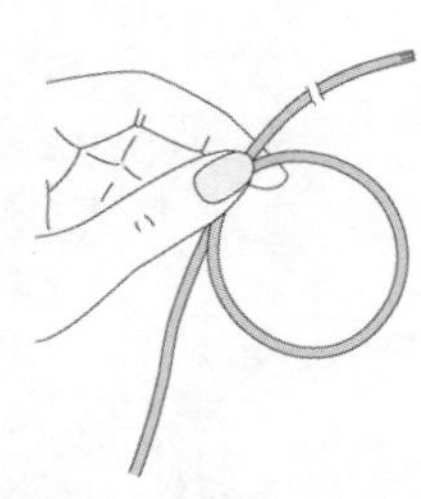

❷用线做成环形，用左手按住交叉的地方。

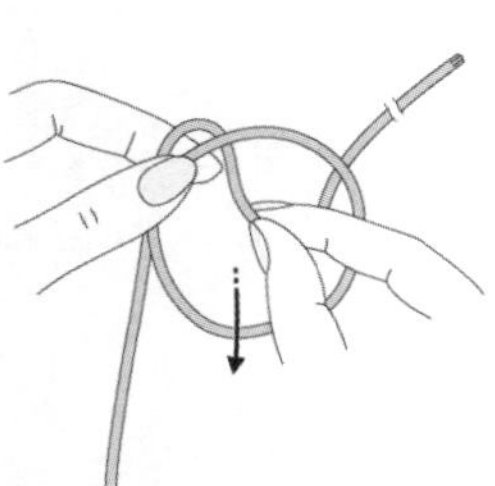

❸在圆圈中捏住短线头。

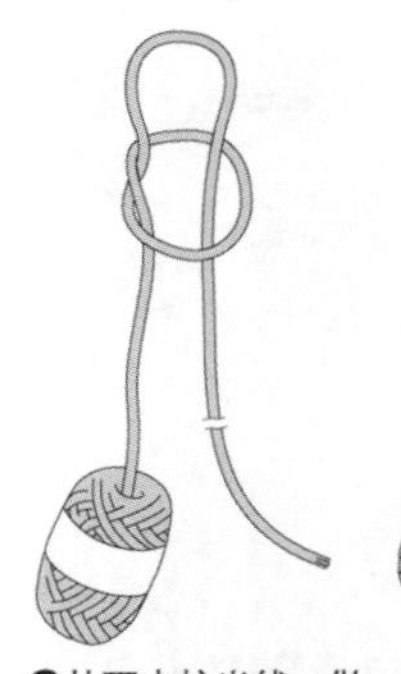

❹从环中拉出线，做出小圆环。

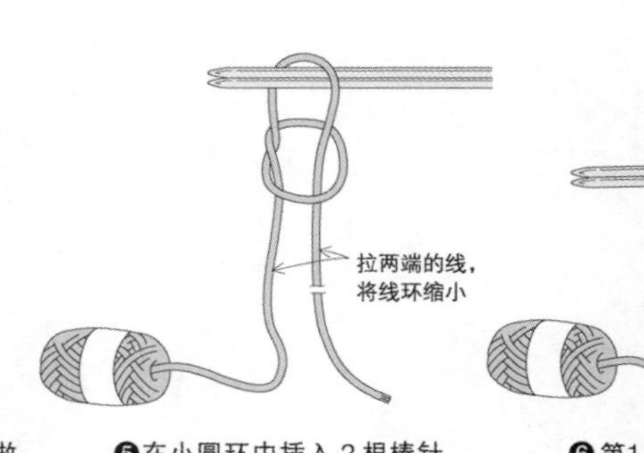

❺在小圆环中插入 2 根棒针，拉紧两端的线。

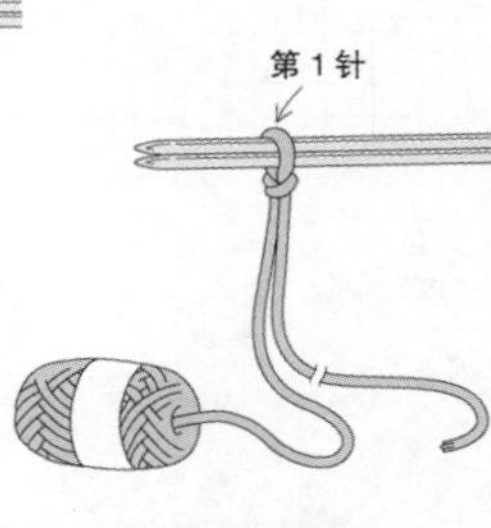

❻第1 针完成。

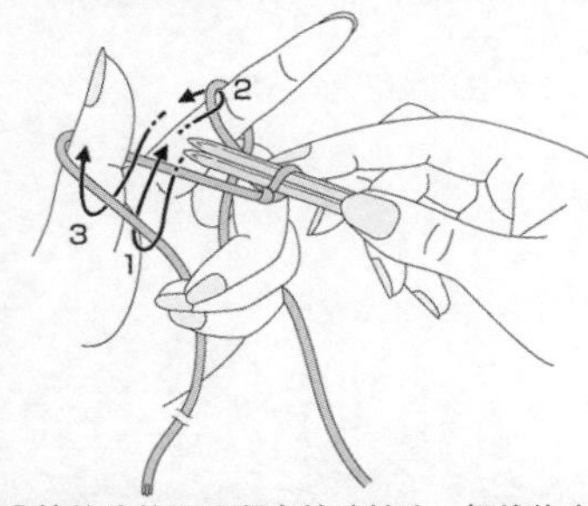

❼按箭头的号码顺序转动针头，把线绕在棒针上。

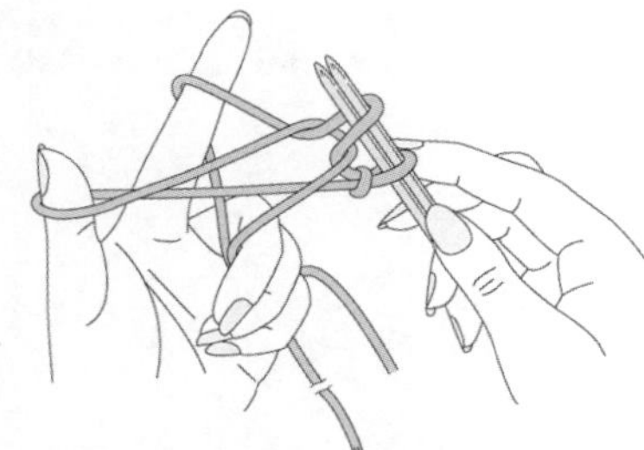

❽按 1、2、3 的顺序在棒针上绕线，挑起线 3。

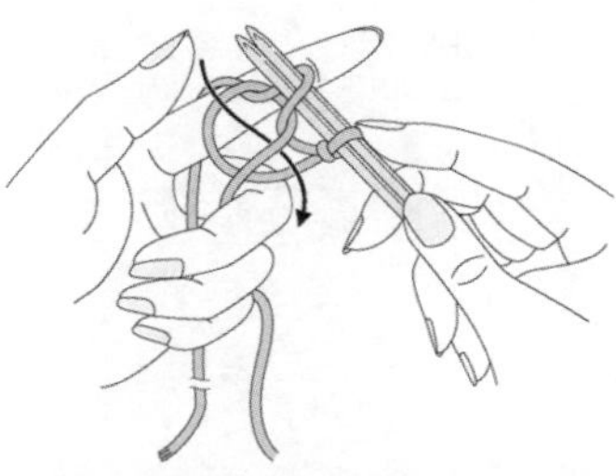

❾放开拇指上的线，按箭头所示插入拇指。

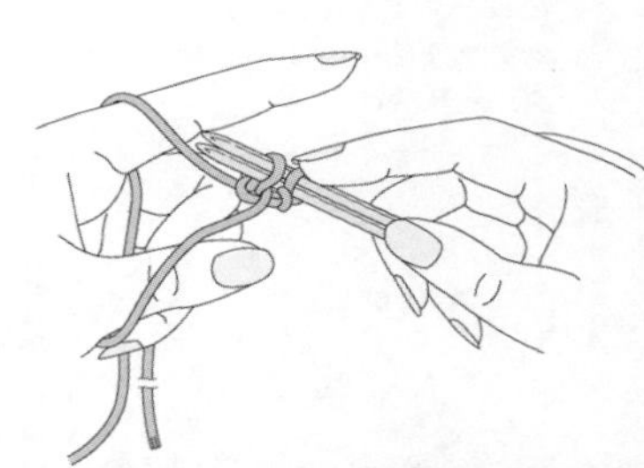

❿拉拇指上的线，拉紧针目（第 2 针完成）。重复步骤❼～❿。

⓫编织出必要的针数。

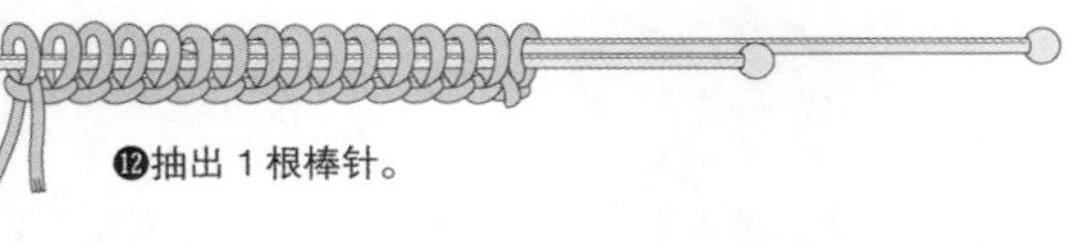

⓬抽出 1 根棒针。

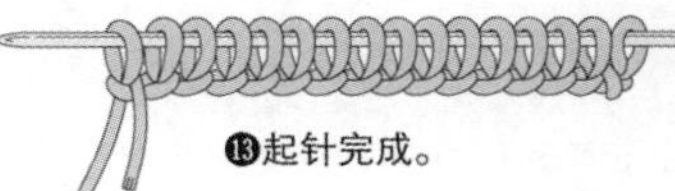

⓭起针完成。

从内山挑起另线锁针的起针

锁针起针

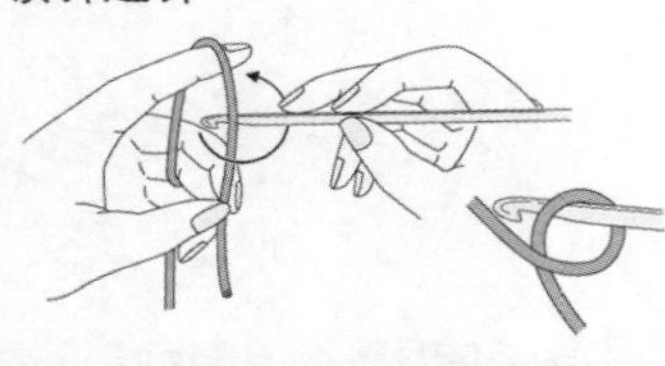

❶将钩针按箭头方向旋转 1 圈，使线绕于钩针上。

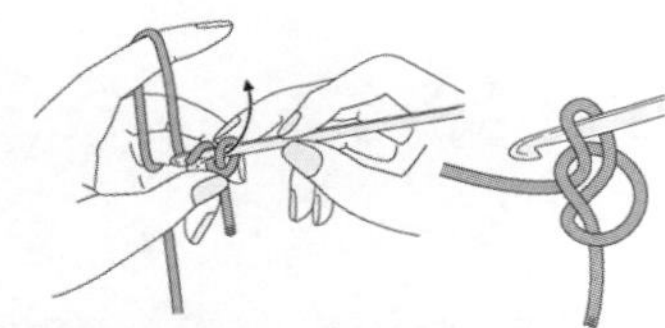

❷钩针挂线，穿过线圈拉出线。

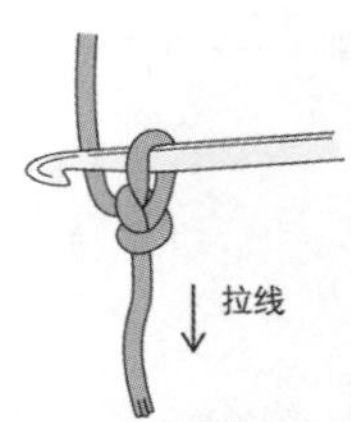

❸拉住线头使线圈收紧。这个针目不能算作 1 针。

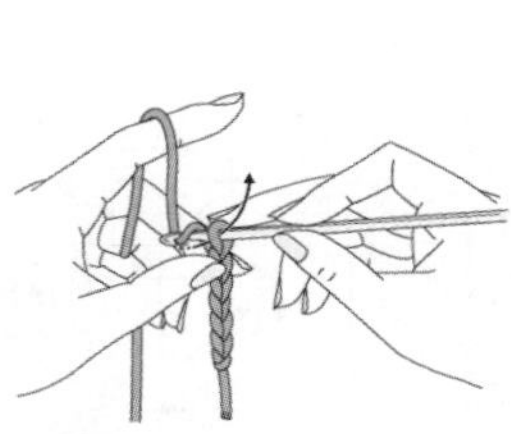

❹重复步骤❷。

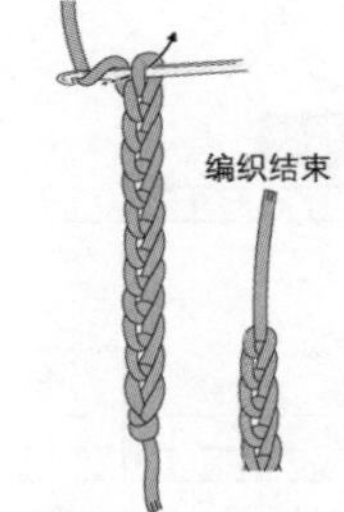

❺钩织必要的针数，最后剪断线，从针目中拉出。

从内山挑起另线锁针的方法

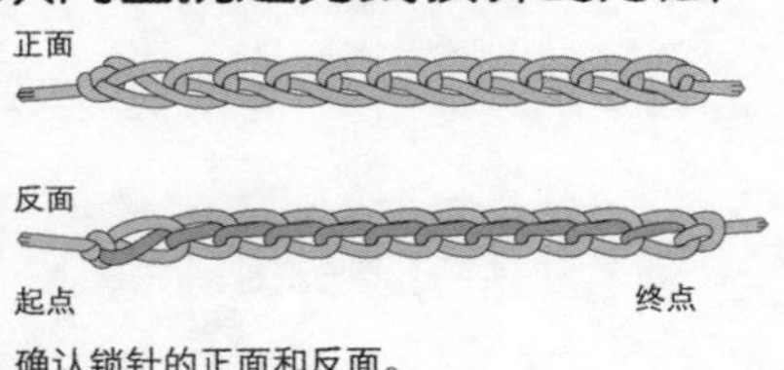

确认锁针的正面和反面。

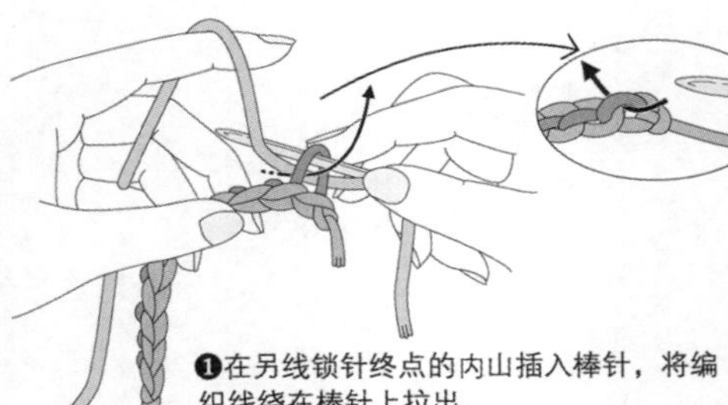

❶在另线锁针终点的内山插入棒针，将编织线绕在棒针上拉出。

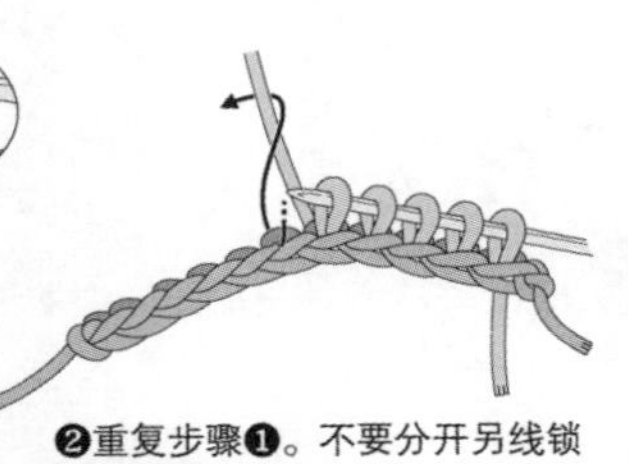

❷重复步骤❶。不要分开另线锁针的线挑针。

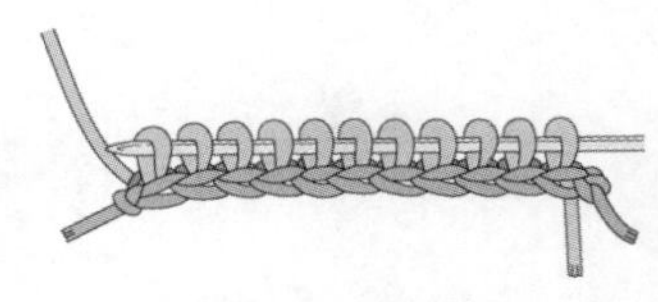

❸挑出必要的针数。

从内山挑起共线锁针的起针

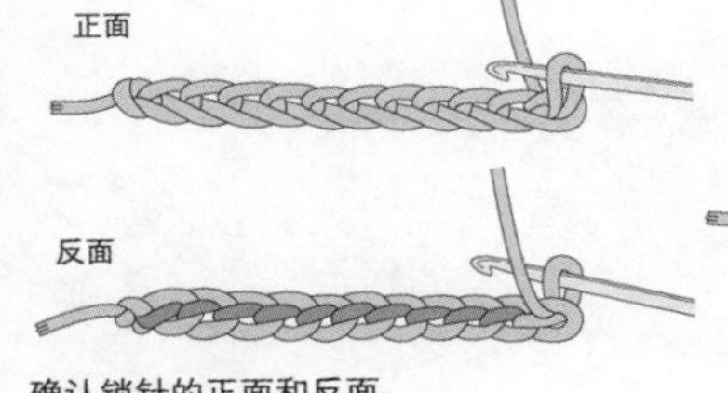

确认锁针的正面和反面。

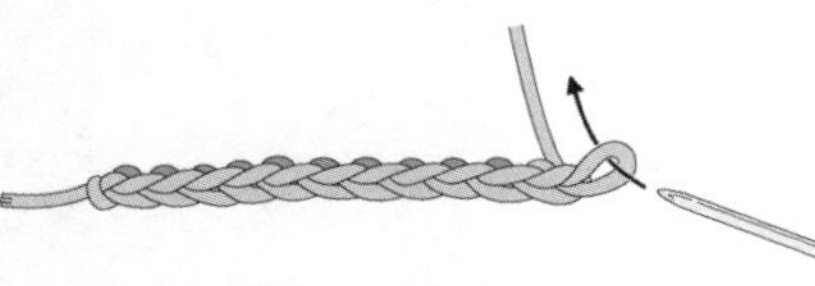

❶钩织必要针数的锁针，在最后的针目中插入棒针。

❷空 1 针，在锁针的内山插入棒针，将线绕在棒针上拉出。

❸重复步骤❷。这些针目构成了第 1 行。

留针的往返编织

右侧

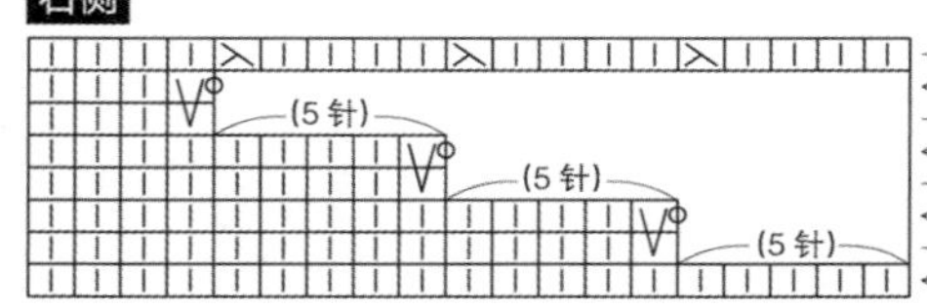

第 1 行
留 5 针

❶前一行反面的全部针目不编织，在左棒针上留 5 针。

第 2 行

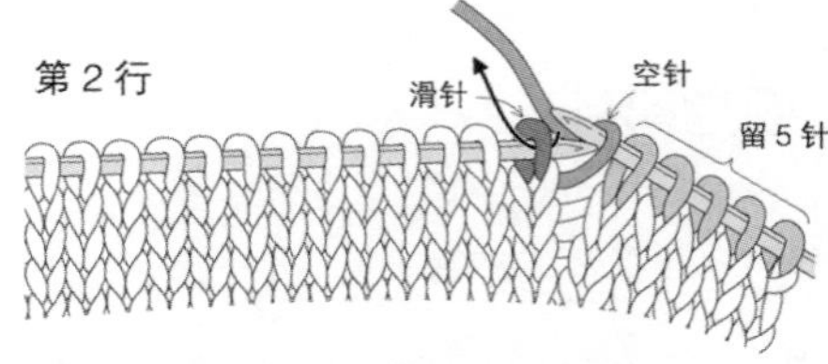

❷翻转织片，将线从前向后地挂在右棒针上，左棒针上的第 1 针不编织，移至右棒针。之后织下针。

第 3 行

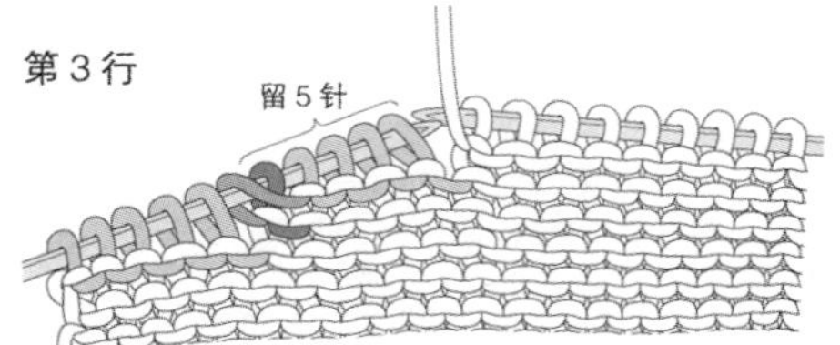

❸第 2 次往返编织。左棒针上留 5 针（和第 1 次加起来共计 10 针）。

第 4 行

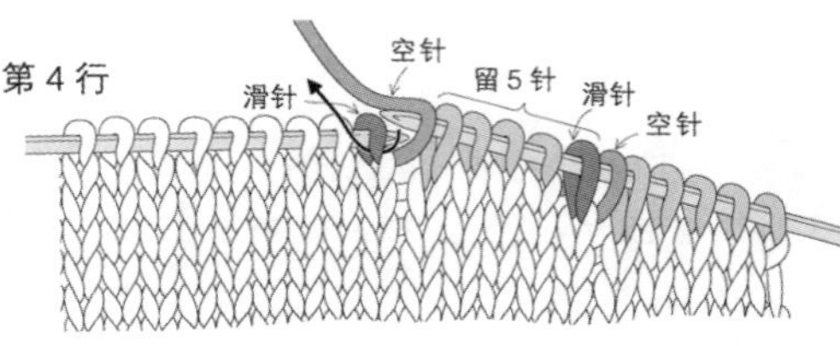

❹翻转织片，将线挂在右棒针上，将左棒针的第1针移至右棒针。之后织下针。接下来重复步骤❸、❹。

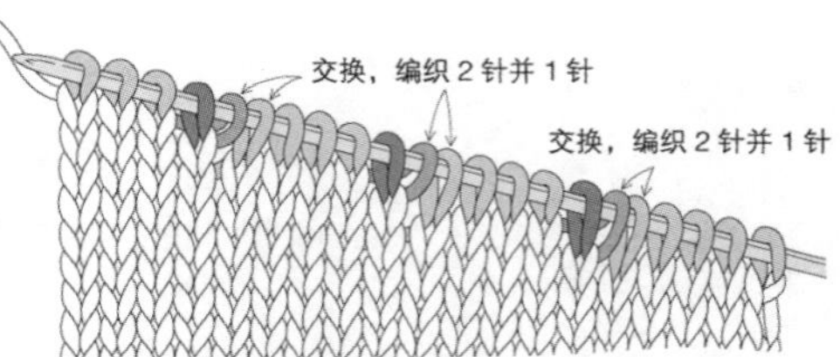

❺织完 6 行（3 次往返编织）的情形。

消行

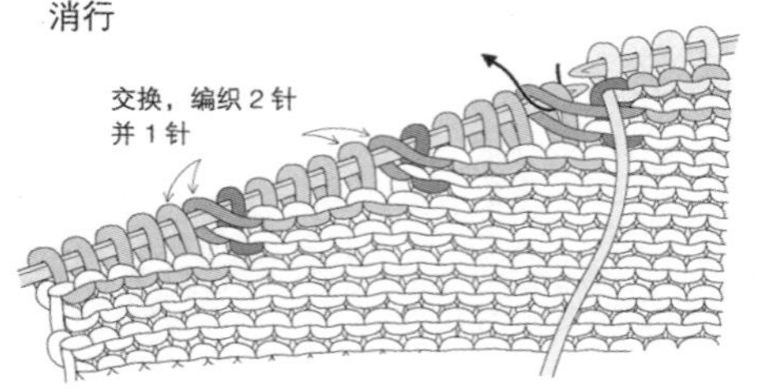

❻看着反面，编织 1 行消行。将空针和前一行左侧相邻的针目编织上针的 2 针并1针（交换针目，正面看不见空针的渡线）。

针目的交换方法

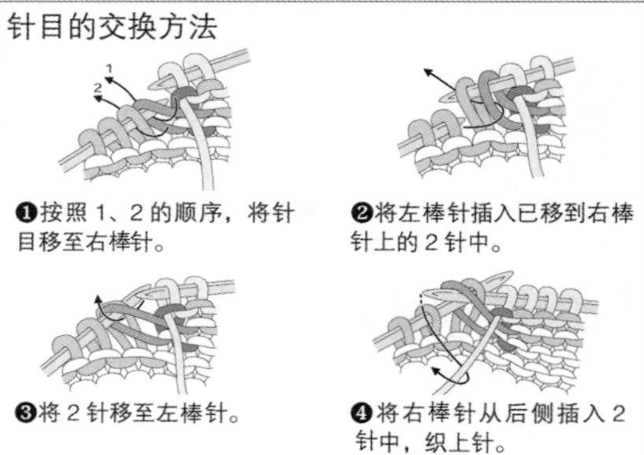
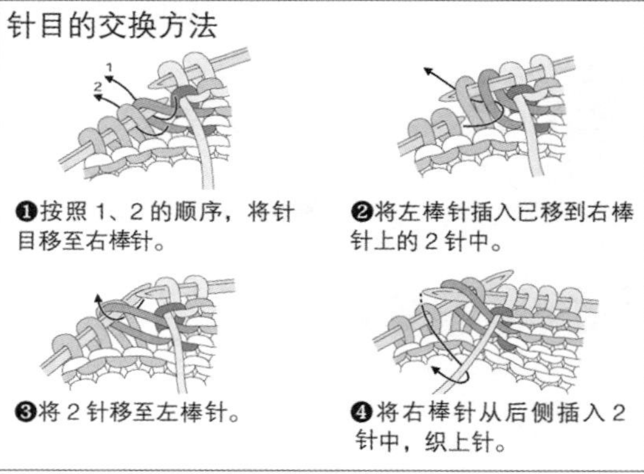

❶按照 1、2 的顺序，将针目移至右棒针。

❷将左棒针插入已移到右棒针上的 2 针中。

❸将 2 针移至左棒针。

❹将右棒针从后侧插入 2 针中，织上针。

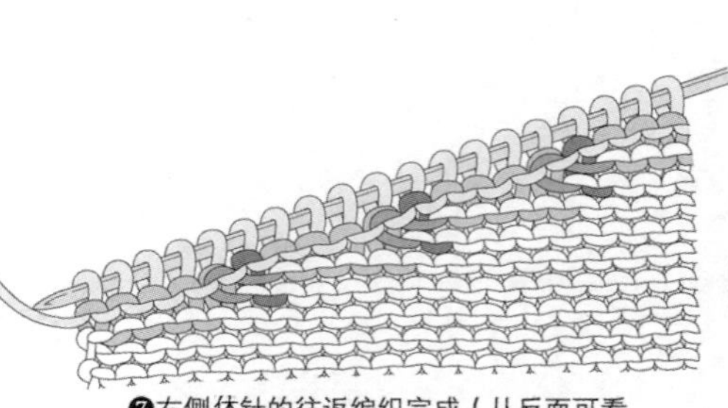

❼右侧休针的往返编织完成（从反面可看到空针）。

左侧

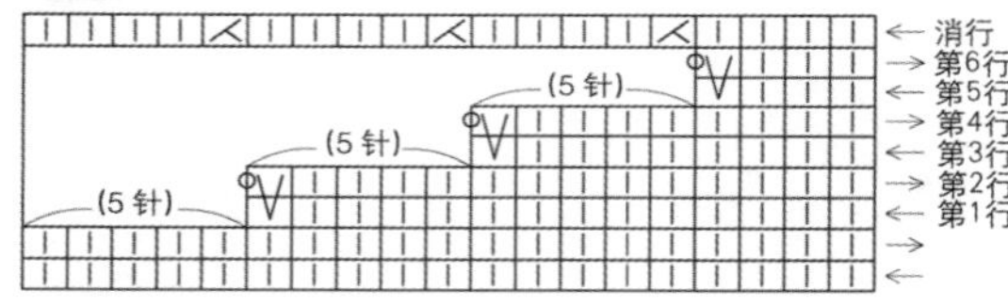

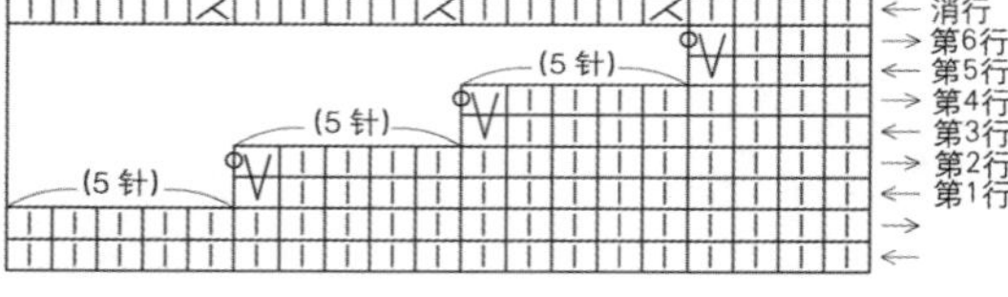

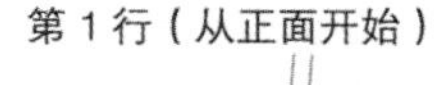

第 1 行（从正面开始）

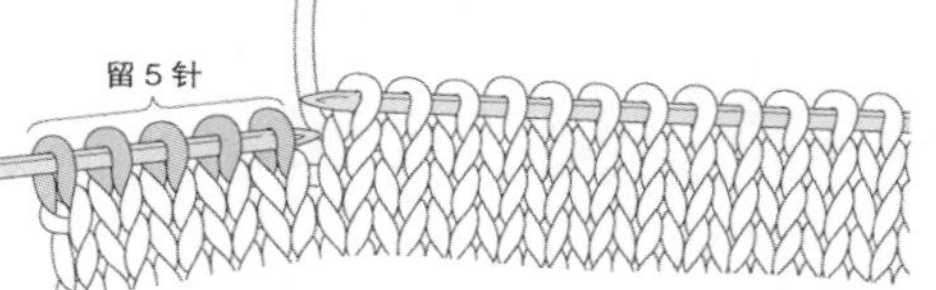

❶比右侧少 1 行，开始编织。前一行正面的全部针目不编织，在左棒针上留 5 针。

第 2 行

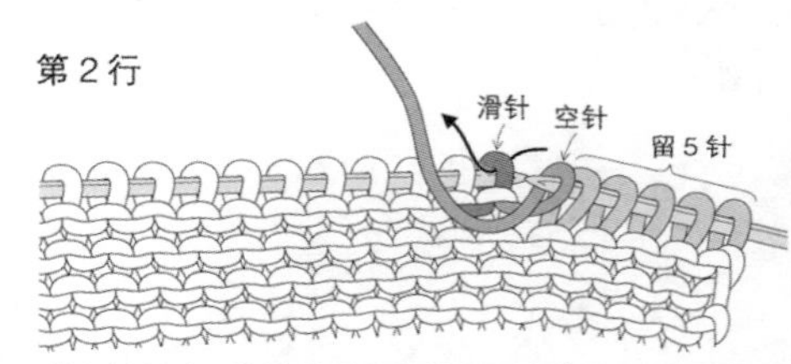

❷翻转织片，将线从前向后地挂在右棒针上，再回到前面，左棒针上的第1针不编织，移至右棒针。之后织上针。

第 3 行

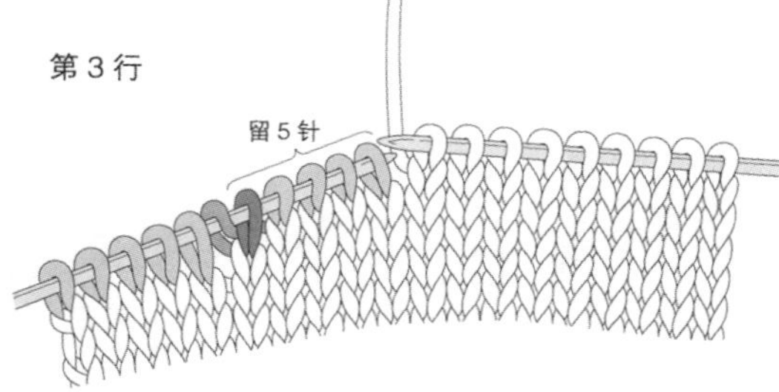

❸第 2 次往返编织。左棒针上留 5 针（和第 1 次加起来共计 10 针）。

第 4 行

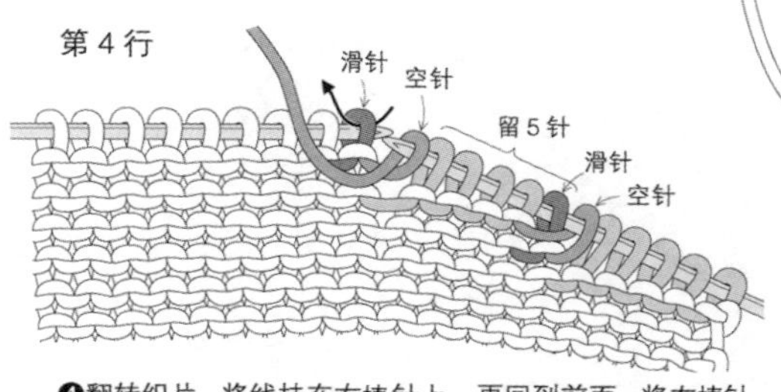

❹翻转织片，将线挂在右棒针上，再回到前面，将左棒针的第 1 针移至右棒针。之后织上针。接下来重复步骤❸、❹。

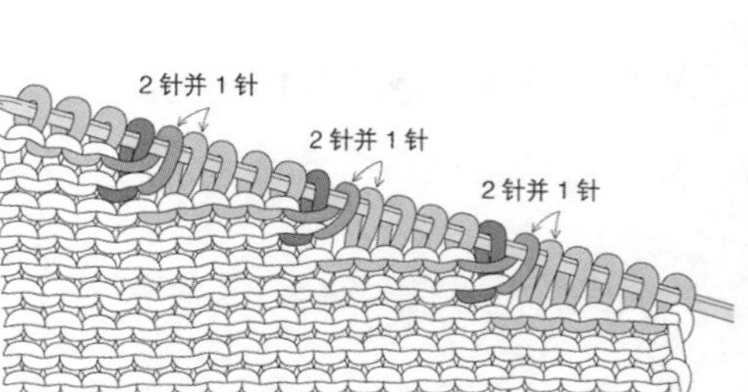

❺织完 6 行（3 次往返编织）的情形。

消行

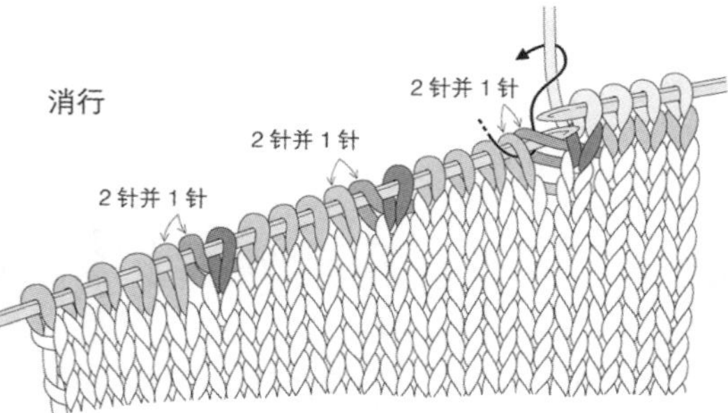

❻看着正面，编织 1 行消行。将空针和前一行左侧相邻的针目做下针 2 针并 1 针。

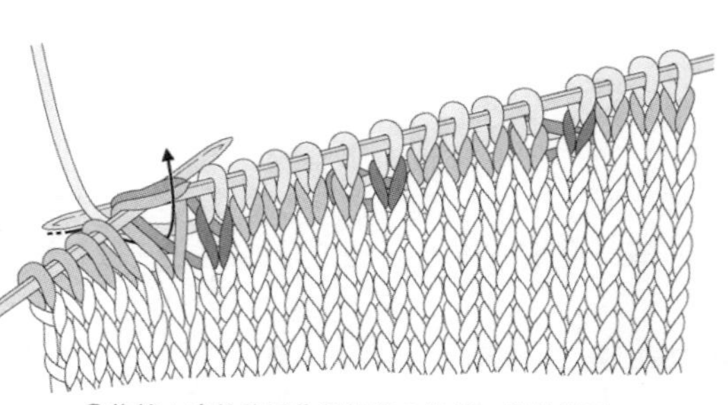

❼将第 1 次的往返位置编织 2 针并 1 针的情形。

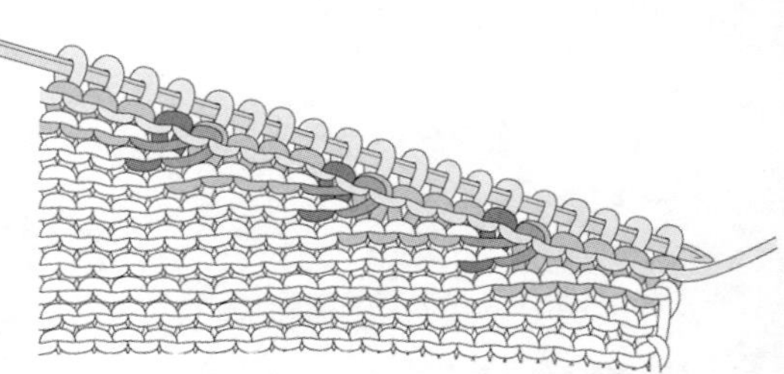

❽从反面看到的左侧休针的往返编织完成的情形（从反面可看到空针）。

KEITODAMA 2016 AUTUMN ISSUE（NV1711）
Copyright ©NIHON VOGUE-SHA 2016 All rights reserved.
Photographers：SHIGEKI NAKASHIMA、HIRONORI HANDA、TOSHIKATSU WATANABE、NORIAKI MORIYA、BUNSAKU NAKAGAWA
Original Japanese edition published in Japan by NIHON VOGUE CO., LTD.,
Simplified Chinese translation rights arranged with BEIJING BAOKU INTERNATIONAL CULTURAL DEVELOPMENT Co., Ltd.

日本宝库社授权河南科学技术出版社在中国大陆独家出版发行本书中文简体字版本。
版权所有，翻印必究
备案号：豫著许可备字-2016-A-0111

图书在版编目（CIP）数据

毛线球. 19，极简风经典毛衫编织/日本宝库社编著；风雨花译. —郑州：河南科学技术出版社，2016.11（2022.4重印）

ISBN 978-7-5349-8451-8

Ⅰ.①毛… Ⅱ.①日… ②风… Ⅲ.①毛衣-手工编织-图集 Ⅳ.①TS935.52-64

中国版本图书馆CIP数据核字（2016）第261744号

出版发行：河南科学技术出版社
地址：郑州市郑东新区祥盛街27号　　邮编：450016
电话：（0371）65737028　　65788613
网址：www.hnstp.cn
策划编辑：刘　欣
责任编辑：张　培
责任校对：柯　姣
封面设计：张　伟
责任印制：张艳芳
印　　刷：北京盛通印刷股份有限公司
经　　销：全国新华书店
幅面尺寸：235 mm×297 mm　　**印张**：11　　**字数**：350千字
版　　次：2016年11月第1版　　2022年4月第2次印刷
定　　价：69.00元

如发现印、装质量问题，影响阅读，请与出版社联系并调换。